李昔 / 编著

从新手到高手

Photoshop 2023 从新手到高手

清華大学出版社
北 京

内 容 简 介

本书是为初学者量身定做的一本 Photoshop 2023 完全学习手册。书中通过大量的实例展示 Photoshop 各项功能的详细操作，全方位地讲解 Photoshop 2023 从工具操作等基本技能，到制作各类型综合实例的完整流程。

本书共 13 章，从基本的 Photoshop 2023 软件界面介绍开始，逐步深入到图像编辑的基本方法，进而讲解选区、图层、绘画与图像修饰、调色、蒙版、通道、矢量工具、路径、文本工具、滤镜、AI 智能绘图等软件核心功能和应用方法，最后通过综合案例的学习，使读者能统合前面学到的软件知识，并应用到实际工作中去。本书内容涵盖了从基础功能操作到综合案例应用的详细过程，覆盖了电商美工、创意合成、UI 设计、直播间页面、APP 页面、产品包装、AI 智能绘图等多行业的应用，突出了软件的实用功能。全书案例均配备视频教程，并赠送实例的素材源文件，方便读者边看边学，成倍提高学习效率。

本书适合 Photoshop 初学者学习使用，也适合有一定 Photoshop 使用经验的读者学习本书介绍的高级功能和版本新增功能，还可作为各类高校及相关培训机构的培训教材。

图书在版编目 (CIP) 数据

Photoshop 2023 从新手到高手 / 李昔编著 . —北京：清华大学出版社，2024.2
（从新手到高手）
ISBN 978-7-302-65583-1

Ⅰ . ① P…　Ⅱ . ①李…　Ⅲ . ①图像处理软件　Ⅳ . ① TP391.413

中国国家版本馆 CIP 数据核字 (2024) 第 036548 号

责任编辑：陈绿春
封面设计：潘国文
版式设计：方加青
责任校对：徐俊伟
责任印制：杨　艳

出版发行：清华大学出版社
网　　址：https://www.tup.com.cn，https://www.wqxuetang.com
地　　址：北京清华大学学研大厦 A 座　　邮　　编：100084
社 总 机：010-83470000　　邮　　购：010-62786544
投稿与读者服务：010-62776969，c-service@tup.tsinghua.edu.cn
质 量 反 馈：010-62772015，zhiliang@tup.tsinghua.edu.cn
印 装 者：北京博海升彩色印刷有限公司
经　　销：全国新华书店
开　　本：188mm×260mm　　**印　　张：**16.5　　**字　　数：**475 千字
版　　次：2024 年 4 月第 1 版　　**印　　次：**2024 年 4 月第 1 次印刷
定　　价：99.90 元

产品编号：101507-01

前言 PREFACE

Photoshop是Adobe公司推出的一款专业图像处理软件，主要用于处理由像素构成的数字图像。Photoshop应用领域广泛，在图像、图形、文字、视频等方面均有应用，在当下热门的淘宝美工、平面广告、出版印刷、UI设计、网页设计、新媒体美工、产品包装、书籍装帧等方面都发挥着不可替代的重要作用，本书所讲解的软件版本为Photoshop 2023。

一、编写目的

鉴于Photoshop强大的图像处理能力，我们力图编写一本全方位介绍Photoshop 2023基本使用方法与技巧的书，结合当下热门行业的案例实训，帮助读者逐步掌握并灵活使用Photoshop 2023软件。

二、本书内容安排

本书共13章，精心安排具有针对性的案例，不仅讲解了Photoshop 2023的使用基础，还结合了淘宝美工、创意合成、UI设计、直播间页面、APP页面以及产品包装设计、AI智能绘图等行业案例，内容丰富，涵盖面广，可以帮助读者轻松掌握软件的使用技巧和具体应用。本书的内容介绍如表1。

表1

章　题	内容介绍
第 1 章　初识设计：Photoshop 2023	本章介绍 Photoshop 2023 的入门知识，包括工作界面、新增功能，以及辅助工具等
第 2 章　海报设计：调用与编辑图像	本章讲解海报设计的知识，包括文件的基本操作、调整图像与画布、图像的变换与变形操作等图像编辑的基本方法，以及恢复与还原文件等
第 3 章　平面构成：选区工具的使用	本章讲解平面构成的相关知识，主要介绍选区的应用，包括选区的基本操作、基本选择工具、细化选区、选区的编辑操作等
第 4 章　版式设计：创建与编辑图层	本章介绍版式设计的内容，主要介绍图层的应用，包括创建图层、编辑图层、排列与分布图层、图层样式、图层混合模式等
第 5 章　插画设计：绘画与图像修饰	本章以插画设计为主，主要讲解绘画与图像修饰，包括设置颜色、渐变工具的使用方法、填充与描边、绘画工具、擦除工具等
第 6 章　摄影后期：调整颜色与色调	本章介绍摄影后期处理的内容，主要讲解颜色与色调调整，包括查看图像的颜色模式、应用调整命令、应用特殊调整命令等
第7章　精修图像：裁剪、修饰、颜色调整、修复	本章介绍精修图像的方法，主要讲解图像工具的应用，包括裁剪图像、修饰工具的使用、修复工具的使用、颜色调整工具的使用等

续表

章 题	内容介绍
第 8 章　图像合成：蒙版与通道的应用	本章以图像合成为内容，介绍蒙版与通道的应用。在蒙版的应用方面，包括图层蒙版的创建与编辑、矢量蒙版的创建与编辑、剪贴蒙版的创建与设置等。在通道的应用方面，包括认识通道、编辑通道等
第 9 章　UI 设计：矢量工具与路径	本章介绍 UI 设计的知识，主要讲解矢量工具与路径，包括认识路径和锚点、使用“钢笔”工具绘图、编辑路径、“路径”面板、使用形状工具等
第 10 章　字体设计：文本的应用	本章以字体设计为内容，详细讲解文本的应用，包括文字的创建与编辑、变形文字的创建，路径文字的创建以及编辑文本命令等
第 11 章　智能滤镜：Camera Raw 滤镜的应用	本章以最新版本的 Camera Raw 滤镜为主要内容，讲解滤镜的应用，包括智能滤镜、滤镜库、各类滤镜的使用等
第 12 章　AI 时代：智能绘图	本章介绍使用 AI 技术绘图的内容，包括 Camera Raw 滤镜中的预设功能，创成式填充以及 Neural Filters（神经滤镜）的使用方法
第 13 章　行业应用：综合实战	本章制作了多个实战案例，包括淘宝美工、创意合成、UI 设计、直播间页面、APP 界面设计、产品包装设计以及 AI 绘图，并详细展示了各类型作品的设计与制作过程

三、本书写作特色

本书以通俗易懂的文字，结合精美的创意实例，全面、深入地讲解Photoshop 2023这一功能强大、应用广泛的图像处理软件。总的来说，本书有如下特点。

■ 由易到难，轻松学习

本书完全站在初学者的角度，由浅至深地对Photoshop 2023的常用工具、功能、技术要点进行详细且全面的讲解。实战案例涵盖面广，从基本内容到行业应用均有涉及，可满足绝大多数人的设计需求。

■ 全程图解，一看即会

全书使用全程图解和示例的讲解方式，以图为主，文字为辅。通过这些辅助插图，帮助读者易学易用、快速掌握。

■ 知识点全，一网打尽

除了基本内容的讲解，书中还安排了大量的“延伸讲解”板块，用于对相应概念、操作技巧和注意事项等进行深层次解读。本书可以说是一本不可多得的、能全面提升读者Photoshop技能的练习手册。

四、配套资源下载

本书的配套素材、教学文件请扫描右侧的配套资源二维码进行下载。

如果在配套资源的下载过程中碰到问题，请联系陈老师，联系邮箱chenlch@tup.tsinghua.edu.cn。

配套资源

五、作者信息和技术支持

本书由长春科技学院视觉艺术学院李昔编著。在编写本书的过程中，作者以科学、严谨的态度，力求精益求精，但疏漏之处在所难免，如果有任何技术上的问题，请扫描右侧的二维码，联系相关的技术人员进行解决。

技术支持

本书属于2022年度吉林省职业教育学会科研课题“应用型本科院校技能大赛资源转化路径与实践探索”，课题编号为2022XHY159科研成果。

编者

2024年1月

CONTENTS 目 录

第 1 章　初识设计：Photoshop 2023

1.1 Photoshop 2023工作界面 ······ 1
1.1.1 工作界面组件 ······ 1
1.1.2 文档窗口 ······ 2
1.1.3 工具箱 ······ 3
1.1.4 工具选项栏 ······ 3
1.1.5 菜单栏 ······ 4
1.1.6 面板 ······ 4
1.1.7 状态栏 ······ 6
1.2 设置工作区 ······ 7
1.2.1 使用预设工作区 ······ 7
1.2.2 实战：创建自定义工作区 ······ 7
1.2.3 实战：自定义彩色菜单命令 ······ 8
1.2.4 实战：自定义工具快捷键 ······ 9
1.3 使用辅助工具 ······ 9
1.3.1 使用智能参考线 ······ 9
1.3.2 使用网格 ······ 10
1.3.3 标尺的使用：开心购物 ······ 10
1.3.4 导入注释 ······ 12
1.3.5 为图像添加注释：五谷杂粮 ······ 12
1.4 Photoshop 2023新增功能介绍 ······ 13
1.4.1 创成式填充 ······ 13
1.4.2 调整预设 ······ 13
1.4.3 移除工具 ······ 14
1.4.4 上下文工具栏 ······ 14
1.4.5 Neural Filters ······ 14
1.4.6 共享以供审阅 ······ 15
1.4.7 改进“对象选择”工具 ······ 15
1.4.8 改进的渐变工具 ······ 16
1.4.9 改进“导出为”命令 ······ 16
1.4.10 更新Camera Raw ······ 16

第 2 章　海报设计：调用与编辑图像

2.1 海报设计概述 ······ 18
2.1.1 海报的分类 ······ 18
2.1.2 对比构图技巧 ······ 19
2.2 文件的基本操作 ······ 19
2.2.1 新建文件 ······ 19
2.2.2 打开文件 ······ 19
2.2.3 置入AI文件：制作冰爽饮料海报 ······ 21
2.3 查看图像 ······ 22
2.3.1 在不同的屏幕模式下工作 ······ 22
2.3.2 在多个窗口中查看图像 ······ 22
2.3.3 旋转视图工具：一飞冲天 ······ 22
2.3.4 缩放工具：激情燃烧的岁月 ······ 23
2.3.5 抓手工具：万丈高楼平地起 ······ 24
2.3.6 用导航器面板查看图像 ······ 25
2.4 调整图像与画布 ······ 25
2.4.1 修改画布大小 ······ 25
2.4.2 旋转画布 ······ 25
2.4.3 修改图像大小：最美不过九寨沟 ······ 26
2.5 复制与粘贴 ······ 27

2.5.1 复制、合并复制与剪切 ·················· 28
2.5.2 粘贴与选择性粘贴 ························ 28
2.5.3 清除选中的图像：星飞扬 ·············· 29
2.6 恢复与还原 ··· 29
2.6.1 用历史记录面板还原图像：手舞足蹈的饺子 ··· 29
2.6.2 选择性恢复图像区域：美味冰淇淋 ·· 30
2.7 图像的变换与变形操作 ························· 31
2.7.1 定界框、中心点和控制点 ·············· 31
2.7.2 移动图像：趣味时钟 ····················· 32
2.7.3 移动工具选项栏 ··························· 32
2.7.4 旋转与缩放操作：圣女果之舞 ········ 33
2.7.5 斜切与扭曲操作：变形披萨 ··········· 34
2.7.6 透视变换操作：桃花朵朵开 ··········· 35
2.7.7 精确变换操作：春光明媚 ·············· 35
2.7.8 变换尺寸操作：百变向日葵 ··········· 37
2.8 应用案例：制作旅游海报 ····················· 37
2.9 课后练习：舞者海报 ··························· 39
2.10 复习题：制作公益海报 ······················· 40

第 3 章　平面构成：选区工具的使用

3.1 平面构成概述 ····································· 41
3.1.1 平面构成的形象 ··························· 41
3.1.2 形式 ·· 42
3.2 选区的基本操作 ·································· 42
3.2.1 全选与反选：快乐小猪 ················· 42
3.2.2 取消选择与重新选择：创意养生茶 ·· 43
3.2.3 选区运算 ···································· 43
3.2.4 移动选区 ···································· 43
3.2.5 隐藏与显示选区 ··························· 44
3.3 基本选择工具 ····································· 44
3.3.1 矩形选框工具：制作网络PPT效果 ··· 44
3.3.2 椭圆选框工具：垃圾分类标识 ········ 45
3.3.3 单行和单列选框工具：北欧风格桌布 ··· 46
3.3.4 套索工具：低碳减排，绿色生活 ····· 47
3.3.5 多边形套索工具：皓月当空 ··········· 48
3.3.6 磁性套索工具：水果的联想 ··········· 49
3.4 魔棒与快速选择工具 ··························· 50
3.4.1 魔棒工具：愚人节海报 ················· 50
3.4.2 快速选择工具：金融城市 ·············· 50
3.4.3 对象选择工具：团结就是力量 ········ 51
3.5 其他选择工具 ····································· 52
3.5.1 用色彩范围命令抠图：冰鲜西瓜汁 ··· 52
3.5.2 用快速蒙版编辑选区：万家灯火 ····· 53
3.6 细化选区 ·· 54
3.6.1 选择视图模式 ······························ 54
3.6.2 调整选区边缘 ······························ 54
3.6.3 指定输出方式 ······························ 54
3.6.4 用细化工具抠取毛发：猫咪来了 ····· 54
3.7 选区的编辑操作 ·································· 55
3.7.1 边界选区：这就是爱 ···················· 55
3.7.2 平滑选区 ···································· 56
3.7.3 扩展选区：只是近黄昏 ················· 56
3.7.4 收缩选区：生命的真相 ················· 56
3.7.5 通过“羽化选区”合成图像：空中遨游 ··· 57
3.7.6 扩大选取与选取相似：如梦似幻 ····· 58
3.7.7 隐藏选区边缘 ······························ 58
3.7.8 对选区应用变换：野蛮生长 ··········· 58
3.7.9 存储选区 ···································· 59
3.7.10 载入选区 ··································· 59
3.8 应用选区 ·· 60
3.8.1 复制、剪切和粘贴图像：地球之眼 ·· 60
3.8.2 合并复制和贴入 ··························· 60
3.8.3 移动选区内的图像：哭泣的鸡蛋 ····· 60
3.8.4 自由变换选区：飞扬的裙摆 ··········· 61
3.9 应用案例：制作优惠券 ························ 61
3.10 课后练习：制作炫彩生日贺卡 ············· 64
3.11 复习题 ··· 64

第 4 章　版式设计：创建与编辑图层

4.1 版式设计概述 ······ 65
4.1.1 版式设计的适用范围 ······ 65
4.1.2 版式设计的步骤 ······ 65
4.2 创建图层 ······ 66
4.2.1 在图层面板中创建图层 ······ 66
4.2.2 通过复制的图层命令：冰爽夏日 ······ 66
4.2.3 使用通过剪切的图层命令 ······ 66
4.2.4 创建背景图层 ······ 67
4.2.5 将背景图层转换为普通图层 ······ 67
4.3 编辑图层 ······ 68
4.3.1 选择图层 ······ 68
4.3.2 复制图层 ······ 68
4.3.3 链接图层 ······ 69
4.3.4 修改图层的名称和颜色 ······ 69
4.3.5 显示与隐藏图层 ······ 69
4.3.6 锁定图层 ······ 69
4.3.7 查找和隔离图层 ······ 70
4.3.8 删除图层 ······ 70
4.3.9 栅格化图层内容 ······ 70
4.3.10 清除图像的杂边 ······ 70
4.4 排列与分布图层 ······ 71
4.4.1 改变图层的顺序：制作立夏吃瓜海报 ······ 71
4.4.2 对齐与分布命令的使用：浣熊集合 ······ 71
4.5 图层样式 ······ 73
4.5.1 图层样式对话框 ······ 73
4.5.2 混合选项面板 ······ 73
4.5.3 图层样式应用：烟花绚烂 ······ 73
4.5.4 修改、隐藏与删除样式 ······ 74
4.5.5 复制与粘贴样式 ······ 74
4.5.6 缩放样式效果：运营插画 ······ 75
4.5.7 将图层样式创建为图层 ······ 75
4.5.8 添加图层效果：制作玻璃搜索栏 ······ 75
4.6 图层混合模式 ······ 77
4.6.1 混合模式的使用 ······ 77
4.6.2 双重曝光工具：鹿的森林世界 ······ 79
4.7 填充图层 ······ 81
4.7.1 纯色填充：拥抱自然 ······ 81
4.7.2 渐变填充：江南小镇 ······ 81
4.7.3 图案填充：秒换花衣裳 ······ 82
4.8 应用案例：制作公众号封面 ······ 83
4.9 课后练习：时尚破碎海报 ······ 84
4.10 复习题 ······ 85

第 5 章　插画设计：绘画与图像修饰

5.1 插画设计概述 ······ 86
5.1.1 插画设计的应用类型 ······ 86
5.1.2 插画设计的功能 ······ 86
5.2 设置颜色 ······ 86
5.2.1 前景色与背景色 ······ 86
5.2.2 拾色器 ······ 86
5.2.3 吸管工具选项栏 ······ 87
5.2.4 吸管工具：这是什么颜色 ······ 87
5.2.5 实战：颜色面板 ······ 87
5.2.6 实战：色板面板 ······ 88
5.3 绘画工具 ······ 89
5.3.1 画笔工具选项栏与下拉面板 ······ 89
5.3.2 铅笔工具选项栏 ······ 89
5.3.3 颜色替换工具选项栏 ······ 89
5.3.4 颜色替换工具：多彩玫瑰花 ······ 89
5.3.5 混合器画笔工具 ······ 90
5.4 渐变工具 ······ 90

5.4.1 渐变工具选项栏 ………………………… 90
5.4.2 渐变编辑器 …………………………… 90
5.4.3 渐变工具：元宇宙女孩 ……………… 90
5.5 填充与描边 ……………………………… 92
5.5.1 “填充”命令 ………………………… 92
5.5.2 描边命令 ……………………………… 92
5.5.3 油漆桶工具选项栏 …………………… 92
5.5.4 填充选区图形：犒劳自己，买买买 ·· 92
5.6 擦除工具 ………………………………… 94
5.6.1 橡皮擦工具选项栏 …………………… 94
5.6.2 背景橡皮擦：古典美 ………………… 94
5.6.3 魔术橡皮擦：五福临门 ……………… 95
5.7 应用案例：制作小清新插画 …………… 95
5.8 课后练习：人物线描插画 ……………… 97
5.9 复习题 …………………………………… 97

第 6 章 摄影后期：调整颜色与色调

6.1 摄影与后期处理 ………………………… 98
6.1.1 摄影分类 ……………………………… 98
6.1.2 图像后期处理 ………………………… 99
6.2 图像的颜色模式 ………………………… 99
6.2.1 查看图像的颜色模式 ………………… 99
6.2.2 添加复古文艺色调：高山之巅 ……… 99
6.3 调整命令 ………………………………… 100
6.3.1 调整命令的分类 ……………………… 100
6.3.2 亮度/对比度 ………………………… 101
6.3.3 色阶 …………………………………… 101
6.3.4 曲线 …………………………………… 102
6.3.5 曲线调整命令：天气晴朗 …………… 102
6.3.6 曝光度 ………………………………… 104
6.3.7 自然饱和度 …………………………… 104
6.3.8 色相/饱和度 ………………………… 104
6.3.9 色彩平衡 ……………………………… 104
6.3.10 色彩平衡调整命令：粉墨登场 …… 104
6.3.11 照片滤镜调整命令：四时山水 …… 105
6.3.12 通道混合器调整命令：同学录 …… 106
6.3.13 阴影/高光调整命令：决战时刻 …… 107
6.4 特殊调整命令应用 ……………………… 107
6.4.1 黑白调整命令：蜻蜓立上头 ………… 107
6.4.2 渐变映射调整命令：浪漫花海 ……… 108
6.4.3 去色调整命令：黑暗城市 …………… 109
6.4.4 阈值调整命令：静谧的湿地 ………… 109
6.4.5 色调分离调整命令：甜心烘焙 ……… 110
6.5 信息面板 ………………………………… 110
6.5.1 使用信息面板 ………………………… 110
6.5.2 设置信息面板选项 …………………… 111
6.6 应用案例：户外活动 …………………… 111
6.7 课后练习：秋日暖阳人像调整 ………… 112
6.8 复习题 …………………………………… 112

第 7 章 精修图像：裁剪、修饰、颜色调整、修复

7.1 关于图像 ………………………………… 113
7.1.1 图像的分辨率 ………………………… 113
7.1.2 图像的颜色模式 ……………………… 113
7.2 裁剪图像 ………………………………… 113
7.2.1 裁剪工具选项栏 ……………………… 113
7.2.2 裁剪工具：我是主角 ………………… 114
7.3 修饰工具 ………………………………… 115
7.3.1 模糊工具：朦胧美 …………………… 115
7.3.2 锐化工具：花气袭人 ………………… 115
7.3.3 涂抹工具：傲娇的柴犬 ……………… 116
7.4 颜色调整工具 …………………………… 116
7.4.1 减淡工具与加深工具 ………………… 116

7.4.2 减淡工具：炫彩眼妆 ……116
7.4.3 加深工具：古镇情调 ……117
7.4.4 海绵工具：浪漫天空 ……117
7.5 修复工具 ……117
7.5.1 仿制源面板 ……118
7.5.2 仿制图章工具：日出印象 ……118
7.5.3 图案图章工具：可爱斑比鹿 ……119
7.5.4 污点修复画笔工具：星星在哪里 ……119
7.5.5 修复画笔工具：西瓜籽不见了 ……120
7.5.6 修补工具：月圆之夜 ……121
7.5.7 内容感知移动工具：橙子车轮 ……121
7.5.8 红眼工具：大眼美女 ……122
7.6 应用案例：祛斑行动 ……123
7.7 课后练习：精致人像修饰 ……124
7.8 复习题 ……124

第 8 章 图像合成：蒙版与通道的应用

8.1 图像合成技术概述 ……125
8.2 认识蒙版 ……125
8.2.1 蒙版的种类和用途 ……125
8.2.2 属性面板 ……126
8.3 图层蒙版 ……126
8.3.1 图层蒙版的原理 ……126
8.3.2 创建图层蒙版：乘风破浪 ……126
8.3.3 从选区生成图层蒙版：金钱与人生 ·127
8.4 矢量蒙版 ……128
8.4.1 创建矢量蒙版：马尔代夫之旅 ……128
8.4.2 矢量蒙版的变换 ……129
8.4.3 矢量蒙版与图层蒙版的转换 ……130
8.5 剪贴蒙版 ……130
8.5.1 创建剪贴蒙版：春装上新 ……130
8.5.2 设置不透明度：纹理文字 ……131
8.5.3 设置混合模式：多彩文字 ……132
8.6 认识通道 ……132
8.6.1 通道面板 ……132
8.6.2 颜色通道 ……132
8.6.3 Alpha通道 ……133
8.6.4 专色通道 ……133
8.6.5 创建Alpha通道：早餐中国 ……133
8.7 编辑通道 ……134
8.7.1 选择通道：变色蔷薇 ……134
8.7.2 载入通道选区：畅游花海 ……134
8.7.3 复制通道：青春无限好 ……135
8.8 应用案例：端午节合成海报 ……136
8.9 课后练习：梦幻海底 ……138
8.10 复习题 ……138

第 9 章 UI 设计：矢量工具与路径

9.1 UI设计概述 ……139
9.2 路径和锚点 ……140
9.2.1 认识路径 ……140
9.2.2 认识锚点 ……140
9.3 钢笔工具 ……140
9.3.1 钢笔工具组 ……140
9.3.2 钢笔工具：水墨红莲 ……141
9.3.3 自由钢笔工具选项栏 ……142
9.3.4 自由钢笔工具：雪山雄鹰 ……143
9.4 编辑路径 ……144
9.4.1 选择与移动 ……144
9.4.2 删除和添加锚点 ……145
9.4.3 转换锚点的类型 ……145
9.4.4 调整路径方向 ……146

9.4.5 路径的变换操作：大雁南飞 ……146
9.4.6 路径的运算方法 ……147
9.4.7 路径运算：一唱雄鸡天下白 ……147
9.4.8 路径的对齐与分布 ……149
9.5 路径面板 ……149
9.5.1 了解路径面板 ……149
9.5.2 了解工作路径 ……149
9.5.3 路径和选区的转换：糖果屋 ……150
9.6 形状工具 ……150
9.6.1 矩形工具 ……150
9.6.2 椭圆工具 ……151
9.6.3 三角形工具 ……151
9.6.4 多边形工具 ……151
9.6.5 直线工具 ……152
9.6.6 自定形状工具 ……152
9.6.7 绘制矢量插画：年货推荐官 ……152
9.7 应用案例：绘制质感按钮 ……153
9.8 课后练习：绘制立体饼干图标 ……155
9.9 复习题 ……155

第 10 章 字体设计：文本的应用

10.1 字体设计概述 ……156
10.1.1 文字设计风格 ……156
10.1.2 创意方法 ……156
10.2 文字工具概述 ……157
10.2.1 文字的类型 ……157
10.2.2 文字工具选项栏 ……157
10.3 文字的创建与编辑 ……157
10.3.1 字符面板 ……157
10.3.2 创建点文字：新年快乐 ……157
10.3.3 了解段落面板 ……158
10.3.4 创建段落文字：鹤鸣九天 ……158
10.4 变形文字 ……159
10.4.1 设置变形选项 ……159
10.4.2 文字变形 ……160
10.4.3 创建变形文字：闹元宵 ……160
10.5 路径文字 ……162
10.5.1 沿路径排列文字：群山之巅 ……162
10.5.2 移动和翻转路径上的文字：甘甜黄杏 ……163
10.5.3 调整路径文字：广州地标 ……163
10.6 编辑文本命令 ……164
10.6.1 拼写检查 ……164
10.6.2 查找和替换文本 ……164
10.6.3 更新所有文字图层 ……164
10.6.4 替换所有欠缺字体 ……164
10.6.5 基于文字创建工作路径 ……165
10.6.6 将文字转换为形状 ……165
10.6.7 栅格化文字 ……165
10.7 应用案例：制作萌萌哒文字 ……165
10.8 课后练习：奶酪文字 ……167
10.9 复习题 ……168

第 11 章 智能滤镜：Camera Raw 滤镜的应用

11.1 认识滤镜 ……169
11.1.1 什么是滤镜 ……169
11.1.2 滤镜的种类 ……169
11.1.3 滤镜的使用 ……169
11.1.4 提高滤镜工作效率 ……170
11.2 智能滤镜 ……170
11.2.1 智能滤镜与普通滤镜的区别 ……170
11.2.2 使用智能滤镜：你在想什么 ……171
11.2.3 编辑智能滤镜：森林里的姑娘 ……171

11.3 滤镜库 …… 172
11.3.1 滤镜库概览 …… 173
11.3.2 效果图层 …… 173
11.4 Photoshop常用滤镜组 …… 174
11.4.1 风格化滤镜组 …… 174
11.4.2 模糊滤镜组 …… 174
11.4.3 打造运动模糊效果：速度与激情 …… 174
11.4.4 扭曲滤镜组 …… 175
11.4.5 制作水中涟漪效果：一叶扁舟 …… 175
11.4.6 锐化滤镜组 …… 175
11.4.7 像素化滤镜组 …… 175
11.4.8 渲染滤镜组 …… 176
11.4.9 为照片添加唯美光晕：就在前面 …… 176
11.4.10 杂色滤镜组 …… 176
11.4.11 雪景制作：风雪飘摇 …… 177
11.4.12 其它滤镜 …… 178
11.5 Camera Raw滤镜 …… 178
11.5.1 Camera Raw工作界面 …… 178
11.5.2 Camera Raw工具栏 …… 179
11.5.3 图像调整选项卡 …… 179
11.5.4 实战——使用Camera Raw滤镜 …… 180
11.6 应用案例：日出布达拉宫 …… 181
11.7 课后练习：墨池荷香 …… 182
11.8 复习题 …… 183

第 12 章 AI 时代：智能绘图

12.1 认识AI技术 …… 184
12.2 Camera Raw滤镜中的预设功能 …… 184
12.2.1 自适应人像：微笑的小女孩 …… 185
12.2.2 自适应天空：夕阳的余晖 …… 189
12.2.3 自适应主体：阳光灿烂的女子 …… 189
12.2.4 人像：心有所喜 …… 189
12.2.5 肖像：意大利女子 …… 190
12.2.6 风格：关键时刻 …… 190
12.2.7 季节：草原之秋 …… 190
12.2.8 视频创意：欢乐开怀 …… 191
12.2.9 样式：父子情 …… 191
12.2.10 主题预设：多种样式 …… 191
12.2.11 演唱会：摇滚之夜 …… 192
12.2.12 复古：宫墙之外 …… 192
12.3 创成式填充 …… 195
12.3.1 扩充背景：盛夏时节 …… 195
12.3.2 快速换装：春天来了百花开 …… 196
12.3.3 替换背景：新嫁娘 …… 197
12.4 Neural Filters（神经滤镜） …… 198
12.4.1 皮肤平滑度：改善少女肌肤 …… 198
12.4.2 智能肖像：和煦的笑容 …… 199
12.4.3 妆容迁移：烈焰红唇 …… 200
12.4.4 背景创建器：翠鸟捕食 …… 201
12.4.5 风景混合器：秋冬之交 …… 202
12.4.6 样式转换：大师风格 …… 203
12.4.7 协调：春光明媚 …… 204
12.4.8 色彩转移：改头换面 …… 205
12.4.9 着色：过去的时光 …… 206
12.4.10 超级缩放：野外观察 …… 206
12.4.11 深度模糊：蓦然回首 …… 207
12.4.12 转移JPEG伪影：夏蝉鼓噪 …… 208
12.4.13 照片恢复：凝神托腮 …… 209
12.5 应用案例：丰富的早餐 …… 209
12.6 课后练习：向日葵花田 …… 211
12.7 复习题 …… 212

第 13 章 行业应用：综合实战

13.1 淘宝美工：啤酒促销海报 …… 213

13.2 创意合成：天使之翼海报 ······ 216
13.2.1 调整星空 ······ 216
13.2.2 调整月亮与远山 ······ 217
13.2.3 调整草地 ······ 218
13.2.4 调整小屋 ······ 219
13.2.5 调整翅膀 ······ 220
13.2.6 调整人物 ······ 222
13.2.7 调整前景植物 ······ 225
13.2.8 最后调整 ······ 225
13.3 UI设计：绘制音乐图标 ······ 227
13.4 线上带货：制作直播间页面 ······ 228
13.5 掌上购物：APP界面设计 ······ 233
13.5.1 主页面 ······ 234
13.5.2 详情页面 ······ 236
13.5.3 个人设置页面 ······ 241
13.6 产品包装：元宵节汤圆 ······ 245
13.7 AI绘图：智能变装 ······ 249

第 1 章

初识设计：Photoshop 2023

Photoshop是美国Adobe公司旗下著名的集图像扫描、编辑修改、图像制作、广告创意及图像输入与输出于一体的图形图像处理软件，被誉为“图像处理大师”。其功能十分强大并且使用方便，深受广大设计人员和计算机美术爱好者的喜爱。最新版的Photoshop 2023在前一版本的基础上进行了功能的优化和升级，可以让用户享有更自由的图像编辑操作，更快的速度和更强大的功能，从而创作出令人惊叹的图像。

1.1 Photoshop 2023 工作界面

Photoshop 2023的工作界面简洁而实用，工具的选取、面板的访问、工作区的切换等都十分方便。不仅如此，用户还可以对工作界面的亮度和颜色等显示参数进行调整，以便凸显图像。诸多设计的改进，为用户提供了更加流畅、舒适和高效的编辑体验。

1.1.1 工作界面组件

Photoshop 2023的工作界面包含菜单栏、标题栏、文档窗口、工具箱、工具选项栏、选项卡、状态栏和面板等组件，如图1-1所示。

图1-1

Photoshop 2023的工作界面各区域说明如下。

- 菜单栏：包含可以执行的各种命令，单击菜单名称即可打开相应的菜单。
- 标题栏：显示文档名称、文件格式、窗口缩放比例和颜色模式等信息。如果文档中包含多个图层，则标题栏中还会显示当前工作图层的名称。

- 工具箱：包含用于执行各种操作的工具，如创建选区、移动图像、绘画和绘图等。
- 工具选项栏：用来设置工具的各种选项，它会随着所选工具的不同而改变选项内容。
- 面板：有的用来设置编辑选项，有的用来设置颜色属性。
- 状态栏：可以显示文档大小、文档尺寸、当前工具和窗口缩放比例等信息。
- 文档窗口：显示和编辑图像的区域。
- 选项卡：打开多个图像时，只在窗口中显示一个图像，其他的则最小化到选项卡中。单击选项卡中的文件名便可显示相应的图像。

延伸讲解

执行“编辑”|“首选项”|“界面”命令，打开“首选项”对话框，在“颜色方案”选项组中可以调整工作界面亮度，从黑色到浅灰色共4种亮度方案，如图1-2所示。

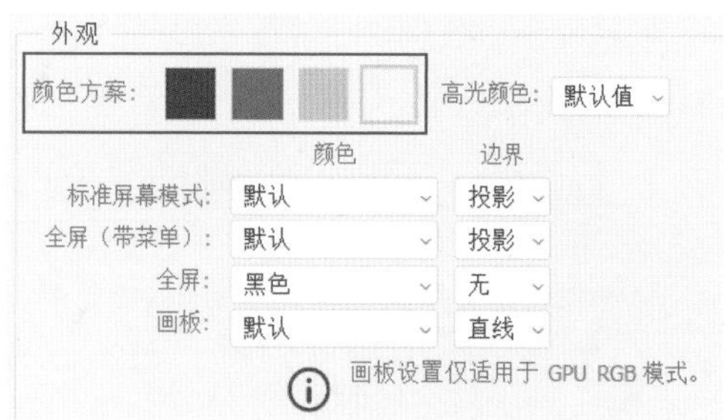

图 1-2

1.1.2 文档窗口

在Photoshop 2023中打开一个图像时，系统自动创建一个文档窗口。如果打开多个图像，它们会停放到选项卡中，如图1-3所示。单击一个文档的名称，即可将其设置为当前操作的窗口，如图1-4所示。按Ctrl+Tab键，可按照前后顺序切换窗口；按Ctrl+Shift+Tab键，则按照相反的顺序切换窗口。

在一个窗口的标题栏单击并将其从选项卡中拖出，它便成为可以任意移动位置的浮动窗口（拖曳标题栏可进行移动），如图1-5所示。拖曳浮动窗口的一角，可以调整窗口的大小，如图1-6所示。将一个浮动窗口的标题栏拖曳到选项卡中，当出现蓝色横线时释放鼠标左键，可以将窗口重新停放到选项卡中。

图1-3

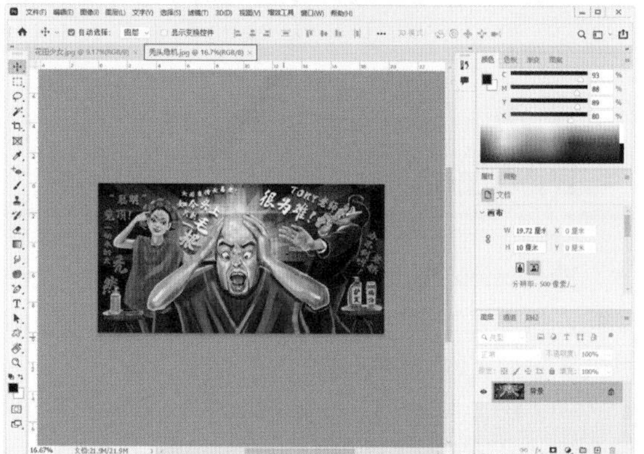
图1-4

图1-5

图1-6

如果打开的图像数量较多，导致选项卡中不能显示所有文档的名称，可单击选项卡右侧的双箭头按钮»，在打开的级联菜单中选择需要的文档，如图1-7所示。

图1-7

此外，在选项卡中，沿水平方向拖曳各文档，可以调整它们的排列顺序。

单击一个窗口右上角的关闭按钮×，可以关闭该窗口。如果要关闭所有窗口，可以在一个文档的标题栏上右击，在弹出的快捷菜单中选择“关闭全部”选项。

1.1.3　工具箱

工具箱位于Photoshop工作界面的左侧，用户可以根据自己的使用习惯将其拖动到其他位置。利用工具箱中提供的工具，可以进行选择、绘画、取样、编辑、移动、注释、查看图像，以及更改前景色和背景色等操作。如果将光标指向工具箱中某个工具图标，例如“移动”工具✥，此时将出现一个多媒体工具提示框，同时会以动画的形式来演示该工具的使用方法，如图1-8所示。

图1-8

延伸讲解

工具箱有单列和双列两种显示模式，单击工具箱顶部的双箭头»，可以将工具箱切换为单排（或双排）显示。使用单列显示模式，可以有效节省屏幕空间，使图像的显示区域更大，更方便用户的操作。

1. 移动工具箱

默认情况下，工具箱停放在窗口左侧。将光标放在工具箱顶部双箭头右侧，单击并向右侧拖动鼠标，可以使工具箱呈浮动状态，并停放在窗口的任意位置。

2. 选择工具

单击工具箱中的工具按钮，可以选择对应的工具，如图1-9所示。如果工具右下角带有三角形图标，表示这是一个工具组，在这样的工具上长按鼠标左键可以显示隐藏的工具，如图1-10所示；将光标移动到隐藏的工具上然后放开鼠标左键，即可选择该工具，如图1-11所示。

图1-9

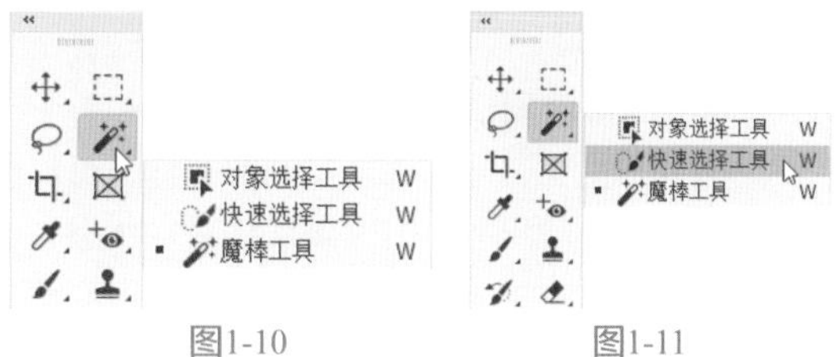

图1-10　　图1-11

答疑解惑：怎样快速选择工具?

一般情况下，常用的工具都可以通过相应的快捷键来快速选择。例如，按V键可以选择“移动”工具。将光标悬停在工具按钮上，即可显示工具名称、快捷键信息及工具使用方法。此外，按Shift+工具快捷键，可在工具组中循环选择各工具。

1.1.4　工具选项栏

工具选项栏用来设置工具的参数选项。通过设置合适的参数，不仅可以有效增强工具的灵活性，还能够提高工作效率。不同的工具，工具选项栏有很大的差异。图1-12所示为“画笔”工具的工具选项栏，一些设置（如绘画模式和“不透明度”）是许多工具通用的，而有些设置（如“铅笔”工具的“自动抹除”）则专用于某个工具。

模式：正常　不透明度：100%　流量：100%　平滑：0%　0°

图1-12

工具操作说明如下。

图1-13

- 菜单箭头 ⌄：单击该按钮，可以打开一个下拉列表，如图1-13所示。
- 文本框：在文本框中单击，然后输入新数值并按Enter键即可调整数值。如果文本框旁边有下三角按钮，单击该按钮，可以显示一个弹出滑块，拖曳滑块也可以调整数值，如图1-14所示。
- 小滑块：在包含文本框的选项中，将光标悬停在选项名称上，光标会变为如图1-15所示的状态，单击并向左右两侧拖曳，可以调整数值。

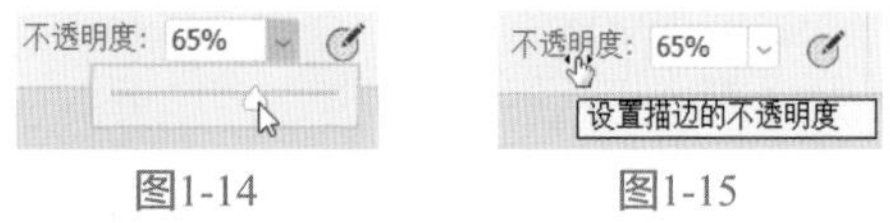

图1-14　　图1-15

1. 隐藏/显示工具选项栏

执行“窗口”|“选项”命令，可以隐藏或显示工具选项栏。

2. 移动工具选项栏

单击并拖曳工具选项栏最左侧的图标，可以使工具选项栏呈浮动状态（即脱离顶栏固定状态），如图1-16所示。将其拖回菜单栏下面，当出现蓝色条时释放鼠标左键，可重新停放到原位置。

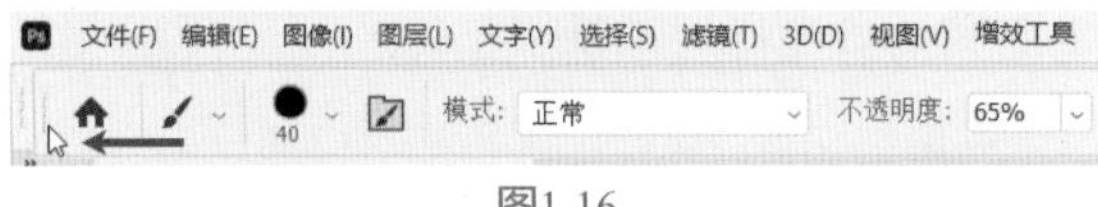

图1-16

1.1.5　菜单栏

Photoshop 2023菜单栏中的每个菜单内都包含一系列的命令，它们有不同的显示状态，只要了解了每一个菜单的特点，就能掌握这些菜单命令的使用方法。

1. 打开菜单

单击某一个菜单即可打开该菜单。在菜单中，不同功能的命令之间会用分割线分开。将光标移动至“调整”命令上方，打开其级联菜单，如图1-17所示。

2. 执行菜单中的命令

选择菜单中的命令即可执行此命令。如果命令后面有快捷键，也可以使用快捷键执行命令，例如，按快捷键Ctrl+O可以打开“打开”对话框。级联菜单后面带有黑色三角形标记的命令表示还包含级联菜单。如果有些命令只提供了字母，可以按Alt键+主菜单的字母+命令后面的字母执行该命令。例如，按快捷键Alt+I+D可以快速执行“图像”|“复制”命令，如图1-18所示。

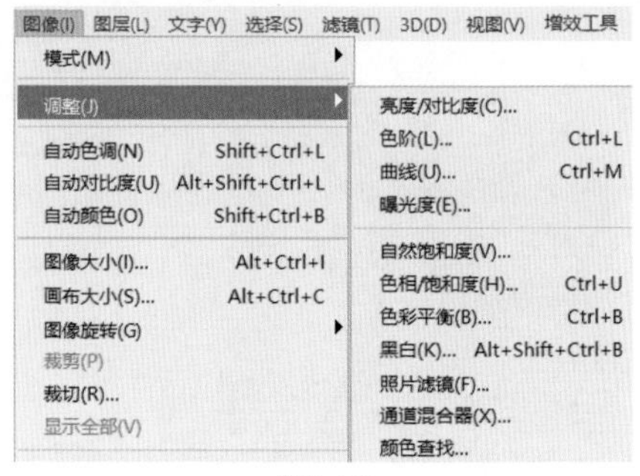

图1-17

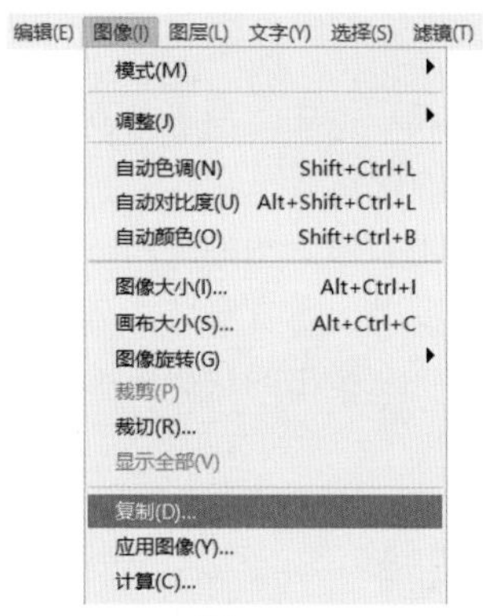

图1-18

答疑解惑：为什么有些命令是灰色的?

如果菜单中的某些命令显示为灰色，表示它们在当前状态下不能使用；如果一个命令的名称右侧有…状符号，表示执行该命令后会打开一个对话框。例如，在没有创建选区的情况下，“选择”菜单中的多数命令都不能使用；在没有创建文字的情况下，“文字”菜单中的多数命令也不能使用。

3. 打开快捷菜单

在文档窗口的空白处、一个对象上或者在面板上右击，可以显示快捷菜单。

1.1.6　面板

面板是Photoshop的重要组成部分，可以用来设置颜色、工具参数、还可以执行各种编辑命令。Photoshop中包含数十个面板，在“窗口”菜单中可以选择需要的面板并将其打开。默认情况下，面板以选项卡的形式成组出现，并停靠在窗口右侧，用户可以根据需要打开、关闭或自由组合面板。

1. 选择面板

在面板选项卡中，单击一个面板的标题栏，即可切换至对应的面板，如图1-19和图1-20所示。

图1-19

图1-20

2. 折叠/展开面板

单击导航面板组右上角的双三角按钮 »，可以将面板折叠为图标状，如图1-21所示。单击一个图标可以展开相应的面板，如图1-22所示。单击面板右上角的按钮，可重新将其折叠为图标状。拖曳面板左边界，可以调整面板组的宽度，让面板的名称显示出来，如图1-23所示。

图1-21

图1-22

图1-23

3. 组合面板

将光标放置在某个面板的标题栏上，单击并将其拖曳到另一个面板的标题栏上，出现蓝色框时释放鼠标左键，可以将其与目标面板组合，如图1-24和图1-25所示。

图1-24

图1-25

延伸讲解

将多个面板合并为一个面板组，或将一个浮动面板合并到面板组中，可以让文档窗口有更多操作空间。

4. 链接面板

将光标放置在面板的标题栏上，单击并将其拖曳至另一个面板上方，出现蓝色框时释放鼠标左键，可以将这两个面板链接在一起，如图1-26所示。链接的面板可同时移动或折叠为图标状。

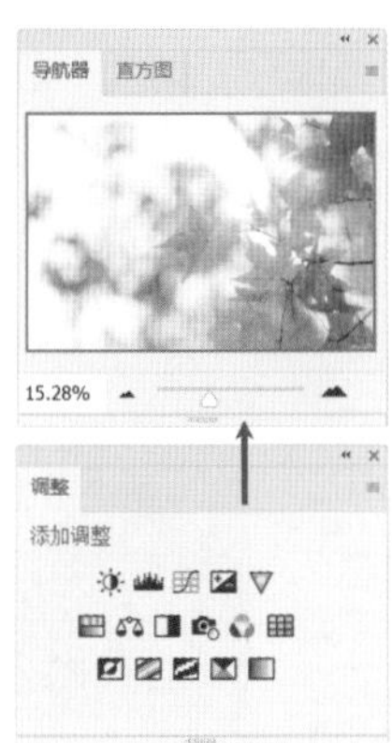

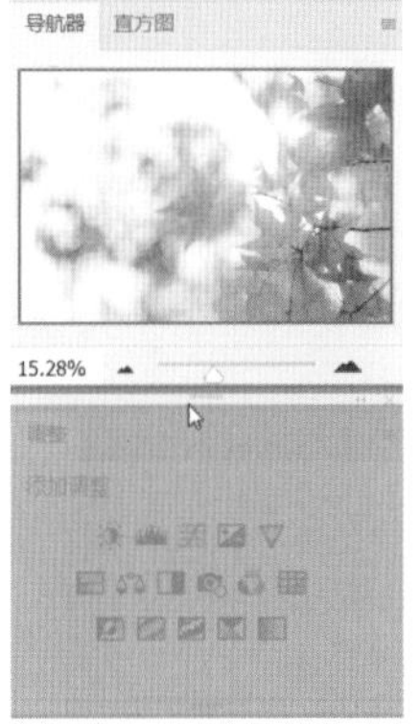

图1-26

5. **移动面板**

将光标放置在面板的标题栏上，单击并向外拖曳到窗口空白处，即可将其从面板组或链接的面板组中分离出来，使之成为浮动面板，如图1-27和图1-28所示。拖曳浮动面板的标题栏，可以将它放在窗口中的任意位置。

图1-27

图1-28

6. **调整面板大小**

将光标放置在面板的右下角，待光标变为上下箭头形状时，拖动面板的右下角，可以自由调整面板的高度与宽度，如图1-29所示。

图1-29

7. **打开面板菜单**

单击面板右上角的≡按钮，可以打开面板菜单，如图1-30所示。菜单中包含了与当前面板有关的各种命令。

图1-30

8. **关闭面板**

在面板的标题栏上右击，在弹出的快捷菜单中选择“关闭”选项，如图1-31所示，可以关闭该面板；选择“关闭选项卡组”选项，可以关闭该面板组。对于浮动面板，可单击右上角的“关闭”按钮✖，将其关闭。

图1-31

1.1.7 状态栏

状态栏位于文档窗口的底部，用于显示文档窗口的缩放比例、文档大小和当前使用的工具等信息。单击状态栏中的箭头按钮›，可在打开的菜单中选择状态栏的具体显示内容，如图1-32所示。如果单击状态栏，则可以显示图像的宽度、高度和通道等信息；按住Ctrl键单击（按住鼠标左键不放），可以显示图像的拼贴宽度等信息。

图1-32

菜单命令说明如下。

- 文档大小：显示当前文档中图像的数据量信息。
- 文档配置文件：显示当前文档所使用的颜色配置文件的名称。
- 文档尺寸：显示当前图像的尺寸。
- 测量比例：显示文档的测量比例。测量比例是在图像中设置的与比例单位（如英寸、毫米或微米）数相等的像素，Photoshop可以测量用标尺工具或选择工具定义的区域。
- 暂存盘大小：显示关于处理图像的内存和Photoshop暂存盘的信息。
- 效率：显示执行操作实际花费时间的百分比。当效率为100%时，表示当前处理的图像在内存中生成；如果低于该值，则表示Photoshop正在使用暂存盘，操作速度会变慢。
- 计时：显示完成上一次操作所用的时间。
- 当前工具：显示当前使用工具的名称。
- 32位曝光：用于调整预览图像，以便在计算机显示器上查看32位/通道高动态范围（HDR）图像的选项。只有文档窗口显示HDR图像时，该选项才能使用。
- 存储进度：保存文件时，可以显示存储进度。
- 图层计数：显示当前文档中图层的数量。
- 智能对象：选择此选项后，左侧文本框中显示“丢失”“已更改”智能对象的数目。

1.2 设置工作区

在Photoshop 2023的工作界面中，文档窗口、工具箱、菜单栏和各种面板共同组成了工作区。Photoshop 2023提供了适合不同任务的预设工作区，例如绘画时，选择“绘画”工作区，窗口中便会显示与画笔、色彩等有关的各种面板，并隐藏其他面板，以方便用户操作。此外，用户也可以根据自己的使用习惯创建自定义的工作区。

1.2.1　使用预设工作区

Photoshop 2023为简化某些任务，专门为用户设计了几种预设的工作区。例如，如果要编辑数码照片，可以使用“摄影”工作区，界面中就会显示与照片修饰有关的面板，如图1-33所示。

图1-33

执行“窗口”|“工作区”级联菜单中的命令，如图1-34所示，可以切换为Photoshop提供的预设工作区。这其中，3D、动感、绘画和摄影等是针对相应任务的工作区。

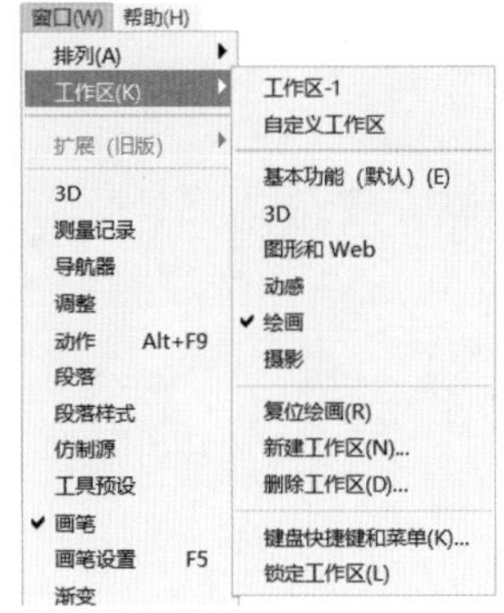

图1-34

延伸讲解

如果修改了工作区（如移动了面板的位置），执行“基本功能（默认）”命令，可以恢复为Photoshop默认的工作区，执行“复位（某工作区）”命令，可以复位所选的预设的工作区。

1.2.2　实战：创建自定义工作区

在Photoshop中进行图像处理时，可以为常用的参数面板创建自定义工作区，方便之后随时进行调用。

01 启动Photoshop 2023软件，按快捷键Ctrl+O，打开相关素材中的“面食.jpg”文件，这里默认的是“基本功能（默认）”工作区，效果如图1-35所示。

02 关闭不需要的面板，只保留所需的面板，如图1-36所示。

图1-35

图1-36

03 执行“窗口”|“工作区”|“新建工作区”命令，打开“新建工作区”对话框，输入工作区名称，并勾选“键盘快捷键”“菜单”和“工具栏”复选框，如图1-37所示，单击“存储”按钮。

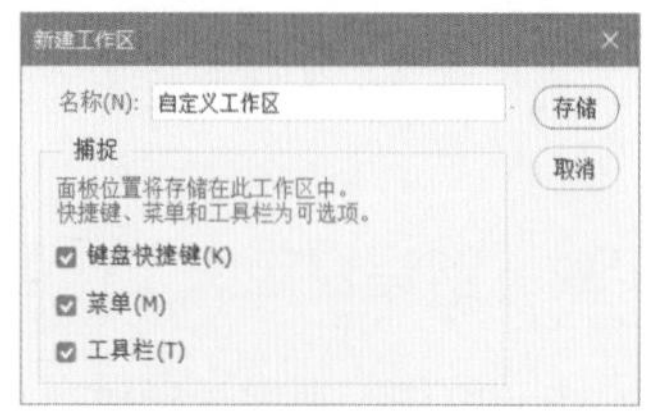

图1-37

04 完成上述操作后，在“窗口”|“工作区”中的级联菜单中，可以看到创建的工作区已经包含在菜单中，如图1-38所示，执行该级联菜单中的命令，即可切换为该工作区。

延伸讲解

如果要删除自定义的工作区，可以执行菜单中的“删除工作区”命令。

图1-38

1.2.3 实战：自定义彩色菜单命令

如果经常要用到某些菜单命令，可以将它们设定为彩色，以便需要时可以快速找到它们。

01 执行“编辑”|“菜单”命令，或按快捷键Alt+Shift+Ctrl+M，打开“键盘快捷键和菜单”对话框。单击“图像”命令前面的›按钮，展开该菜单，如图1-39所示。

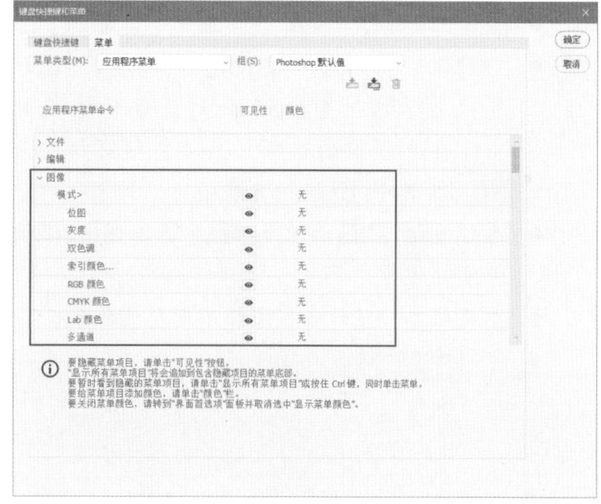

图1-39

02 选择“模式”命令，然后在命令右侧的“无”选项上单击，展开下拉列表，为“模式”命令选择“蓝色”（选择“无”表示不为命令设置任何颜色），如图1-40所示，单击“确定”按钮，关闭对话框。

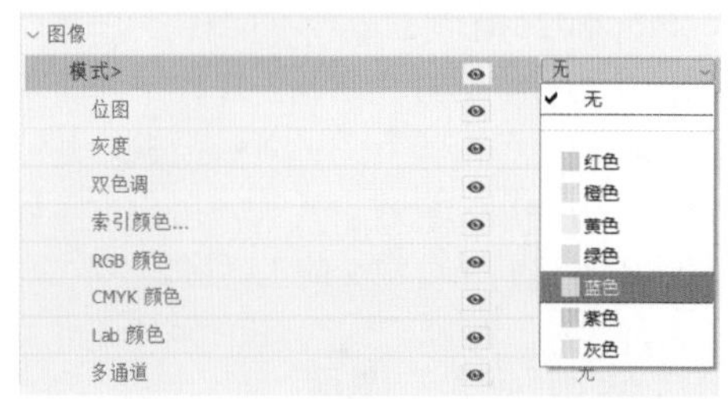

图1-40

03 打开“图像”菜单，可以看到“模式”命令的底色已经变为蓝色，如图1-41所示。

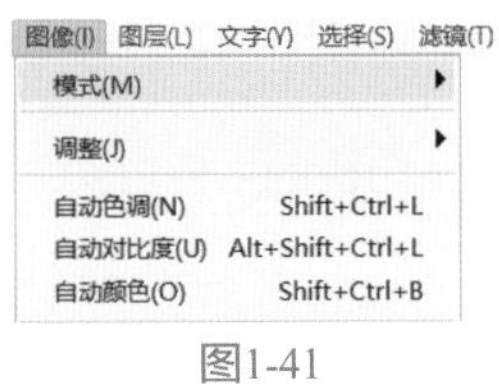

图1-41

1.2.4 实战：自定义工具快捷键

在Photoshop 2023中，用户可以自定义各类快捷键来满足各种操作需求。

01 在Photoshop 2023中，执行“编辑”|“键盘快捷键”命令（快捷键Alt+Shift+Ctrl+K），或在“窗口”|“工作区”级联菜单中执行“键盘快捷键和菜单”命令，打开“键盘快捷键和菜单”对话框。在“快捷键用于”下拉列表中选择“工具”选项，如图1-42所示。如果要修改菜单的快捷键，可以选择“应用程序菜单”选项。

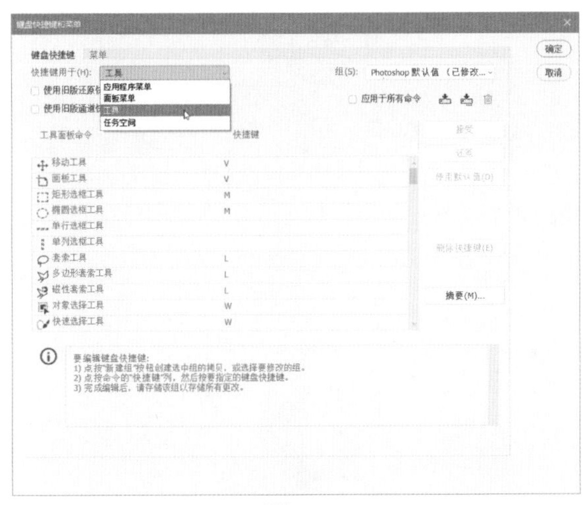

图1-42

02 在“工具面板命令”列表中选择“抓手工具”选项，可以看到，它的快捷键是“H”，单击右侧的“删除快捷键”按钮，可以将该工具的快捷键删除，如图1-43所示。

图1-43

03 “模糊工具”没有快捷键，下面将“抓手工具”的快捷键指定给它。选择“模糊工具”选项，在显示的文本框中输入“H”，如图1-44所示。

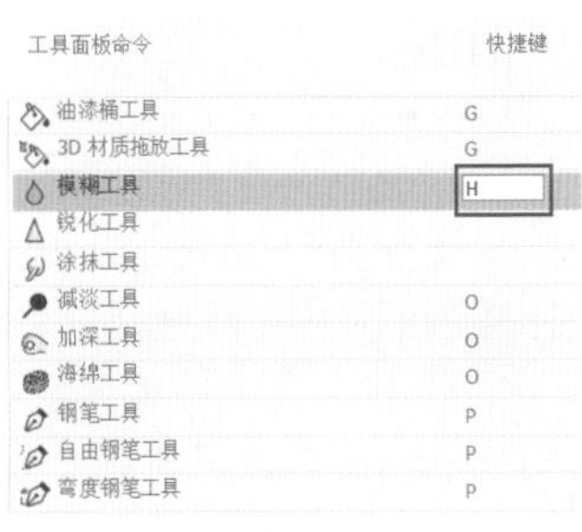

图1-44

04 单击“确定”按钮关闭对话框，在工具箱中可以看到，快捷键“H”已经分配给了“模糊工具”，如图1-45所示。

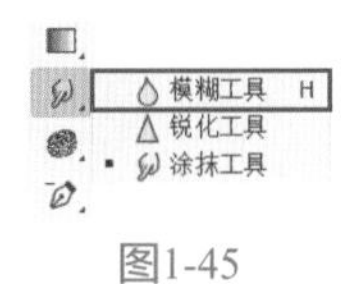

图1-45

延伸讲解

在“组”下拉列表中选择“Photoshop默认值”选项，可以将菜单颜色、菜单命令和工具的快捷键恢复为Photoshop默认值。

1.3 使用辅助工具

为了更准确地对图像进行编辑和调整，需要了解并掌握辅助工具。常用的辅助工具包括标尺、参考线、网格和注释等，借助这些工具可以进行参考、对齐、对位等操作。

1.3.1 使用智能参考线

智能参考线是一种智能化的参考线。智能参考线可以帮助对齐形状、切片和选区。启用智能参考线后，当绘制形状、创建选区或切片时，智能参考线会自动出现在画布中。

执行“视图”|“显示”|“智能参考线”命令，可以启用智能参考线，其中洋红色线条为智能参考线，如图1-46所示。

图1-46

1.3.2 使用网格

网格用于物体的对齐和光标的精确定位，对于对称的布置对象非常有用。在Photoshop 2023中打开一个图像素材，如图1-47所示，执行“视图”|“显示”|“网格”命令，可以显示网格，如图1-48所示。显示网格后，可执行“视图”|“对象”|“网格”命令启用对齐功能，此后在创建选区和移动图像时，对象会自动对齐到网格上。

图1-47

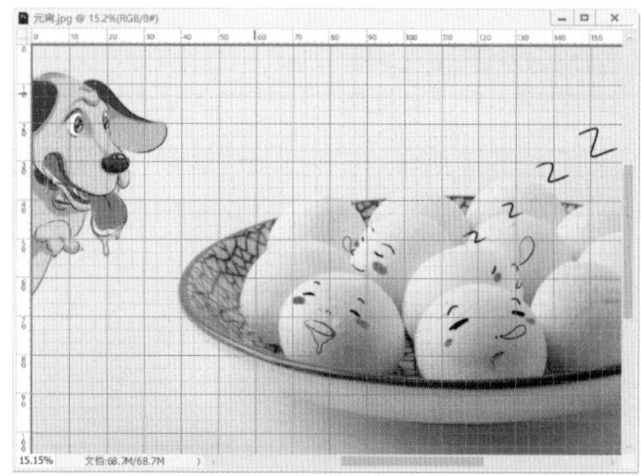

图1-48

延伸讲解

在图像窗口中显示网格后，就可以利用网格的功能，沿着网格线对齐或移动物体。如果希望在移动物体时能够自动贴齐网格，或者在建立选区时自动贴齐网格线的位置进行定位选取，可执行“视图”|“对齐到”|“网格”命令，使“网格”命令左侧出现√标记即可。

延伸讲解

默认情况下，网格为线条状。执行“编辑”|“首选项”|“参考线、网格和切片”命令，在打开的“参考线、网格和切片”选项卡中可以设置网格的样式，显示为点状，或者修改它的大小和颜色。

1.3.3 标尺的使用：开心购物

在绘制和处理图像时，使用标尺可以确定图像或元素的位置。

01 启动Photoshop 2023软件，按快捷键Ctrl+O，打开相关素材中的“素材.jpg”文件，按快捷键Ctrl+R显示标尺，如图1-49所示。

图1-49

02 将光标放在水平标尺上，单击并向下拖动光标拖出水平参考线，从而创建水平参考线，如图1-50所示。

图1-50

03 选择“移动”工具，以水平参考线为基准，调整人物的位置，如图1-51所示。

04 将光标放在垂直标尺上，单击并向右拖动光标可以创建垂直参考线，调整人物位置，如图1-52所示。

图1-51

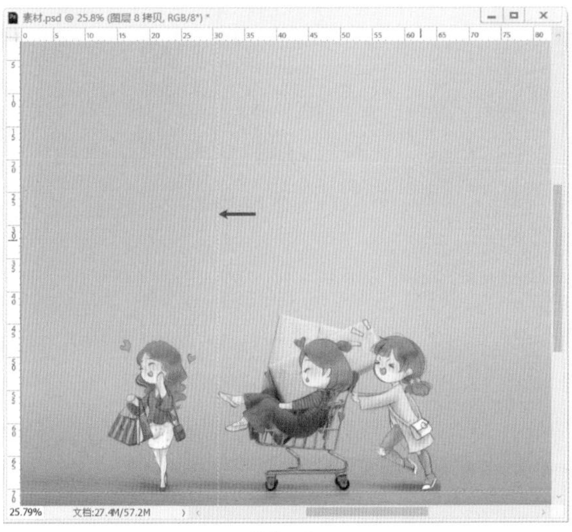

图1-52

延伸讲解

执行“视图”|“锁定参考线”命令可以锁定参考线的位置，以防止被移动，再次执行该命令，即可取消锁定。将参考线拖回标尺，可将其删除。如果要删除所有参考线，可以执行“视图”|“清除参考线”命令。

05 如果要移动参考线，可以选择“移动”工具✥，将光标放置在参考线上方，待光标变为⇳或⇹状，单击并拖动光标即可移动参考线，如图1-53所示。创建或移动参考线时，如果按住Shift键，可以使参考线与标尺上的刻度对齐。

06 选择“画笔”工具，涂抹购物车内的人物，效果如图1-54所示。

07 选择“裁剪”工具，显示裁剪框，调整裁剪框的边界，按Enter键确认裁剪，效果如图1-55所示。

图1-53

图1-54

图1-55

答疑解惑：怎样精确地创建参考线？

执行“视图”|“新建参考线”命令，打开“新建参考线”对话框，在“取向”选项中选择创建水平或垂直参考线，在“位置”选项中输入参考线的精确位置，单击“确定”按钮，即可在指定位置创建参考线。

1.3.4 导入注释

使用“注释”工具可以在图像中添加文字注释、内容等，也可以用来协同制作图像、备忘录等。可以将PDF文件中包含的注释导入图像中。执行“文件”|“导入”|“注释”命令，打开“载入”对话框，选择PDF文件，单击“载入”按钮即可导入注释。

1.3.5 为图像添加注释：五谷杂粮

使用“注释”工具可以在图像的任何区域添加文字注释，用户可以用它来标记制作说明或其他有用信息。

01 启动Photoshop 2023软件，按快捷键Ctrl+O，打开相关素材中的“五谷杂粮.jpg”文件，效果如图1-56所示。

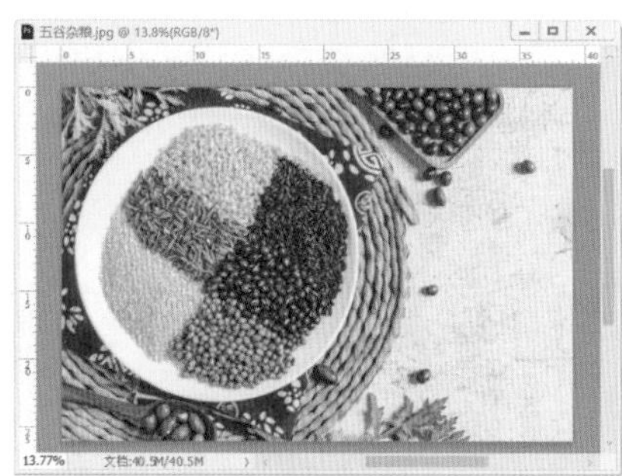

图1-56

02 在工具箱中选择“注释”工具，在图像上单击，出现记事本图标，并且自动生成一个“注释”面板，如图1-57所示。

图1-57

03 在“注释”面板中输入文字，如图1-58所示。

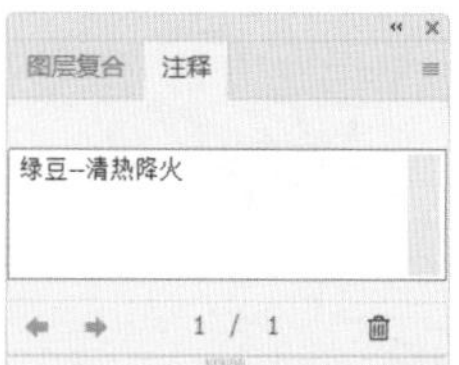

图1-58

04 在文档中再次单击，“注释”面板会自动更新到新的页面，在“注释”面板中单击←或→按钮，可以切换页面，如图1-59所示。

图1-59

05 在“注释”面板中，按Backspace键可以删除注释中的文字，并弹出提示对话框，确认用户是否要删除注释。单击“是”按钮，删除注释，如图1-60所示。

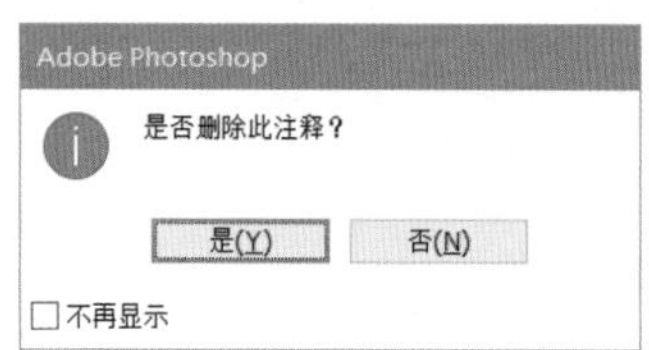

图1-60

06 在“注释”面板中选择相应的注释并单击“删除注释”按钮，可以删除选择的注释，如图1-61所示。

图1-61

1.4 Photoshop 2023新增功能介绍

Photoshop 2023在原有版本的基础上进行更新，改进了已有的功能，新增了一些功能，本节将简要介绍其使用方法。读者可以启动Photoshop 2023软件，在“帮助”菜单中选择“新增功能”命令，在打开的“发现”对话框中查看新功能的详细介绍。

1.4.1　创成式填充

使用“创成式填充”工具可以在几秒内带来惊喜的效果。通过简单的文本提示来添加、扩展或者移除图像中的内容。

打开一张图像，左侧的柠檬有一部分被切掉了，如图1-62所示。扩展画布宽度，绘制选框指定扩充范围，如图1-63所示。

在上下文工具栏中单击“创成式填充”按钮，在不输入任何内容的情况下单击“生成”按钮，如图1-64所示，即可在选区内扩充背景，结果如图1-65所示。

图1-62

图1-63

图1-64

图1-65

如果需要在选区内填充元素，如花草树木动物等，需要在文本框内输入英文，描述添加内容的名称或情况，方便系统在识别文字内容后执行填充操作。此工具暂时不支持输入中文。

1.4.2　调整预设

新增“调整预设”面板，如图1-66所示，在其中选择预设类型，对图像进行调整。如选择“创意-暗色渐隐”，将创建“创意-暗色渐隐”图层组，包括亮度/对比度、色相/饱和度调整图层，影响图像效果，如图1-67所示。

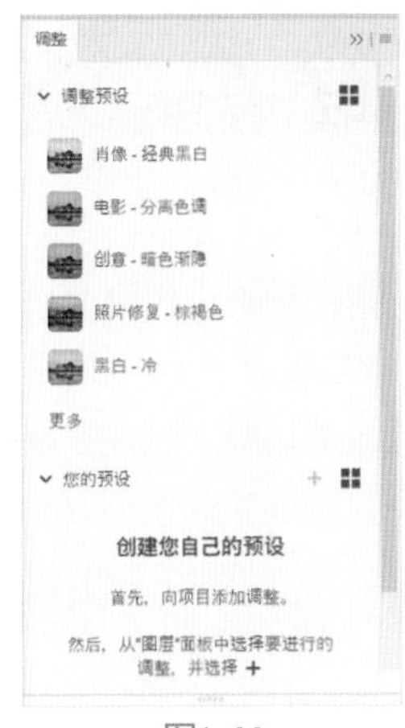

图1-66

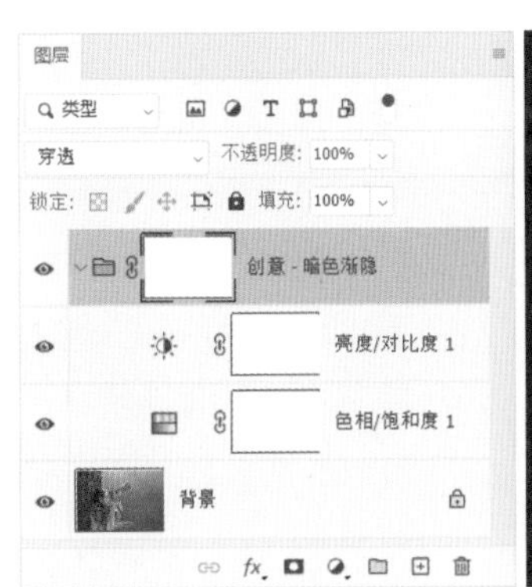

图1-67

1.4.3 移除工具

使用“移除”工具修饰图像并去除不需要的元素。选择工具后，将光标放置在需要去除的元素上单击即可，如图1-68所示。可以重复选择去除多个元素。

图1-68

1.4.4 上下文工具栏

在“窗口”菜单中选择“上下文”工具，可以打开/关闭该工具栏，如图1-69所示。

图1-69

选择文字，即可在“上下文”工具栏中显示文字属性，包括字体、字号、颜色，如图1-70所示。单击“更多选项”按钮···，向下弹出菜单，选择选项调整工具栏。

图1-70

单击“属性”按钮，弹出“属性”面板，如图1-71所示，在其中显示文字的详细信息。

图1-71

1.4.5 Neural Filters

Neural Filters包含一个滤镜库，使用由Adobe Sensei提供支持的机器学习功能，帮助用户减少难以实现的工作流程，只需要简单设置参数即可。可以让用户在几秒钟内感受非破坏性、有生成力的滤镜，同时预览图像的变化效果。

在Neural Filters中选择名称为“着色”的滤镜，可以为黑白图像上色。图1-72所示为使用滤镜后图像的前后对比效果。

图1-72

执行“滤镜”|“Neural Filters”菜单命令，打开Neural Filters面板。在左侧的列表中选择滤镜，在右侧设置滤镜参数，同时预览图像的变化，如图1-73所示。在“输出”选项中选择“智能滤镜”选项，可以通过关闭智能滤镜来还原图像的本来面目。对图像的效果满意后，单击“确定”按钮退出即可。

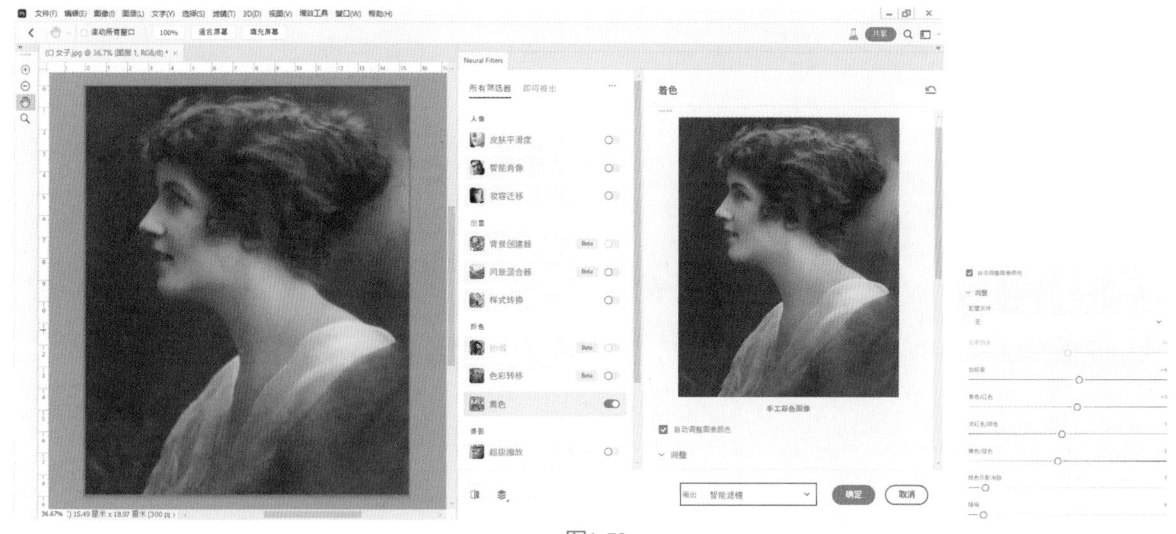

图1-73

1.4.6　共享以供审阅

使用Photoshop可以轻松地实现与团队和利益相关方共享创意作品。用户可以共享Photoshop云文档，并使用注释、上下文图钉及批注来添加和接收反馈。

单击工作界面右上角的“共享”按钮，在弹出的面板中单击“创建链接”按钮，系统将自动生成链接，如图1-74所示。通过分享链接，可以与他人共享成果。

图1-74

1.4.7　改进“对象选择”工具

改进了“对象选择”工具后，当用户将光标放置在图像上并单击时，系统可以自动选取图像或者图像的某一部分，摒弃了旧版本中需要绘制选区的操作。

在工具箱中选择“对象选择”工具，在工具选项栏中单击“选择主体”按钮，如图1-75所示。系统自动运算，打开“进程”对话框，显示选择进程。图1-76所示为自动选择人物的效果。

图1-75

将光标悬停在主体之上，系统自动识别主体，并突出显示，如图1-77所示。此时单击，可以创建选区。

图1-76

图1-77

1.4.8 改进的渐变工具

改进后的“渐变”工具有更自然的混合效果，类似于物理世界中的渐变现象，如日出、日落时多姿多彩的天空。此外，用户可以添加、移动、编辑或者删除色标来更改渐变效果。

1.4.9 改进“导出为”命令

在Photoshop 2023中，“导出为”命令的执行速度更快，还可以对比原始文件进行并排比较，如图1-78所示。

图1-78

1.4.10 更新 Camera Raw

在Photoshop 2023中更新了Camera Raw，对话框更加简洁，工具更加智能，用户可以对比原图与效果图，实时观察调整参数后图像的变化效果。

在工具栏中单击“预设”按钮，进入“预设”面板。在“自适应：人像”列表中选择“顺滑头发”选项，等待系统处理，即可在预览窗口中观察处理结果，如图1-79所示。选择其他的预设工具，同样可以在窗口中预览。

图1-79

第 2 章

海报设计：调用与编辑图像

Photoshop 2023是一款专业的图像处理软件，了解并掌握该软件的一些图像处理基本知识，用户才能在工作中更好地处理各类图像，创作出高品质的设计作品。本章主要介绍Photoshop 2023中的一些基本图像编辑方法。

2.1 海报设计概述

海报设计是对图像、文字、色彩、版面、图形等表达广告的元素，结合广告媒体的使用特征，在计算机上通过相关设计软件来实现表达广告的目的和意图，以及进行平面艺术创意性的一种设计活动或过程。

2.1.1 海报的分类

海报按其应用不同大致可以分为商业海报、节日海报、社会海报、文化海报和电影海报等。

1. 商业海报

商业海报是指宣传商品或商业服务的商业广告性海报，如图2-1所示。商业海报的设计，要恰当地配合产品的格调和受众对象。

2. 节日海报

节日海报适用于各种公共节日宣传，在设计层面主要以突出节日气氛为主，如图2-2所示。节日海报的最大特点就是应景，在适时的环境下，能够得到人们自发的大规模传播，包含七夕海报、元宵节海报、春节海报等。

3. 社会海报

社会海报是带有一定思想性的。这类海报具有特定的对公众的教育意义，其海报主题包括各种社会公益、道德的宣传，或政治思想的宣传，弘扬爱心奉献、共同进步的精神等，如图2-3所示。

图2-1

图2-2

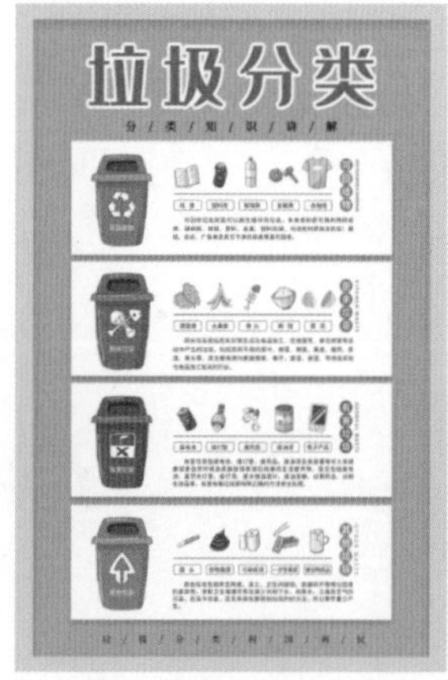

图2-3

4. 文化海报

文化海报是指各种社会文娱活动及各类展览的宣传海报。展览的种类很多，不同的展览都有它各自的特点，设计师需要了解展览和活动的内容才能运用恰当的方法表现其内容和风格。

5. 电影海报

电影海报主要是起到吸引观众注意、刺激电影票房收入的作用，与戏剧海报、文化海报等有几分类似。

2.1.2　对比构图技巧

1. 粗细对比

所谓粗细对比，是指通过粗犷与精细两种方式将主要内容与次要内容区分开来，让主体图案与陪衬图案形成对比，如中心图案与背景图案对比，粗犷与精美对比等。

2. 远近对比

国画山水构图讲究的是一个近景中景远景，这在海报设计中也同样适用，分为近中远三种画面的构图层次。所谓近，就是一个画面中最抢眼的那部分图形，也叫第一视觉冲击力，这个最抢眼的也是该海报设计中要表达的最重要的内容。

3. 疏密对比

图案中该集中的地方就须有扩散的陪衬，不宜都集中或都扩散。体现一种疏密协调、节奏分明、有张有弛的效果，同时也不失主题突出。

4. 动静对比

动静对比可以避免画面过于花哨或死板，使视觉效果感到舒服，符合人们的正常审美心理。

2.2 文件的基本操作

文件的基本操作是使用Photoshop处理图像时必须要掌握的知识点，包括新建文件、打开文件、置入文件等操作。

2.2.1　新建文件

执行“文件”|“新建”命令，或按快捷键Ctrl+N，打开“新建文档”对话框，如图2-4所示，在右侧的“预设详细信息”栏可以设置文件名，并对文件尺寸、分辨率、颜色模式和背景内容等选项进行设置，单击“创建”按钮，即可创建一个空白文件。

图2-4

如果用户想使用旧版本的“新建”对话框，执行“编辑”|“首选项”|“常规”命令，在打开的设置界面里勾选“使用旧版‘新建文档’界面”复选框，即可使用旧版本的“新建”对话框，如图2-5所示。

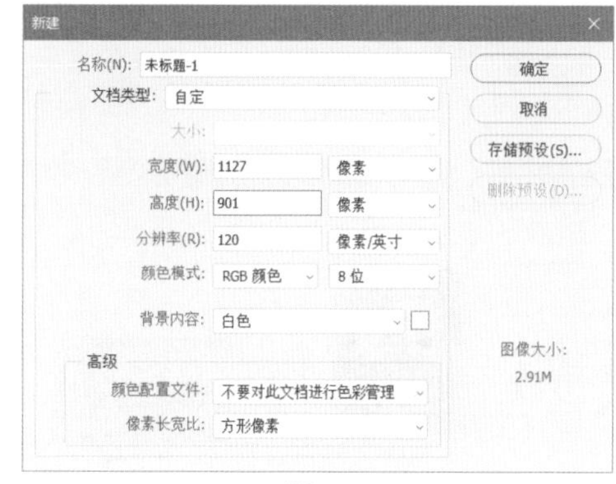

图2-5

2.2.2　打开文件

在Photoshop中打开文件的方法有很多种，可以使用命令、快捷键打开，也可以用Adobe Bridge打开。

1. 用“打开”命令打开文件

执行“文件”|“打开”命令，或按快捷键Ctrl+O，将打开“打开”对话框。在对话框中选择一个文件，或者按住Ctrl键单击选择多个文件，再单击“打开”按钮，如图2-6所示。此外，也可以在“打开”对话框中双击文件将其打开。

2. 用“打开为”命令打开文件

如果使用与文件的实际格式不匹配的扩展名存储文件（如用扩展名.gif存储PSD文件），或者文件没有扩展名，则Photoshop可能无法确定文件的正确格式，导致不能打开文件。

图2-6

遇到这种情况，可以执行“文件”|“打开为”命令，在打开的“打开”对话框中选择文件，并在右下角的列表中为它指定正确的格式，如图2-7所示，单击“打开”按钮将其打开。如果这种方法不能打开文件，则选取的格式可能与文件的实际格式不匹配，或者文件已经损坏。

图2-7

3. 通过快捷方式打开文件

在没有运行Photoshop时，可将打开的文件拖到Photoshop应用程序图标上，如图2-8所示。运行Photoshop时，可将图像直接拖曳到Photoshop的图像编辑区域中打开，如图2-9所示。

延伸讲解

在使用拖曳到图像编辑区域的方法打开图像时，如果是已打开的文档，需要将其最小化再将图像拖曳至编辑区域。

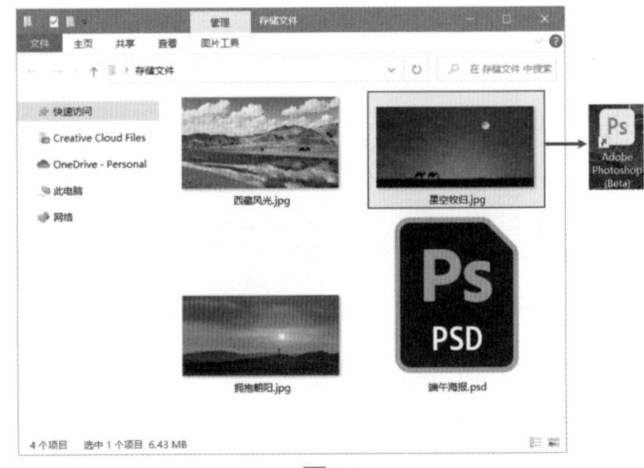

图2-8

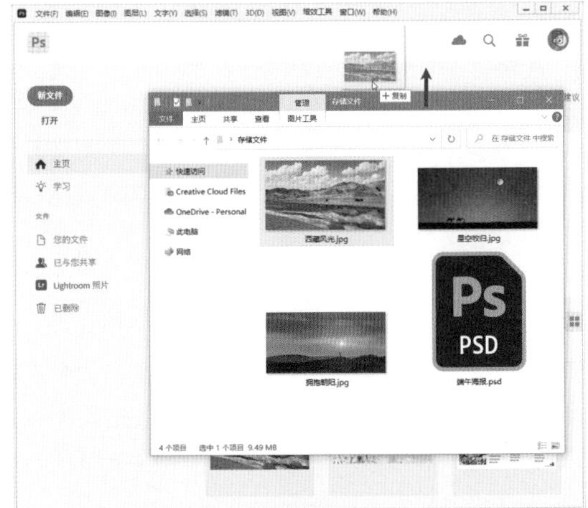

图2-9

4. 打开最近使用过的文件

执行“文件”|“最近打开文件”命令，在级联菜单中会显示最近在Photoshop中打开过的20个文件，单击任意一个文件即可将其打开。执行级联菜单中的“清除最近的文件列表”命令，可以清除保存的目录。

相关链接

执行“编辑”|“首选项”|“文件处理”命令，在Photoshop“首选项”对话框中可以修改菜单中可以保存的最近打开文件的数量。

5. 作为智能对象打开

执行“文件”|“打开为智能对象”命令，打开“打开”对话框，如图2-10所示。将所需文件打开后，文件会自动转换为智能对象（图层缩览图右下角有一个图标），如图2-11所示。

延伸讲解

“智能对象”是一个嵌入当前文档中的文件，它可以保留文件的原始数据，进行非破坏性编辑。

图2-10

图2-11

2.2.3 置入AI文件：制作冰爽饮料海报

下面通过执行“置入嵌入对象”命令，在文档中置入AI格式文件，并通过“自由变换”命令进行对象调整，最终制作出一款夏日冰爽饮料海报。

01 启动Photoshop 2023软件，按快捷键Ctrl+O，打开相关素材中的“背景.jpg”文件，效果如图2-12所示。

图2-12

02 执行“文件”|“置入嵌入对象”命令，在打开的“置入嵌入的对象”对话框中选择路径文件夹中的“饮料.ai”文件，单击“置入”按钮，如图2-13所示。

图2-13

03 打开“打开为智能对象”对话框，在“裁剪到”下拉列表中选择“边框”选项，如图2-14所示。

图2-14

04 单击“确定”按钮，将AI文件置入背景图像文档中，如图2-15所示。

05 拖曳定界框上的控制点，对文件进行等比缩放，调整完成后按Enter键确认，效果如图2-16所示。在“图层”面板中，置入的AI图像文件右下角图标为▣，如图2-17所示。

图2-15

图2-16

图2-17

2.3 查看图像

编辑图像时，需要经常放大或缩小窗口的显示比例、移动画面的显示区域，以便更好地观察和处理图像。Photoshop 2023提供了许多用于缩放窗口的工具和命令，如切换屏幕模式、“缩放”工具、“抓手”工具、“导航器”面板等。

2.3.1 在不同的屏幕模式下工作

单击工具箱底部的“更改屏幕模式”按钮，可以显示一组用于切换屏幕模式的按钮，包括“标准屏幕模式”按钮、“带有菜单栏的全屏模式”按钮和“全屏模式”按钮，如图2-18所示。

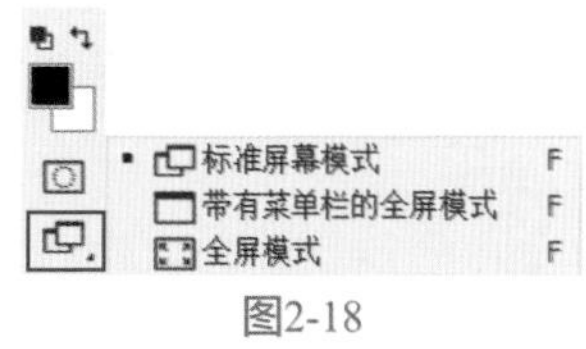

图2-18

- 标准屏幕模式：这是默认的屏幕模式，可以显示菜单栏、标题栏、滚动条和其他屏幕元素。
- 带有菜单栏的全屏模式：显示有菜单栏和50%灰色背景，无标题栏和滚动条的全屏窗口。
- 全屏模式：显示只有黑色背景，无标题栏、菜单栏和滚动条的全屏窗口。

2.3.2 在多个窗口中查看图像

如果同时打开了多个图像文件，可以通过“窗口”|“排列”级联菜单中的命令控制各文档窗口的排列方式，如图2-19所示。

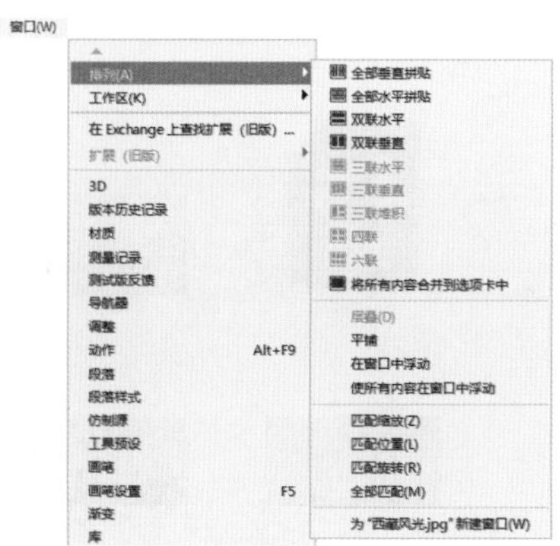
图2-19

延伸讲解

按F键可以在各屏幕模式之间切换；按Tab键可以隐藏/显示工具箱、面板和工具选项栏；按快捷键Shift+Tab可以隐藏/显示面板。

2.3.3 旋转视图工具：一飞冲天

在Photoshop 2023中进行绘图或修饰图像时，可以使用“旋转视图”工具旋转画布。

01 启动Photoshop 2023软件，按快捷键Ctrl+O，打开相关素材中的“一飞冲天.jpg”文件。在工具箱中选择“旋转视图”工具，在窗口中单击，会出现一个罗盘，深红色的指针指向北方，如图2-20所示。

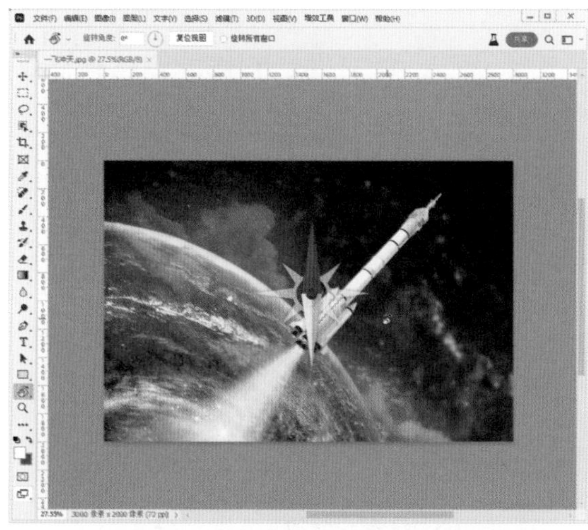
图2-20

02 按住鼠标左键拖曳即可旋转画布，如图2-21所示。如果要精确旋转画布，可以在工具选项栏的“旋转角度”文本框中输入角度值。如果打开了多个图像，勾选“旋转所有窗口”复选框，可以同时旋转这些窗口。如果要将画布恢复到原始角度，可以单击“复位视图”按钮或按Esc键。

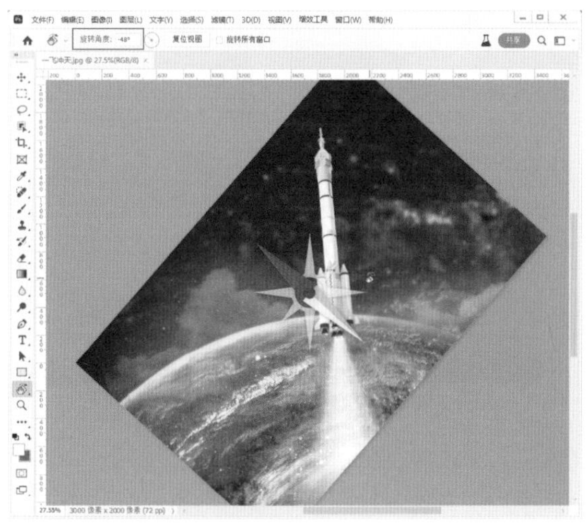

图2-21

延伸讲解

需要启用“图形处理器设置”才能使用“旋转视图”工具，该功能可在Photoshop“首选项”对话框的“性能”属性中进行设定。

2.3.4 缩放工具：激情燃烧的岁月

在Photoshop 2023中绘图或修饰图像时，可以使用“缩放”工具将对象放大或缩小。

01 启动Photoshop 2023软件，按快捷键Ctrl+O，打开相关素材中的“狂欢.jpg”文件，效果如图2-22所示。

图2-22

02 在工具箱中选择“缩放”工具，将光标放置在画面中，待光标变为状后，单击即可放大窗口显示比例，如图2-23所示。

03 按住Alt键，待光标变为状，单击即可缩小窗口显示比例，如图2-24所示。

04 在“缩放”工具选中状态下，勾选工具选项栏中的“细微缩放”复选框，如图2-25所示。

图2-23

图2-24

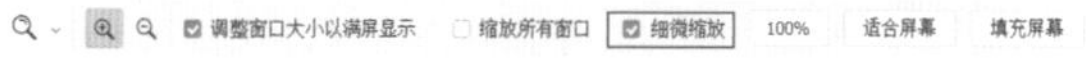

调整窗口大小以满屏显示 缩放所有窗口 细微缩放 100% 适合屏幕 填充屏幕

图2-25

05 单击图像并向右侧拖曳，能够以平滑的方式快速放大窗口，如图2-26所示。

图2-26

06 向左侧拖曳，则会快速缩小窗口，如图2-27所示。

图2-27

2.3.5　抓手工具：万丈高楼平地起

当图像尺寸较大，或者由于放大窗口的显示比例而不能显示全部图像时，可以使用“抓手”工具移动画面，查看图像的不同区域。该工具也可用于缩放窗口。

01 启动Photoshop 2023软件，按快捷键Ctrl+O，打开相关素材中的“城市.jpg”文件，效果如图2-28所示。

图2-28

02 在工具箱中选择“抓手”工具，将光标移到画面上方，按住Alt键并单击，可以缩小窗口，如图2-29所示。按住Ctrl键并单击，可以放大窗口，如图2-30所示。

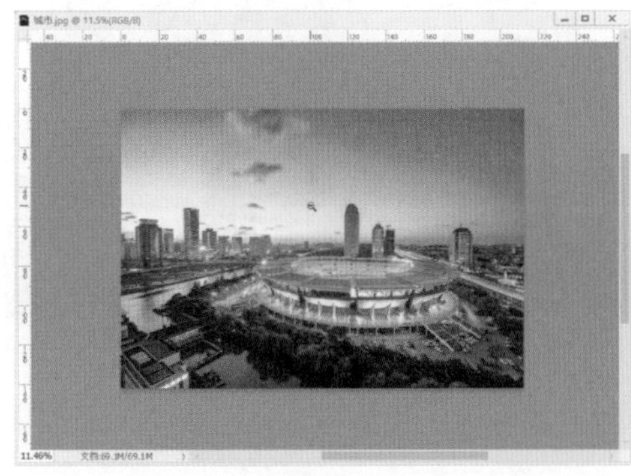

图2-29

图2-30

03 放大窗口后，释放快捷键，单击并拖曳光标即可移动画面，如图2-31所示。

图2-31

延伸讲解

如果按住Alt键（或Ctrl键）和鼠标左键不放，则能够以平滑的、较慢的方式逐渐缩放窗口。此外，同时按住Alt键（或Ctrl键）和鼠标左键，向左（或右）侧拖动光标，能够以较快的方式平滑地缩放窗口。

04 按H键并单击，窗口中会显示全部图像，并出现一个矩形框，将矩形框定位在需要查看的区域，如图2-32所示。

图2-32

05 释放鼠标左键和H键，可以快速放大并转到这一图像区域，如图2-33所示。

图2-33

延伸讲解

使用绝大多数工具时，按住键盘中的空格键都可以切换为“抓手”工具。使用除“缩放”工具和“抓手”工具以外的其他工具时，按住Alt键并滚动鼠标中间的滚轮也可以缩放窗口。此外，如果同时打开了多个图像，在选项栏中勾选“滚动所有窗口”复选框后，移动画面的操作将用于所有不能完整显示的图像，“抓手”工具的其他选项均与“缩放”工具相同。

2.3.6　用导航器面板查看图像

“导航器”面板中包含图像的缩览图和窗口缩放控件，如图2-34所示。如果文件尺寸较大，画面中不能显示完整的图像，通过该面板定位图像的显示区域会更方便。

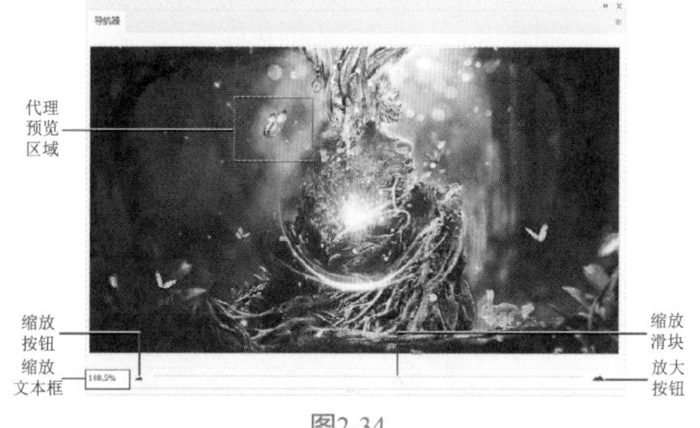

图2-34

延伸讲解

执行“导航器”面板菜单中的“面板选项”命令，可在打开的对话框中修改代理预览区域矩形框的颜色。

2.4 调整图像与画布

平时大家拍摄的数码照片，或是在网络上下载的图像可以有不同的用途，例如，可以设置成计算机桌面、QQ头像、手机壁纸，也可以上传到网络相册，或进行打印。然而，图像的尺寸和分辨率有时会不符合要求，这就需要对图像的大小和分辨率进行适当调整。

2.4.1　修改画布大小

画布是指整个文档的工作区域，如图2-35所示。执行“图像”|“画布大小”命令，可以在打开的“画布大小”对话框中修改画布尺寸，如图2-36所示。

图2-35

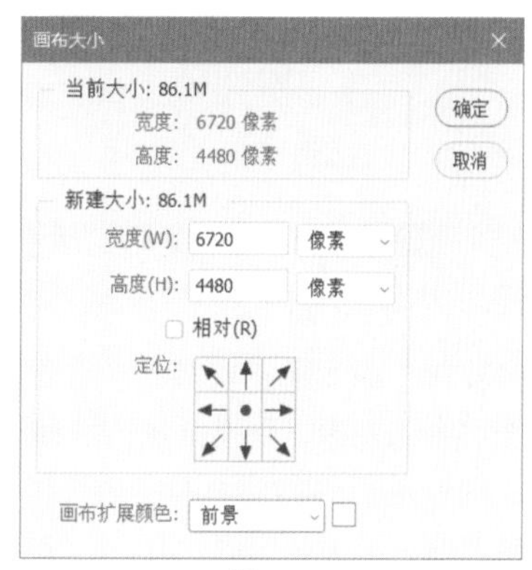

图2-36

2.4.2　旋转画布

执行“图像”|“图像旋转”命令，在级联菜单中包含了用于旋转画布的命令，执行这些命令可以旋转或翻转整个图像。图2-37所示为原始图像，图2-38所示是执行“水平翻转画布”命令后的状态。

图2-37

图2-38

延伸讲解

执行“图像”|“图像旋转”|“任意角度”命令，打开“旋转画布”对话框，输入画布的旋转角度，即可按照设定的角度和方向精确旋转画布，如图2-39所示。

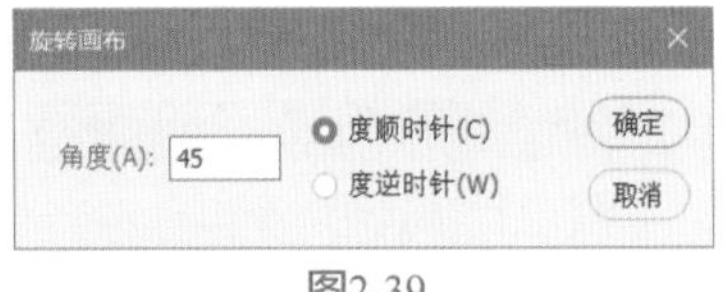

图2-39

答疑解惑：“图像旋转”命令与“变换”命令有何区别?

“图像旋转”命令用于旋转整个图像。如果要旋转单个图层中的图像，则需要执行“编辑”|“变换”命令，通过其级联菜单中的命令来进行操作；如果要旋转选区，需要执行“选择”|“变换选区”命令。

2.4.3 修改图像大小：最美不过九寨沟

执行“图像”|“图像大小”命令，可以调整图像的像素大小、打印尺寸和分辨率。修改图像大小不仅会影响图像在屏幕上的视觉效果，还会影响图像的质量、打印效果、所占用的存储空间。

01 启动Photoshop 2023软件，按快捷键Ctrl+O，打开相关素材中的“九寨沟.jpg”文件，效果如图2-40所示。

图2-40

02 执行“图像”|“图像大小”命令，打开“图像大小”对话框，在预览图像上单击并拖动光标，定位显示中心，此时预览图像底部会出现显示比例的百分比，如图2-41所示。按住Ctrl键单击预览图像，可以增大显示比例；按住Alt键单击预览图像，可以减小显示比例。

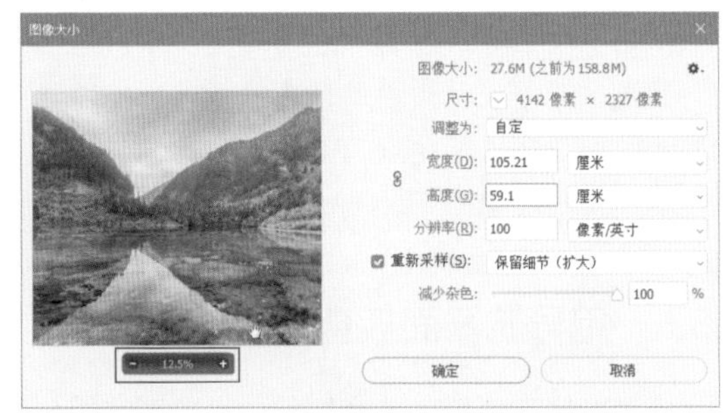

图2-41

03 在“图像大小”对话框中，在“宽度”“高度”和“分辨率”文本框中输入数值，可以设置图像的打印尺寸，操作方法有两种。第一种方法是勾选“重新采样”复选框，然后修改图像的宽度或高度，这会改变图像的像素数量。例如，减小图像的尺寸时（85厘米×39厘米），就会减少像素数量，如图2-42所示，此时图像虽然变小了，但画质不会改变，如图2-43所示。

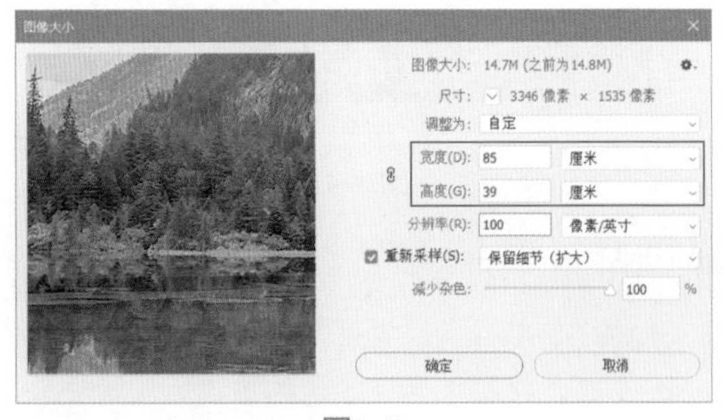

图2-42

图2-43

04 增加图像的大小或提高分辨率时（115厘米×69厘米），如图2-44所示，会增加新的像素，这时图像尺寸虽然增大了，但画质会下降，如图2-45所示。

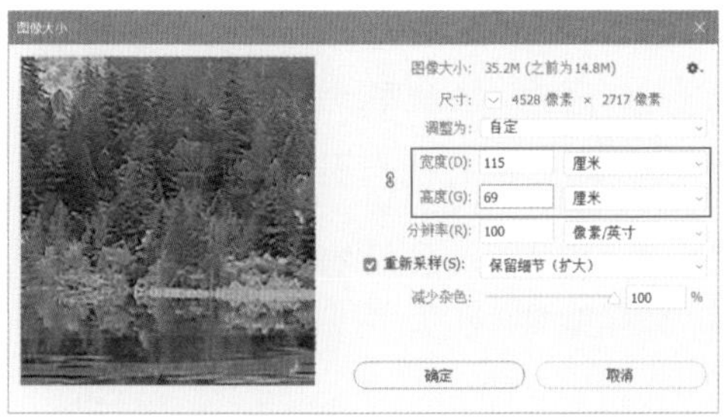

图2-44

图2-45

05 第二种方法，先取消“重新采样”复选框的勾选，再来修改图像的宽度或高度。这时图像的像素总量不会变化，也就是说，减少宽度和高度时，会自动增加分辨率，如图2-46和图2-47所示。

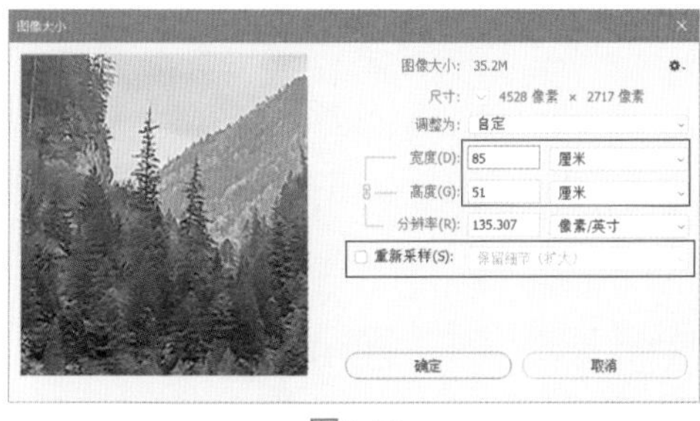

图2-46

图2-47

06 增加宽度和高度时，会自动降低分辨率，图像的视觉大小看起来不会有任何改变，画质也没有变化，如图2-48和图2-49所示。

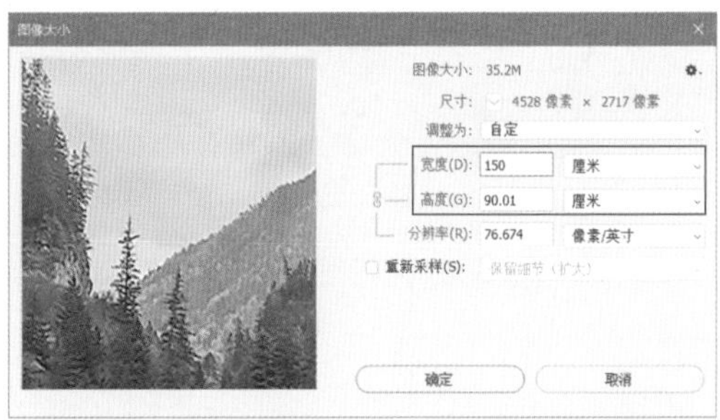

图2-48

图2-49

2.5 复制与粘贴

复制、剪切和粘贴等都是应用程序中最普通的常用命令，用于完成复制与粘贴任务。与其他程序不同的是，Photoshop可以对选区内的图像进行特殊的复制与粘贴操作，如在选区内粘贴图像，或清除选中的图像。

2.5.1 复制、合并复制与剪切

1. 复制

在Photoshop中打开一个文件，如图2-50所示，在图像中创建选区，如图2-51所示，执行“编辑”|“拷贝”命令，或按快捷键Ctrl+C，可以将选中的图像复制到剪贴板，此时画面中的图像内容保持不变。

图2-50

图2-51

2. 合并复制

如果文档包含多个图层，在图像中创建选区，如图2-52所示，执行“编辑”|“合并拷贝”命令，或按快捷键Shift+Ctrl+C，可以将所有可见层中的图像复制到剪贴板。按快捷键Ctrl+V粘贴即可查看复制效果，如图2-53所示。

图2-52

图2-53

3. 剪切

执行“编辑”|“剪切”命令，可以将选中的图像从画面中剪切掉。将剪切的图像粘贴到另一个文档中，效果如图2-54所示。

图2-54

2.5.2 粘贴与选择性粘贴

1. 粘贴

在图像中创建选区，复制（或剪切）图像，执行“编辑”|“粘贴”命令，或按快捷键Ctrl+V，可以将剪贴板中的图像粘贴到其他文档中，如图2-55所示。

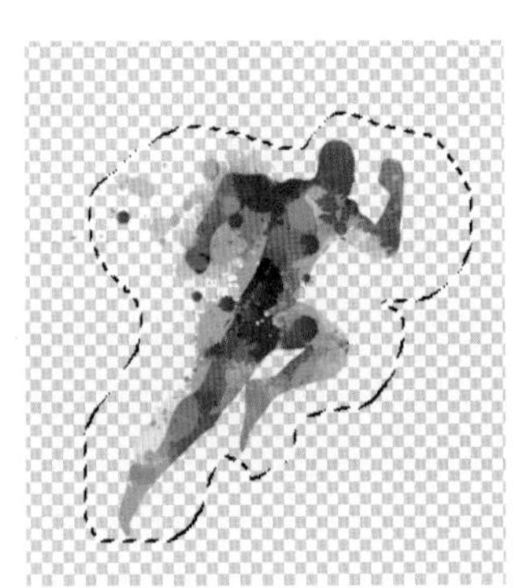

图2-55

2. 选择性粘贴

复制或剪切图像后，可以执行“编辑”|“选择性粘贴”级联菜单中的命令，粘贴图像，如图2-56所示。

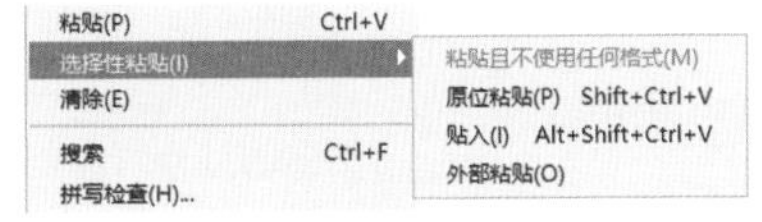

图2-56

级联菜单中常用命令说明如下。

- 原位粘贴：将图像按照其原位粘贴到文档中。
- 贴入：如果创建了选区，执行该命令可以将图像粘贴到选区内并自动添加蒙版，将选区之外的图像隐藏。
- 外部粘贴：如果创建了选区，执行该命令可以将图像粘贴到选区内并自动添加蒙版，将选区中的图像隐藏。

2.5.3　清除选中的图像：星飞扬

对选区执行“清除”操作，可以删除其中的内容，或者自动填充背景色。

01 启动Photoshop 2023软件，按快捷键Ctrl+O，打开相关素材中的“星飞扬.jpg”文件。

02 选择“矩形选框”工具，在图像的右侧绘制矩形选框，选择黄色星星，如图2-57所示。

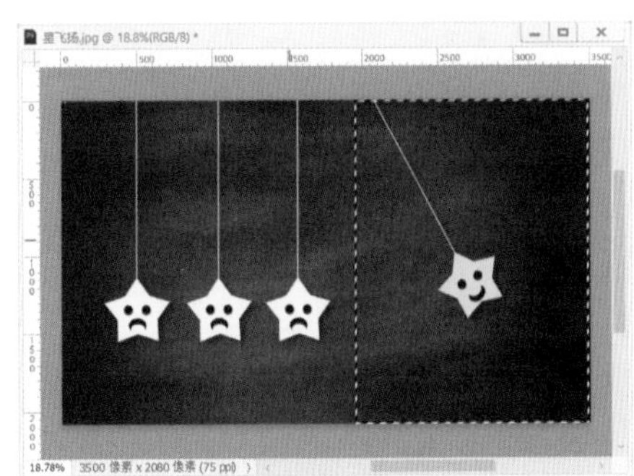

图2-57

03 执行“编辑”|“清除”命令，可以将选中的图像清除，如图2-58所示。

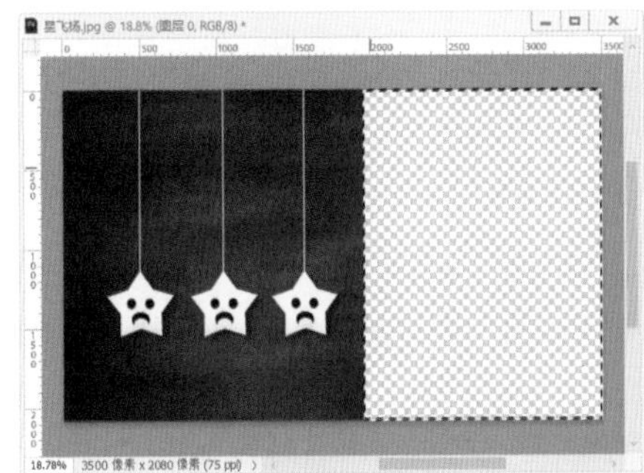

图2-58

04 在“背景”图层上创建选区，并执行“清除”操作，选区会自动填充背景色，如图2-59所示。

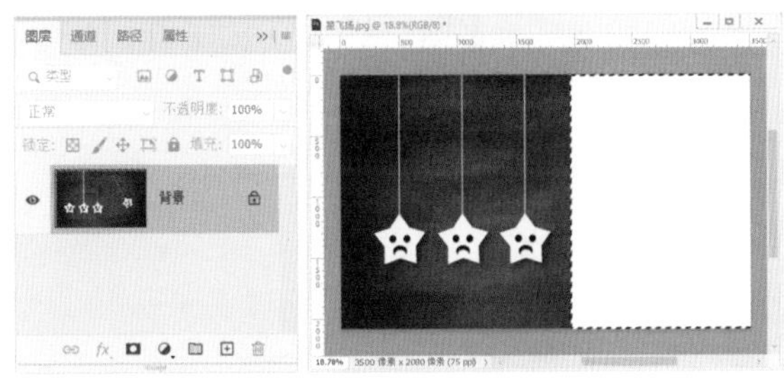

图2-59

2.6 恢复与还原

在编辑图像的过程中，如果出现了失误或对创建的效果不满意，可以撤销操作，或者将图像恢复为最近保存过的状态。Photoshop提供了许多帮助用户恢复操作的功能，有了它们作保证，就可以放心大胆地创作了。

2.6.1　用历史记录面板还原图像：手舞足蹈的饺子

在“历史记录”面板中保留了用户在Photoshop中对图像进行的每一步操作，利用该面板可以回到之前的任意一步操作，并从返回的状态继续工作。

01 启动Photoshop 2023软件，按快捷键Ctrl+O，打开相关素材中的“素材.psd”文件，效果如图2-60所示。

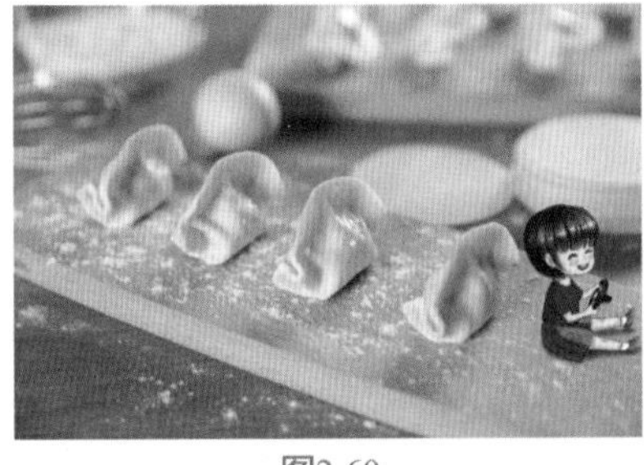

图2-60

02 执行“窗口”|“历史记录”命令，打开“历史记录”面板，如图2-61所示。

图2-61

03 执行“文件”|“置入嵌入对象”命令，在“置入嵌入的对象”对话框中选择文件，如图2-62所示。

图2-62

04 单击"置入"按钮，调整文件的大小和位置，结果如图2-63所示。

图2-63

05 观察"历史记录"面板，可以发现"置入嵌入的智能对象"操作被记录，如图2-64所示。

图2-64

06 在"图层"面板中打开表情图层，为饺子添加表情，如图2-65所示。

图2-65

07 因为在上一步骤中打开了三个图层，所以在"历史记录"面板有三次"图层可见性"操作被记录，如图2-66所示。

08 在"历史记录"面板中单击第一个"图层可见性"记录，如图2-67所示。

图2-66　　图2-67

09 此时画面如图2-68所示，其他两个表情被暂时隐藏。如果在"历史记录"面板中选择三个"图层可见性"记录，则画面如图2-65所示。

图2-68

10 在"历史记录"面板中选择"打开"记录，如图2-69所示，置入文件、打开图层的操作结果被全部隐藏，如图2-60所示。

图2-69

延伸讲解

在Photoshop中对面板、颜色设置、动作和首选项进行的修改不是对某个特定图像的更改，因此不会记录在"历史记录"面板中。

2.6.2 选择性恢复图像区域：美味冰淇淋

如果希望有选择性地恢复部分图像，可以使用"历史记录画笔"和"历史记录艺术画笔"工具。需要注意的是，这两个工具必须配合"历史记录"面板使用。

01 启动Photoshop 2023软件，按快捷键Ctrl+O，打开相关素材中的“海报.jpg”文件，效果如图2-70所示。

02 执行“滤镜”|“模糊”|“径向模糊”命令，在打开的“径向模糊”对话框中设置参数，如图2-71所示。

03 单击“确定”按钮，此时得到的径向模糊效果如图2-72所示。

图2-70

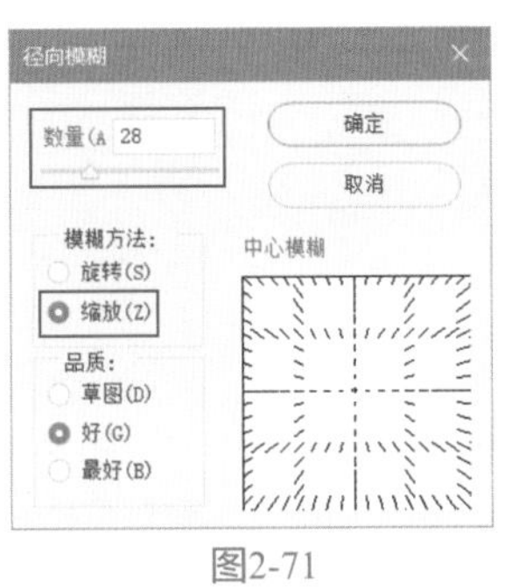

图2-71

图2-72

04 在“历史记录”面板中选择“径向模糊”记录，如图2-73所示。

05 在工具箱中选择“历史记录画笔”工具，在选项栏中设置画笔“硬度”为0%，设置“不透明度”为50%。移动光标至图像窗口，调整画笔至合适大小，单击并拖曳光标，进行局部涂抹，使文字和冰淇淋部分恢复到原来的清晰效果，效果如图2-74所示。

06 在“历史记录”面板中显示“历史记录画笔”记录，如图2-75所示。如果选择“径向模糊”记录，则涂抹效果被隐藏。

图2-73

图2-74

图2-75

2.7 图像的变换与变形操作

移动、旋转、缩放、扭曲、斜切等是图形处理的基本方法。其中，移动、旋转和缩放称为变换操作；扭曲和斜切称为变形操作。

2.7.1 定界框、中心点和控制点

执行“编辑”|“变换”命令，在级联菜单中包含了各种变换命令，如图2-76所示。执行这些命令时，当前对象周围会出现一个定界框，定界框中央有一个中心点，四周有控制点，如图2-77所示。默认情况下，中心点位于对象的中心，它用于定义对象的变换中心，拖曳它可以移动其位置；拖曳四周的控制点则可以进行变换操作。

图2-76

图2-77

延伸讲解

执行“编辑”|“变换”级联菜单中的“旋转180度”“顺时针旋转90度”“逆时针旋转90度”“水平翻转”和“垂直翻转”命令时，可直接对图像进行以上变换，而不会显示定界框。

2.7.2 移动图像：趣味时钟

“移动”工具是Photoshop中最常用的工具之一，不论是移动图层、选区内的图像，还是将其他文档中的图像拖入当前文档中，都需要用到“移动”工具。

01 启动Photoshop 2023软件，按快捷键Ctrl+O，打开相关素材中的“钟表.jpg”文件，效果如图2-78所示。

图2-78

02 重复上述操作，打开“表情.psd”文件。利用“选择”工具选择“橙子表情”，按住鼠标左键不放将其拖至“钟表”文档，如图2-79所示。

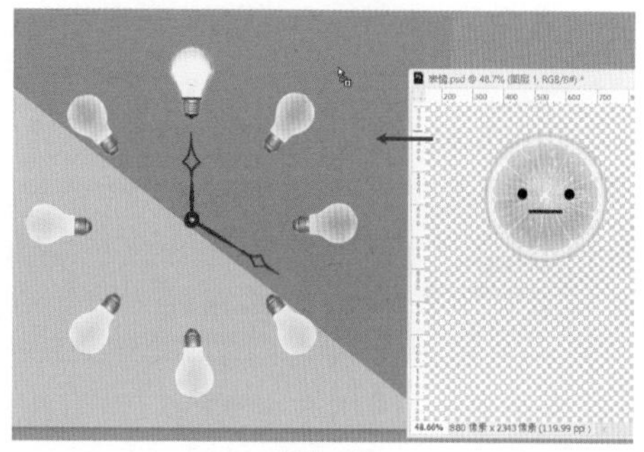

图2-79

03 将“橙子表情”放置在灯泡上，效果如图2-80所示。

04 重复删除操作，继续拖动“橙子表情”，如图2-81所示。

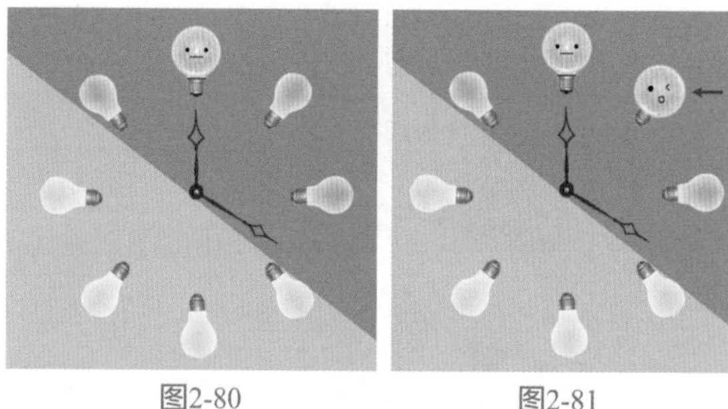

图2-80　　图2-81

05 选择“橙子表情”，按快捷键Ctrl+T，将光标放置在右下角，按住鼠标左键不放旋转对象，如图2-82所示。

06 按Enter键退出操作，旋转结果如图2-83所示。

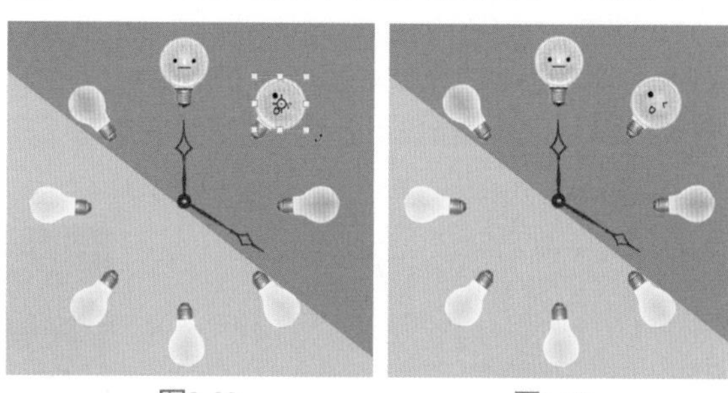

图2-82　　图2-83

07 重复上述操作，拖放表情后再旋转角度，最终结果如图2-84所示。

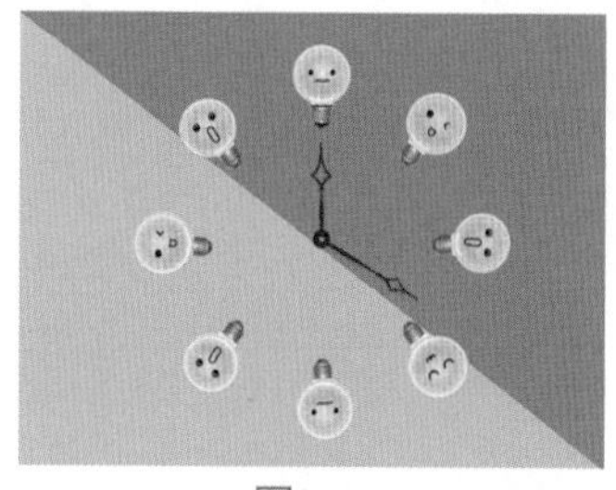

图2-84

延伸讲解

使用“移动”工具时，按住Alt键单击并拖动图像，可以复制图像，同时生成一个新的图层。

2.7.3 移动工具选项栏

图2-85所示为“移动”工具选项栏。

移动工具选项栏中常用选项说明如下。

- 自动选择：如果文档中包含多个图层或组，可勾选该复选框，并在下拉列表中选择要移动的内容。

图2-85

- 显示变换控件：勾选该复选框后，选择一个图层时，将会在图层内容的周围显示界定框，如图2-86所示，此时拖曳控制点，可以对图像进行变换操作，如图2-87所示。如果文档中的图层数量较多，并且需要经常进行缩放、旋转等变换操作时，该选项比较有用。

图2-86

图2-87

- 对齐图层：选择两个或多个图层后，可单击相应的按钮让所选图层对齐。这些按钮的功能包括顶对齐、垂直居中对齐、底对齐、左对齐、水平居中对齐和右对齐。
- 分布图层：如果选择了3个或3个以上的图层，可单击相应的按钮，使所选图层按照一定的规则均匀分布，包括按顶分布、垂直居中分布、按底分布、按左分布、水平居中分布和按右分布。
- 3D模式：提供了可以对3D模型进行移动、缩放等操作的工具，它们是旋转3D对象工具、滑动3D对象工具、缩放3D对象工具。

延伸讲解

使用“移动”工具时，每按一次键盘中的→、←、↑、↓键，便可以将对象移动一个像素的距离；如果按住Shift键，再按方向键，则图像每次可以移动10个像素的距离。此外，如果移动图像的同时按住Alt键，则可以复制图像，同时生成一个新的图层。

2.7.4 旋转与缩放操作：圣女果之舞

“旋转”命令用于对图像进行旋转变换操作；“缩放”命令用于对图像进行放大或缩小的操作。

01 启动Photoshop 2023软件，按快捷键Ctrl+O，打开相关素材中的“背景.jpg”文件，效果如图2-88所示。

图2-88

02 打开“圣女果1.png”文件，拖放至背景文档中，如图2-89所示。

图2-89

03 执行“编辑”|“自由变换”命令，或按快捷键Ctrl+T显示定界框，如图2-90所示。

图2-90

04 将光标放在定界框右下角的控制点处，当光标变为↶状时，单击并拖动光标可以旋转图像，如图2-91所示。

05 将光标放在定界框右下角的控制点上，当光标变为↘状时，单击并拖动光标可以缩放图像，操作完成后，按Enter键确认，如图2-92所示。

图2-91

图2-92

06 重复上述操作，利用“自由变换”命令旋转图像的角度、调整图像的大小，把图像放置在合适的位置，结果如图2-93所示。

图2-93

07 最后为图像添加投影，结果如图2-94所示。

图2-94

2.7.5 斜切与扭曲操作：变形披萨

“斜切”命令用于使图像产生斜切透视效果；“扭曲”命令用于对图像进行任意的扭曲变形。

01 启动Photoshop 2023软件，按快捷键Ctrl+O，打开相关素材中的“披萨.psd”文件，效果如图2-95所示。

02 在“图层”面板中，单击操作对象所在的图层。按快捷键Ctrl+T显示界定框，将光标放在定界框底部中间位置的控制点上，按快捷键Shift+Ctrl，光标会变为状，此时单击并拖动光标可以沿水平方向斜切对象，如图2-96所示。

图2-95

图2-96

03 按Esc键取消操作，按快捷键Ctrl+T显示界定框，将光标放在定界框右侧中间位置的控制点上，按快捷键Shift+Ctrl，光标会变为状，此时单击并拖动光标可以沿垂直方向斜切对象，如图2-97所示。

04 按Esc键取消操作，下面来进行扭曲练习。按快捷键Ctrl+T显示定界框，将光标放在定界框右下角的控制点上，按住Ctrl键，光标会变为▷状，此时单击并拖动光标可以扭曲对象，如图2-98所示。

图2-97

图2-98

2.7.6　透视变换操作：桃花朵朵开

“透视”命令用于使图像产生透视变形的效果。

01 启动Photoshop 2023软件，按快捷键Ctrl+O，打开相关素材中的“桃花.psd”文件，效果如图2-99所示。

02 按快捷键Ctrl+T显示定界框，在图片上右击，在弹出的快捷菜单中选择“透视”选项，如图2-100所示。

图2-99

自由变换

缩放
旋转
斜切
扭曲
透视

变形
水平拆分变形
垂直拆分变形
交叉拆分变形
移去变形拆分

转换变形锚点

切换参考线

内容识别缩放
操控变形

旋转 180 度
顺时针旋转 90 度
逆时针旋转 90 度

水平翻转
垂直翻转

图2-100

03 将光标放在定界框四周的控制点上，光标会变为▷状，此时单击并拖动光标可进行透视变换，如图2-101和图2-102所示。操作完成后，按Enter键确认。

图2-101

图2-102

2.7.7　精确变换操作：春光明媚

变换选区图像时，使用工具选项栏可以快速、准确地变换图像。

01 启动Photoshop 2023软件，按快捷键Ctrl+O，打开相关素材中的“春游.jpg”文件，效果如图2-103所示。

图2-103

02 执行“编辑”|“自由变换”命令，或按快捷键Ctrl+T显示定界框，工具选项栏会显示各种变换选项，如图2-104所示，在选项内输入数值并按Enter键即可进行精确变换操作。

图2-104

03 在“设置参考点的水平位置”文本框中输入数值，可以水平移动图像，如图2-105所示；继续在“设置参考点的垂直位置”文本框中输入数值，可以垂直移动图像，如图2-106所示。单击这两个选项中间的“使用参考点相关定位”按钮△，可相对于当前参考点位置重新定位新的参考点位置。

图2-105

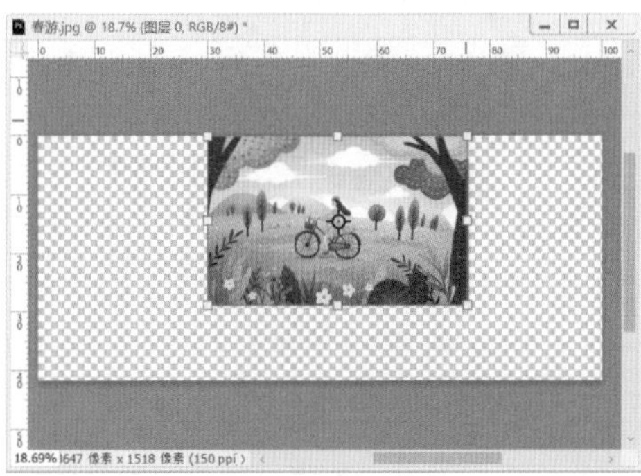

图2-106

04 将图像恢复到原始状态，且“保持长宽比”按钮 处于未选中状态，在“设置水平缩放”文本框内输入数值为50%，可以水平拉伸图像，如图2-107所示；恢复到原始状态，继续在“设置垂直缩放比例”文本框内输入数值为50%，可以垂直拉伸图像，如图2-108所示。

图2-107

图2-108

05 将图像恢复到原始状态，激活“保持长宽比”按钮 ，在“设置水平缩放”文本框内输入数值为50%，此时“设置垂直缩放比例”文本框内的数值也会变为50%，图像发生等比缩放，如图2-109所示。

图2-109

06 将图像恢复到原始状态，在“旋转”文本框内输入数值为30，可以旋转图像，如图2-110所示。

图2-110

延伸讲解

进行变换操作时，工具选项栏会出现参考点定位符 ，方块对应定界框上的各控制点。如果要将中心点调整到定界框边界上，可单击小方块。例如，要将中心点移动到定界框的左上角，可单击参考点定位符左上角的方块 。

2.7.8　变换尺寸操作：百变向日葵

在使用Photoshop修改图像时，如果只想对其中的某一部分进行更改，可通过建立选区对局部进行调整。

01 启动Photoshop 2023软件，按快捷键Ctrl+O，打开相关素材中的“向日葵.psd”文件，效果如图2-111所示。

图2-111

02 在“图层”面板中选择“向日葵”图层，接着选择“套索”工具，在画面中拖动绘制一个选框，选择左上角的向日葵，如图2-112所示。

图2-112

03 按快捷键Ctrl+T显示定界框，然后拖动定界框上的控制点可以对选区内的图像进行旋转、缩放、翻转等变换操作，如图2-113和图2-114所示。

图2-113

图2-114

2.8 应用案例：制作旅游海报

本节制作旅游海报，以当地景色为背景，再添加相关文字信息。为了使画面生动有趣，可以通过绘制形状、选用不同样式的字体、添加辅助图形等方式。

01 启动Photoshop 2023软件，新建一个尺寸为30cm×45cm、分辨率为150像素/英寸的空白文档。设置前景色为蓝色（#034091），按快捷键Alt+Delete填充前景色，结果如图2-115所示。

02 打开相关素材中的“背景.png”文件，将其放置在文档的上方，如图2-116所示。

图2-115

图2-116

03 为“背景”图层添加一个图层蒙版，选择“画笔”工具，将前景色设置为黑色，在蒙版上涂抹，使背景的下部分虚化，如图2-117所示。

04 选择“矩形”工具，设置填充为无，描边为白色，自定义描边宽度，圆角半径值为0，拖曳光标绘制一个方框，如图2-118所示。

图2-117

图2-118

05 选择"矩形1"图层，更改其"不透明度"为60%，为其添加蒙版，使用黑色画笔在蒙版上涂抹，隐藏方框的一部分，如图2-119所示。

06 打开相关素材中的"鸟.png"文件，将其放置在画面的右上角，如图2-120所示。

图2-119

图2-120

07 选择"钢笔"工具，设置填充色为蓝色（#1265d2），描边为无，指定锚点绘制形状，如图2-121所示。

图2-121

08 选择"横排文字"工具T，选择合适的字体样式与字号大小，在形状内输入白色文字，如图2-122所示。

图2-122

09 选择"矩形"工具，绘制白色圆角矩形，如图2-123所示。

10 打开相关素材中的图片，放置在圆角矩形之上，并创建剪贴蒙版，使图片仅在矩形内显示，结果如图2-124所示。

11 选择"横排文字"工具T，在圆角矩形内输入文字，如图2-125所示。

12 重复上述操作，更改字体样式，调整字号与颜色，继续输入文字，如图2-126所示。

图2-123

图2-124

图2-125

图2-126

⑬ 选择“椭圆”工具◯，设置填充为无，描边为白色，自定义描边宽度，按住Shift键绘制正圆，如图2-127所示。

图2-127

⑭ 选择“横排文字”工具T，选择合适的字体样式与字号大小，在圆形内输入白色汉字，在圆形上输入白色大写字母，如图2-128所示。

⑮ 选择“矩形”工具▭，绘制白色矩形，如图2-129所示。

图2-128

图2-129

⑯ 选择“横排文字”工具T，在矩形内输入电话、地址信息，如图2-130所示。

⑰ 打开相关素材中的“二维码.png”文件，将其放置在画面的右下角，完成海报的绘制，如图2-131所示。

图2-130

图2-131

2.9 课后练习：舞者海报

结合本章所学重要知识点，利用操控变形工具，结合定界框的各类变换操作，制作一款舞者海报。

01 打开相关素材中的“背景.jpg”文件。

02 导入“人物.png”文件，摆放在画面中心位置。

03 执行“编辑”|“操控变形”命令，在工具选项栏中将“模式”设置为“正常”，将“浓度”设置为“较少点”，然后在人物腿部关节处的网格上单击，添加图钉。取消“显示网格”复选框的勾选，以便能更清楚地观察到图像的变化。

04 单击并拖动光标即可改变人物的动作。单击一个图钉后，在工具选项栏中会显示其旋转角度，直接输入数值可以进行调整。

05 导入“背景装饰.png”“文字.png”“标题.png”“水晶球.png”文件，摆放在画面的合适位置。

06 在“图层”面板中将“水晶球”图层的“不透明度”设置为60%，同时在“图层样式”对话框为“人物”与“文字”图层添加投影，最终效果如图2-132所示。

图2-132

2.10 复习题：制作公益海报

在本题中，综合所学内容，练习绘制公益海报，结果如图2-133所示。

图2-133

第 3 章

平面构成：选区工具的使用

平面构成是视觉元素在平面上按照一定的原理，运用不同的排列方法进行编排和组合，创造丰富多样的形象效果的一门学科。

在绘制元素的过程中，使用选区工具可以帮助用户创建元素轮廓、调整元素位置以及选择编辑范围等。本章介绍选区工具的使用方法。

3.1 平面构成概述

平面构成主要运用点、线、面元素，以不同的形状、排列方式，带来不同的视觉效果。其中，构成形式包括重复、近似、渐变、变异、对比、集结、发射、特异、空间与矛盾空间、分割、肌理及错视等。

3.1.1 平面构成的形象

1. 点

点可以说是最基本的构成元素之一，利用尺寸对比、疏密对比，可以营造富有动感的画面效果。

将大小不一的点按一定的方向进行有规律的排列，营造一种由远及近的效果，如图3-1所示，给人的视觉留下一种由点的移动而产生线化的感觉。

以由大到小的点按一定的轨迹、方向进行变化，使之产生一种优美的韵律感，如图3-2所示。

图3-1

图3-2

把点以大小不同的形式，既密集、又分散地进行有目的的排列，产生点的面化感觉，如图3-3所示。

图3-3

2. 线

将线以等距的方式密集排列，展现透视空间的视觉效果。粗细一致、间距相同地排列斜线，通过更改斜线颜色，制作渐变效果，如图3-4所示。

将规则线条扭曲排列，展现怪异夸张的效果，创造异度空间，并且动感十足，如图3-5所示。

图3-4　　图3-5

3. 面

几何形的面，表现规则、平稳、较为理性的视觉效果，如图3-6所示。

有机形的面，得出柔和、自然、抽象的面的形态，如图3-7所示。

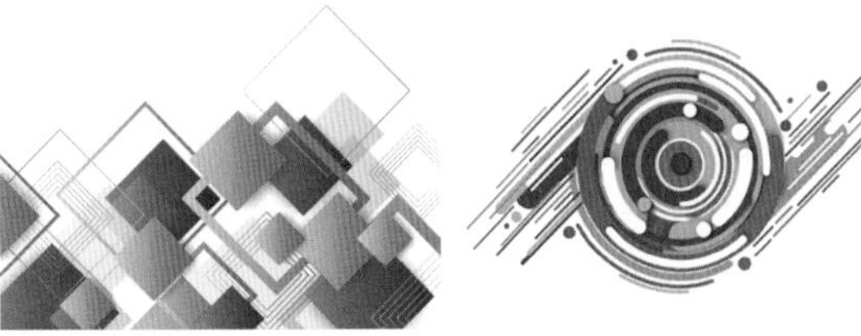

图3-6　　图3-7

自然形的面，不同外形的物体以面的形式出现后，给人以更为生动、厚实的视觉效果，如图3-8所示。

图3-8

3.1.2 形式

平面构成的形式有多种，如重复、发射、渐变、肌理、近似、空间等，以下介绍几种常见的形式。

1. 重复

以一个基本元素在范围内重复排列，可以更改元素的方向、大小、位置，具有极强的形式美感，如图3-9所示。

2. 发射

以一点或多点为中心，元素向周围发射、扩散，富有动感及节奏感，如图3-10所示。

图3-9

图3-10

3. 渐变

把元素按大小、方向、虚实、色彩等关系进行渐次变化排列，骨骼与基本形具有渐次变化的性质，如图3-11所示。

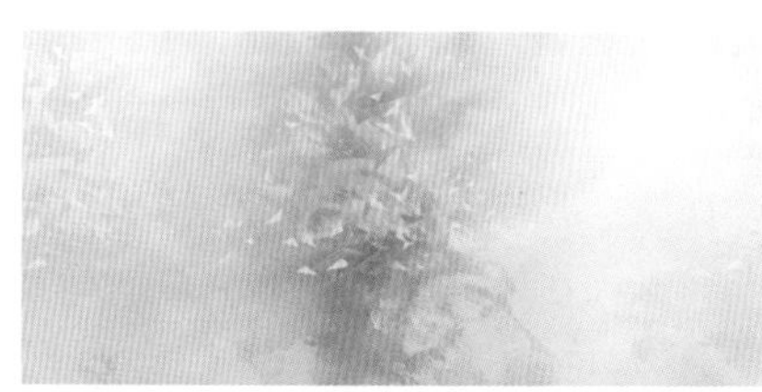
图3-11

4. 肌理

凡是可以凭借视觉来分辨的物体表面纹理都称为肌理，以肌理为构成的设计，就是肌理构成，如图3-12所示。此种构成多利用照相制版技术，也可用描绘、喷洒、熏炙、擦刮、拼贴、渍染、印拓等手段制作。

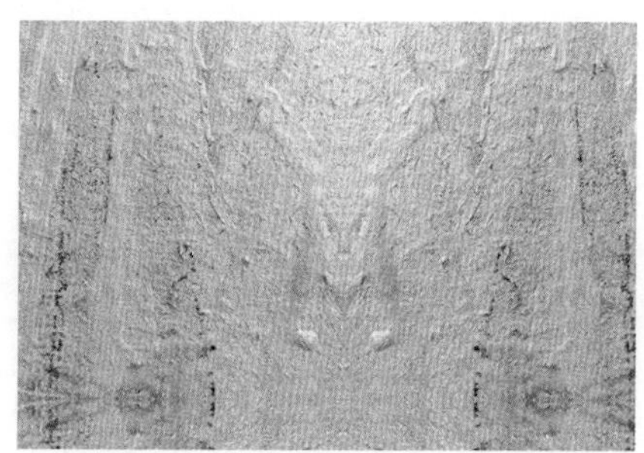
图3-12

3.2 选区的基本操作

在Photoshop中，选区是指在图像上用来限制操作范围的动态（浮动）蚂蚁线。通过创建选区，可以对选区中的内容进行编辑，并且保证未选定区域的内容不会被改动。

在学习和使用选择工具和命令之前，先来学习一些与选区基本编辑操作有关的命令，包括创建选区前需要设定的选项，以及创建选区后进行的简单操作，以便为深入学习选择方法打下基础。

3.2.1 全选与反选：快乐小猪

对图像执行全选与反选操作，帮助用户在操作之前划定编辑范围。

01 按快捷键Ctrl+O，打开相关素材中的“小猪.jpg”文件，效果如图3-13所示。

图3-13

02 执行“选择”|“全部”命令，或按快捷键Ctrl+A，即可选择当前文档边界内的全部图像，如图3-14所示。

图3-14

03 使用任何选择工具创建的选区效果如图3-15所示。

04 执行“选择”|“反向”命令，或按快捷键Ctrl+

Shift＋I，可以反选当前的选区（即取消当前选择的区域，选择未选取的区域），如图3-16所示。

图3-15

图3-16

延伸讲解

在执行“选择”|“全部”命令后，再按快捷键Ctrl+C，即可复制整个图像。如果文档中包含多个图层，可以按快捷键Ctrl+Shift+C进行合并复制。

3.2.2　取消选择与重新选择：创意养生茶

Photoshop会自动保存前一次的选择范围，用户取消选区后，还可以重新显示上一次的选择范围。

01 按快捷键Ctrl+O，打开相关素材中的“创意养生茶.jpg”文件。

02 创建如图3-17所示的选区，执行“选择”|“取消选择”命令，或按快捷键Ctrl＋D，可取消所有已经创建的选区，如图3-18所示。

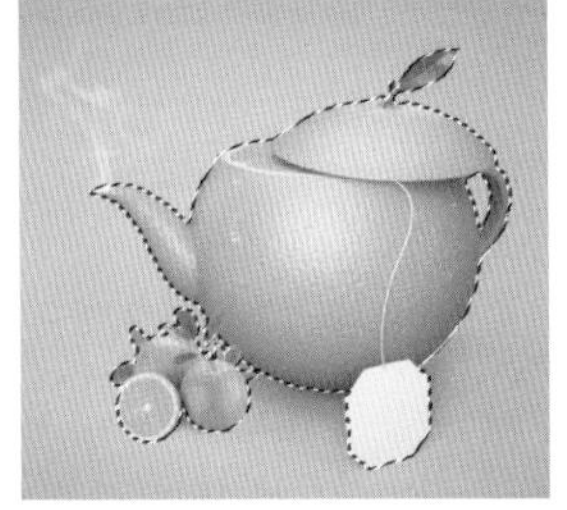

图3-17

03 执行“选择”|“重新选择”命令，或按快捷键Ctrl＋Shift＋D，即可重新选择，如图3-19所示。

图3-18

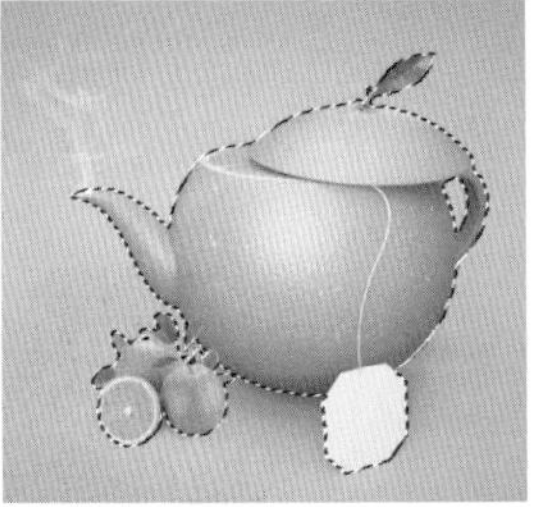

图3-19

延伸讲解

如果当前激活的是选择工具（如“选框”工具、“套索”工具），在选项栏中选择“新选区”□，光标显示为▷⬚时将光标放置在选区内并单击，也可以取消当前的选择。

3.2.3　选区运算

在图像的编辑过程中，有时需要同时选择多块不相邻的区域，或者增加、减少当前选区的面积。在选区工具的选项栏上，可以看到如图3-20所示的按钮，使用这些按钮可以进行选区运算。

羽化：0 像素　消除锯齿

图3-20

3.2.4　移动选区

移动选区操作可以改变选区的位置。使用选区工具在图像中绘制了一个选区后，将光标放置在选区范围内，此时光标会显示为▷⬚状，单击并进行拖动，即可移动选区，如图3-21和图3-22所示。在拖动过程中，光标会显示为黑色三角形状。

如果只是小范围地移动选区，或要求准确地移动选区，可以使用键盘上的←、→、↑、↓4个方向键来移动选区，每按一次方向键移动一个像素。按快捷键Shift＋方向键，可以一次移动10个像素的位置。

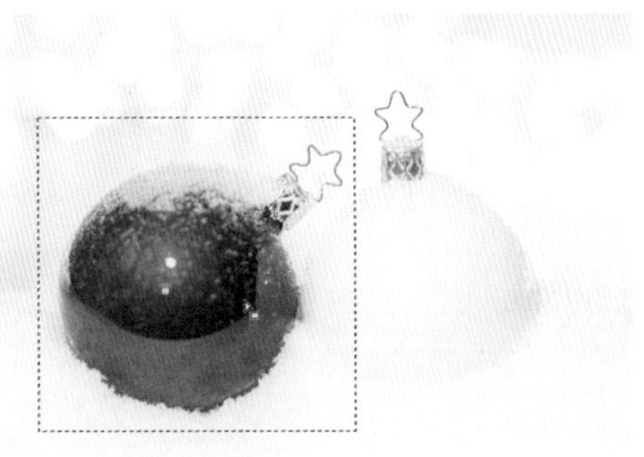

图3-21

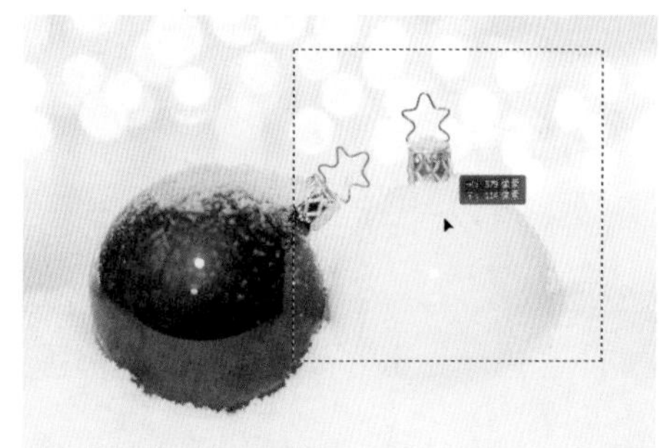

图3-22

3.2.5 隐藏与显示选区

创建选区后，执行“视图”|“显示”|“选区边缘”命令，或按快捷键Ctrl+H，可以隐藏选区。如果用画笔绘制选区边缘的轮廓，或者对选中的图像应用滤镜，将选区隐藏之后，可以更加清楚地看到选区边缘图像的变化情况。

延伸讲解

隐藏选区后，选区虽然看不见了，但它依然存在，并且限定操作的有效区域。需要重新显示选区时，可按快捷键Ctrl+H。

3.3 基本选择工具

Photoshop中的基本选择工具包括选框类工具和套索类工具。选框类工具包括“矩形选框”工具、“椭圆选框”工具、“单行选框”工具、“单列选框”工具，这些选框工具用于创建规则的选区。套索类工具包括“套索”工具、“多边形套索”工具、“磁性套索”工具，这些套索类工具用于创建不规则的选区。

3.3.1 矩形选框工具：制作网络PPT效果

使用“矩形选框”工具在图像窗口中单击并拖动，即可创建矩形选区。下面利用“矩形选框”工具来绘制图形。

01 启动Photoshop 2023软件，按快捷键Ctrl+O，打开相关素材中的“网络课堂.jpg”文件，效果如图3-23所示。

02 选择“矩形选框”工具，在画面中单击并拖动光标，创建矩形选区，如图3-24所示。

图3-23

图3-24

03 新建一个图层。设置前景色为橙色（#fdaa45），按快捷键Alt+Delete，填充前景色，如图3-25所示。

04 选择“矩形选框”工具，在橙色矩形的上面绘制矩形选框，如图3-26所示。

图3-25　　图3-26

05 执行“编辑”|“描边”命令，打开“描边”对话框，设置参数如图3-27所示。

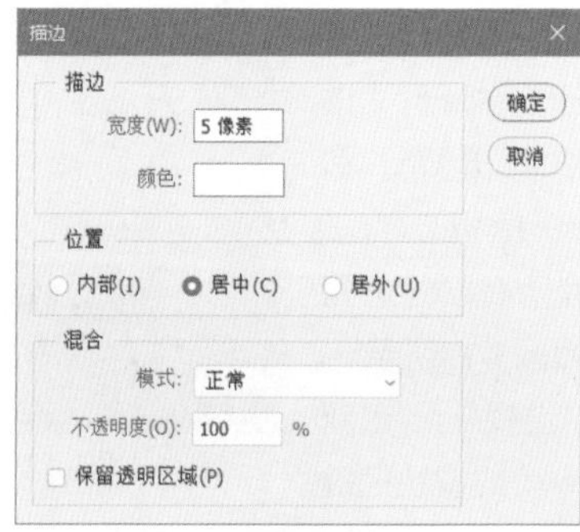

图3-27

06 单击“确定”按钮，创建描边的效果如图3-28所示。

07 选择在上一步骤中绘制的矩形，按住Alt键移动复制，创建多个副本，并等距排列，如图3-29所示。

图3-28

图3-29

08 选择所有的矩形，按快捷键Ctrl+E合并图层。按快捷键Ctrl+T执行“自由变换”命令，显示定界框。将光标放置在定界框下方中间的控制点上，按快捷键Shift+Ctrl，按住鼠标左键不放向右移动光标，透视效果如图3-30所示。

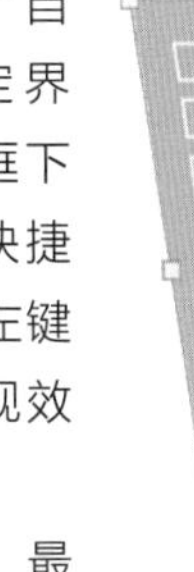

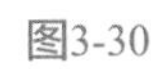

图3-30

09 按Enter键结束绘制，最终结果如图3-31所示。

图3-31

3.3.2　椭圆选框工具：垃圾分类标识

“椭圆选框”工具◌可用于创建圆形或椭圆形选区。下面利用“椭圆选框”工具◌来制作一款简约风格的海报。

01 启动Photoshop 2023软件，按快捷键Ctrl+O，打开相关素材中的“垃圾分类.jpg”文件，如图3-32所示。

02 选择“椭圆选框”工具◌，按住Shift键在画面中单击并拖动光标，创建圆形选区，如图3-33所示。

图3-32

图3-33

03 新建一个图层，执行“编辑”|“描边”命令，打开“描边”对话框，设置参数如图3-34所示。

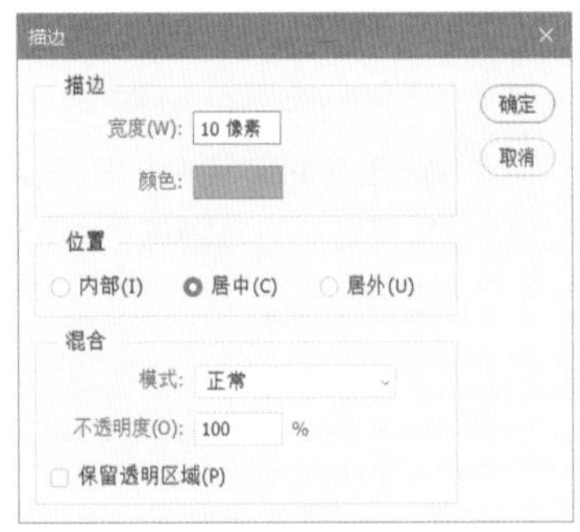

图3-34

04 单击“确定”按钮，关闭对话框，沿着圆形选区创建描边的效果如图3-35所示。

图3-35

05 选择圆形所在的图层，按快捷键Ctrl+J复制图层。按快捷键Ctrl+T进入自由变换模式，按住Alt键，以圆心为中心放大圆形。重复操作，图形的绘制结果如图3-36所示。

图3-36

3.3.3 单行和单列选框工具：北欧风格桌布

“单行选框”工具与“单列选框”工具用于创建一个相同高度或宽度的选区，在选区内填充颜色可以得到水平或垂直直线。下面将结合网格，巧妙利用单行和单列选框工具制作格子布效果。

01 启动Photoshop 2023软件，执行“文件”|“新建”命令，新建一个“宽度”为3000像素、“高度”为2000像素、分辨率为300像素/英寸的RGB文档，单击“创建”按钮完成文档的创建。

02 执行“视图”|“显示”|“网格”命令，使网格变为可见状态，如图3-37所示。

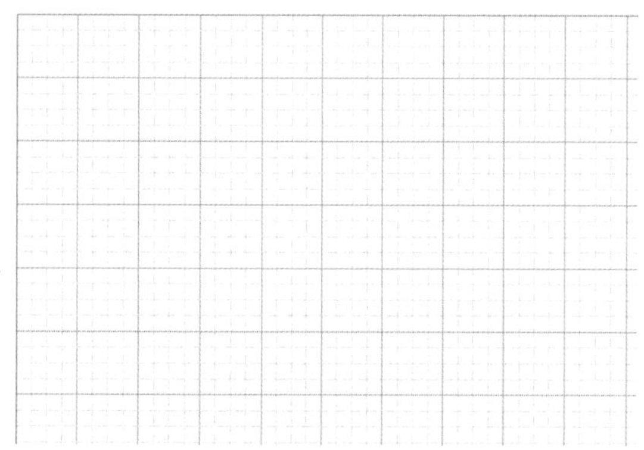

图3-37

03 按快捷键Ctrl+K打开“首选项”对话框，在“参考线、网格和切片”选项中，设置“网格线间隔”为3厘米，设置“子网格”为3，网格“颜色”为浅蓝色，“样式”为直线，如图3-38所示。

04 完成设置后单击“确定”按钮，此时得到的网格效果如图3-39所示。

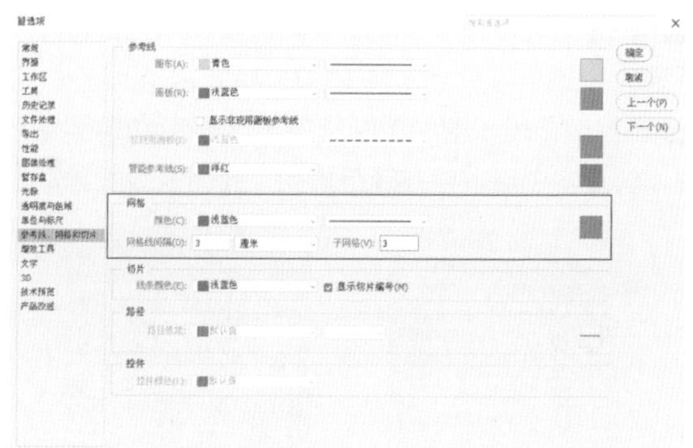

图3-38

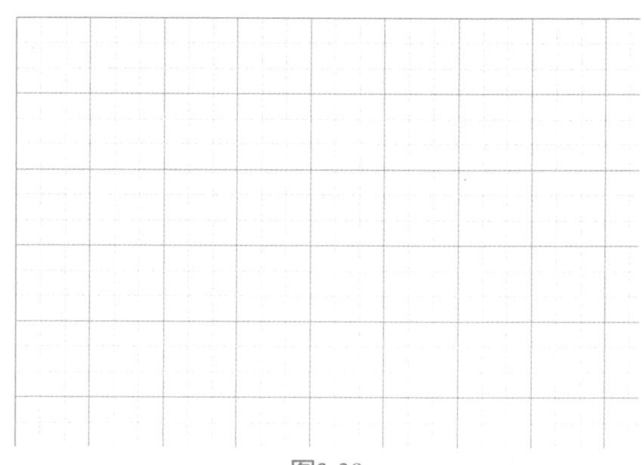

图3-39

05 选择“单行选框”工具，单击工具选项栏中的“添加到选区”按钮，然后每间隔3条网格线单击，创建多个单行选区，如图3-40所示。

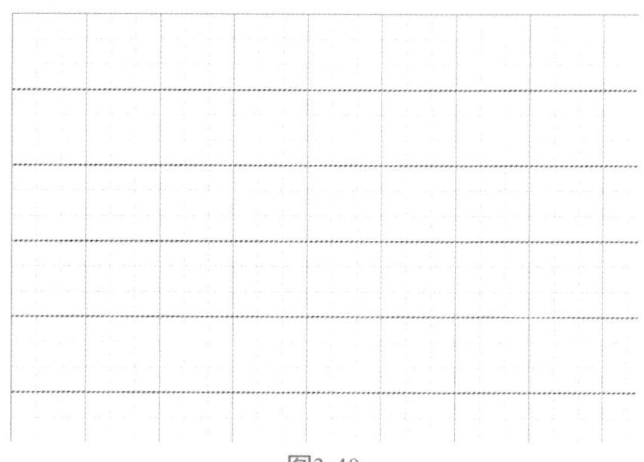

图3-40

延伸讲解

除了使用“添加到选区”按钮添加连续的选区，按住Shift键同样可以添加连续的选区。

06 执行“选择”|“修改”|“扩展”命令，在打开的“扩展选区”对话框中输入“扩展量”为80像素，将1像素的单行选区扩展成高度为80像素的矩形选框，如图3-41所示。

图3-41

07 单击“图层”面板中的“创建新图层”按钮，新建空白图层。修改前景色为蓝色（#64a9ff），按快捷键Alt+Delete可以快速为选区填充颜色，然后在“图层”面板中将该图层的“不透明度”设置为50%，此时得到的图像效果如图3-42所示，按快捷键Ctrl+D取消选择。

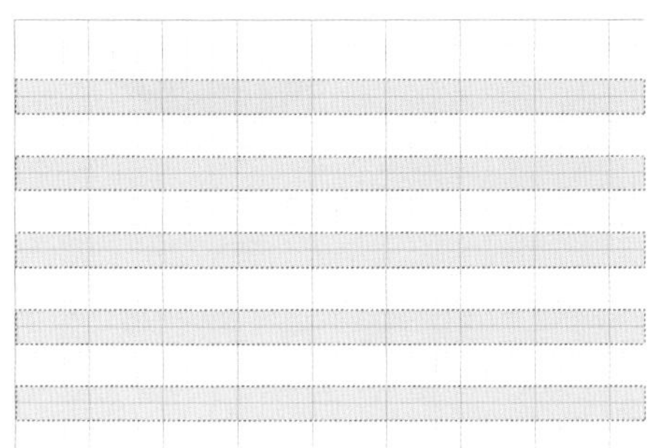

图3-42

08 用同样的方法，使用“单列选框”工具绘制蓝色（#64a9ff）竖条，如图3-43所示。

图3-43

09 完成操作后，按快捷键Ctrl+H隐藏网格，格子布的绘制效果如图3-44所示。

图3-44

3.3.4 套索工具：低碳减排，绿色生活

使用“套索”工具可以创建任意形状的选区，其使用方法和“画笔”工具相似，需要徒手绘制。

01 启动Photoshop 2023软件，按快捷键Ctrl+O，打开相关素材中的“草地.jpg”文件，效果如图3-45所示。

02 选择“套索”工具，在画面中单击并拖动光标，创建一个不规则选区，如图3-46所示。

图3-45　　图3-46

03 按快捷键Ctrl+O，打开配套资源中的“土地.jpg”文件，然后将“草地”文档中的选区内的图像拖入“土地”文档，并调整到合适的大小与位置，如图3-47所示。

04 将泥土所在的“背景”图层解锁，转换为可编辑图层，如图3-48所示。然后使用“套索”工具在该图层中创建选区，如图3-49所示。

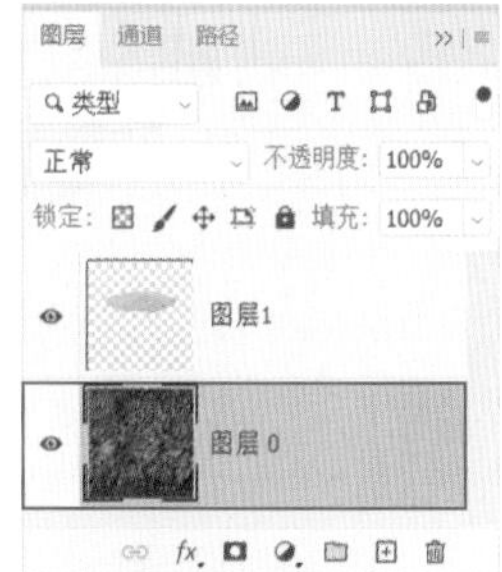

图3-47　　图3-48

图3-49

05 创建完成后，按快捷键Shift+Ctrl+I将选区反向，并按Delete键删除多余部分的图像，将草地与泥土所在图层进行合并，得到的效果如图3-50所示。

06 将配套资源中的树、大象、老鹰、鹿文件分别添加到文档中，使画面更完善，效果如图3-51所示。

07 在文档中继续绘制一个与画布大小一致的矩形作为背景，并填充蓝白径向渐变色，效果如图3-52所示。

图3-50

图3-51

图3-52

08 将配套资源中的云朵文件添加到画面中，并添加文字，再进行最后的画面调整，最终效果如图3-53所示。

图3-53

3.3.5 多边形套索工具：皓月当空

“多边形套索”工具可用来创建不规则形状的多边形选区，如三角形、四边形、梯形和五角形等。下面利用“多边形套索”工具建立选区，并进行更换背景操作。

01 启动Photoshop 2023软件，按快捷键Ctrl+O，打开相关素材中的“窗户.jpg”文件，效果如图3-54所示。

图3-54

02 选择“多边形套索”工具，在工具选项栏单击“添加到选区”按钮，在左侧窗口内的一个边角上单击，然后沿着它边缘的转折处继续单击，自定义选区范围。将光标移到起点处，待光标变为形状，再次单击即可封闭选区，如图3-55所示。

图3-55

03 用同样的方法，继续使用“多边形套索”工具将中间窗口和右侧窗口内的图像选中，如图3-56所示。

图3-56

延伸讲解

创建选区时，按住Shift键操作，可以锁定水平、垂直或以45°角为增量进行绘制。如果双击，则会在双击点与起点间连接一条直线来闭合选区。

04 双击“图层”面板中的“背景”图层，将其转换成可编辑图层，然后按Delete键，将选区内的图像删除，如图3-57所示。

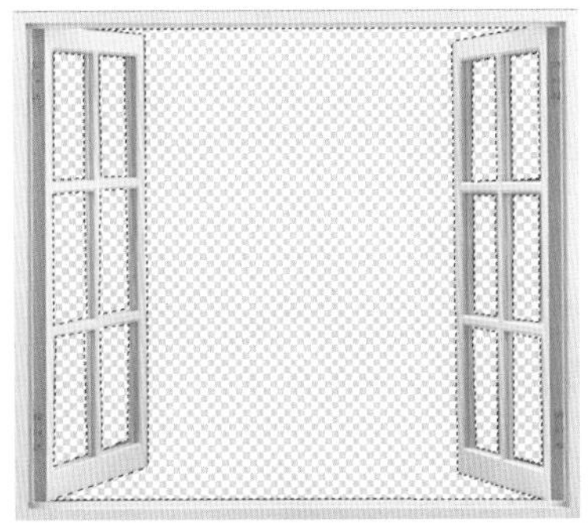
图3-57

05 将配套资源中的“夜色.jpg”文件拖入文档，如图3-58所示。

图3-58

06 调整图像至合适大小，并放置在“窗户”图层下方，得到的最终效果如图3-59所示。

图3-59

延伸讲解

使用“多边形套索”工具时，在画面中按住鼠标左键，然后按住Alt键并拖动光标，可切换至“套索”工具，此时拖动光标可徒手绘制选区。释放Alt键可恢复为“多边形套索”工具。

3.3.6 磁性套索工具：水果的联想

“磁性套索”工具可以自动识别边缘较清晰的图像，与“多边形套索”工具相比更为智能。但是，该工具仅适用选取边缘较为清晰的对象，如果对象与背景的区分不明显，操作就比较麻烦。

01 启动Photoshop 2023软件，按快捷键Ctrl+O，打开相关素材中的“水果的联想.jpg”文件，效果如图3-60所示。

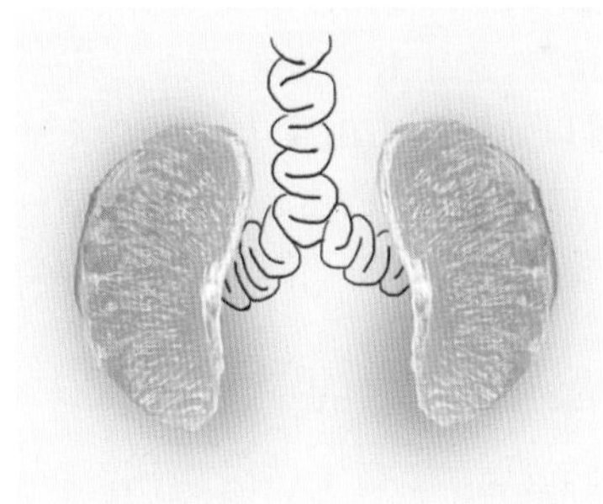
图3-60

02 选择“磁性套索”工具，单击指定起点，沿着对象的边缘移动光标，此时系统自动创建磁性套索，如图3-61所示。

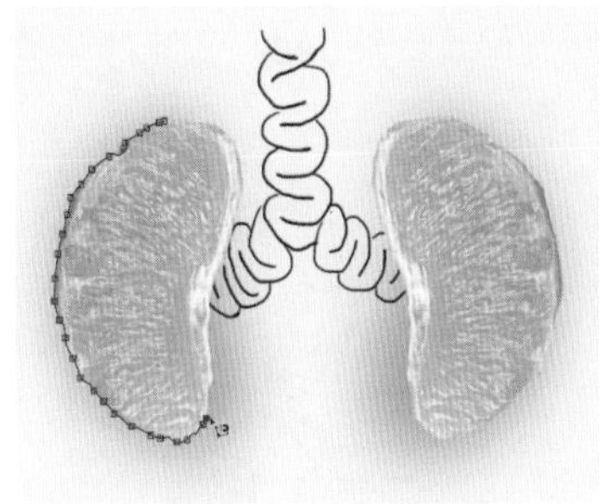
图3-61

03 闭合后自动创建选区，如图3-62所示。

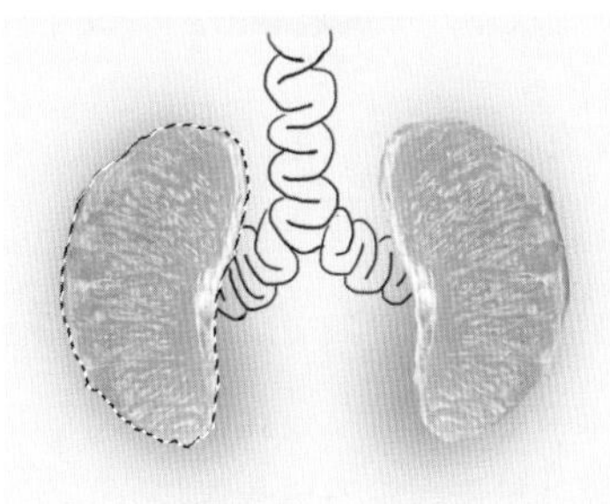
图3-62

如果想要在某一位置放置一个锚点，可在该处单击；如果锚点的位置不准确，可按Delete键将其删除；连续按Delete键可依次删除前面的锚点；按Esc键可以清除所有选区。

延伸讲解

在使用“磁性套索”工具绘制选区的过程中，按住Alt键在其他区域单击，可切换为“多边形套索”工具创建直线选区；按住Alt键单击并拖动光标，再次切换为“套索”工具。

3.4 魔棒与快速选择工具

“魔棒”工具和“快速选择”工具是基于色调和颜色差异来构建选区的工具。“魔棒”工具可以通过单击创建选区。“快速选择”工具需要像绘画一样创建选区，使用这种工具可以快速选择色彩变化不大、色调相近的区域。

3.4.1 魔棒工具：愚人节海报

使用“魔棒”工具在图像上单击，可以选择与单击点色调相似的像素。当背景颜色变化不大，需要选取的对象轮廓清楚且与背景色之间也有一定的差异时，使用该工具可以快速选择对象。

01 启动Photoshop 2023软件，按快捷键Ctrl+O，打开相关素材中的“表情.jpg”文件，效果如图3-63所示。

图3-63

02 在“图层”面板中双击“背景”图层，将其转换为可编辑图层，如图3-64所示。

03 选择“魔棒”工具，在工具选项栏中设置“容差”为30，然后在背景处单击，将背景载入选区，如图3-65所示。

图3-64

图3-65

延伸讲解

容差值决定了颜色取样时的范围，容差越大，选择的像素范围越大；容差值越小，选择的像素范围越小。

04 按Delete键可删除选区内图像，如图3-66所示，接着按快捷键Ctrl+D取消选择。

图3-66

05 按快捷键Ctrl+O，打开相关素材中的“愚人节背景.jpg”文件，效果如图3-67所示。

图3-67

06 将“表情.jpg”文档中的文件拖入“愚人节背景.jpg”文档，调整“表情”素材的大小及位置，并为其添加投影，最终效果如图3-68所示。

图3-68

3.4.2 快速选择工具：金融城市

“快速选择”工具的使用方法与“画笔”工具类似。该工具能够利用可调整的圆形画笔笔尖快速“绘制”选区，可以像绘画一样创建选区。在拖动光标时，选区还会向外扩展并自动查找和跟随图像中定义的边缘。

01 启动Photoshop 2023软件，按快捷键Ctrl+O，打开相关素材中的“金融符号.jpg”文件，效果如图3-69所示。

图3-69

02 在“图层”面板中双击“背景”图层，将其转换为可编辑图层。接着选择“快速选择”工具，在工具选项栏中设置合适的笔尖大小。

03 在要选取的对象上单击并沿着对象轮廓拖动光标，创建选区，如图3-70所示。

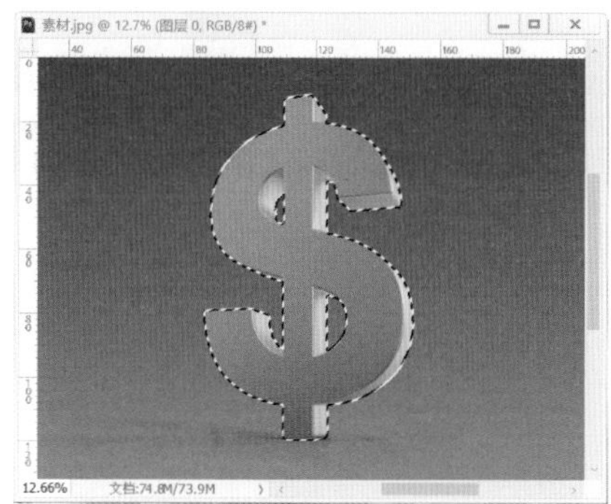

图3-70

04 按快捷键Shift+Alt+I反选，按Delete键删除背景，如图3-71所示。

图3-71

05 按快捷键Ctrl+O，打开相关素材中的“城市背景.jpg”文件，将“金融符号.jpg”文件中选取的对象拖入“城市背景.jpg”文件，并调整素材的大小及位置，效果如图3-72所示。

图3-72

3.4.3　对象选择工具：团结就是力量

“对象选择”工具是一款非常智能的对象选取工具，使用方法很简单，只要在需要选择的对象上单击，即可自动选择对象并创建选区。

01 启动Photoshop 2023软件，按快捷键Ctrl+O，打开相关素材中的“击掌.jpg”文件，效果如图3-73所示。

图3-73

02 选择“对象选择”工具，将光标放置在对象之上，预览选择效果，如图3-74所示。

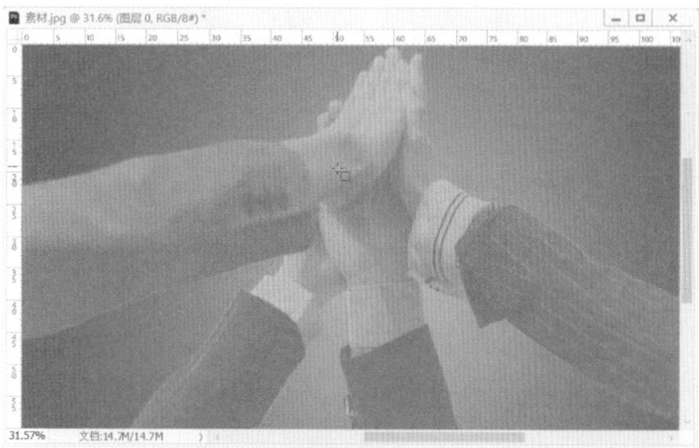

图3-74

03 在对象上单击，系统自动识别对象轮廓并创建选区，如图3-75所示。

04 按快捷键Shift+Alt+I反选，按Delete键删除背景，如图3-76所示。

05 按快捷键Ctrl+O，打开相关素材中的“商业区.jpg”文件，将“击掌.jpg”文件中选取的对象拖入“商业区.jpg”文件，并调整素材的大小及位置，得到最终效果如图3-77所示。

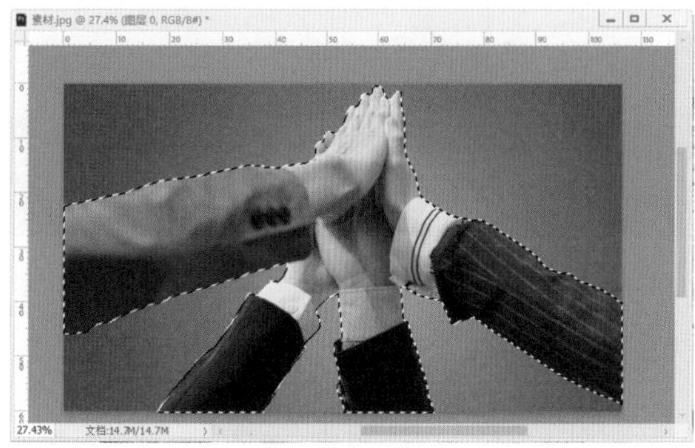
图3-75

图3-76

图3-77

3.5 其他选择工具

“色彩范围”命令可根据图像的颜色范围创建选区，与“魔棒”工具相似，但是选择结果更加精确。

快速蒙版是一种选区转换工具，它能将选区转换为临时的蒙版图像，通过将蒙版转换为选区，达到编辑选区的目的。

3.5.1 用色彩范围命令抠图：冰鲜西瓜汁

“色彩范围”命令可以一边预览选择区域，一边调整动态。

01 启动Photoshop 2023软件，按快捷键Ctrl+O，打开相关素材中的“清爽背景.jpg”文件，效果如图3-78所示。

02 执行“文件”|“置入嵌入对象”命令，将相关素材中的“西瓜汁.jpg”文件置入文档，并将其调整到合适的大小及位置，如图3-79所示。

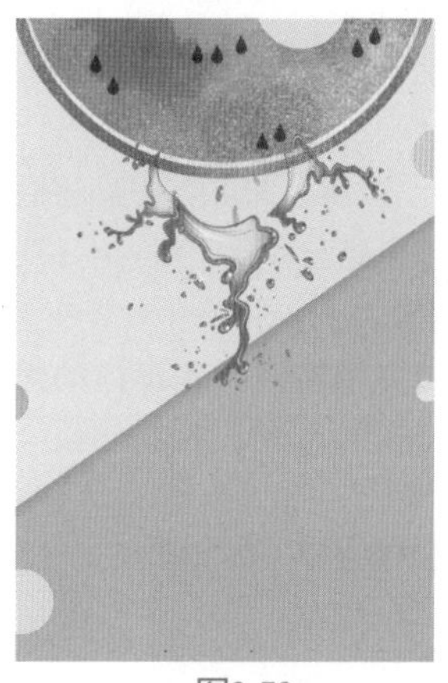
图3-78

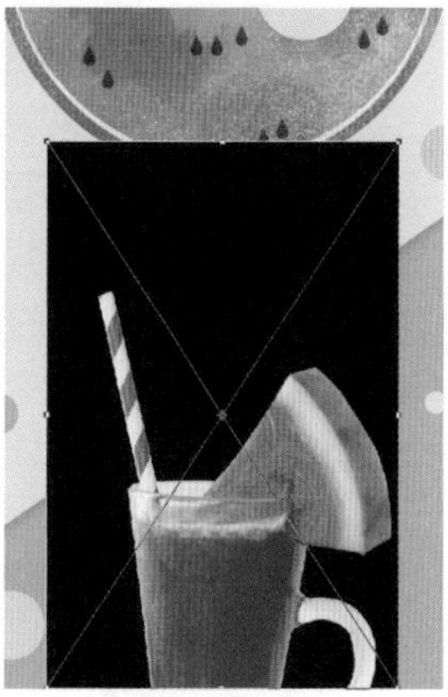

图3-79

03 按Enter键确认，为置入对象执行“选择”|“色彩范围”命令，在打开的“色彩范围”对话框中，单击右侧的“吸管”工具，然后将光标移至图像窗口或预览框中，在黑色背景区域单击，令选择内容（这里选择的是背景）成为白场，如图3-80所示。

04 勾选“反相”复选框，令杯子成为白场，背景成为黑场，如图3-81所示。

图3-80

图3-81

05 预览框用于预览选择的颜色范围，白色表示选择区域，黑色表示未选中区域，单击“确定”按钮，此时图像中会出现选区，如图3-82所示。

06 按快捷键Ctrl+J复制选区中的图像，隐藏“西瓜汁”图层，得到的最终效果如图3-83所示。

图3-82

图3-83

答疑解惑：“色彩范围”命令有什么特点?

使用“色彩范围”命令、“魔棒”工具和“快速选择”工具都能基于色调差异创建选区。但使用“色彩范围”命令可以创建羽化的选区，也就是说，选出的图像会呈现透明效果。“魔棒”工具和“快速选择”工具则不能。

3.5.2　用快速蒙版编辑选区：万家灯火

使用“快速蒙版”模式一般是从选区开始，然后从中添加或者减去选区，以建立蒙版。创建的快速蒙版可以使用绘图工具与滤镜进行调整，以便创建复杂的选区。

01 启动Photoshop 2023软件，按快捷键Ctrl+O，打开相关素材中的“天空.jpg”文件，效果如图3-84所示。

图3-84

02 执行“文件”|“置入嵌入对象”命令，将相关素材中的“城市.jpg”文件置入文档，并调整到合适的大小及位置，如图3-85所示。

图3-85

03 按Enter键确认，选择“快速选择”工具，在“城市”对象上沿着天空轮廓拖动光标，创建选区，如图3-86所示。

图3-86

04 执行“选择”|“在快速蒙版模式下编辑”命令，或单击工具箱中的“以快速蒙版模式编辑”按钮，进入快速蒙版编辑状态，如图3-87所示。

图3-87

05 单击工具箱中的“画笔”工具，在未选中的图像上涂抹，将其添加到选区当中，如图3-88所示。

图3-88

06 再次执行“选择”|“在快速蒙版模式下编辑”命令，或单击工具箱底部的“以标准模式编辑”按钮，退出快速蒙版编辑状态，切换为正常模式，然

后按Delete键删除选区中的图像，最终效果如图3-89所示。

图3-89

延伸讲解

在按Delete键删除选区中的图像时，如果出现如图3-90所示的对话框，需要将对象图层进行栅格化，方可进行删除操作。

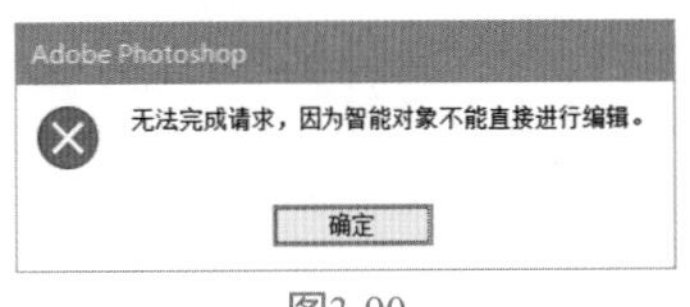

图3-90

3.6 细化选区

在进行图像处理时，如果画面中有毛发等微小细节，很难精确地创建选区。针对这类情况，在选择类似毛发等细节时，可以先使用“魔棒”工具、“快速选择”工具或“色彩范围”命令等创建一个大致的选区，再使用“选择并遮住”命令对选区进行细化，从而选中对象。

3.6.1 选择视图模式

创建选区后，执行“选择”|“选择并遮住”命令，或按快捷键Alt+Ctrl+R，即可切换到“属性”面板，单击“视图”选项后面的三角形按钮，在打开的下拉列表中选择一种视图模式，如图3-91所示。

延伸讲解

按F键可以循环显示各视图，按X键可暂时停用所有视图。

3.6.2 调整选区边缘

在“属性”面板中，“调整边缘”选项组用于对选区进行平滑、羽化、扩展等处理。创建一个矩形选区，然后在“属性”面板中，选择“图层”模式，设置“半径”值，如图3-92所示，在左侧的窗口中可以预览调整效果。

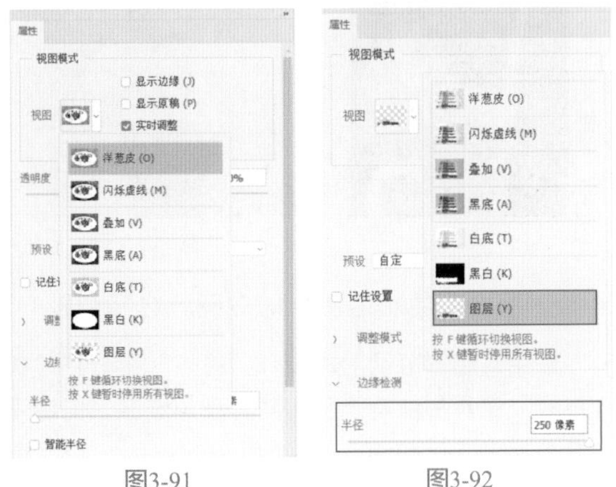

图3-91　　图3-92

3.6.3 指定输出方式

“属性”面板中的“输出设置”选项组用于消除选区边缘的杂色、设定选区的输出方式，如图3-93所示。

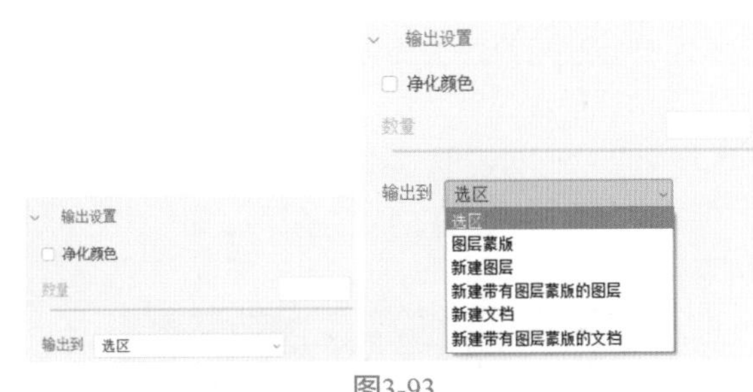

图3-93

3.6.4 用细化工具抠取毛发：猫咪来了

“属性”面板中包含两个选区细化工具和“边缘检测”选项，通过这些工具可以轻松抠取毛发。

01 启动Photoshop 2023软件，按快捷键Ctrl+O，打开相关素材中的“花背景.jpg”文件，效果如图3-94所示。

02 执行“文件”|“置入嵌入对象”命令，将相关素材中的“猫咪.jpg”文件置入文档，并调整到合适的大小及位置，如图3-95所示。

03 按Enter键确认，使用“快速选择”工具，在猫咪上沿着轮廓拖动光标，创建选区，如图3-96所示。

图3-94

图3-95

图3-96

04 单击工具选项中的 选择并遮住... 按钮，打开“属性”面板，在其中选择“黑白”视图模式，勾选“智能半径”和“净化颜色”复选框，将“半径”设置为250像素，如图3-97所示。设置完成后，可以看到画面中猫咪的毛发已经大致被选取出来了，如图3-98所示。

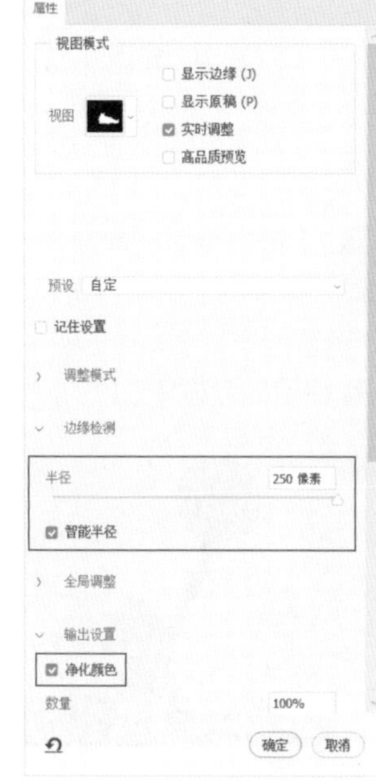

图3-97

05 在“输出到”下拉列表中选择“新建带有图层蒙版的图层”选项，然后单击“确定”按钮，即可将猫咪抠取出来，如图3-99所示。

图3-99

06 在猫咪对象所在图层的下方新建图层，并使用“画笔”工具绘制阴影，使猫咪更为立体，最终效果如图3-100所示。

图3-100

延伸讲解

修改选区时，可以用界面左侧的“缩放”工具在图像上单击放大视图比例，以便观察图像细节；可以用“抓手”工具移动画面，调整图像的显示位置。

图3-98

3.7 选区的编辑操作

创建选区之后，往往要对选区进行编辑和加工，才能使选区符合要求。选区的编辑包括平滑选区、扩展和收缩选区、对选区进行羽化等。创建选区后，执行“选择”|“修改”命令，在级联菜单中包含了用于编辑选区的命令。

3.7.1　边界选区：这就是爱

边界选区以所在选区的边界为中心向内、向外产生选区，以一定像素形成一个环带轮廓。

01 启动Photoshop 2023软件，按快捷键Ctrl+O，打开相关素材中的“这就是爱.jpg”文件，效果如图3-101所示。

图3-101

02 使用“快速选择”工具创建选区，如图3-102所示。

图3-102

03 执行“选择”|“修改”|“边界”命令，打开“边界选区”对话框，设置“宽度”值，单击“确定”按钮，创建边界选区的效果如图3-103所示。

图3-103

04 新建一个图层，填充任意绿色，更改图层混合模式为“滤色”，最终效果如图3-104所示。

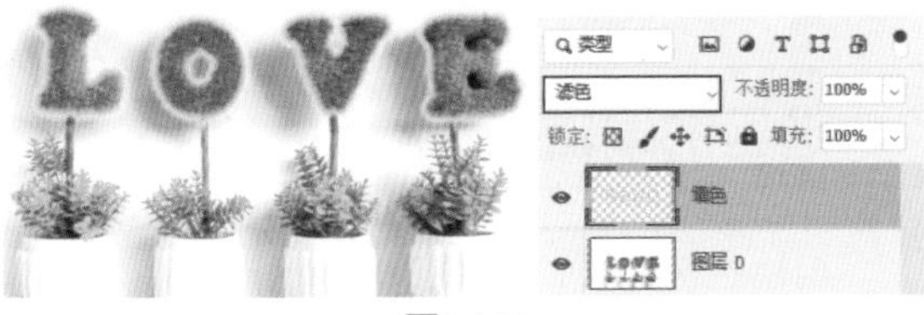

图3-104

3.7.2 平滑选区

平滑选区可使选区边缘变得连续和平滑。执行“平滑”命令时，系统将打开如图3-105所示的“平滑选区”对话框，在“取样半径”文本框中输入平滑数值，单击“确定”按钮即可，图3-106所示为创建的选区，图3-107所示为平滑选区后的效果。

图3-105

图3-106 图3-107

3.7.3 扩展选区：只是近黄昏

“扩展”命令可以在原来选区的基础上向外扩展选区。

01 启动Photoshop 2023软件，按快捷键Ctrl+O，打开相关素材中的“只是近黄昏.jpg”文件，效果如图3-108所示。

02 使用任何选择工具创建如图3-109所示的选区。

图3-108 图3-109

03 执行“选择”|“修改”|“扩展”命令，打开“扩展选区”对话框，设置“扩展量”参数，单击“确定”按钮，选区向外扩展50像素后效果如图3-110所示。

图3-110

3.7.4 收缩选区：生命的真相

执行收缩选区的操作后，选区将向内收缩指定的范围。

01 启动Photoshop 2023软件，按快捷键Ctrl+O，打开相关素材中的“生命的真相.jpg”文件，效果如图3-111所示。

02 使用任何选择工具创建选区，如图3-112所示。

图3-111

图3-112

03 执行“选择”|“修改”|“收缩”命令，在“收缩选区”对话框中设置“收缩量”参数，用来定义选区的收缩范围。单击“确定”按钮，操作结果如图3-113所示。

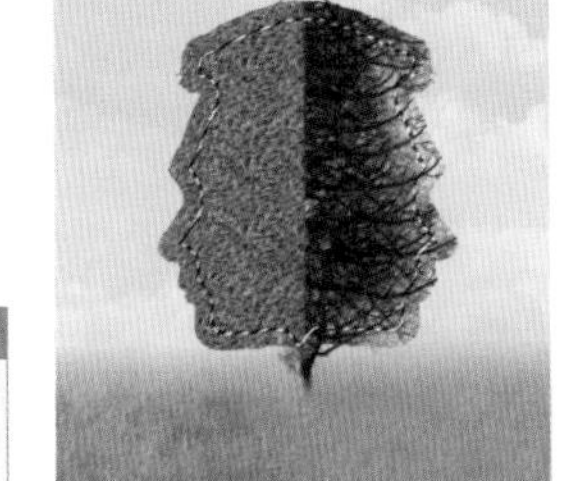

图3-113

3.7.5　通过“羽化选区”合成图像：空中遨游

羽化选区可以使选区的边缘变得柔和，实现选区内与选区外图像的自然过渡。

01 启动Photoshop 2023软件，按快捷键Ctrl+O，打开相关素材中的“热气球.jpg”文件，效果如图3-114所示。

图3-114

02 在工具箱中选择“套索”工具，按住鼠标左键并在图像上进行拖曳，围绕热气球创建选区，如图3-115所示。

03 执行“选择”|“修改”|“羽化”命令，打开“羽化选区”对话框，在其中设置“羽化半径”为50像素，如图3-116所示，单击“确定”按钮。

图3-115

图3-116

04 完成上述操作后，围绕热气球创建的选区略微缩小，并且边缘变得更加圆滑。在“图层”面板中双击“背景”图层，将其转换为可编辑图层，然后按快捷键Shift+Ctrl+I反选选区，按Delete键删除反选区域中的图像，如图3-117所示。

图3-117

05 按快捷键Ctrl+O，打开相关素材中的“群山.jpg”文件，效果如图3-118所示。

图3-118

06 将“热气球.jpg”文档中抠出的图像拖入“群

山.jpg”文档，调整到合适的大小及位置，并适当调整图像亮度，最终效果如图3-119所示。

图3-119

3.7.6 扩大选取与选取相似：如梦似幻

执行“扩大选取”或“选取相似”命令，可以进一步选取与原选区相邻且颜色相近的区域。

01 启动Photoshop 2023软件，按快捷键Ctrl+O，打开相关素材中的“如梦似幻.jpg”文件，效果如图3-120所示。

图3-120

02 选择“魔棒”工具，设置“容差”值为32，在图像上单击创建选区，如图3-121所示。

图3-121

03 执行“选择”|“扩大选取”命令，在原有的基础上往外扩展选区范围，如图3-122所示。

图3-122

04 执行“选择”|“选取相似”命令，将整个图像颜色相似，无论是否与原选区邻近的区域全部选中，如图3-123所示。

图3-123

延伸讲解

多次执行“扩大选取”或“选取相似”命令，可以按照一定的增量扩大选区。

3.7.7 隐藏选区边缘

对选区中的图像进行了填充、描边或应用滤镜等操作后，如果想查看实际效果，但觉得选区边界不断闪烁的“蚂蚁线”会影响效果时，执行“视图”|“显示”|“选区边缘”命令，可以有效地隐藏选区边缘，而又不取消当前的选区。

3.7.8 对选区应用变换：野蛮生长

创建选区，执行“变换选区”命令，可以对选区进行旋转、缩放等变换操作，选区内的图像不会受到影响。

01 启动Photoshop 2023软件，按快捷键Ctrl+O，打开相关素材中的“野蛮生长.jpg”文件，效果如图3-124所示。

02 使用任何选择工具选择西瓜，创建的选区如图3-125所示。

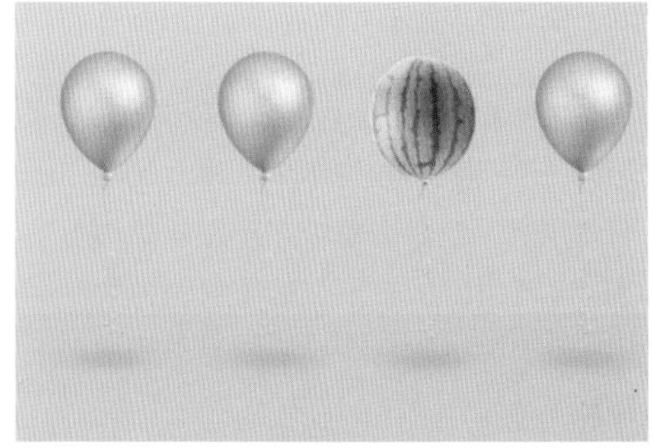

图3-124

图3-125

03 执行“编辑”|“自由变换”命令，或快捷键Ctrl+T，在选区周围显示定界框。将光标置于定界框的角点，按住并拖曳，可以放大（如图3-126所示）或缩小选区内的图像。

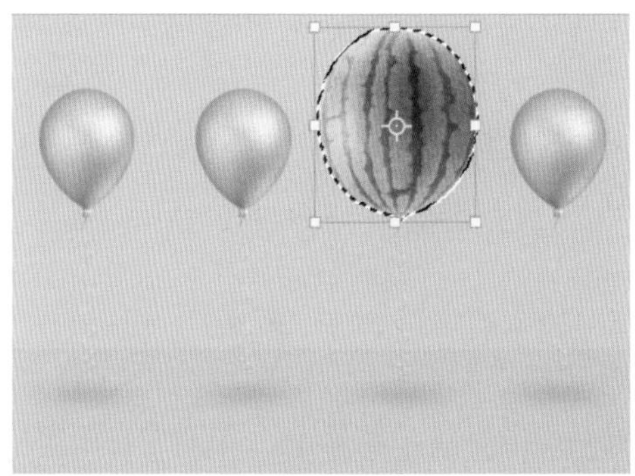

图3-126

04 按Enter键退出操作，按快捷键Ctrl+D取消选区，结果如图3-127所示。

图3-127

延伸讲解

创建选区后执行“选择”|“变换选区”命令，只能调整选区的尺寸，不能更改选区内图像的大小。

3.7.9　存储选区

创建选区后，单击“通道”面板底部的“将选区存储为通道”按钮，可将选区保存在Alpha通道中，如图3-128所示。

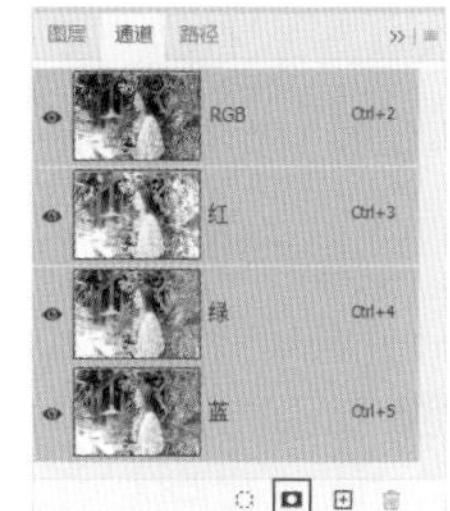

图3-128

此外，使用“选择”菜单中的“存储选区”命令也可以保存选区。执行该命令时会打开“存储选区”对话框，如图3-129所示。

图3-129

3.7.10　载入选区

选区作为通道存储后，下次使用时只需打开图像，按住Ctrl键单击存储的通道即可将选区载入图像，如图3-130所示。此外，执行“选择”|“载入选区”命令，也可以载入选区。执行该命令时会打开“载入选区”对话框，如图3-131所示。

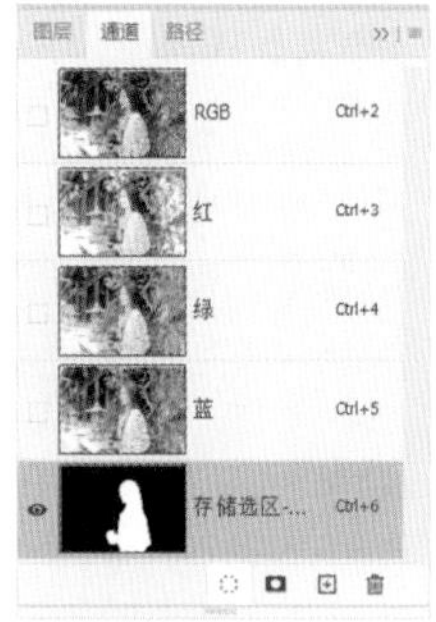

图3-130

图3-131

3.8 应用选区

选区是图像编辑的基础，本节将详细介绍选区在图像编辑中的具体运用。

3.8.1 复制、剪切和粘贴图像：地球之眼

对图像执行拷贝、剪切和粘贴操作，可以轻松合并图像，呈现别样效果。

01 启动Photoshop 2023软件，按快捷键Ctrl+O，打开相关素材中的“地球.jpg”“眼睛.jpg”文件。

02 选择地球，执行“编辑”|“拷贝”命令，或按快捷键Ctrl＋C，可将选区内的地球复制到剪贴板中，如图3-132所示。

03 执行“编辑”|“剪切”命令，或按快捷键Ctrl＋X，可将选区内的地球复制到剪贴板中，如图3-133所示。

图3-132

图3-133

04 在“眼睛.jpg”文档窗口中执行“编辑”|“粘贴”命令，或按快捷键Ctrl＋V，即可得到剪贴板中的图像，如图3-134所示。

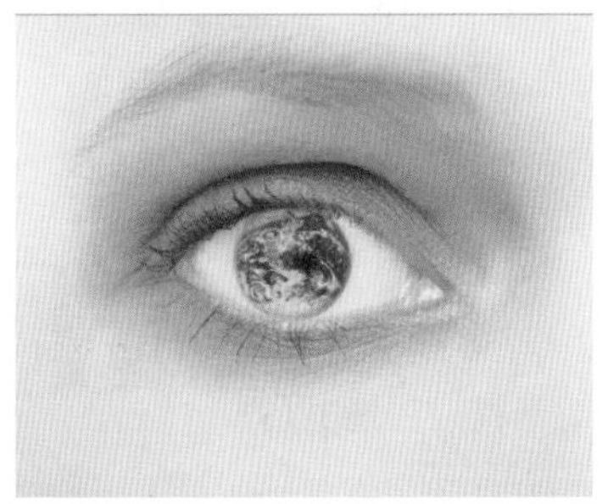

图3-134

延伸讲解

剪切与拷贝同样可以将选区中的图像拷贝到剪贴板中，但是剪切后，该图像区域将从原始图像中剪除。默认情况下，在Photoshop中粘贴剪贴板中的图像时，系统会自动创建新的图层来放置拷贝的图像。

3.8.2 合并复制和贴入

“合并拷贝”和“贴入”命令虽然也用于图像的复制操作，但它们不同于“拷贝”和“粘贴”命令。

“合并拷贝”命令可以在不影响原图像的情况下，将选区范围内所有图层的图像全部复制并放入剪贴板，而“拷贝”命令仅复制当前图层选区范围内的图像。

使用“贴入”命令时，必须先创建选区。执行“贴入”命令后，粘贴的图像只出现在选区范围内，超出选区范围的图像自动被隐藏。使用“贴入”命令能够得到一些特殊的效果。

3.8.3 移动选区内的图像：哭泣的鸡蛋

使用“移动”工具可以移动选区内的图像。

01 启动Photoshop 2023软件，按快捷键Ctrl+O，打开相关素材中的“哭泣的鸡蛋.png”与“3.10.3 背景.jpg”文件，如图3-135所示。

图3-135

02 在“哭泣的鸡蛋.png”文档中，使用任何选择工具创建选区选择鸡蛋；选择“移动”工具，将选中的鸡蛋拖曳至“背景.jpg”文档中，如图3-136所示。

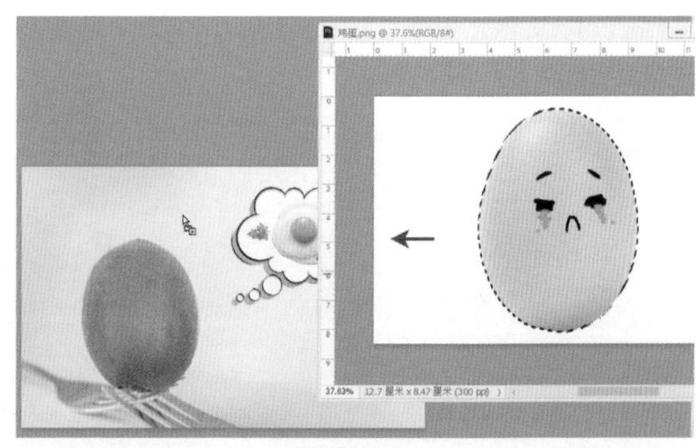

图3-136

03 调整鸡蛋的尺寸，最终结果如图3-137所示。

图3-137

3.8.4　自由变换选区：飞扬的裙摆

在创建选区之后，可以使用“变换”命令对选区内的图像进行缩放、斜切、透视等变换操作。

图3-138

01 启动Photoshop 2023软件，按快捷键Ctrl+O，打开相关素材中的“裙子.jpg”文件，效果如图3-138所示。

02 选择“钢笔”工具，沿着裙子边缘绘制路径，如图3-139所示。

03 将上述绘制的路径转换为选区，并按快捷键Ctrl+J复制选区中的图像，如图3-140所示。

图3-139

图3-140

04 选择复制的图像，按快捷键Ctrl+T打开定界框，进行自由变换。将光标放在定界框外，拖曳光标旋转图像，如图3-141所示。

05 在图像中右击，在弹出的快捷菜单中选择“变形”选项，待出现网格后，单击并拖动网格中的各锚点，可以对图像进行变形操作，如图3-142所示。

图3-141

图3-142

06 操作完成后按Enter键确认，最终效果如图3-143所示。

图3-143

3.9 应用案例：制作优惠券

利用选区工具可以制作和编辑选区，使效果符合设计意图。本节介绍优惠券的绘制，在绘制的过程中介绍利用选区绘制背景以及相关元素的方法。

01 启动Photoshop 2023软件，新建一个空白文档。

02 在工具栏中选择“矩形选框”工具，在视图中绘制一个矩形选框，如图3-144所示。

图3-144

03 新建一个图层，设置前景色为红色（#ab1628），按快捷键Alt+Delete在选区中填充前景色，如图3-145所示。

图3-145

04 继续绘制一个矩形选框，如图3-146所示。

图3-146

05 选择“椭圆选框”工具◌，在选项栏中单击“从选区减去”按钮，在矩形选框的右上角绘制圆形选框，如图3-147所示。

06 编辑矩形选框的结果如图3-148所示。

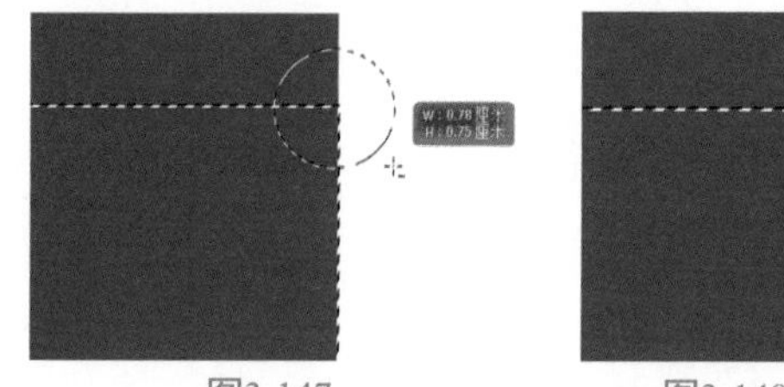

图3-147　　图3-148

07 重复操作，继续挖掉矩形选框的右下角，如图3-149所示。

图3-149

08 新建一个图层，设置前景色为白色，按快捷键Alt+Delete为选区填充颜色，如图3-150所示。

图3-150

09 按快捷键Ctrl+O，打开配套资源中的“第3章\3.11火锅.jpg”文件，将其放置在视图的左侧，如图3-151所示。

图3-151

10 按住Ctrl键，单击在（3）步骤中绘制的矩形背景图层缩览图，创建选区，如图3-152所示。

图3-152

11 选择火锅图层，单击图层面板下方的“添加图层蒙版”按钮，为其添加一个图层蒙版，将选区外的图形隐藏，如图3-153所示。

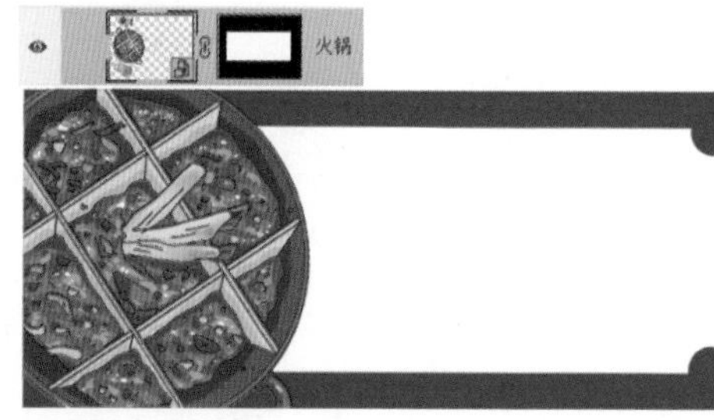

图3-153

12 选择“椭圆选框”工具◌，按住Shift键绘制一个圆形选框，如图3-154所示。

图3-154

13 新建一个图层，设置前景色为红色（#ab1628），按快捷键Alt+Delete在圆形选区中填充颜色，如图3-155所示。

图3-155

延伸讲解

在创建圆形圆框后，选择在（11）步骤中绘制的矩形，按Delete键删除选区内的图形，也可以达到（13）步骤的操作效果。

14 重复上述操作，继续绘制圆形选框并填充颜色，如图3-156所示。

图3-156

15 选择“矩形选框”工具，拖曳光标绘制一个矩形选框，如图3-157所示。

图3-157

16 选择“椭圆选框”工具，在选项栏中单击“添加到选区”按钮，在矩形的左侧绘制圆形选区，如图3-158所示。

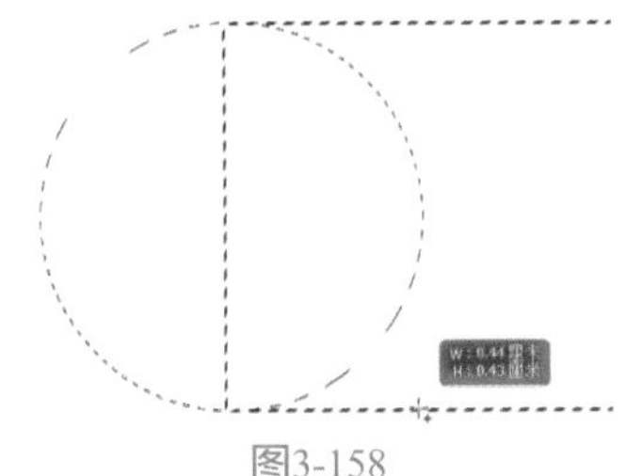

图3-158

17 绘制结果如图3-159所示。

图3-159

18 重复上述操作，继续绘制圆形选区，结果如图3-160所示。

图3-160

19 新建一个图层，将前景色设置为大红色（#df0720），按快捷键Alt+Delete填充颜色，结果如图3-161所示。

图3-161

20 选择“横排文字”工具T，添加说明文字，完成优惠券正面的绘制，如图3-162所示。

图3-162

21 使用本节所介绍的方法，继续绘制优惠券的背面，如图3-163所示。

图3-163

3.10 课后练习：制作炫彩生日贺卡

综合运用本章所学习的知识，通过选区的扩展和填色制作一款炫彩生日贺卡。

01 打开相关素材中的“蛋糕.jpg”文件，删除白色背景。

02 在“图层”面板中双击“背景”图层，将其转换为可编辑图层。

03 选择蛋糕，执行“选择”|“修改”|“扩展”命令，在打开的“扩展选区”对话框中，设置“扩展量”为30像素，单击“确定”按钮即可扩展选区。

04 单击“图层”面板中的“创建新图层”按钮⊞，创建新图层，并移到蛋糕所在图层的下方。

05 按快捷键Alt+Delete给选区填充粉色（#ffc2c2）。

06 执行“选择”|“修改”|“扩展”命令，在打开的“扩展选区”对话框中，设置“扩展量”为40像素，再创建新图层并置于所有图层的最下方，填充黄色（#fff78c）。

07 用上述同样的方法，重复扩展选区并用不同的颜色进行填充，直到颜色铺满背景，再将素材中的“文字.png”文件置入文档，最终效果如图3-164所示。

图3-164

3.11 复习题

结合本章所学知识，利用“椭圆选框”工具、“多边形套索”工具，以及其他的编辑命令，绘制如图3-165所示的LOGO。

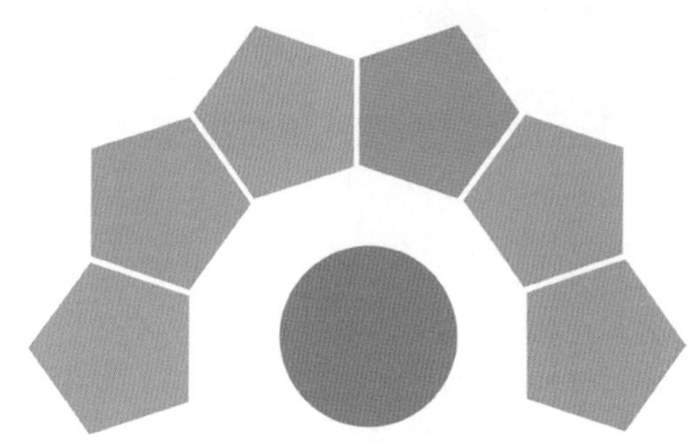

图3-165

第 4 章
版式设计：创建与编辑图层

图层是Photoshop的核心功能之一。图层的引入，为图像的编辑带来了极大的便利。以前只有通过复杂的选区和通道运算才能得到的效果，现在通过图层和图层样式便可轻松实现。

4.1 版式设计概述

版式设计是指设计人员根据设计主题和视觉需求，在预先设定的有限版面内，运用造型要素和形式原则，根据特定主题与内容的需要，将文字、图片（图形）及色彩等视觉传达信息要素，进行有组织、有目的组合排列的设计行为与过程。

4.1.1 版式设计的适用范围

版式设计的应用范围涉及报纸、刊物、书籍（画册）、产品样本、挂历、展架、海报、易拉宝、招贴画、唱片封套和网页页面等平面设计各领域，如图4-1所示。

图4-1

4.1.2 版式设计的步骤

01 确定主题，即需要传达的信息。

02 寻找、收集和制作用于表达信息的素材，如文字、图形。文字表达信息最直接、有效，应简洁、贴切。再根据具体需要确定视觉元素的数量和色彩，如黑白、彩色。

03 确定版面视觉元素的布局。

04 使用图形图像处理软件（如Photoshop、Illustrator、CorelDRAW）进行制作。

4.2 创建图层

在“图层”面板中，可以通过各种方法来创建图层。在编辑图像的过程中，也可以创建图层。例如，从其他图像中复制图层、粘贴图像时自动新建图层。下面学习图层的具体创建方法。

4.2.1 在图层面板中创建图层

单击“图层”面板中的“创建新图层”按钮⊞，即可在当前图层上方新建图层，新建的图层会自动成为当前图层，如图4-2所示。按住Ctrl键的同时，单击“创建新图层”按钮⊞，可在当前图层的下方新建图层，如图4-3所示。

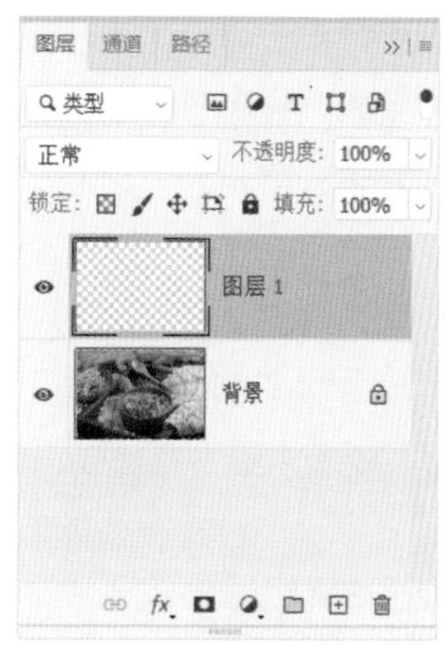

图4-2

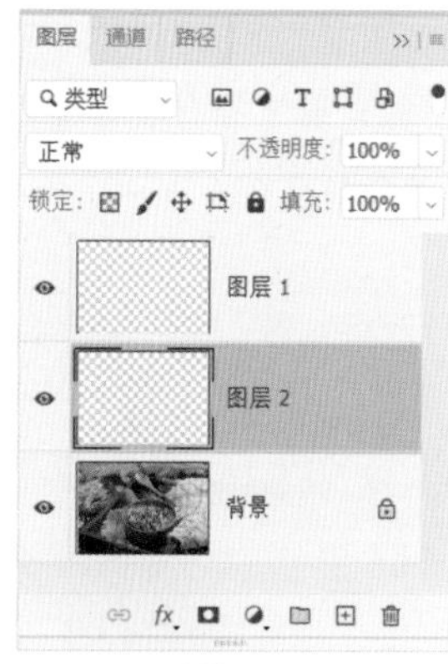

图4-3

延伸讲解

在“背景”图层下方不能创建图层。

4.2.2 通过复制的图层命令：冰爽夏日

执行“通过拷贝的图层”命令，可以快速拷贝图层。

01 启动Photoshop 2023软件，按快捷键Ctrl+O，打开相关素材中的“冰爽夏日.jpg”文件。

02 使用“对象选择”工具，在图像上创建选区，如图4-4所示。

图4-4

03 执行“图层”|“新建”|“通过拷贝的图层”命令，或按快捷键Ctrl+J，可以将选区中的内容复制到一个新的图层中，原图层保持不变，如图4-5所示。

04 如果没有创建选区，执行该命令后可以快速复制当前图层，如图4-6所示。

图4-5

图4-6

4.2.3 使用通过剪切的图层命令

创建选区以后，执行“通过剪切的图层”命令，可以剪切选区中的内容。

01 启动Photoshop 2023软件，按快捷键Ctrl+O，打开相关素材中的“端午肉粽.jpg”文件。

02 在上下文任务栏中单击“选择主体”按钮，如图4-7所示。

图4-7

03 创建的选区如图4-8所示。

图4-8

04 执行“图层”|“新建”|“通过剪切的图层”命令，或按快捷键Shift+Ctrl+J，可将选区内的图像从原图层中剪切到新的图层（即“图层1”）中，图4-9所示为关闭“图层1”后背景图层的显示效果。

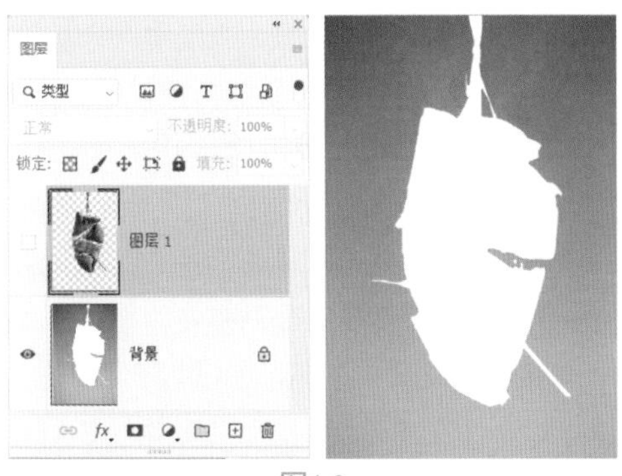

图4-9

4.2.4　创建背景图层

新建文档时，使用白色、黑色或背景色作为背景内容，“图层”面板最下面的图层便是“背景”图层，如图4-10所示。选择“背景内容”为“透明”时，则没有“背景”图层。

文档中没有“背景”图层时，选择一个图层，如图4-11所示，执行“图层”|“新建”|“背景图层”命令，如图4-12所示，可以将它转换为“背景”图层，如图4-13所示。

图4-10

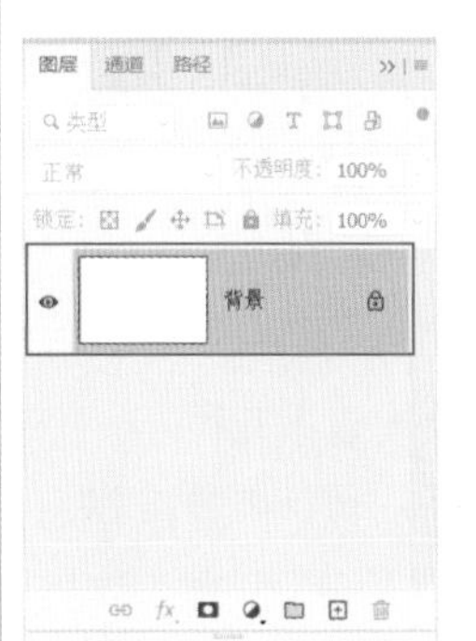

图4-11

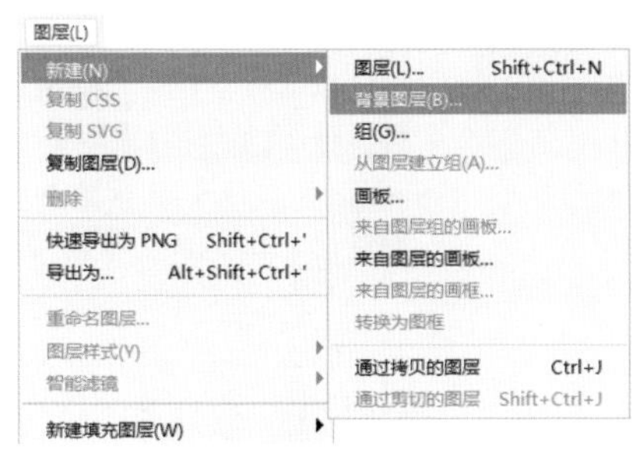

图4-12

图4-13

4.2.5　将背景图层转换为普通图层

“背景”图层是比较特殊的图层，它永远在“图层”面板的最底层，不能调整堆叠顺序，并且不能设置“不透明度”、混合模式，也不能添加效果。要进行这些操作，必须先将“背景”图层转换为普通图层。

双击“背景”图层，如图4-14所示，在打开的“新建图层”对话框中输入名称（也可以使用默认的名称），然后单击“确定”按钮，即可将“背景”图层转换为普通图层，如图4-15所示。

图4-14

图4-15

在Photoshop中，“背景”图层可以用绘画工具、滤镜等进行编辑。一个Photoshop文档中可以没有

“背景”图层，但最多只能存在一个“背景”图层。

延伸讲解

按住Alt键双击“背景”图层，或直接单击“背景”图层右侧的锁状按钮，可以不必打开“新建图层”对话框而直接将其转换为普通图层。

4.3 编辑图层

本节将介绍图层的基本编辑方法，包括选择图层、复制图层、链接图层、修改图层的名称、修改图层的颜色、显示与隐藏图层等。

4.3.1 选择图层

在Photoshop中选择图层的方法有以下几种。

- 选择一个图层：单击“图层”面板中的图层即可选择相应的图层，所选图层会成为当前图层。
- 选择多个图层：如果要选择多个相邻的图层，可以在第一个图层上单击，然后按住Shift键在最后一个图层上单击，如图4-16所示；如果要选择多个不相邻的图层，可按住Ctrl键单击这些图层，如图4-17所示。
- 选择所有图层：执行“选择”|“所有图层”命令，可以选择“图层”面板中的所有图层，“背景”图层除外，如图4-18所示。
- 选择链接的图层：选择一个链接的图层，执行“图层”|“选择链接图层”命令，可以选择与之链接的所有图层。
- 取消选择图层：如果不想选择任何图层，可在“图层”面板外的空白处单击，如图4-19所示，或者执行“选择”|“取消选择图层”命令取消选择。

图4-16

图4-17

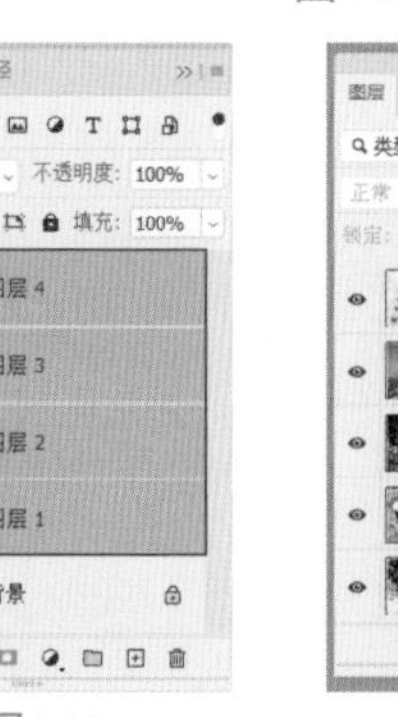

图4-18

图4-19

4.3.2 复制图层

通过复制图层可以复制图层中的图像。在Photoshop中，不仅可以在同一图像中复制图层，还可以在两个不同的图像之间复制图层。

1. 在面板中复制图层

在“图层”面板中，将需要复制的图层拖曳到“创建新图层”按钮上，即可复制该图层，如图4-20和图4-21所示。按快捷键Ctrl+J可复制当前图层。

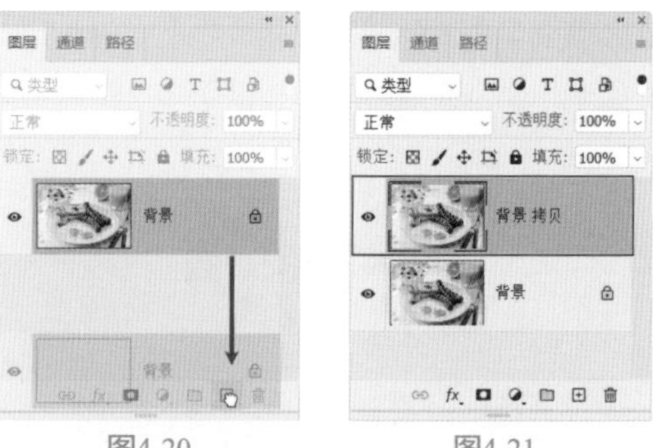

图4-20　图4-21

2. 通过命令复制图层

选择一个图层，执行“图层”|“复制图层”命令，打开“复制图层”对话框，输入图层名称并设置选项，单击“确定”按钮，可以复制该图层，如图4-22和图4-23所示。

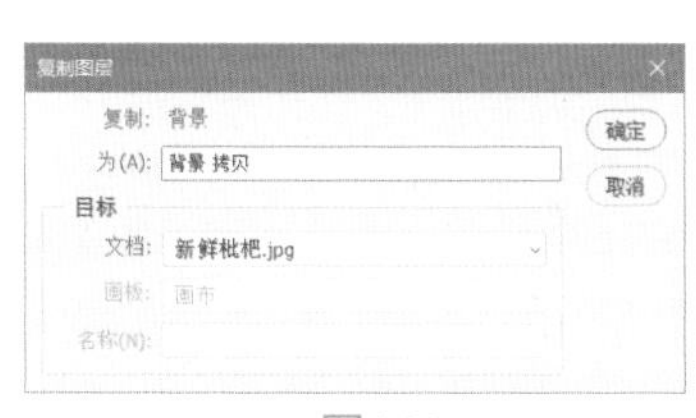

图4-22

图4-23

4.3.3　链接图层

如果要同时处理多个图层中的图像，如同时移动、应用变换或者创建剪贴蒙版，则可将这些图层链接在一起进行操作。

在“图层”面板中选择两个或多个图层，单击“链接图层”按钮⊖，或执行“图层”|“链接图层”命令，即可将它们链接。如果要取消链接，可以选择其中一个图层，然后单击⊖按钮。

4.3.4　修改图层的名称和颜色

在图层数量较多的文档中，可以为一些重要的图层设置容易识别的名称，或是可以区别于其他图层的颜色，以便在操作中能够快速找到它们。

如果要修改一个图层的名称，可以选择该图层，执行“图层”|“重命名图层”命令，或者直接双击该图层的名称，如图4-24所示，然后在显示的文本框中输入新名称，按Enter键结束操作，如图4-25所示。

如果要修改图层的颜色，可以选择该图层，然后右击，在弹出的快捷菜单中选择颜色，如图4-26和图4-27所示。

图4-24

图4-25

图4-26

图4-27

4.3.5　显示与隐藏图层

图层缩览图前面的“指示图层可视性”按钮👁可以用来控制图层的可见性。有该图标的图层为可见的图层，如图4-28所示，无该图标的是隐藏的图层。单击一个图层前面的眼睛图标👁，可以隐藏该图层，如图4-29所示。如果要重新显示图层，可在原眼睛图标处单击。

将光标放在一个图层的眼睛图标👁上，单击并在眼睛图标列拖动光标，可以快速隐藏（或显示）多个相邻的图层，如图4-30所示。

图4-28

图4-29

图4-30

4.3.6　锁定图层

Photoshop提供了图层锁定功能，以限制图层编辑的内容和范围，避免错误操作。单击“图层”面板中的5个锁定按钮即可将相应的图层锁定，如图4-31所示。

图4-31

答疑解惑：为什么有空心的锁，也有实心的锁?

当图层只有部分属性被锁定时，图层名称右侧会出现一个空心的锁状图标；当所有属性都被锁定时，锁状图标是实心的。

4.3.7 查找和隔离图层

当图层数量较多时，如果想要快速找到某个图层，可以执行“选择”|“查找图层”命令，如图4-32所示，“图层”面板顶部会出现一个文本框，如图4-33所示，输入该图层的名称，面板中便会只显示该图层，如图4-34所示。

图4-32

图4-33

图4-34

Photoshop可以对图层进行隔离，即让面板中显示某种类型的图层（包括名称、效果、模式、属性和颜色），隐藏其他类型的图层。例如，在面板顶部选择“类型”选项，然后单击右侧的“文字图层过滤器”按钮 T，面板中就只显示文字类图层；选择“效果”选项，面板中就只显示添加了某种效果的图层。执行“选择”|“隔离图层”命令也可以进行相同的操作。

延伸讲解

如果想停止图层过滤，在面板中显示所有图层，可单击面板右上角的“打开或关闭图层过滤”按钮。

4.3.8 删除图层

将需要删除的图层拖曳到“图层”面板中的“删除图层”按钮上，即可删除该图层。此外，执行“图层”|“删除”级联菜单中的命令，也可以删除当前图层或面板中所有隐藏的图层。

4.3.9 栅格化图层内容

如果要使用绘画工具和滤镜编辑文字图层、形状图层、矢量蒙版或智能对象等包含矢量数据的图层，需要先将其栅格化，让图层中的内容转换为光栅图像，然后才能进行相应的编辑。

选择需要栅格化的图层，执行“图层”|“栅格化”级联菜单中的命令，即可栅格化图层中的内容，如图4-35所示。

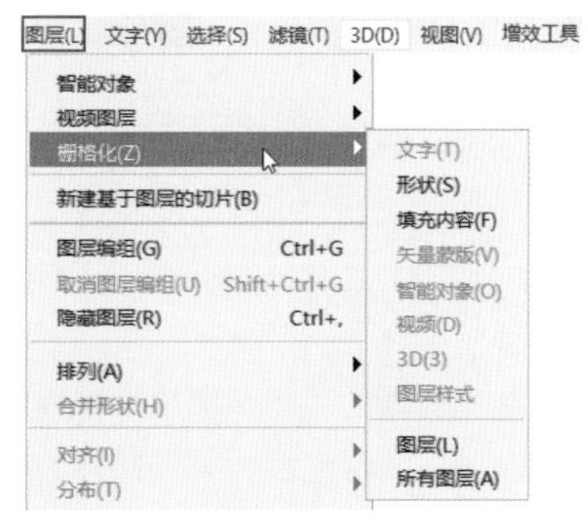

图4-35

4.3.10 清除图像的杂边

当移动或粘贴选区时，选区边框周围的一些像素也会包含在选区内，执行“图层”|“修边”级联菜单中的命令，可以清除这些多余的像素，如图4-36所示。

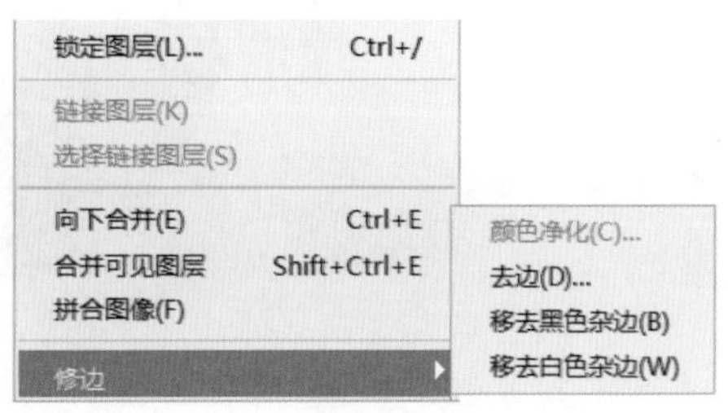

图4-36

4.4 排列与分布图层

“图层”面板中的图层是按照从上到下的顺序堆叠排列的，上面图层中的不透明部分会遮盖下面图层中的图像，如果改变面板中图层的堆叠顺序，图像的效果也会发生改变。

4.4.1　改变图层的顺序：制作立夏吃瓜海报

在“图层”面板中，将一个图层拖至另外一个图层的上面或下面，当突出显示的线条出现在要放置图层的位置时，释放鼠标左键即可调整图层的堆叠顺序。

01 启动Photoshop 2023软件，按快捷键Ctrl+O，打开相关素材中的“立夏.psd”文件，效果如图4-37所示。此时“西瓜”图层置于“山”图层之下。

图4-37

02 在“图层”面板中选择“西瓜”图层，执行“图层”|“排列”命令，展开级联菜单，执行“前移一层”命令，如图4-38所示。

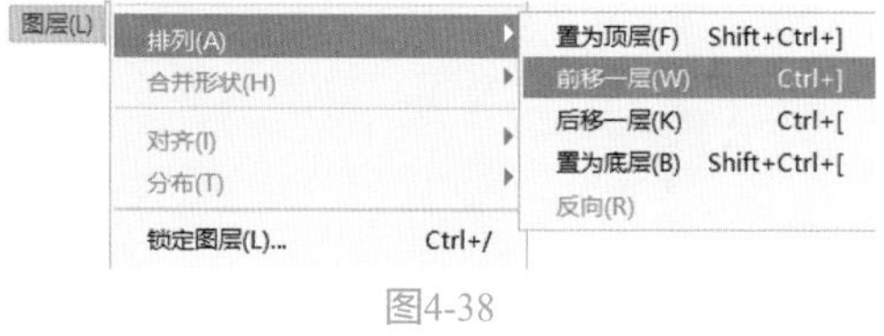

图4-38

延伸讲解

按快捷键Ctrl+]，也可以前移图层。

03 将“西瓜”图层往前移动一层，效果如图4-39所示。

04 选择“小孩”图层，执行“图层”|“排列”|“后移一层”命令，如图4-40所示。

图4-39

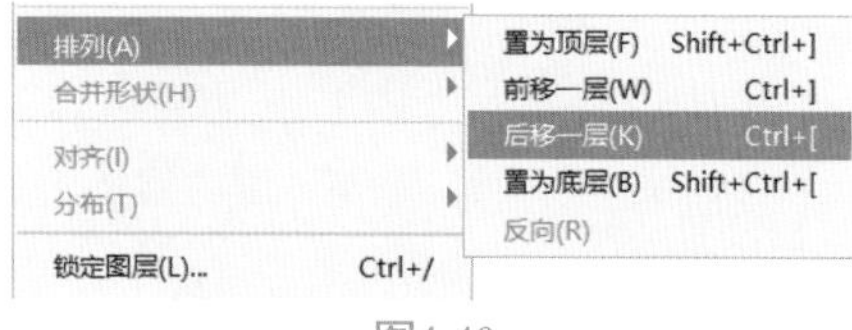

图4-40

05 “小孩”图层往后移动一层，位于“山”图层之下，画面效果如图4-41所示。

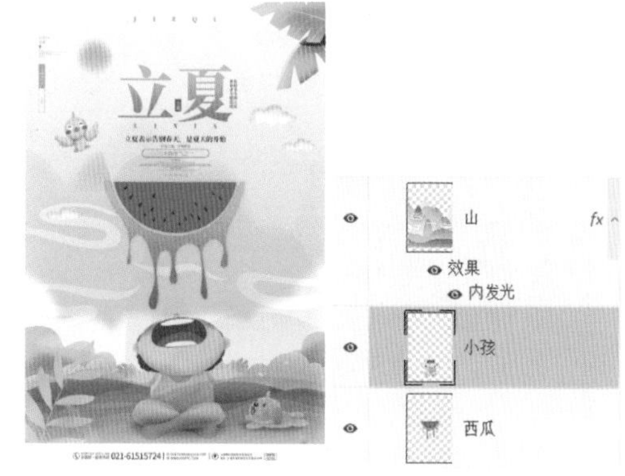

图4-41

延伸讲解

按快捷键Ctrl+Shift+[，可以将图层置于底层。

06 选择“小孩”图层，执行“图层”|“排列”|“置为顶层”命令，如图4-42所示，将“小孩”图层放置在最顶层。

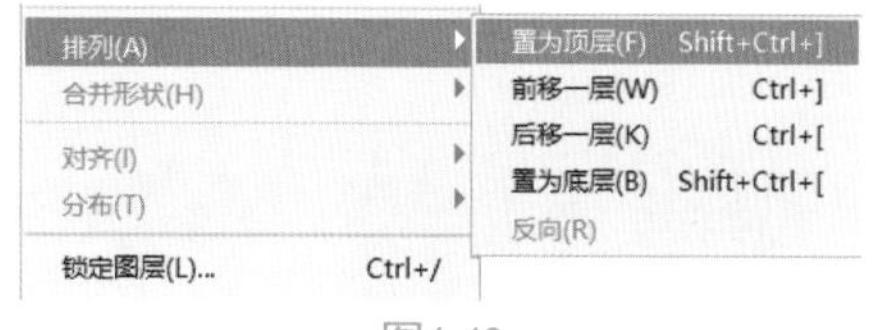

图4-42

4.4.2　对齐与分布命令的使用：浣熊集合

Photoshop的对齐和分布功能用于准确定位图层

的位置。在进行对齐和分布操作之前，首先要选择这些图层，或者将这些图层设置为链接图层，下面利用“对齐”和“分布”命令来操作对象。

01 启动Photoshop 2023软件，按快捷键Ctrl+O，打开相关素材中的“浣熊.psd”文件，效果如图4-43所示。

图4-43

02 选中除“背景”图层以外的所有图层，执行“图层”|“对齐”|“顶边”命令，可以将所有选定图层上的顶端像素与其中最顶端的像素对齐，如图4-44所示。

图4-44

03 按快捷键Ctrl+Z撤销上一步操作。执行“图层”|“对齐”|“垂直居中”命令，可以将每个选定图层上的垂直像素与所有选定的垂直中心像素对齐，如图4-45所示。

图4-45

04 按快捷键Ctrl+Z撤销上一步操作。执行“图层”|“对齐”|“水平居中”命令，可以将选定图层上的水平中心像素与所有选定图层的水平中心像素对齐，如图4-46所示。

图4-46

05 按快捷键Ctrl+Z撤销上一步操作。取消对齐，随意打散图层的分布，如图4-47所示。

图4-47

06 选中除“背景”图层以外的所有图层。执行“图层”|“分布”|“左边”命令，可以从每个图层的左端像素开始，间隔均匀地分布图层，如图4-48所示。

图4-48

延伸讲解

如果当前使用的是“移动”工具，可单击工具选项栏上的、、、、、按钮来对齐图层；单击、、、、、按钮来进行图层的分布操作。

4.5 图层样式

图层样式实际上是投影、内阴影、外发光、内发光、斜面和浮雕、光泽、颜色叠加、图案叠加、渐变叠加、描边等图层效果的集合，它能够在顷刻间将平面图形转换为具有材质和光影效果的立体对象。

4.5.1 图层样式对话框

执行“图层”|“图层样式”|“混合选项”命令，打开“图层样式”对话框，如图4-49所示。“图层样式”对话框的左侧列出了各种效果，效果名称前面的复选框内有“√”标记的，表示在图层中添加了该效果。单击效果前面的“√”标记，则可以停用该效果，但保留效果参数。

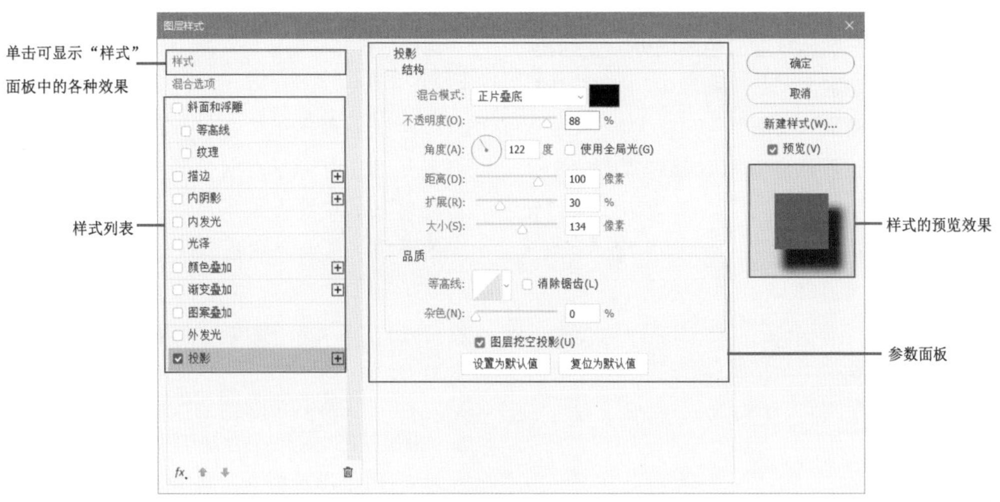

图4-49

延伸讲解

使用图层样式虽然可以轻而易举地实现特殊效果，但也不能滥用，要注意使用场合及各种图层效果间的合理搭配，否则会适得其反。

4.5.2 混合选项面板

默认情况下，在打开“图层样式”对话框后，会切换到“混合选项”参数面板，如图4-50所示，此面板主要对一些常见的选项，如混合模式、“不透明度”、混合颜色等参数进行设置。

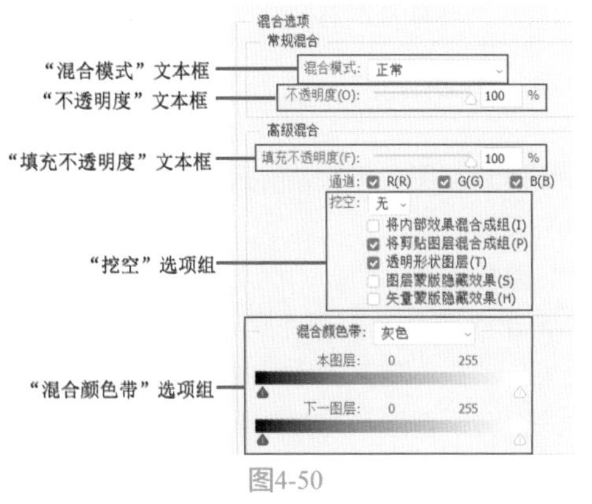

图4-50

4.5.3 图层样式应用：烟花绚烂

矢量蒙版、图层蒙版、剪贴蒙版都是在“图层”面板中设定，而混合颜色带则隐藏在“图层样式”对话框中。下面利用混合颜色带对图像进行抠图。

01 启动Photoshop 2023软件，按快捷键Ctrl+O，打开相关素材中的“场景.psd”文件，效果如图4-51所示。

图4-51

02 在“图层”面板中恢复“烟花”图层的显示，如图4-52所示。

03 选择“烟花”图层，按快捷键Ctrl+T显示定界框，将图像调整到合适的位置及大小，按Enter键确认，效果如图4-53所示。

图4-52

图4-53

04 双击“烟花”图层，打开“图层样式”对话框，按住Alt键单击“本图层”中的黑色滑块，分开滑块，将右半边滑块向右拖至靠近白色滑块处，使烟花周围的灰色能够很好地融合到背景图像中，如图4-54所示，完成后单击“确定”按钮。

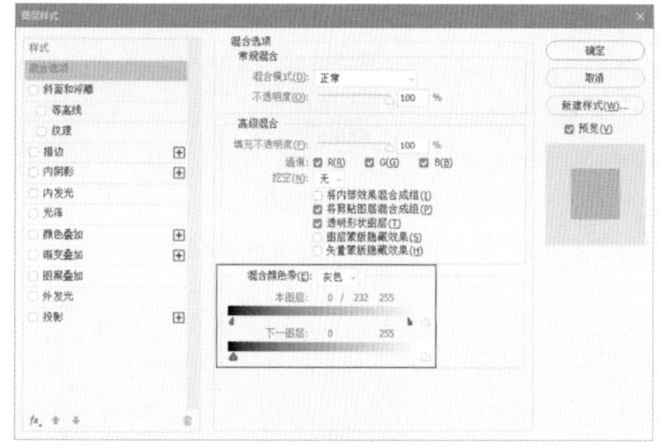

图4-54

05 按快捷键Ctrl++，放大图像。单击“图层”面板底部的“添加图层蒙版”按钮，为“烟花”图层添加蒙版，如图4-55所示。

06 选择“画笔”工具，设置前景色为黑色，然后用柔边笔刷在烟花周围涂抹，使烟花融入夜空中，如图4-56所示。

图4-55

图4-56

07 在“图层”面板中恢复“烟花2”图层的显示，并选中该图层，如图4-57所示。

08 用上述同样的方法添加其他烟花效果，完成效果如图4-58所示。

图4-57

图4-58

延伸讲解

“混合颜色带”适合抠取背景简单、没有烦琐内容且对象与背景之间色调差异大的图像，如果对选取对象的精度要求不高，或者只是想看到图像合成的草图，用混合颜色带进行抠图是不错的选择。

4.5.4 修改、隐藏与删除样式

通过隐藏或删除图层样式，可以去除为图层添加的图层样式效果，方法如下。

- 删除图层样式：添加了图层样式的图层右侧会出现fx图标，单击该图标右侧的按钮，可以展开图层添加的样式效果。拖动该图标或“效果”栏至面板底端“删除图层”按钮上，可以删除图层样式。
- 删除样式效果：拖动效果列表中的图层效果至“删除图层”按钮上，可以删除图层样式。
- 隐藏样式效果：单击图层样式效果左侧的眼睛图标，可以隐藏该图层效果。
- 修改图层样式：在“图层”面板中，双击一个效果的名称，可以打开“图层样式”对话框，并切换至该效果的设置面板，对图层样式参数进行修改。

4.5.5 复制与粘贴样式

快速复制图层样式，有鼠标拖动和菜单命令两种方法可供选用。

1. 鼠标拖动

展开“图层”面板中的图层效果列表，拖动“效果”项或fx图标至另一图层上方，即可移动图层样式至另一图层，此时光标显示为形状，同时在光标下方显示fx标记，如图4-59所示。

如果在拖动时按住Alt键，则可以复制该图层样式至另一图层，此时光标显示为▶形状，如图4-60所示。

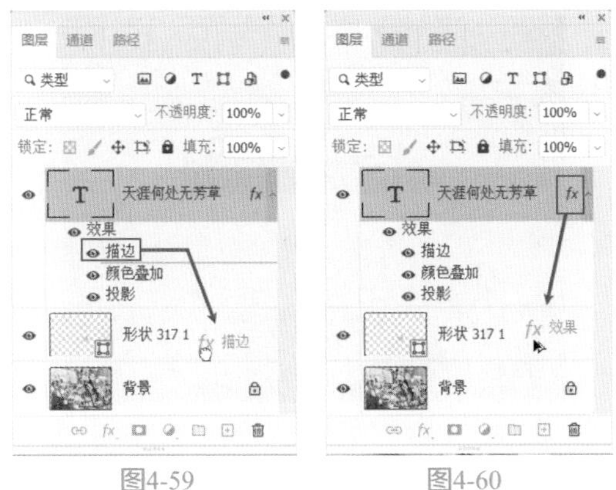

图4-59　　图4-60

2. **菜单命令**

在添加了图层样式的图层上右击，在弹出的快捷菜单中选择“拷贝图层样式”选项，然后在需要粘贴样式的图层上右击，在弹出的快捷菜单中选择“粘贴图层样式”选项即可。

4.5.6　缩放样式效果：运营插画

对添加了效果的图层对象进行缩放时，效果仍然保持原来的比例，不会随着对象大小的变化而改变。如果要效果与图像比例一致，就需要单独对效果进行缩放。

01 启动Photoshop 2023软件，按快捷键Ctrl+O，打开相关素材中的“运营插画.psd”文件，效果如图4-61所示。

图4-61

02 执行“图层”|“图层样式”|“缩放效果”命令，打开“缩放图层效果”对话框，参数设置如图4-62所示。

图4-62

03 单击“确定”按钮，扩大描边的效果如图4-63所示。

图4-63

延伸讲解

“缩放效果”命令只缩放图层样式中的效果，不会缩放应用了该样式的图层。

4.5.7　将图层样式创建为图层

如果想进一步对图层样式进行编辑，例如在效果上绘制元素或应用滤镜，则需要先将效果创建为图层。

选中添加了图层样式的图层，执行“图层”|“图层样式”|“创建图层”命令，系统会弹出一个提示对话框，如图4-64所示。单击“确定”按钮，样式便会从原图层中剥离出来成为单独的图层，如图4-65和图4-66所示。在这些图层中，有的会被创建为剪贴蒙版，有的则被设置了混合样式，以确保转换前后的图像效果不会发生变化。

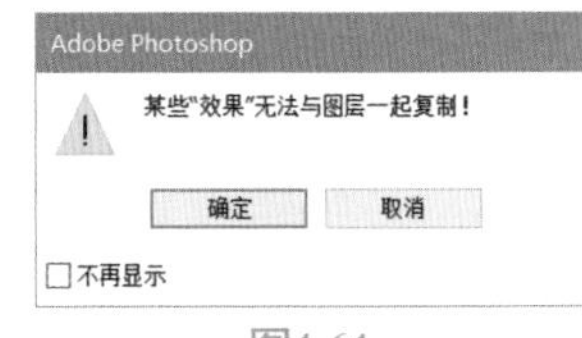

图4-64

图4-65　　图4-66

4.5.8　添加图层效果：制作玻璃搜索栏

图层样式也叫图层效果。利用图层样式为图层中的图像添加投影、发光、浮雕、描边等效果，创建具有真实质感的水晶、玻璃、金属和纹理特效。

01 启动Photoshop 2023软件，执行“文件”|“新建”命令，新建一个“宽度”为800像素、“高度”为600像素、“分辨率”为72像素/英寸的空白文档，并将文档命名为“简约搜索栏”，如图4-67所示。

图4-67

02 执行“文件”|“置入嵌入对象”命令，将相关素材中的“背景.jpg”文件置入文档，并调整到合适的位置及大小，如图4-68所示。

图4-68

延伸讲解

在制作本例时，根据实际情况可以适当调整背景的亮度和对比度等。

03 为了突出主体，这里选择“背景”图层，为其执行“滤镜”|“模糊”|“高斯模糊”命令，将背景画面适当模糊，如图4-69所示。操作完成后得到效果如图4-70所示。

图4-69

图4-70

04 选择“矩形”工具，设置合适的圆角半径，在图像上方绘制一个黑色矩形，效果如图4-71所示，同时在“图层”面板中新建“矩形1”图层。

图4-71

05 在“图层”面板中，将“矩形1”图层的“不透明度”调整至30%，如图4-72所示。

06 双击“矩形1”图层，在打开的“图层样式”对话框中勾选“斜面和浮雕”和“内阴影”复选框，参照图4-73和图4-74所示进行图层样式的设置。

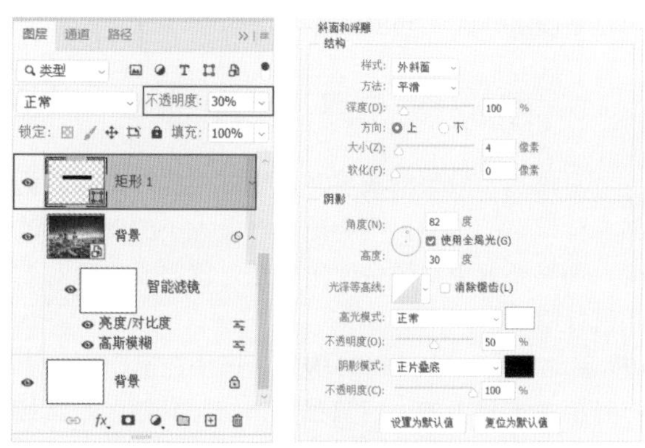

图4-72　　图4-73

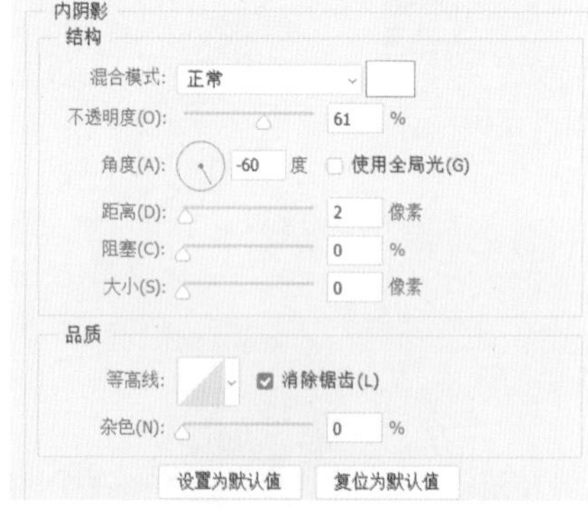

图4-74

07 设置完成后，单击“确定”按钮，保存图层样式，此时得到的效果如图4-75所示。

08 执行“文件”|“置入嵌入对象”命令，将相关素材中的“放大镜.png”文件置入文档，并调整到合适的位置及大小，如图4-76所示。

图4-75

图4-76

09 在“图层”面板中，将“放大镜”图层的图层混合模式更改为“叠加”，如图4-77所示。完成操作后，放大镜图标将呈现半透明状态，如图4-78所示。

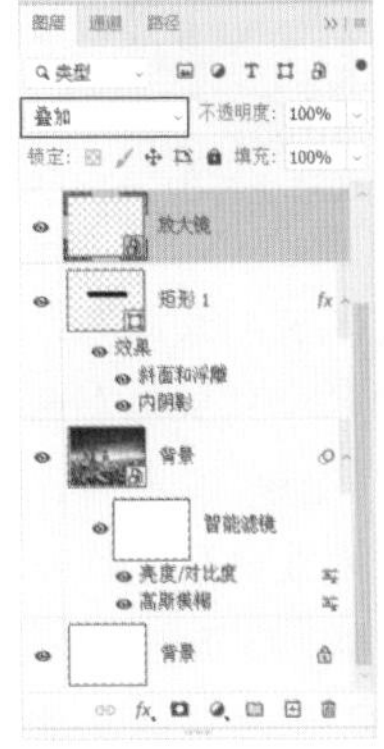

图4-77

图4-78

10 使用“横排文字”工具**T**在文档中输入文字“搜索”，并在“字符”面板中调整合适的文字参数。

11 在“图层”面板中，修改文字所在图层的混合模式为“叠加”，如图4-79所示，并将其移动至矩形框左侧，添加LOGO元素（必应bing），最终得到的效果如图4-80所示。

图4-79

图4-80

4.6 图层混合模式

一幅图像中的各图层由上到下叠加在一起，并不仅仅是简单的图像堆积，通过设置各图层的“不透明度”和混合模式，可控制各图层之间的相互关系，从而将图像完美融合在一起。混合模式控制图层之间像素颜色的相互作用。Photoshop可使用的图层混合模式有正常、溶解、叠加、正片叠底等20多种，不同的混合模式具有不同的效果。

4.6.1 混合模式的使用

在“图层”面板中选择一个图层，单击面板顶部的下拉按钮 正常 ，在展开的下拉列表中可以选择混合模式，如图4-81所示。

图4-81

下面为图4-82所示的图像添加一个如图4-83所示的渐变填充图层，分别选择不同的混合模式，演示渐变填充图层与下面图像的混合效果。

图4-82

图4-83

- 正常：默认的混合模式，图层的“不透明度”为100%时，完全遮盖下面的图像，如图4-82所示。降低“不透明度”，可以使其与下面的图层混合。
- 溶解：设置该模式并降低图层的“不透明度”时，可以使半透明区域上的像素离散，产生点状颗粒，如图4-84所示。
- 变暗：比较两个图层，当前图层中亮度值比底层像素高的像素，会被底层较暗的像素替换，亮度值比底层像素低的像素保持不变，如图4-85所示。

图4-84

图4-85

- 正片叠底：当前图层中的像素与底层的白色混合时保持不变，与底层的黑色混合时被其替换，混合结果通常会使图像变暗，如图4-86所示。
- 颜色加深：通过增加对比度来加强深色区域，底层图像的白色保持不变，如图4-87所示。

图4-86

图4-87

- 线性加深：通过降低亮度使像素变暗，它与“正片叠底”模式的效果相似，但可以保留下面图像的更多颜色信息，如图4-88所示。
- 深色：比较两个图层的所有通道值的总和并显示值较小的颜色，不会生成第三种颜色，如图4-89所示。

图4-88

图4-89

- 变亮：与“变暗”模式的效果相反，当前图层中较亮的像素会替换底层较暗的像素，而较暗的像素则被底层较亮的像素替换，如图4-90所示。
- 滤色：与“正片叠底”模式的效果相反，它可以使图像产生漂白的效果，类似于多张幻灯片彼此投影的效果，如图4-91所示。

图4-90

图4-91

- 颜色减淡：与“颜色加深”模式的效果相反，它通过减小对比度来加亮底层的图像，并使颜色更加饱和，如图4-92所示。
- 线性减淡（添加）：与“线性加深”模式的效果相反。通过增加亮度来减淡颜色，亮化效果比“滤色”和“颜色减淡”模式的效果都强烈，如图4-93所示。

图4-92

图4-93

- 浅色：比较两个图层的所有通道值的总和并显示值较大的颜色，不会生成第三种颜色，如图4-94所示。
- 叠加：可增强图像的颜色，并保持底层图像的高光和暗调，如图4-95所示。

图4-94

图4-95

- 柔光：当前图层中的颜色决定了图像变亮或是变暗。如果当前图层中的像素比50%灰色亮，则图像变亮；如果像素比50%灰色暗，则图像变暗。产生的效果与发散的聚光灯照在图像上的效果相似，如图4-96所示。
- 强光：如果当前图层中的像素比50%灰色亮，则图像变亮；如果当前图层中的像素比50%灰色暗，则图像变暗。产生的效果与耀眼的聚光灯照在图像上的效果相似，如图4-97所示。

图4-96

图4-97

- 亮光：如果当前图层中的像素比50%灰色亮，则通过减小对比度的方式使图像变亮；如果当前图层中的像素比50%灰色暗，则通过增加对比度的方式使图像变暗。可以使混合后的颜色更加饱和，如图4-98所示。

- 线性光：如果当前图层中的像素比50%灰色亮，则通过减小对比度的方式使图像变亮；如果当前图层中的像素比50%灰色暗，则通过增加对比度的方式使图像变暗。“线性光”模式可以使图像产生更高的对比度，如图4-99所示。

图4-98

图4-99

- 点光：如果当前图层中的像素比50%灰色亮，则替换暗的像素；如果当前图层中的像素比50%灰色暗，则替换亮的像素，如图4-100所示。
- 实色混合：如果当前图层中的像素比50%灰色亮，会使底层图像变亮；如果当前图层中的像素比50%灰色暗，会使底层图像变暗，该模式通常会使图像产生色调分离的效果，如图4-101所示。

图4-100

图4-101

- 差值：当前图层的白色区域会使底层图像产生反相效果，黑色则不会对底层图像产生影响，如图4-102所示。
- 排除：与“差值”模式的原理基本相似，但该模式可以创建对比度更低的混合效果，如图4-103所示。

图4-102

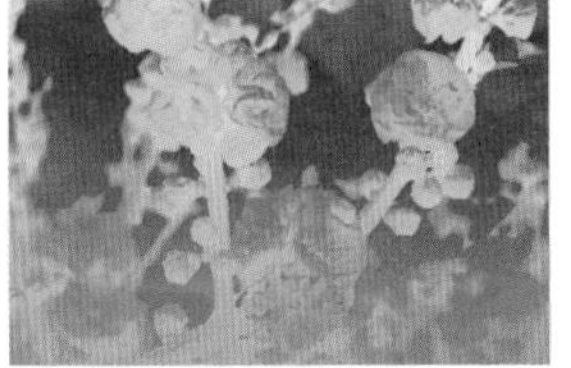
图4-103

- 减去：可以从目标通道中相应的像素上减去源通道中的像素值，如图4-104所示。
- 划分：查看每个通道中的颜色信息，从基色中划分混合色，如图4-105所示。

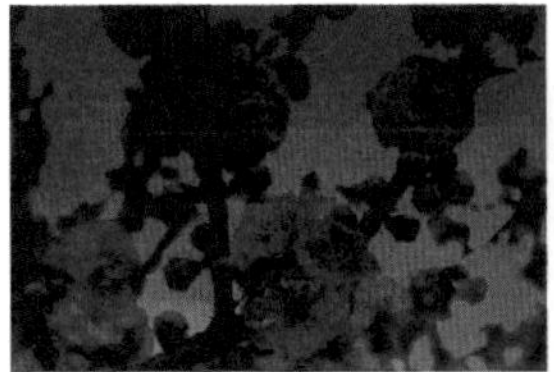
图4-104

图4-105

- 色相：将当前图层的色相应用到底层图像的亮度和饱和度中，可以改变底层图像的色相，但不会影响其亮度和饱和度。对于黑色、白色和灰色区域，该模式不起作用，如图4-106所示。
- 饱和度：将当前图层的饱和度应用到底层图像的亮度和色相中，可以改变底层图像的饱和度，但不会影响其亮度和色相，如图4-107所示。

图4-106

图4-107

- 颜色：将当前图层的色相与饱和度应用到底层图像中，但保持底层图像的亮度不变，如图4-108所示。
- 明度：将当前图层的亮度应用于底层图像的颜色中，可以改变底层图像的亮度，但不会对其色相与饱和度产生影响，如图4-109所示。

图4-108

图4-109

4.6.2 双重曝光工具：鹿的森林世界

下面通过更改图层的混合模式来制作双重曝光图像效果。

01 启动Photoshop 2023软件，按快捷键Ctrl+O，打开相关素材中的“鹿.jpg”文件，效果如图4-110所示。

02 执行“文件”|“置入嵌入对象”命令，将相关素材中的“森林.jpg”文件置入文档，并调整到合适的大小及位置，如图4-111所示。

图4-110

图4-111

03 将“森林”图层暂时隐藏，回到“背景”图层。在工具箱中选择“魔棒”工具，选取“背景”图层中的白色区域，按住Shift键并单击可加选白色区域。选取好白色区域后，按快捷键Shift+Ctrl+I反选，将鹿的部分载入选区，如图4-112所示。

图4-112

04 恢复“森林”图层的显示，选择该图层，单击“图层”面板底部的“添加图层蒙版”按钮，为“森林”图层建立图层蒙版，如图4-113所示。

图4-113

05 选择“背景”图层，按快捷键Ctrl+J复制图层，并将复制得到的图层置顶，将图层混合模式调整为“变亮”，如图4-114所示。

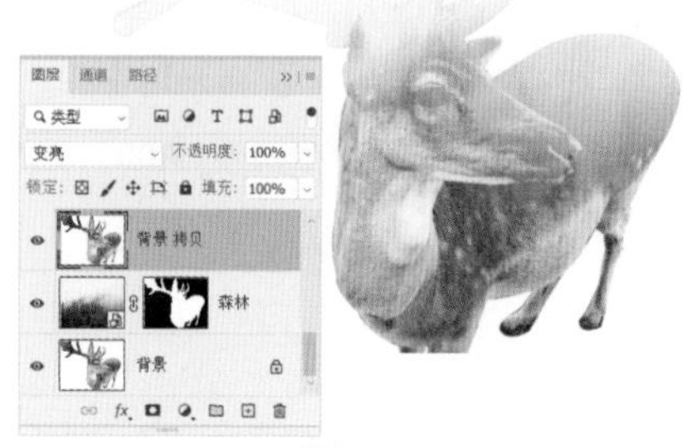

图4-114

06 单击“图层”面板底部的“添加图层蒙版”按钮，为复制得到的图层建立图层蒙版。选中蒙版，将前/背景色设置为黑/白，按B键切换到“画笔”工具，在画面中进行涂抹，露出需要的图像，如图4-115所示。

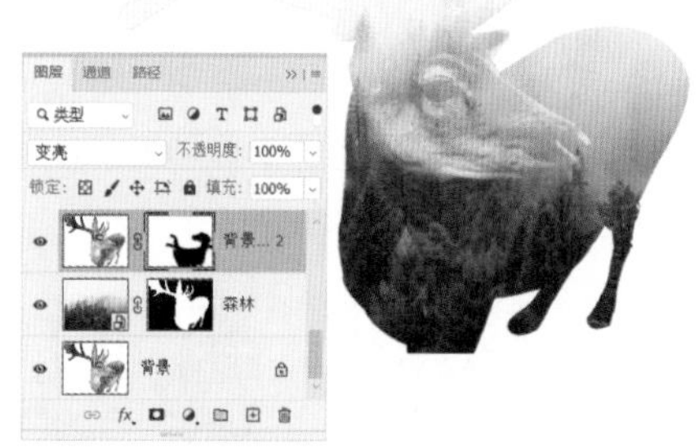

图4-115

07 在“图层”面板中选择“森林”图层的蒙版，使用黑色画笔在需要显现的部分涂抹，如图4-116所示。

图4-116

08 单击“图层”面板底部的“创建新的填充或调整图层”按钮，创建“纯色”调整图层，在打开的“拾色器”对话框中设置颜色为棕色（#e6ddc6），设置其“混合模式”为“正片叠底”，并降低“不透明度”到80%，在合适位置添加文字，最终效果如图4-117所示。

图4-117

4.7 填充图层

填充图层是为了在图层中填充纯色、渐变和图案创建的特殊图层。在Photoshop中，可以创建三种类型的填充图层，分别是纯色填充图层、渐变填充图层和图案填充图层。创建填充图层后，可以通过设置混合模式，或者调整图层的“不透明度”来创建特殊的图像效果。填充图层可以随时修改或者删除，不同类型的填充图层之间还可以互相转换，也可以将填充图层转换为调整图层。

4.7.1　纯色填充：拥抱自然

纯色填充图层是用一种颜色进行填充的可调整图层。下面介绍创建纯色填充图层的具体操作。

01 启动Photoshop 2023软件，按快捷键Ctrl+O，打开相关素材中的“拥抱.jpg”文件，效果如图4-118所示。

图4-118

02 单击“图层”面板底部的“创建新的填充或调整图层”按钮，创建“纯色”调整图层，在打开的“拾色器”对话框中设置颜色为黄色（#ffe8ab），并设置其混合模式为“正片叠底”，设置“不透明度”为57%，如图4-119所示。

图4-119

03 画面的显示效果如图4-120所示。

图4-120

4.7.2　渐变填充：江南小镇

渐变填充图层中填充的颜色为渐变色，其填充效果和“渐变”工具填充的效果相似，不同的是渐变填充图层的效果可以进行反复修改。

01 启动Photoshop 2023软件，按快捷键Ctrl+O，打开相关素材中的“江南小镇.png”文件，效果如图4-121所示。

图4-121

02 选择“快速选择”工具，在图像中选取天空部分，多余的部分可以使用工具选项栏中的“从选区减去”工具进行删减，选区效果如图4-122所示。

图4-122

03 执行“图层”|“新建填充图层”|“渐变”命令，或单击“图层”面板中的“创建新的填充或调整图层”按钮，在打开的菜单中执行“渐变”命令，打开“渐变填充”对话框，单击渐变条，在打开的“渐变编辑器”对话框中自定“蓝色（#00a4f4）到

淡蓝色（#bedbeb）”的渐变，如图4-123所示。

图4-123

04 单击“确定”按钮，关闭对话框，最终效果如图4-124所示。

图4-124

4.7.3 图案填充：秒换花衣裳

图案填充图层是运用图案填充的图层。Photoshop中有许多预设图案，若预设图案不理想，也可自定图案进行填充。

01 启动Photoshop 2023软件，按快捷键Ctrl+O，打开相关素材中的“女孩.jpg”文件，效果如图4-125所示。

图4-125

02 按快捷键Ctrl+O，打开相关素材中的“碎花图案.jpg”文件，执行“编辑”|“定义图案”命令，打开“图案名称”对话框，设置名称，单击“确定”按钮，将图案进行定义，如图4-126所示。

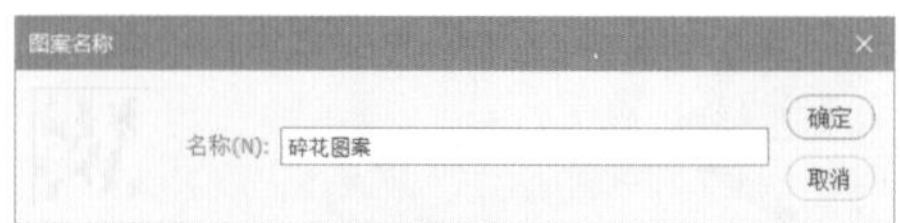

图4-126

03 回到“女孩.jpg”文档中，使用“快速选择”工具将人物的白色衣服选中，如图4-127所示。

图4-127

04 单击“图层”面板底部的“创建新的填充或调整图层”按钮，创建“图案”调整图层，在打开的对话框中选择存储的自定义图案，并调整参数，如图4-128所示。

图4-128

05 单击“确定”按钮，关闭对话框。在“图层”面板中设置“图案填充”调整图层的混合模式为“正片叠底”，如图4-129所示。

图4-129

06 最终效果如图4-130所示。

图4-130

4.8
应用案例：制作公众号封面

在本节中，制作电商公众号封面，简约风格，以形状为主要元素，辅以不同样式的文字。操作步骤如下。

01 启动Photoshop 2023软件，新建一个尺寸为15.2cm×6.5cm、分辨率为300像素/英寸的空白文档。设置前景色为紫色（#8281ed），按快捷键Alt+Delete填充前景色，结果如图4-131所示。

图4-131

02 打开“纹理.png”素材，将其放置在“背景”图层之上，如图4-132所示。

图4-132

03 选择“椭圆”工具◯，设置填充色为黄色（#ffc21e），描边为无，按住Shift键绘制两个正圆，如图4-133所示。

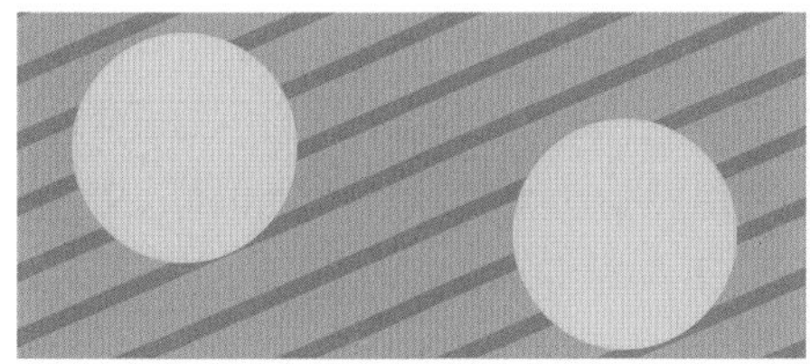

图4-133

04 选择“矩形”工具□，设置填充色为淡黄色（#fff3d2），设置合适粗细的黑色描边，自定义圆角半径，绘制如图4-134所示的圆角矩形。

图4-134

05 选择在上一步骤中绘制的圆角矩形，按住Alt键移动复制，更改填充色为白色，其他属性保持不变，如图4-135所示。

图4-135

06 选择“矩形”工具□，设置填充色为粉红色（#fd8aca），拖曳光标，绘制黑色描边的圆角矩形，如图4-136所示。

图4-136

07 选择粉红色圆角矩形，按住Alt键移动复制4个，并等距排列，如图4-137所示。

图4-137

08 选择“横排文字”工具T，选择合适的字体与字号，输入文字“年终钜惠，现在开启”。双击文字图层，在“图层样式”对话框中选择“投影”样式，设置参数如图4-138所示。

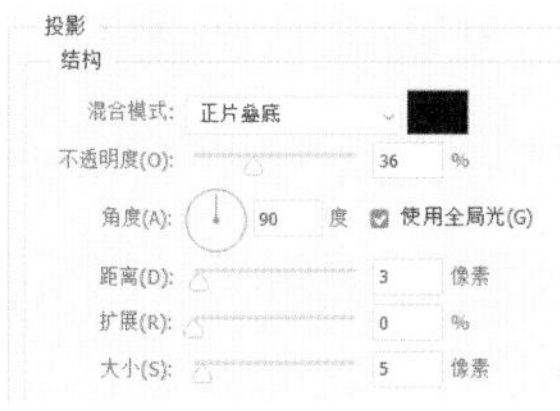

图4-138

09 单击“确定”按钮关闭对话框，效果如图4-139所示。

图4-139

10 选择文字，按住Alt键移动复制。删除文字样式，更改文字颜色为紫色（#5b5ad0），结果如图4-140所示。

图4-140

11 选择“矩形”工具，绘制填充色为白色，描边为黑色的圆角矩形，如图4-141所示。

图4-141

12 选择矩形，按住Alt键移动复制，更改填充色为红色（# ff4e1e），其他属性保持不变，如图4-142所示。

图4-142

13 选择“横排文字”工具T，自定义合适字号，输入白色文字“一键开启领取优惠”，如图4-143所示。

图4-143

14 打开“符号.png”文件，将其放置在文字的右侧，如图4-144所示。

图4-144

15 继续输入文字，完成公众号封面的绘制，结果如图4-145所示。

图4-145

4.9 课后练习：时尚破碎海报

图层样式可以随时修改和隐藏，具有很高的灵活性，本节利用图层样式来合成图像。

01 新建空白文档，并将文档命名为“时尚破碎海报”。

02 新建黑色图层，导入“人像.jpg”文件，为其添加图层蒙版，用黑色画笔擦除右边人物肩膀区域，使过渡更加自然。

03 再次新建文档，设置“背景内容”为透明。选择“铅笔”工具，利用“柔边圆”笔尖在画面中绘制白色线条。

04 执行“编辑”|“定义图案”命令，将上述绘制的线条定义为图案。切换至“时尚破碎海报.psd”文档，新建图层，重命名为“网格”，执行“编辑”|“填充”命令，在打开的对话框中设置“内容”为“图案”，选择之前设置的自定图案。

05 选择“矩形选框”工具、“画笔”工具、“钢笔”工具绘制飞块，并在“图层样式”对话框中为其添加“斜面和浮雕”“投影”图层样式。

06 按快捷键Ctrl+O打开“丝带.psd”文件，利用“移动”工具将素材逐一添加到文档中，最终效果图如图4-146所示。

图4-146

4.10 复习题

运用本章所学知识绘制家居三折页，效果如图4-147所示。

图4-147

第 5 章 插画设计：绘画与图像修饰

Photoshop 2023提供了丰富的绘图工具，具有强大的绘图和修饰功能。使用这些绘图工具，再配合“画笔”面板、混合模式、图层等功能，可以创作出使用传统绘画技巧难以企及的作品。

5.1 插画设计概述

插画也称为插图。如今通行于国外市场的商业插画包括出版物配图、卡通吉祥物、影视海报、游戏人物设定及游戏内置的美术场景设计、广告、漫画、绘本、贺卡、挂历、装饰画、包装等多种形式。延伸到现在的网络及手机平台上的虚拟物品及相关视觉应用等。

5.1.1 插画设计的应用类型

在平面设计领域，我们接触最多的是文学插图与商业插画。

文学插图是再现文章情节、体现文学精神的可视艺术形式，如图5-1所示。

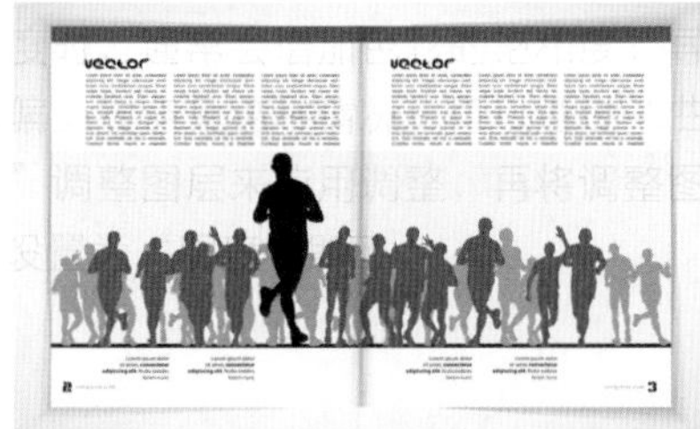

图5-1

商业插画是为企业或产品传递商品信息，集艺术与商业于一体的一种图像表现形式，如图5-2所示。

图5-2

5.1.2 插画设计的功能

- 展示生动具体的产品和服务形象，直观地传递信息。
- 激发消费者的兴趣。
- 增强广告的说服力。
- 强化商品的感染力，刺激消费者的欲求。

5.2 设置颜色

颜色设置是进行图像修饰与编辑前要掌握的基本技能。在Photoshop中，用户可以通过多种方法来设置颜色，例如，可以用“吸管”工具拾取图像的颜色，也可使用“颜色”面板或“色板”面板设置颜色等。

5.2.1 前景色与背景色

前景色与背景色是用户当前使用的颜色。工具箱中包含前景色和背景色的设置选项，它由设置前景色、设置背景色、切换前景色和背景色以及默认前景色和背景色等部分组成，如图5-3所示。

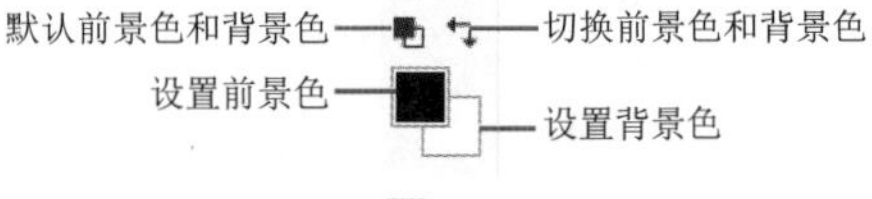

默认前景色和背景色 切换前景色和背景色
设置前景色
设置背景色

图5-3

5.2.2 拾色器

单击工具箱中的“设置前景色”或“设置背景色”色块，都可以打开“拾色器”对话框，如

图5-4所示。在“拾色器”对话框中可以基于HSB、RGB、Lab、CMYK等颜色模式指定颜色。还可以将拾色器设置为只能从Web安全或几个自定颜色系统中选取颜色。

图5-4

单击“颜色库”按钮，打开“颜色库”对话框，如图5-5所示，在其中可以选择丰富多彩的颜色。

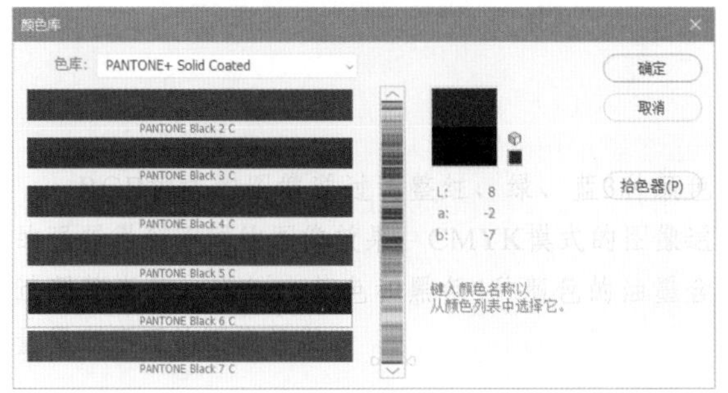

图5-5

5.2.3 吸管工具选项栏

在工具箱中选择“吸管”工具后，可打开“吸管”工具选项栏，如图5-6所示。利用“吸管”工具，可以吸取参考颜色应用到实际的工作中。

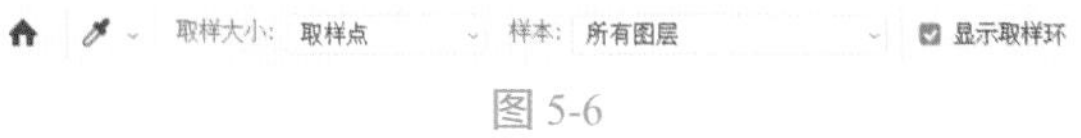

图 5-6

5.2.4 吸管工具：这是什么颜色

使用“吸管”工具可以快速从图像中直接选取颜色，下面讲解“吸管”工具的具体操作与使用方法。

01 启动Photoshop 2023软件，按快捷键Ctrl+O，打开相关素材中的“太阳花.jpg”文件，效果如图5-7所示。

02 在工具箱中选择“吸管”工具后，将光标移至图像上方，单击，可拾取单击处的颜色，并将其作为前景色，如图5-8所示。

图5-7

图5-8

03 按住Alt键的同时单击，可拾取单击处的颜色，并将其作为背景色，如图5-9所示。

图5-9

04 如果将光标放在图像上方，然后按住鼠标左键在屏幕上拖动，则可以拾取窗口、菜单栏和面板的颜色，如图5-10所示。

图5-10

5.2.5 实战：颜色面板

除了可以在工具箱中设置前/背景色，也可以在“颜色”面板中设置所需颜色。

01 执行“窗口”|“颜色”命令，打开“颜色”面板，“颜色”面板采用类似于美术调色的方式来混合

颜色。单击面板右上角的☰按钮，在弹出的菜单中执行“RGB滑块”命令。如果要编辑前景色，可单击前景色色块，如图5-11所示。如果要编辑背景色，则单击背景色色块，如图5-12所示。

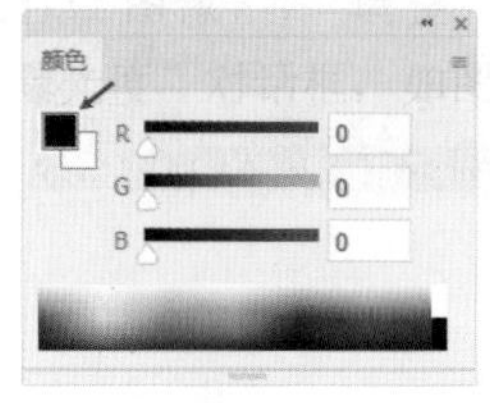
图5-11

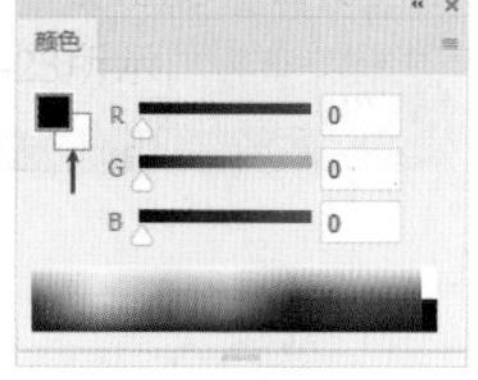
图5-12

02 在RGB文本框中输入数值或者拖动滑块，可调整颜色，如图5-13和图5-14所示。

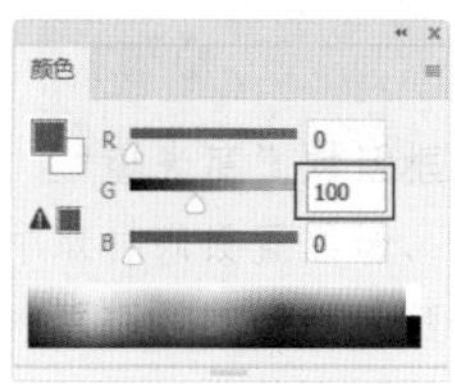
图5-13

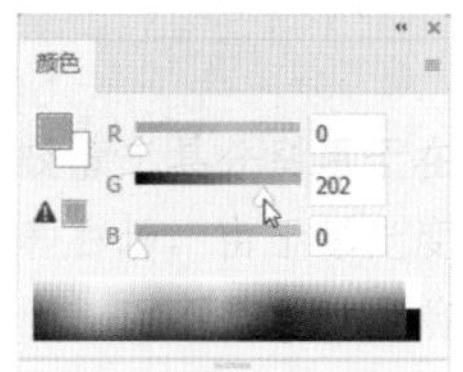
图5-14

03 将光标放在面板下面的四色曲线图上，光标会变为🖋状，此时，单击即可采集色样，如图5-15所示。

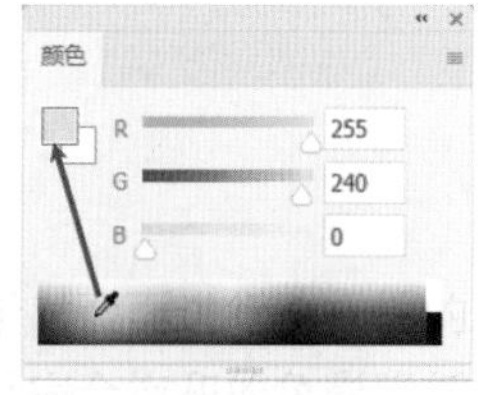
图5-15

04 单击面板右上角的☰按钮，打开面板菜单，执行不同的命令可以修改四色曲线图的模式，如图5-16所示。

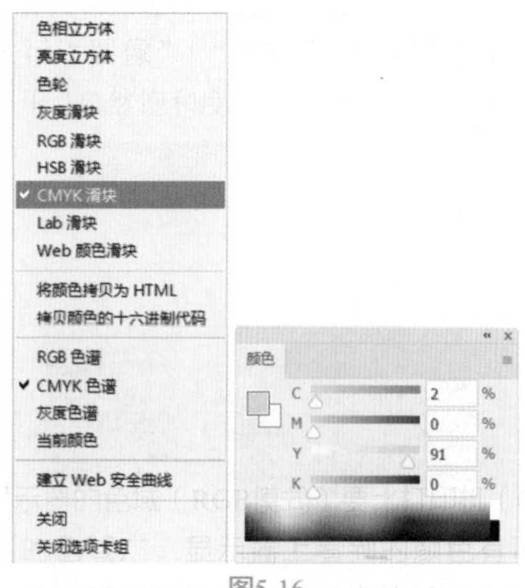

图5-16

5.2.6 实战：色板面板

“色板”面板包含系统预设的颜色，单击相应的颜色即可将其设置为前景色。

01 执行“窗口”|“色板”命令，打开“色板”面板，“色板”面板中的颜色都是预先设置好的，单击一个颜色样本，即可将它设置为前景色，如图5-17所示。按住Alt键的同时单击，则可将它设置为背景色，如图5-18所示。

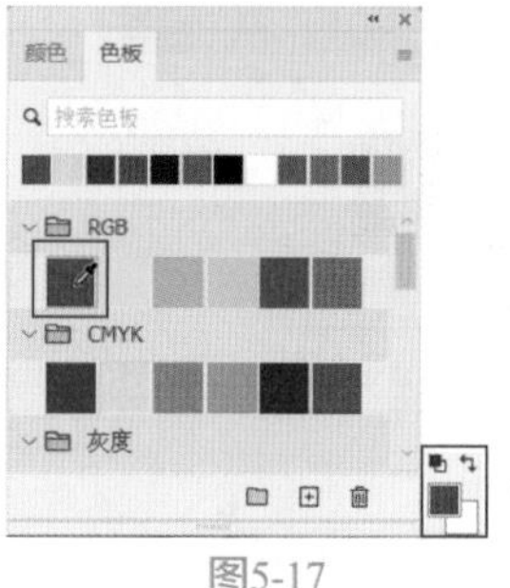
图5-17

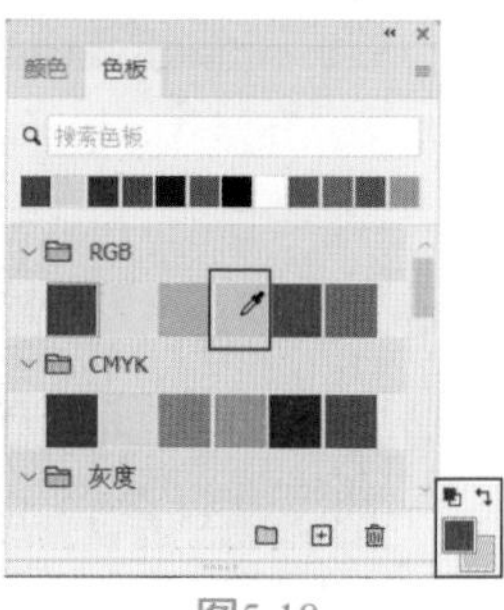
图5-18

02 在“色板”面板中提供了不同类型的色板文件夹，单击任意文件夹左侧的箭头按钮 ›，可以展开相应的色板文件夹，查看其中提供的颜色，如图5-19所示。

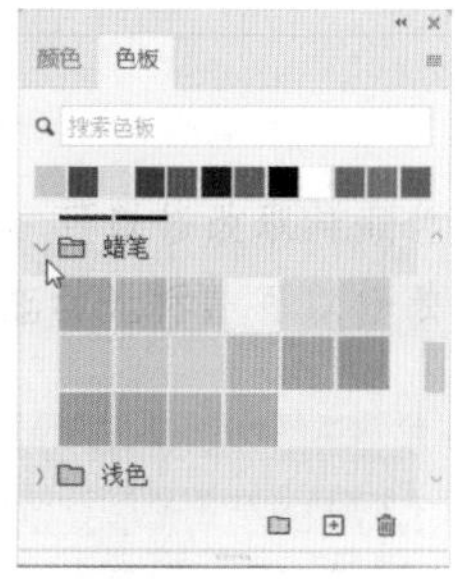
图5-19

03 单击“色板”面板底部的“创建新组”按钮🗀，打开“组名称”对话框，如图5-20所示，在该对话框中可以自定义组的名称，完成后单击“确定”按钮即可。

图5-20

04 在“色板”面板中创建新组后，用户便可以将常用的颜色拖入文件夹，方便日后随时调用，如图5-21和图5-22所示。

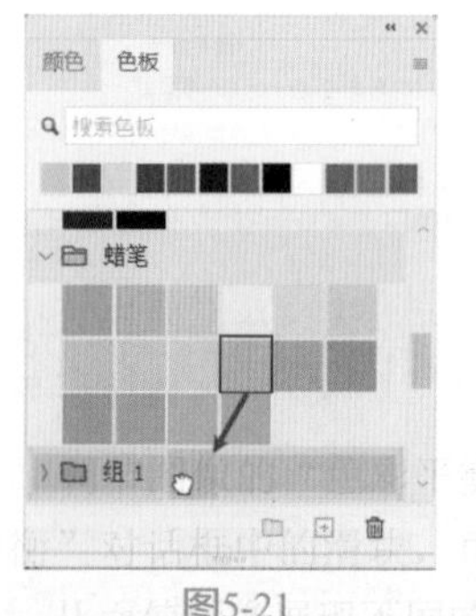
图5-21

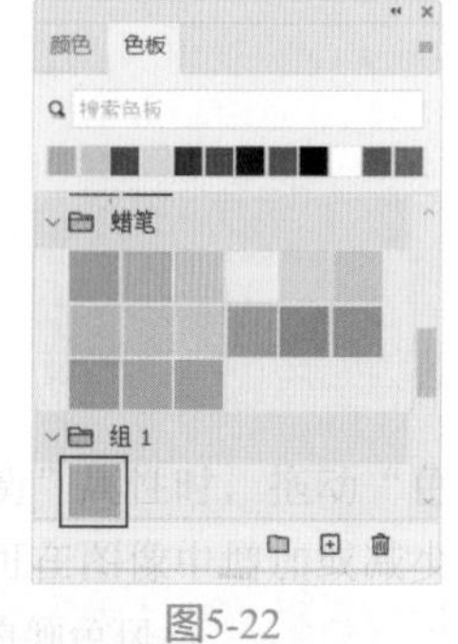
图5-22

05 如果需要将创建的新组删除，可以在“色板”面板中选择组，单击底部的“删除色板”按钮🗑，在打开的提示对话框中单击“确定”按钮，即可完成删除操作，如图5-23和图5-24所示。

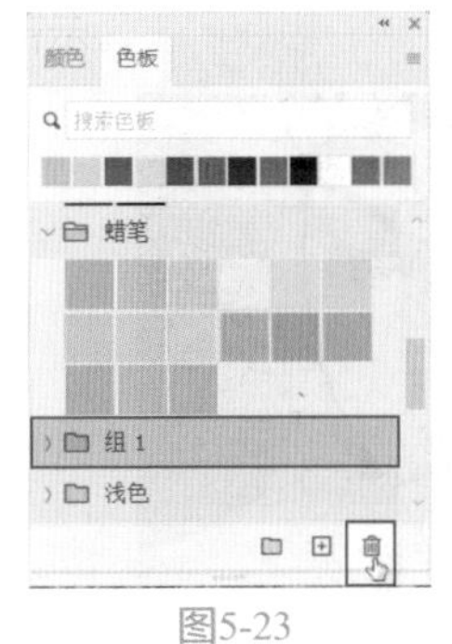

图5-23

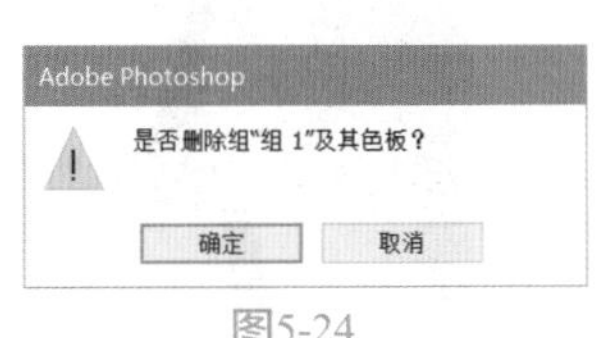

图5-24

5.3 绘画工具

在Photoshop中，绘图与绘画是两个截然不同的概念。绘图是基于Photoshop的矢量功能创建的矢量图像，而绘画则是基于像素创建的位图图像。

5.3.1　画笔工具选项栏与下拉面板

在工具箱中选择“画笔”工具后，可打开“画笔”工具选项栏，如图5-25所示。在开始绘画之前，应选择所需的画笔笔尖形状和大小，并设置“不透明度”“流量”等画笔属性。

5.3.2　铅笔工具选项栏

在工具箱中选择“铅笔”工具后，可打开“铅笔”工具选项栏，如图5-26所示。“铅笔”工具的使用方法与“画笔”工具类似，但“铅笔”工具只能绘制硬边线条或图形，和生活中的铅笔非常相似。

“自动抹除”选项是“铅笔”工具特有的选项，在选项栏中勾选该复选框时，可将“铅笔”工具当作橡皮擦来使用。一般情况下，“铅笔”工具以前景色绘画，勾选“自动抹除”复选框后，在与前景色颜色相同的图像区域绘画时，会自动擦除前景色而填入背景色。

5.3.3　颜色替换工具选项栏

在工具箱中选择“颜色替换”工具后，可打开“颜色替换”工具选项栏，如图5-27所示。在“模式”列表中提供色相、饱和度、颜色、明度4种模式供用户选择，以适应不同的使用情况。

图5-25

图5-26

图5-27

5.3.4　颜色替换工具：多彩玫瑰花

“颜色替换”工具可以用前景色替换图像中的颜色，但该工具不能用于位图、索引或多通道颜色模式的图像。下面讲解“颜色替换”工具的具体使用方法。

01 启动Photoshop 2023软件，按快捷键Ctrl+O，打开相关素材中的“玫瑰花.jpg”文件，效果如图5-28所示。

02 设置前景色为红色（#fa0006），在工具箱中选择“颜色替换”工具，在工具选项栏中选择一个柔角笔尖并单击“取样：连续”按钮，将“限制”设置为“连续”，将“容差”设置为30%，如图5-29所示。

03 完成参数的设置后，在花朵上方涂抹，可进行颜色替换，如图5-30所示。在操作时需要注意，光标中心的十字线尽量不要碰到花朵以外的其他地方。

04 更改前景色为蓝色（#0600fa），继续涂抹花朵。适当将图像放大，右击，在弹出的快捷菜单中将笔尖调小，在花朵边缘涂抹，使颜色更加细腻，最终完成效果如图5-31所示。

图5-28

图5-29

图5-30

图5-31

5.3.5 混合器画笔工具

使用"混合器画笔"工具可以混合像素，能模拟真实的绘画技术，如混合画布上的颜色、组合画笔上的颜色以及在描边过程中使用不同的绘画湿度。混合器画笔有两个绘画色管（一个储槽和一个拾取器）。储槽存储最终应用于画布的颜色，并且具有较多的油彩容量。拾取器色管接收来自画布的油彩，其内容与画布颜色是连续混合的。

在工具箱中选择"混合器画笔"工具后，可打开"混合器画笔"工具选项栏，如图5-32所示。

图5-32

5.4 渐变工具

"渐变工具"用于在整个文档或选区内填充渐变颜色。渐变填充在Photoshop中的应用非常广泛，不仅可以填充图像，还可以填充图层蒙版、快速蒙版和通道。此外，调整图层和填充图层也会使用到渐变。

5.4.1 渐变工具选项栏

在工具箱中选择"渐变"工具后，需要先在工具选项栏中选择一种渐变类型，并设置渐变颜色和混合模式等选项，如图5-33所示，然后创建渐变。

图5-33

5.4.2 渐变编辑器

Photoshop提供了丰富的预设渐变，但在实际工作中，仍然需要创建自定义渐变，以制作个性的图像效果。单击选项栏中的渐变颜色条，将打开如图5-34所示的"渐变编辑器"对话框，在此对话框中可以创建新渐变并修改当前渐变的颜色设置。

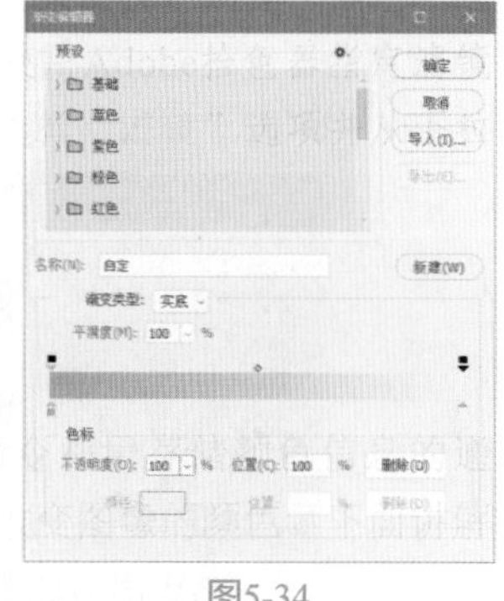

图5-34

延伸讲解

在选项区域中双击对应的文本框或缩览图，可以设置色标的"不透明度"、位置和颜色等。

5.4.3 渐变工具：元宇宙女孩

使用"渐变"工具可以创建多种颜色间的渐变混合，不仅可以填充选区、图层和背景，也能用来填充图层蒙版和通道等。

01 启动Photoshop 2023软件，按快捷键Ctrl+O，打

开相关素材中的“元宇宙女孩.psd”文件，效果如图5-35所示。

图5-35

02 选择“渐变”工具，然后在工具选项栏中选择“经典渐变”选项，单击渐变颜色条，打开“渐变编辑器”对话框。在该对话框中，设置左下色标的颜色，如图5-36所示，完成后单击“确定”按钮。

图5-36

03 在工具选项栏中单击“径向渐变”按钮，如图5-37所示。

图5-37

04 新建一个图层，拖曳光标创建径向渐变，如图5-38所示。

05 选择“径向渐变”，按快捷键Ctrl+T进入渐变模式，调整渐变的显示样式，如图5-39所示。

图5-38

图5-39

06 继续设置渐变参数，并选择“线性渐变”，如图5-40所示。

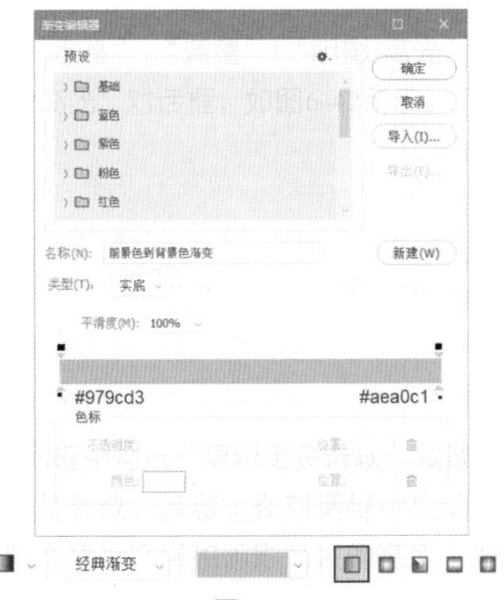

图5-40

07 从上往下拖曳光标，绘制线性渐变，如图5-41所示。

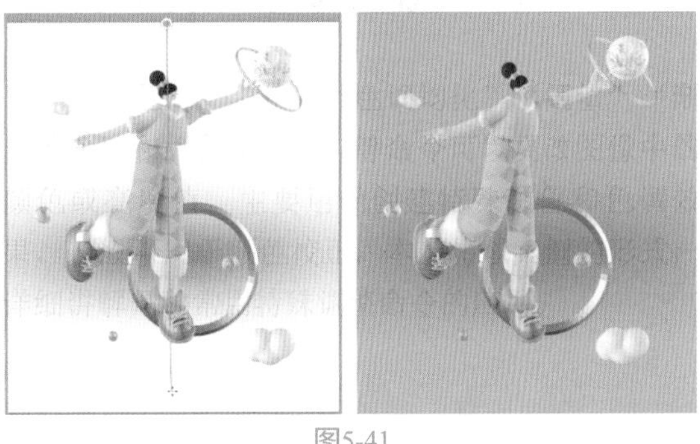

图5-41

延伸讲解

光标的起点和终点决定渐变的方向和渐变的范围。渐变角度随着光标拖动的角度变化而变化，渐变的范围为渐变颜色条起点处到终点处。按住Shift键的同时拖动光标，可创建水平、垂直和45°倍数的渐变。

08 选择人物，按快捷键Ctrl+J拷贝副本。按快捷键Ctrl+T进入变换模式，右击，在弹出的快捷菜单中选择“垂直翻转”选项，结果如图5-42所示。

09 更改图层副本名称为“倒影”。添加图层蒙版，将前景色设置为黑色，背景色设置为白色。选择“渐变”工具，设置渐变类型为“从前景色到透明”，单击“线性渐变”按钮，从下往上拖曳光标，为倒影创建渐隐效果，如图5-43所示。

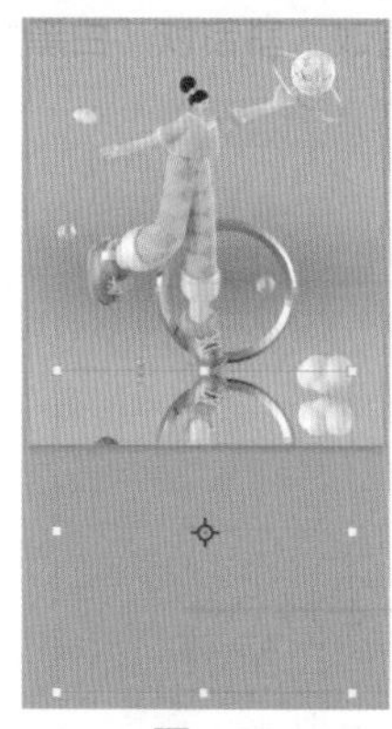

图5-42

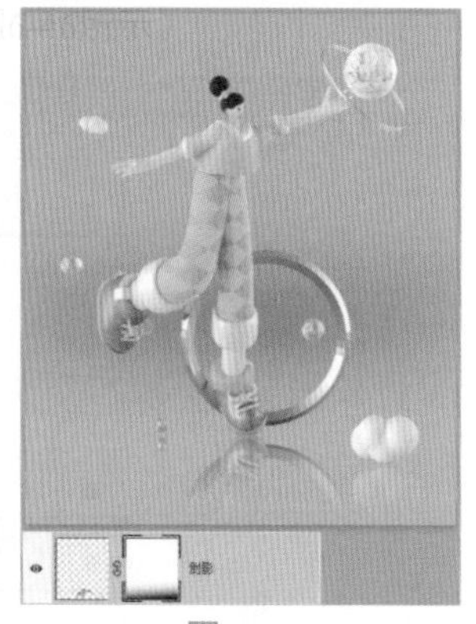

图5-43

10 新建一个图层，将其前景色设置为深蓝色（#282e71），背景色设置为白色，利用“渐变”工具在新图层上绘制径向渐变，并进入变换模式调整显示样式，绘制结果如图5-44所示。

11 重复上述操作，继续为人物两侧的球体创建阴影，增加其立体效果，如图5-45所示。

图5-44

图5-45

5.5 填充与描边

填充是指在图像或选区内填充颜色，描边是指为选区描绘可见的边缘。进行填充和描边操作时，可以使用“填充”与“描边”命令，以及工具箱中的“油漆桶”工具。

5.5.1 “填充”命令

“填充”命令可以说是填充工具的扩展，它的一项重要功能是有效地保护图像中的透明区域，可以有针对性地填充图像。执行“编辑”|“填充”命令，或按快捷键Shift+F5，打开“填充”对话框，如图5-46所示。

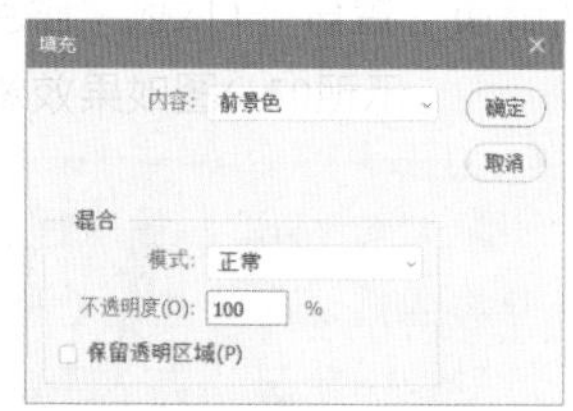

图5-46

5.5.2 描边命令

执行“编辑”|“描边”命令，将打开如图5-47所示的“描边”对话框，在该对话框中可以设置描边的宽度、位置和混合方式。

图5-47

5.5.3 油漆桶工具选项栏

“油漆桶”工具用于在图像或选区中填充颜色或图案，但“油漆桶”工具在填充前会对单击位置的颜色进行取样，从而只填充颜色相同或相似的图像区域，“油漆桶”工具选项栏如图5-48所示。

图5-48

5.5.4 填充选区图形：犒劳自己，买买买

使用“填充”命令和使用“油漆桶”工具填

充类似，二者都能为当前图层或选区填充前景色或图案。不同的是，“填充”命令还可以利用内容识别进行填充。

01 启动Photoshop 2023软件，按快捷键Ctrl+O，打开相关素材中的“购物.psd”文件，效果如图5-49所示。

02 按快捷键Ctrl+J复制得到新的图层，选择工具箱中的“魔棒”工具建立选区，如图5-50所示。

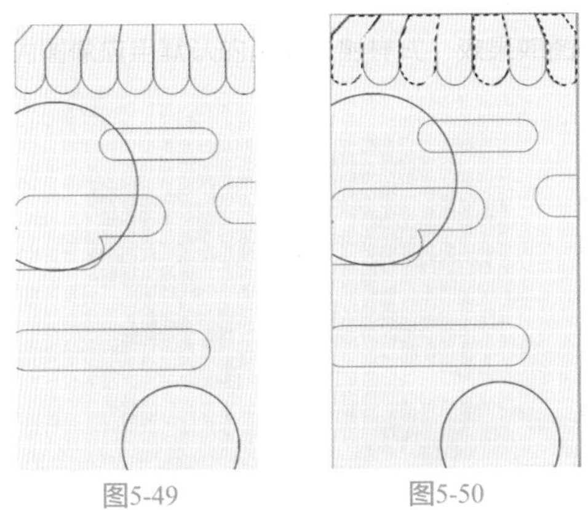

图5-49 图5-50

03 设置前景色为洋红色（#f82c7f），执行“编辑”|“填充”命令或按快捷键Shift+F5，打开“填充”对话框，在“内容”下拉列表中选择“前景色”选项，如图5-51所示。

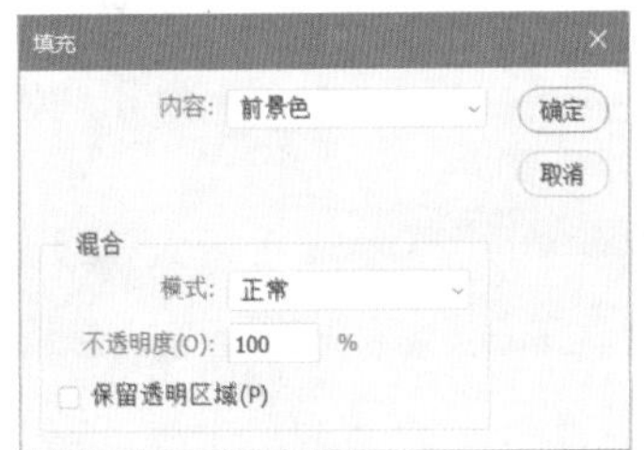

图5-51

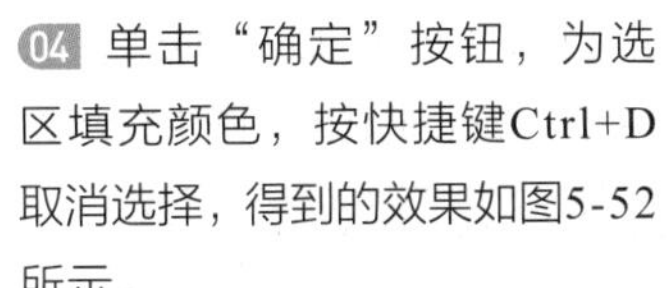

04 单击“确定”按钮，为选区填充颜色，按快捷键Ctrl+D取消选择，得到的效果如图5-52所示。

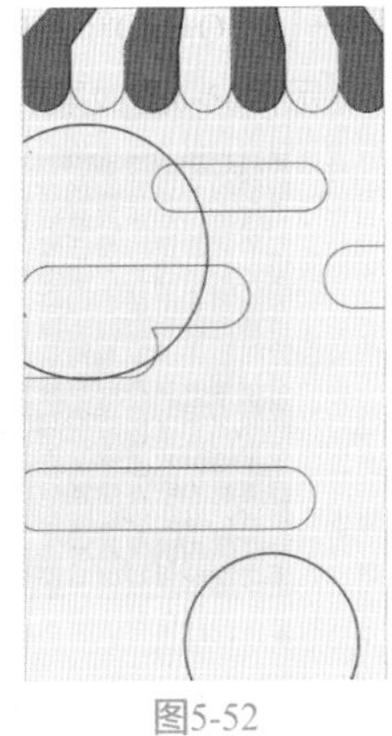

图5-52

05 选择“魔棒”工具，单击圆形，创建选区，如图5-53所示。

06 按快捷键Alt+Delete，在选区内填充前景色，如图5-54所示。

延伸讲解

在“内容”下拉列表中选择“内容识别”选项，则会融合选区附近图像的明度、色调后进行填充。

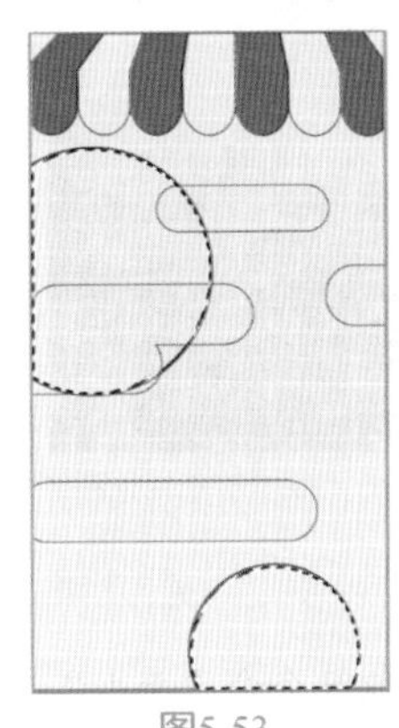

图5-53 图5-54

07 将前景色设置为白色，使用“魔棒”工具创建选区，为其填充前景色，如图5-55所示。

08 更改前景色为粉色（#f9bac2），为圆角矩形填充颜色，如图5-56所示。

09 将黑色线稿关闭，填充背景的效果如图5-57所示。

10 打开文字、人物等图层，最终效果如图5-58所示。

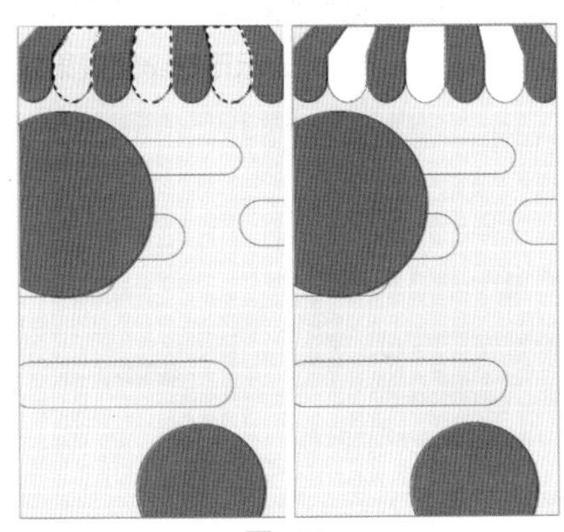

图5-55

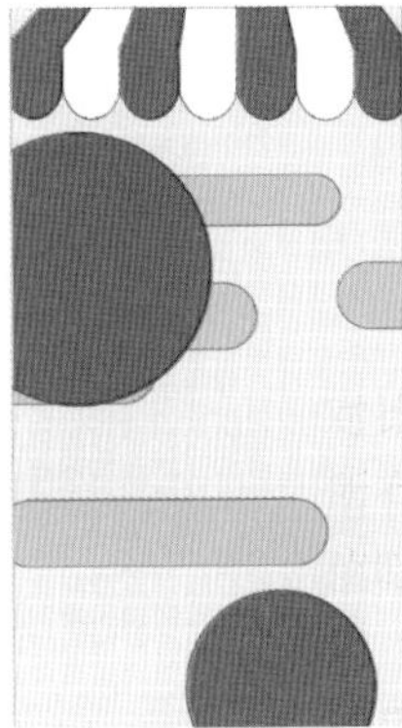

图5-56

图5-57

图5-58

5.6 擦除工具

Photoshop中包含“橡皮擦”工具、“背景橡皮擦”工具和“魔术橡皮擦”工具3种擦除工具，擦除工具主要用于擦除背景或图像。

其中“背景橡皮擦”工具和“魔术橡皮擦”工具主要用于抠图（去除图像背景），而“橡皮擦”工具因为设置的选项不同，具有不同的用途。

5.6.1 橡皮擦工具选项栏

“橡皮擦”工具用于擦除图像像素。如果在“背景”图层上使用橡皮擦，Photoshop会在擦除的位置填充背景色；如果当前图层不是“背景”图层，那么擦除的位置就会变透明。在工具箱中选择“橡皮擦”工具后，可打开“橡皮擦”工具选项栏，如图5-59所示。

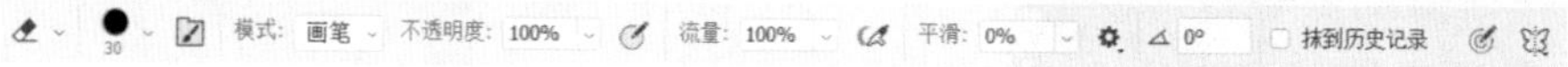

30 模式：画笔 不透明度：100% 流量：100% 平滑：0% 0° 抹到历史记录

图5-59

5.6.2 背景橡皮擦：古典美

“背景橡皮擦”工具和“魔术橡皮擦”工具主要用来抠取边缘清晰的图像。“背景橡皮擦”工具能智能地采集画笔中心的颜色，并删除画笔内出现的该颜色的像素。

01 启动Photoshop 2023软件，按快捷键Ctrl+O，打开相关素材中的“汉服.jpg”文件，效果如图5-60所示。

图5-60

02 选择工具箱中的“背景橡皮擦”工具，在工具选项栏中设置合适的笔尖大小，单击“取样：连续”按钮，并将“容差”设置为15%，如图5-61所示。

486 限制：连续 容差：15% 0° 保护前景色

图5-61

延伸讲解

容差值越低，擦除的颜色越相近；容差值越高，擦除的颜色范围越广。

03 在人物边缘和背景处涂抹，将背景擦除，如图5-62所示。

04 选择“移动”工具，打开相关素材中的“故宫.jpg”文件，将提取出来的人物拖入其中，如图5-63所示。

图5-62

图5-63

05 单击“图层”面板下方的“添加新的填充或调整图层”按钮，在“汉服”图层的上方创建“曲线”调整图层，调整曲线如图5-64所示。单击“此调整剪切到此图层”按钮，使调整结果影响“汉服”图层。

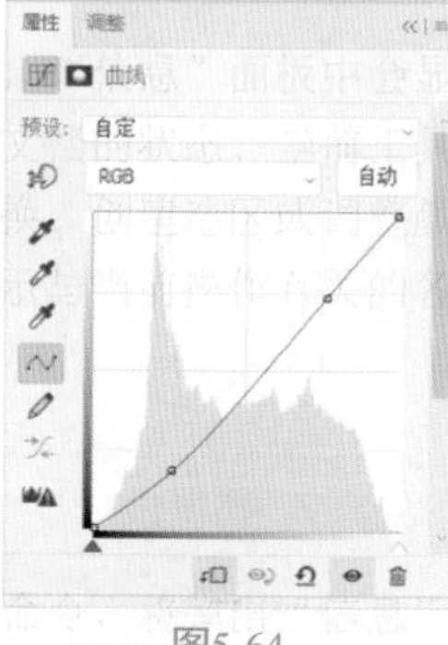

图5-64

06 新建一个图层，设置前景色为黄色（#ffedb7），按快捷键Alt+Delete填充前景色，将图层的混合模式更改为“正片叠底”，图像的显示效果如图5-65所示。

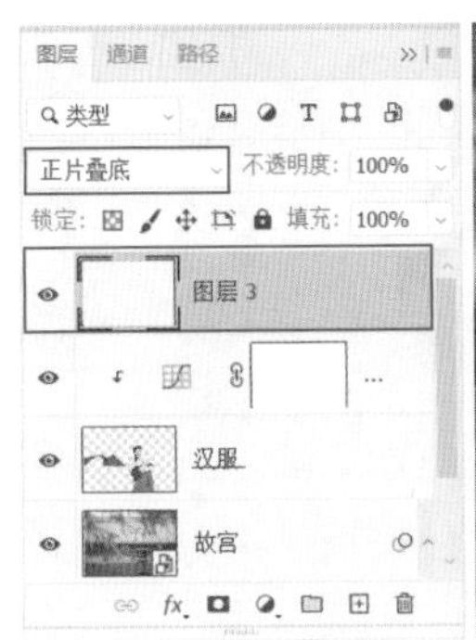

图5-65

答疑解惑：“背景橡皮擦工具”的选项栏中包含的3种取样方式有何不同?

- 连续取样：在拖动过程中对颜色进行连续取样，凡在光标中心的颜色像素都将被擦除。
- 一次取样：擦除第一次单击取样的颜色，适合擦除纯色背景。
- 背景色板取样：擦除包含背景色的图像。

5.6.3 魔术橡皮擦：五福临门

“魔术橡皮擦”工具的效果相当于用“魔棒”工具创建选区后删除选区内的像素。锁定图层透明区域后，该图层被擦除的区域将用背景色填充。

01 启动Photoshop 2023软件，按快捷键Ctrl+O，打开相关素材中的“福虎.jpg”文件，效果如图5-66所示。

图5-66

02 选择“魔术橡皮擦”工具，在工具选项栏中将“容差”设置为20，将“不透明度”设置为100%，如图5-67所示。

容差: 20 ☑ 消除锯齿 ☑ 连续 ☐ 对所有图层取样 不透明度: 100%

图5-67

03 在图像的蓝色渐变背景处单击，即可删除背景。将图像适当放大，对图像中的细节部分进行删除处理，完成后得到的图像效果如图5-68所示。

图5-68

04 打开相关素材中的“背景.jpg”文件，将抠取出来的老虎放置其中，并调整合适的大小及位置，最终效果如图5-69所示。

图5-69

延伸讲解

在完成对象的抠取操作后，还可以通过调整对象的亮度、对比度、色阶等参数，使对象与背景的色调趋于一致。

5.7 应用案例：制作小清新插画

在本节中介绍小清新插画的绘制方法。可以使用画笔、铅笔、钢笔工具来绘制线稿，接着开始分区域填色。利用平涂的方法上色，再绘制阴影，最后添加雨滴，完成绘制。

01 启动Photoshop 2023软件，按快捷键Ctrl+O，打开相关素材中的“线稿.psd”文件，效果如图5-70所示。

02 选择“矩形”工具，设置填充色为绿色（#669d64），描边为无，圆角半径为0，绘制矩形表示草坪区域，如图5-71所示。

图5-70

图5-71

03 设置前景色为蓝色（#97c4ed），选择“背景”图层，按快捷键Alt+Delete，为“背景”图层填充蓝色，天空的绘制结果如图5-72所示。

04 新建一个图层，设置前景色为深绿色（#101910），利用“画笔”工具为树干上色，如图5-73所示。

图5-72

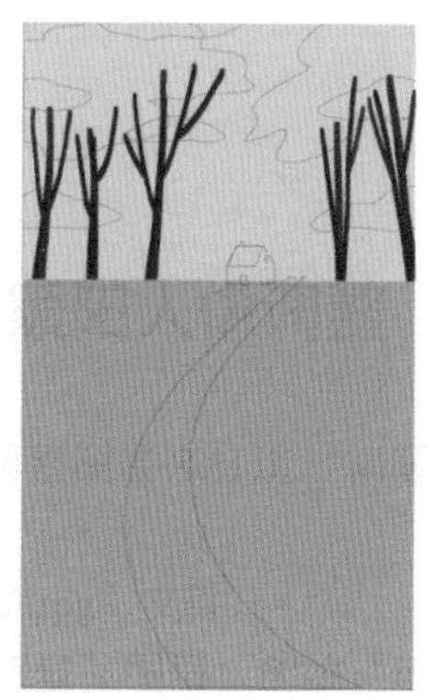

图5-73

05 继续新建图层，更改前景色为绿色（#406e4d），选择“画笔”工具涂抹树叶颜色，如图5-74所示。

06 重复上述操作，为树木后方的云朵填充淡蓝色（#7db1da），如图5-75所示。

07 选择“画笔”工具，分别为小房子涂抹白色、浅灰色（#f4f4f4）、深灰色（#e3e1e4），如图5-76所示。

08 继续操作，为小房子的屋顶、门、窗口填充红色（#a44230）、褐色（#5d4e4b）、黄色（#e9b63e），如图5-77所示。

图5-74

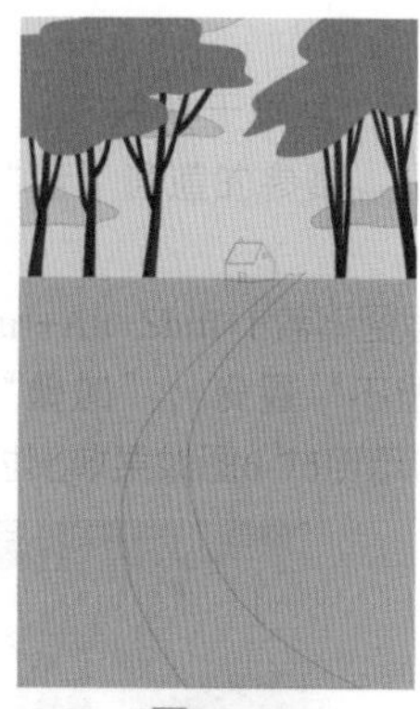

图5-75

图5-76

图5-77

09 将前景色设置为淡绿色（#acceae），利用“画笔”工具为小路涂抹颜色，并创建剪贴蒙版，使小路尽头的线稿隐藏在草坪之下，如图5-78所示。

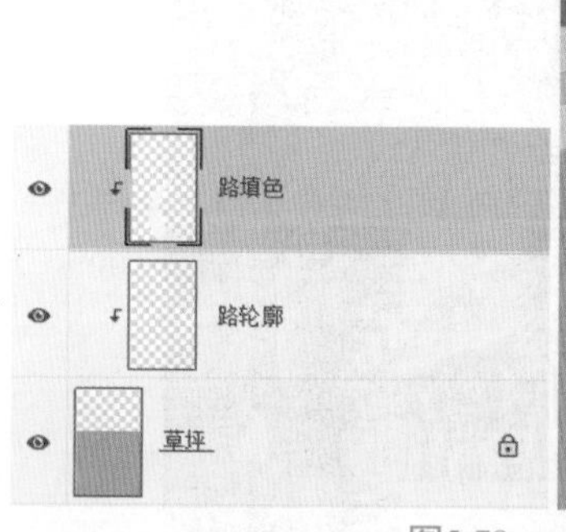

图5-78

10 新建图层，选择“画笔”工具为草坪添加点缀，如图5-79所示。

11 从相关素材中打开“撑伞的人.png”文件，将其放置在路面之上，如图5-80所示。

图5-79

图5-80

12 新建图层，将前景色设置为绿色（#578568），使用“画笔”工具绘制阴影，并更改阴影图层的混合模式为“正片叠底”，“不透明度”为42%，如图5-81所示。

13 关闭线稿，选择“画笔”工具绘制雨滴，结果如图5-82所示。

图5-81

图5-82

5.8 课后练习：人物线描插画

本节使用“钢笔”工具在图像上创建路径，并转换为选区，再为选区描边，制作线描插画。

01 打开相关素材中的“背景.jpg”“人像.jpg”文件，调整到合适的位置及大小。

02 新建空白图层。选择“钢笔”工具，沿着人物边缘创建路径锚点。

03 按快捷键Ctrl+Enter将路径转换为选区。执行“编辑”|“描边”命令，绘制黑色描边。

04 用上述同样的方法，继续使用“钢笔”工具沿着嘴唇部分绘制路径，并转换为选区。

05 将前景色设置为红色（#d5212e），使用“油漆桶”工具为嘴唇填充颜色。

06 继续使用“钢笔”工具为人像的其他细节部分进行描边。

07 将相关素材中的“水彩.png”和“墨水.png”文件分别拖入文档，并摆放在合适的位置。在“图层”面板中调整“水彩”图层的“不透明度”为58%，调整“墨水”图层的“不透明度”为78%。最终完成效果如图5-83所示。

图5-83

5.9 复习题

在本题中，练习绘制植树节卡通贴纸插画。首先绘制线稿，然后在线稿下方新建图层，填充颜色，最后统一为所有的图形添加白色描边，完成绘制，结果如图5-84所示。

图5-84

第 6 章 摄影后期：调整颜色与色调

Photoshop拥有强大的颜色调整功能，使用Photoshop的“曲线”和“色阶”等命令可以轻松调整图像的色相、饱和度、对比度和亮度，修正有色彩失衡、曝光不足或曝光过度等缺陷的图像，甚至能为黑白图像上色，调整出丰富多彩的特殊图像效果。

6.1 摄影与后期处理

摄影是指使用某种专门设备进行影像记录的过程，一般我们使用机械照相机或者数码照相机进行摄影。摄影也被称为照相，就是通过物体所发射或反射的光线使感光介质曝光的过程。

利用后期处理技术，可以对摄影作品进行再创作，营造多种艺术效果。

6.1.1 摄影分类

摄影大致被分为几个类别，如人物摄影、静物摄影、商业摄影以及记录摄影等，下面介绍常见的摄影类别。

1. **人像摄影**

人像摄影就是以人物为主要创作对象的摄影形式，如图6-1所示。人像摄影与一般的人物摄影不同，人像摄影以刻画与表现被摄者的具体相貌和神态为自身的首要创作任务，虽然有些人像摄影作品也包含一定的情节，但它仍以表现被照者的相貌为主。拍摄形式分为胸像、半身像、全身像。

图6-1

2. **静物摄影**

静物摄影与人物摄影、景物摄影相对，以无生命（此无生命为相对概念，例如从海里捕捞上来的鱼虾、已摘掉的瓜果等）、人为可自由移动或组合的物体为表现对象的摄影，如图6-2所示。多以工业或手工制成品、自然存在的无生命物体等为拍摄题材。在真实反映被摄体固有特征的基础上，经过创意构思，并结合构图、光线、影调、色彩等摄影手段进行艺术创作，将拍摄对象表现成具有艺术美感的摄影作品。

图6-2

3. **商业摄影**

商业摄影，顾名思义是指作为商业用途而开展的摄影活动，如图6-3所示。从狭义上讲就是商业摄影，广义上就是为发布商品或者撰写故事等进行的摄影类型，这种类型在时下的摄影活动中是极为重要的一种。这类摄影是为商业利益而存在的，要按照企业要求进行拍摄，比较拘束。

4. **记录摄影**

记录摄影指以记录为第一目的，对客观事物进行真实影像反映的图片摄影，结果是影像记录作品，如图6-4所示。影像记录作品包括影像新闻作品和影像纪实作品。记录摄影目的（可能并不唯一，却是首要目的）在于记录，前提是尊重客观真实，对象是客观事物的表象，记录方式是以摄影再现影像。记录摄影分为新闻摄影和纪实摄影。

图6-3

图6-4

6.1.2 图像后期处理

利用后期处理软件（如Photoshop）对图像进行再创作，如调整色彩饱和度、色相、色温，以及对比度、亮度等，可以调整或者更改图像的显示效果。

在拍摄条件欠缺或者技术不到位的情况下，拍摄成果往往不尽如人意。利用软件处理可以解决大部分问题，使图像效果更佳。

Photoshop作为主流图像处理软件，能妥善解决图像的瑕疵，是设计行业不可或缺的设计工具。

6.2 图像的颜色模式

颜色模式是将颜色翻译成数据的一种方法，使颜色能在多种媒体中得到一致描述。Photoshop支持的颜色模式主要包括CMYK、RGB、灰度、双色调、Lab、多通道和索引颜色模式，较常用的是CMYK、RGB、Lab颜色模式等，不同的颜色模式有不同的作用和优势。

颜色模式不仅影响可显示颜色的数量，还影响图像的通道数和图像的文件大小。本节将对图像的颜色模式进行详细介绍。

6.2.1 查看图像的颜色模式

查看图像的颜色模式，了解图像的属性，可以方便对图像进行各种操作。执行“图像”|“模式”命令，在打开的级联菜单中被勾选的选项，即为当前图像的颜色模式，如图6-5所示。另外，在图像的标题栏中可直接查看图像的颜色模式，如图6-6所示。

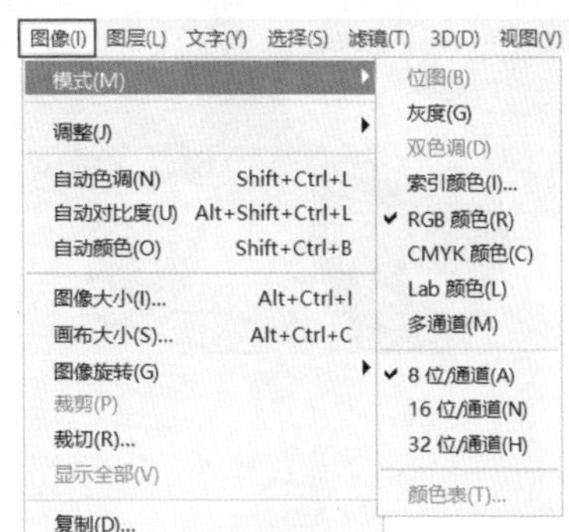

图6-5

图6-6

6.2.2 添加复古文艺色调：高山之巅

本例通过将RGB颜色模式的图像转换为Lab颜色模式的图像来制作复古色调的效果。

01 启动Photoshop 2023软件，按快捷键Ctrl+O，打开相关素材中的“人物.jpg”文件，效果如图6-7所示。

02 执行“图像”|“模式”|“Lab颜色”命令，将图像转换为Lab颜色模式。

03 执行“窗口”|“通道”命令，打开“通道”面板，在该面板中选择“a”通道（即图6-8所示的“a”通道图层），然后按快捷键Ctrl+A全选通道内容。

图6-7

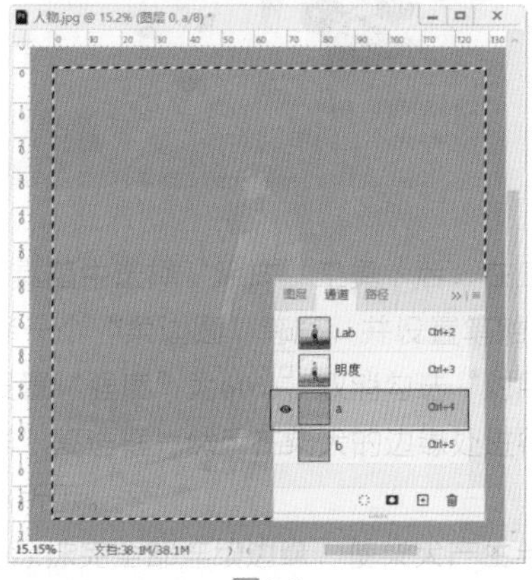

图6-8

04 按快捷键Ctrl+C复制选区内容，选择“b”通道，按快捷键Ctrl+V粘贴选区内容。

05 按快捷键Ctrl+D取消选区，按快捷键Ctrl+2，切换到复合通道，得到如图6-9所示的图像效果。

图6-9

6.3 调整命令

在“图像”菜单中包含了调整图像色彩和色调的一系列命令。在最基本的调整命令中，“自动色调”“自动对比度”和“自动颜色”命令可以自动调整图像的色调或者色彩，而“亮度/对比度”和“色彩平衡”命令则可通过对话框进行调整。

6.3.1 调整命令的分类

执行“图像”|“调整”命令，在级联菜单中包含了用于调整图像色调和颜色的各种命令，如图6-10所示。其中，部分常用命令集成在“调整”面板中，如图6-11所示。

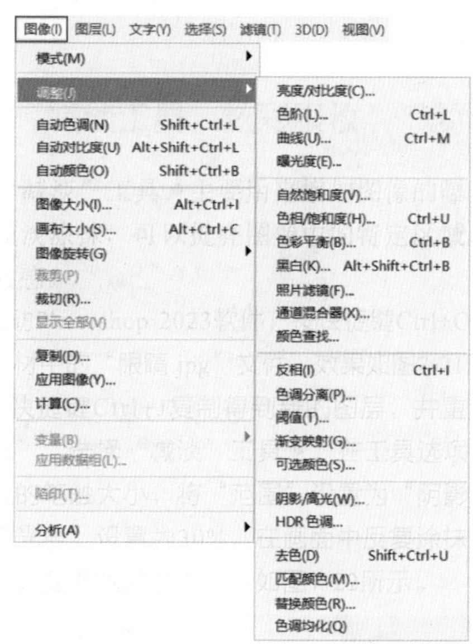

图6-10

图6-11

调整命令主要分为以下几种类型。

- 调整颜色和色调的命令："色阶"和"曲线"命令用于调整颜色和色调；"色相/饱和度"和"自然饱和度"命令用于调整色彩；"阴影/高光"和"曝光度"命令只能调整色调。
- 匹配、替换和混合颜色的命令："匹配颜色""替换颜色""通道混合器"和"可选颜色"命令用于匹配多个图像之间的颜色，替换指定的颜色或者对颜色通道做出调整。
- 快速调整命令："自动色调""自动对比度"和"自动颜色"命令用于自动调整图片的颜色和色调，可以进行简单的调整，适合初学者使用；"照片滤镜""色彩平衡"和"变化"用于调整色彩，使用方法简单且直观；"亮度/对比度"和"色调均化"命令用于调整色调。
- 应用特殊颜色调整命令："反相""阈值""色调分离"和"渐变映射"是特殊的颜色调整命令，用于将图片转换为负片效果、简化为黑白图像、分离色彩，或者用渐变颜色转换图片中原有的颜色。

6.3.2　亮度 / 对比度

"亮度/对比度"命令用来调整图像的亮度和对比度，它只适用于粗略地调整图像。在调整时有可能丢失图像细节，对于高端输出，最好使用"色阶"或"曲线"命令来调整。

打开一张图像，如图6-12所示，执行"图像"|"调整"|"亮度/对比度"命令，在打开的"亮度/对比度"对话框中，向左拖曳滑块可降低亮度和对比度，向右拖曳滑块可增加亮度和对比度，如图6-13所示。

图6-12

图6-13

延伸讲解

在"亮度/对比度"对话框中，勾选"使用旧版"复选框，可以得到与Photoshop CS3以前的版本相同的调整结果，即进行线性调整。需要注意的是，旧版的对比度更强，但图像细节也丢失得更多。

6.3.3　色阶

使用"色阶"命令可以调整图像的阴影、中间调的强度级别，从而校正图像的色调范围和色彩平衡。"色阶"命令常用于修正曝光不足或曝光过度的图像，同时可对图像的对比度进行调节。执行"图像"|"调整"|"色阶"命令，打开"色阶"对话框，如图6-14所示。单击"自动"按钮，打开"自动颜色校正选项"对话框，如图6-15所示，在其中设置各项参数，用于快速调整图像的色调。

答疑解惑：如何同时调整多个通道？

如果要同时编辑多个颜色通道，可以在执行"色阶"命令之前，先按住Shift键在"通道"面板中选择这些通道，这样"色阶"的"通道"菜单会显示目标通道的缩写，例如，RG表示红色和绿色通道。

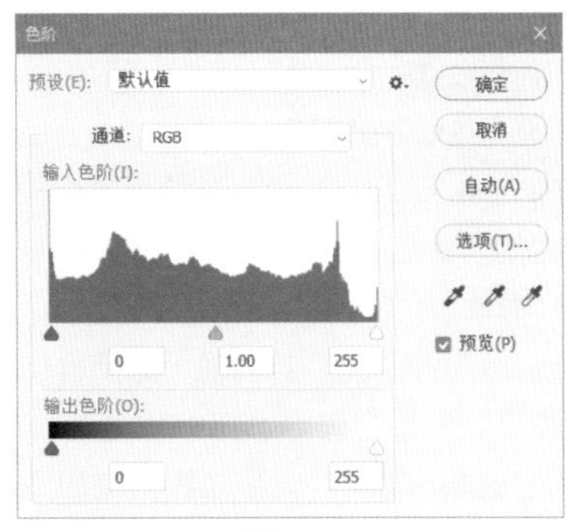

图6-14

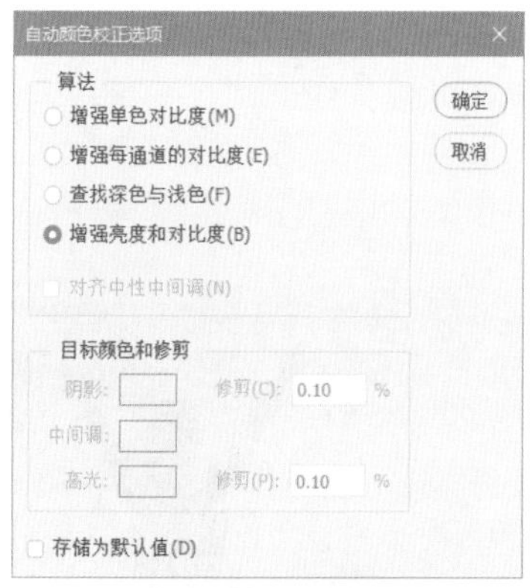

图6-15

6.3.4 曲线

与“色阶”命令类似，使用“曲线”命令也可以调整图像的整个色调范围，不同的是，“曲线”命令不是使用3个变量（高光、阴影、中间色调）进行调整，而是使用调节曲线，它可以最多添加14个控制点，因而使用“曲线”调整更为精确和细致。

执行“图像”|“调整”|“曲线”命令，或按快捷键Ctrl+M，打开“曲线”对话框，如图6-16所示。

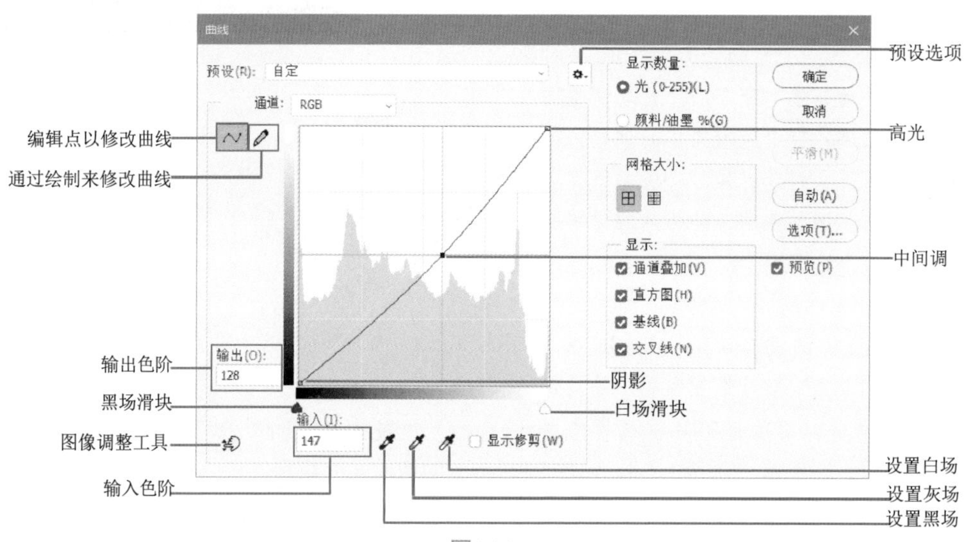

图6-16

答疑解惑：调整图像时如何避免出现新的色偏?

使用“曲线”和“色阶”命令增加彩色图像的对比度时，通常会增加色彩的饱和度，导致图像出现色偏。要避免这种情况，可以通过“曲线”和“色阶”调整图层来应用调整，再将调整图层的混合模式设置为“明度”即可。

6.3.5 曲线调整命令：天气晴朗

本例通过调整“曲线”命令中的各颜色通道，提高画面的亮度，改变画面的色相。

01 启动Photoshop 2023软件，按快捷键Ctrl+O，打开相关素材中的“女孩.jpg”文件，效果如图6-17所示。

02 执行“图像”|“调整”|“曲线”命令，或按快捷键Ctrl+M，打开“曲线”对话框，如图6-18所示。

03 在“通道”下拉列表中选择RGB通道，在中间基准线上单击添加控制点，调整曲线，增加图像的对比度，如图6-19所示。

图6-17

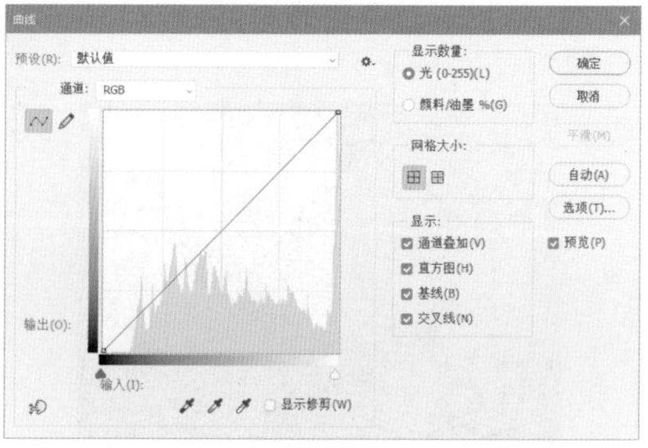

图6-18

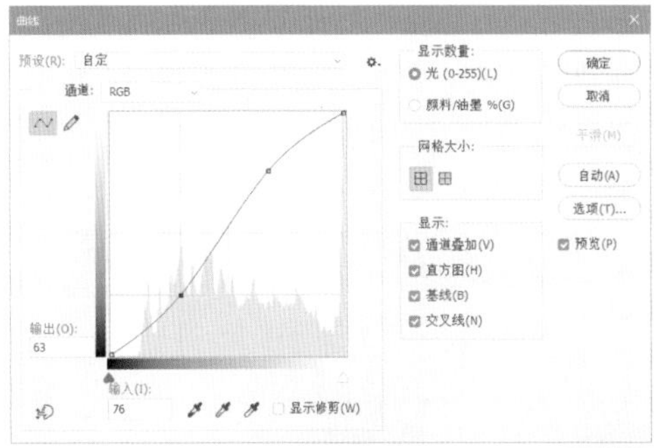

图6-19

延伸讲解

RGB模式的图像通过调整红、绿、蓝3种颜色的强弱得到不同的图像效果；CMYK模式的图像通过调整青色、洋红、黄色和黑色4种颜色的油墨含量得到不同的图像效果。

04 选择“红”通道，在中间的基准线上单击添加控制点，往上拖动曲线，增加画面中的红色，如图6-20所示。

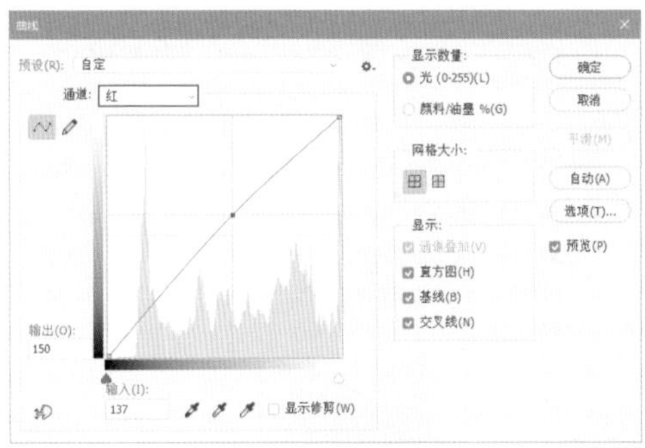

图6-20

05 用同样的方法，继续调整“绿”和“蓝”通道，纠正图像偏色，如图6-21所示。调整完成后单击“确定”按钮，图像效果如图6-22所示。

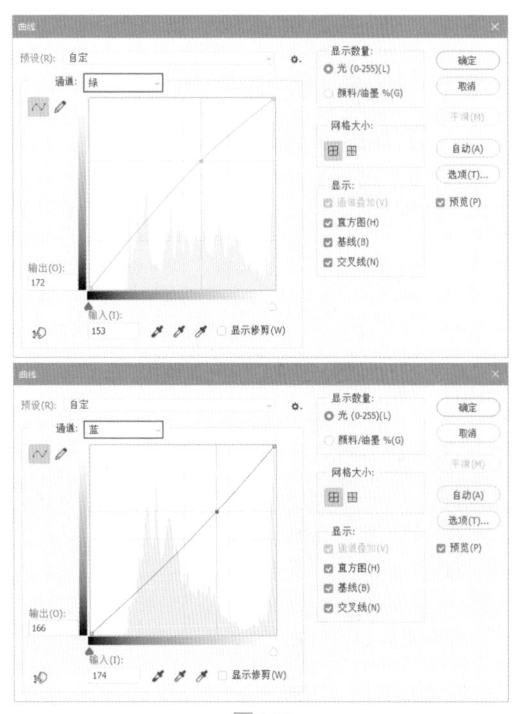

图6-21

图6-22

延伸讲解

“曲线”命令在Photoshop图像处理中的应用非常广泛，调整图像明度、抠图、塑造质感等都要使用“曲线”命令。另外，使用通道时不免要用到曲线。

答疑解惑：怎样轻微地移动控制点?

选择控制点后，按键盘中的方向键（←、→、↑、↓）可轻移控制点。如果要选择多个控制点，可以按住Shift键单击它们（选中的控制点为实心黑色）。通常情况下，在编辑图像时，只需对曲线进行小幅度的调整即可实现目的，曲线的变形幅度越大，越容易破坏图像。

6.3.6 曝光度

“曝光度”命令用于模拟相机内部的曝光处理，常用于调整曝光不足或曝光过度的数码照片。执行“图像”|“调整”|“曝光度”命令，打开“曝光度”对话框，如图6-23所示。

图6-23

延伸讲解

“曝光度”对话框中的吸管工具分别用于在图像中取样以设置黑场、灰场和白场。由于曝光度的工作原理是基于线性颜色空间，而不是通过当前颜色空间运用计算来调整的，因此只能调整图像的曝光度，而无法调整色调。

6.3.7 自然饱和度

“自然饱和度”命令用于对画面进行选择性的饱和度调整，它会对已经接近完全饱和的色彩降低调整程度，对不饱和的色彩进行较大幅度的调整。另外，它还用于对皮肤肤色进行一定的保护，确保肤色不会在调整过程中变得过度饱和。

执行“图像”|“调整”|“自然饱和度”命令，打开“自然饱和度”对话框，如图6-24所示。

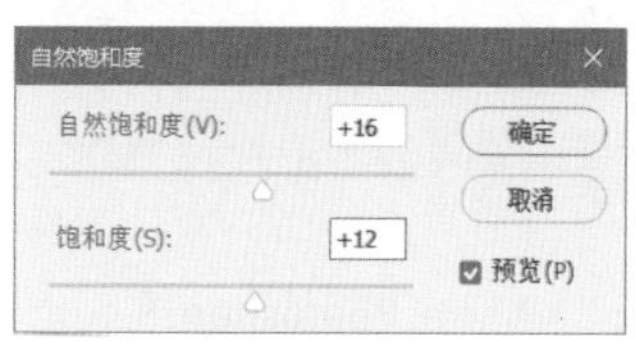

图6-24

答疑解惑：什么是“溢色”？

显示器的色域（RGB模式）要比打印机（CMYK模式）的色域广，显示器上看到的颜色有可能打印不出来，那些不能被打印机准确输出的颜色为“溢色”。

6.3.8 色相 / 饱和度

“色相/饱和度”命令用于调整图像中特定颜色分量的色相、饱和度和亮度，或者同时调整图像中的所有颜色。该命令适用于微调CMYK图像中的颜色，以便它们处在输出设备的色域内。执行“图像”|“调整”|“色相/饱和度”命令，打开“色相/饱和度”对话框，如图6-25所示。

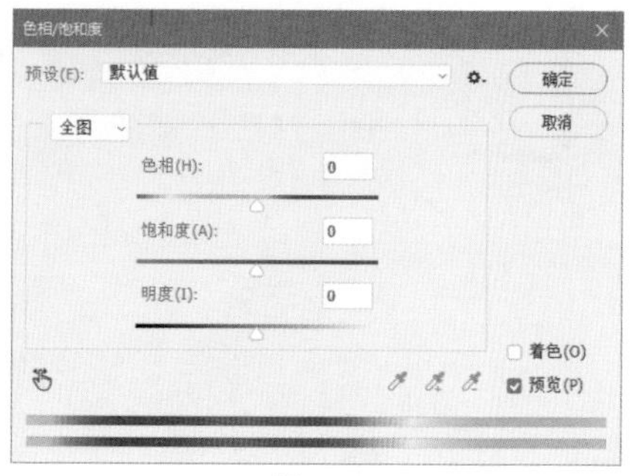

图6-25

延伸讲解

在图像中单击并拖动光标，可以修改取样颜色的饱和度；按住Ctrl键的同时拖动光标，可以修改取样颜色的色相。

6.3.9 色彩平衡

“色彩平衡”命令用于更改图像的总体颜色混合。在“色彩平衡”对话框中，相互对应的两个色互为补色（如青色和红色）。提高某种颜色的比重时，位于另一侧的补色的颜色就会减少。执行“图像”|“调整”|“色彩平衡”命令，打开“色彩平衡”对话框，如图6-26所示。

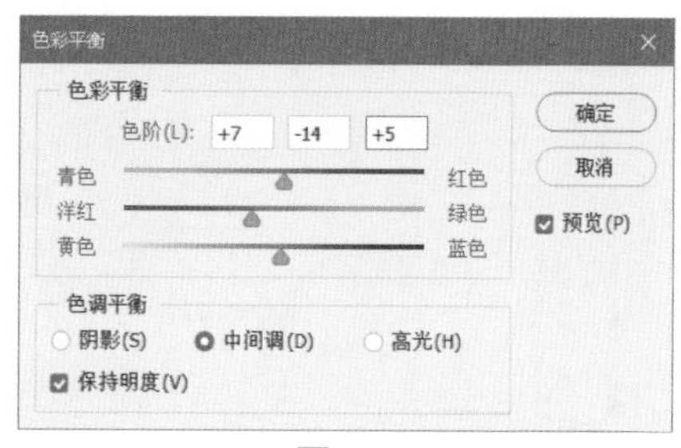

图6-26

6.3.10 色彩平衡调整命令：粉墨登场

调节图像的“色彩平衡”属性时，拖动“色彩平衡”对话框中的滑块，可在图像中增加或减少颜色，从而使图像展现不同的颜色风格。

01 启动Photoshop 2023软件，按快捷键Ctrl+O，打开相关素材中的“花旦.jpg”文件，效果如图6-27所示。

02 执行“图像”|“调整”|“色彩平衡”命令，或按快捷键Ctrl+B，打开“色彩平衡”对话框，如图6-28

所示。

图6-27

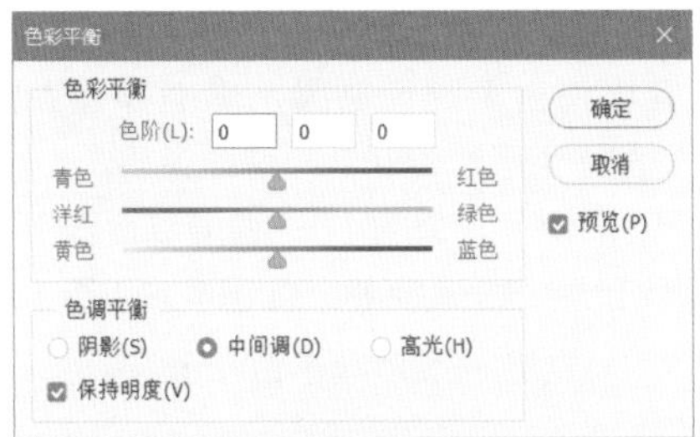

图6-28

03 选中“中间调”单选按钮，在“色彩平衡”选项中调整滑块的位置，图像效果如图6-29所示。

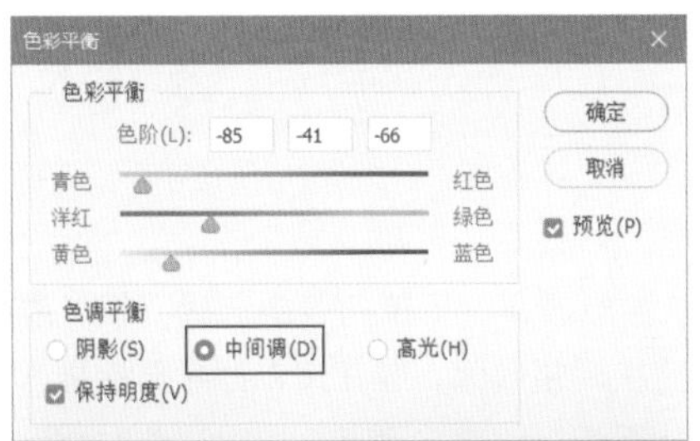

图6-29

04 选中“阴影”单选按钮，调整滑块的位置或者直接输入数值，图像效果如图6-30所示。

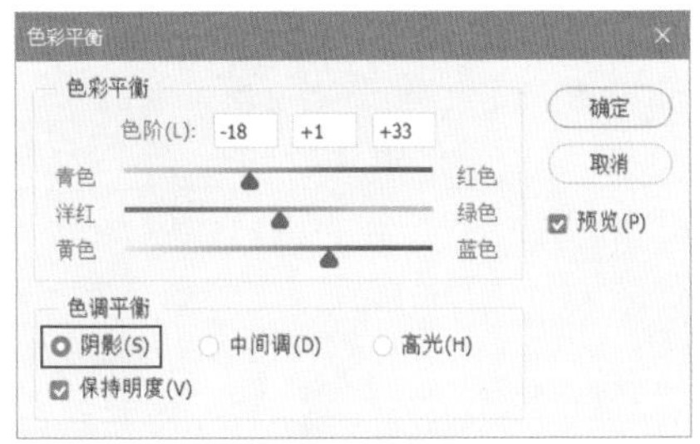

图6-30

图6-30（续）

05 选中“高光”单选按钮，修改参数，图像效果如图6-31所示。

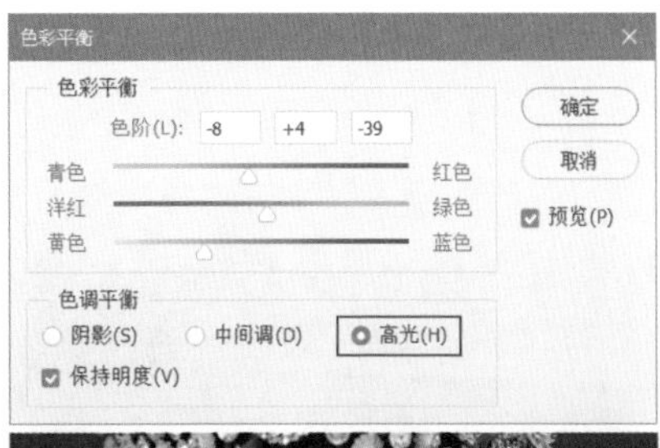

图6-31

6.3.11　照片滤镜调整命令：四时山水

“照片滤镜”命令的功能相当于传统摄影中滤光镜的功能，即模拟在相机镜头前加上彩色滤光镜，以便达到镜头光线的色温与色彩的平衡，从而使胶片产生特定的曝光效果。

01 启动Photoshop 2023软件，按快捷键Ctrl+O，打开相关素材中的“山水.jpg”文件，效果如图6-32所示。

图6-32

02 执行“图像”|“调整”|“照片滤镜”命令，打开“照片滤镜”对话框。在“滤镜”下拉列表中选择

“Deep Yellow”选项，调整“密度”为50%，勾选“保留明度”复选框，如图6-33所示。

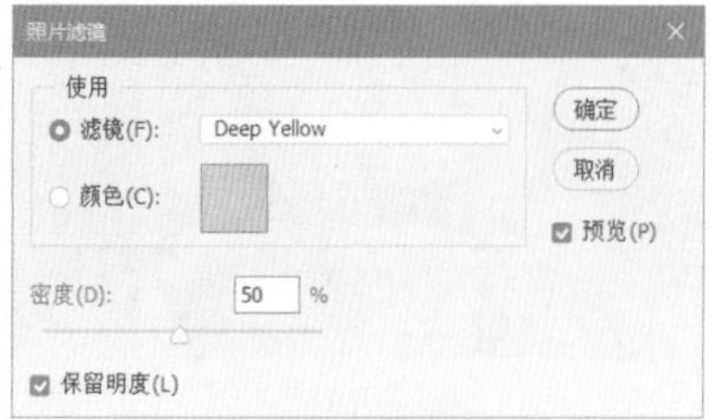

图6-33

03 单击“确定”按钮关闭对话框，得到的图像效果如图6-34所示。

图6-34

04 在“照片滤镜”对话框中选择冷色调滤镜，如“Cooling Filter（80）”滤镜，画面显示为冷色调效果，如图6-35所示。

图6-35

延伸讲解

定义照片滤镜的颜色时，可以自定义滤镜，也可以选择预设。对于自定义滤镜，选择“颜色”选项，然后单击色块，并使用Adobe拾色器指定滤镜颜色；对于预设滤镜，选择“滤镜”选项并从下拉列表中选取预设。

6.3.12 通道混合器调整命令：同学录

“通道混合器”命令利用存储颜色信息的通道混合通道颜色，从而改变图像的颜色。下面讲解“通道混合器”调整命令的使用方法。

01 启动Photoshop 2023软件，按快捷键Ctrl+O，打开相关素材中的“学生.jpg”文件，效果如图6-36所示。

图6-36

编者注：由于翻译原因，本书部分界面中的“混合”翻译为了“混和”，特此说明。

02 执行“图像”|“调整”|“通道混合器”命令，打开“通道混合器”对话框，如图6-37所示。

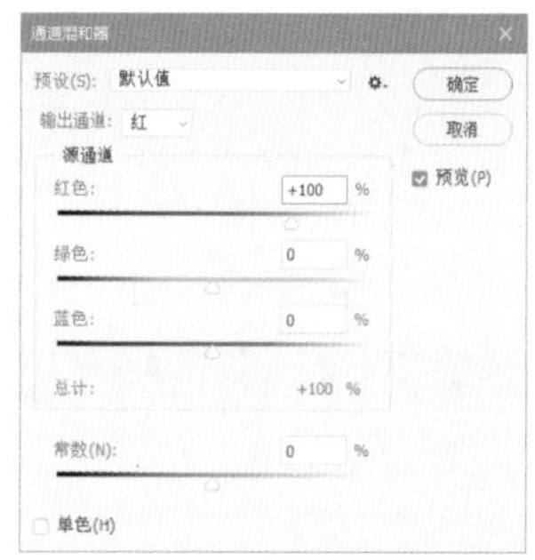

图6-37

03 在“输出通道”下拉列表中选择“红”通道，然后拖动滑块调整数值，或在文本框中直接输入数值，如图6-38所示。单击“确定”按钮，此时得到的图像效果如图6-39所示。

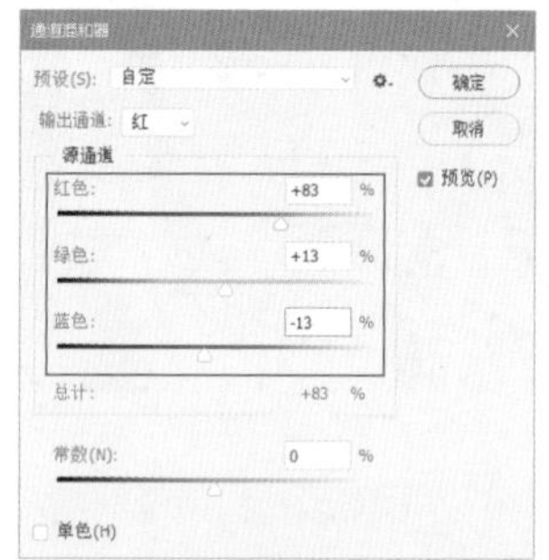

图6-38

图6-39

04 在“通道”面板中，可以观察到通道调整前后的变化，如图6-40所示。

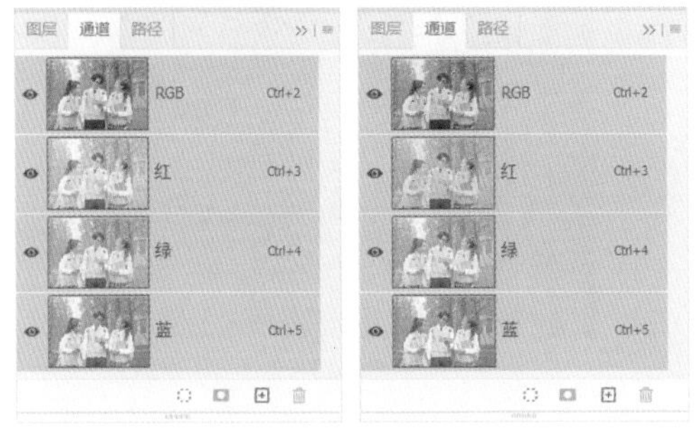

图6-40

延伸讲解

应用“通道混合器”命令可以将彩色图像转换为单色图像，或者将单色图像转换为彩色图像。

6.3.13　阴影 / 高光调整命令：决战时刻

“阴影/高光”命令适合校正因强逆光而形成剪影的照片，也可以校正因太接近闪光灯而有些发白的焦点。下面使用“阴影/高光”命令调整逆光剪影照片，重现阴影区域的细节。

01 启动Photoshop 2023软件，按快捷键Ctrl+O，打开相关素材中的“好朋友.jpg”文件，效果如图6-41所示。

图6-41

02 执行“图像”|“调整”|“阴影/高光”命令，打开“阴影/高光”对话框，如图6-42所示。

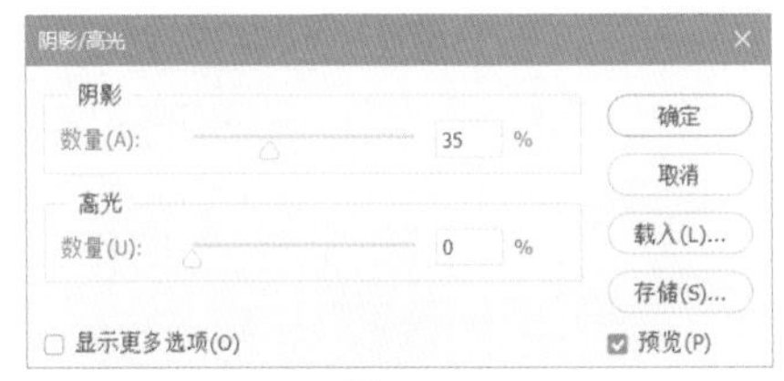

图6-42

03 在对话框中勾选“显示更多选项”复选框，可显示更多调整参数。接着，在对话框中拖动滑块，分别调整图像高光区域和阴影区域的亮度，如图6-43所示。

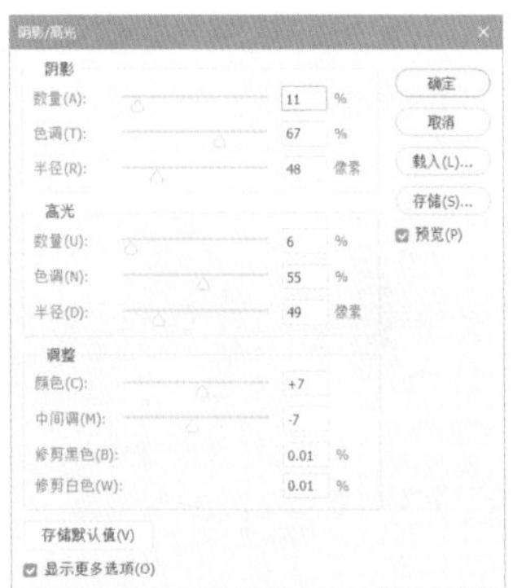

图6-43

04 完成后单击“确定”按钮，关闭对话框，调整后得到的图像效果如图6-44所示。

图6-44

延伸讲解

在调整图像使其中的黑色主体变亮时，如果中间调或较亮的区域更改得太多，可以尝试减小阴影的“数量”，使图像中只有最暗的区域变亮，但是如果需要既加亮阴影又加亮中间调，则需将阴影的“数量”增大到100%。

6.4 特殊调整命令应用

“去色”“反相”“色调均化”“阈值”“渐变映射”和“色调分离”等命令可以更改图像中的颜色或亮度值，主要用于创建特殊颜色和色调效果，一般不用于颜色校正。本节将以案例的形式，详细讲解几种常用特殊调整命令的应用。

6.4.1　黑白调整命令：蜻蜓立上头

“黑白”调整命令用于将彩色图像转换为黑白图像，其控制选项可以分别调整6种颜色（红、黄、绿、青、蓝、洋红）的亮度值，从而制作出高质量的黑白照片。

01 启动Photoshop 2023软件，按快捷键Ctrl+O，打开相关素材中的“蜻蜓和水稻.jpg”文件，效果如图6-45所示。

图6-45

02 执行“图像”|“调整”|“黑白”命令，打开“黑白”对话框，如图6-46所示。

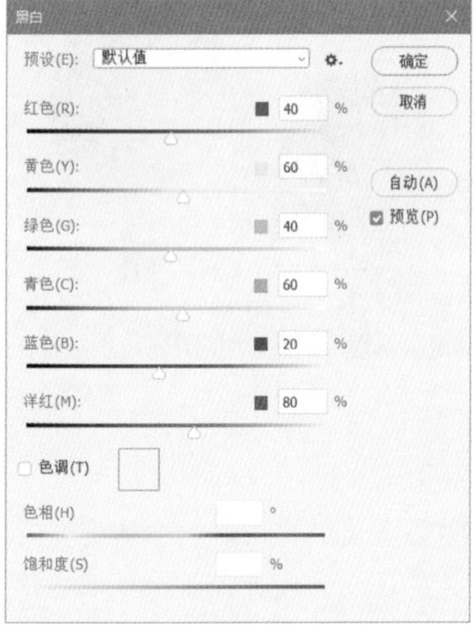

图6-46

03 默认情况下，在“预设”下拉列表中自动选择“默认值”，图像的默认黑白效果如图6-47所示。

图6-47

04 选择其他模式，如“红外线”，此时图像的效果如图6-48所示。

图6-48

05 在“黑白”对话框中勾选“色调”复选框，对图像中的灰度应用颜色，图像效果如图6-49所示。

图6-49

06 设置“色相”为211，设置“饱和度”为62，调整颜色，图像效果如图6-50所示。

图6-50

延伸讲解

“黑白”对话框可看作是“通道混合器”和“色相饱和度”对话框的综合，构成原理和操作方法类似。按住Alt键单击某个色卡，可将单个滑块复位到初始设置。另外，按住Alt键时，对话框中的“取消”按钮将变为“复位”按钮，单击“复位”按钮可复位所有的颜色滑块。

6.4.2 渐变映射调整命令：浪漫花海

“渐变映射”命令用于将彩色图像转换为灰度图像，再用设定的渐变色替换图像中的各级灰度。如果指定的是双色渐变，图像中的阴影就会映射到渐变填充的一个端点颜色，高光则映射到另一个端点颜色，中间调映射为两个端点颜色之间的渐变。

01 启动Photoshop 2023软件，按快捷键Ctrl+O，打开相关素材中的“花海.jpg”文件，效果如图6-51所示。

图6-51

02 执行“图像”|“调整”|“渐变映射”命令，打开“渐变映射”对话框，如图6-52所示。

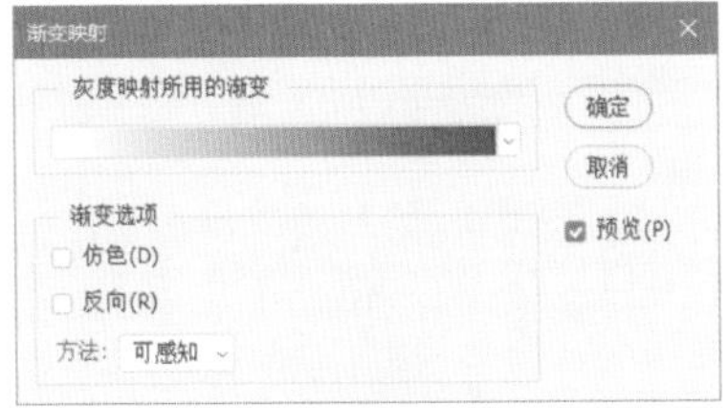

图6-52

03 为图像应用默认的渐变映射样式，效果如图6-53所示。

图6-53

04 在对话框中勾选左下角的“反向”复选框，更改渐变映射的显示效果，如图6-54所示。

图6-54

05 在“灰度映射所用的渐变”下拉列表中，选择“灰色”文件夹中的“灰色_09”样式，图像的显示效果如图6-55所示。

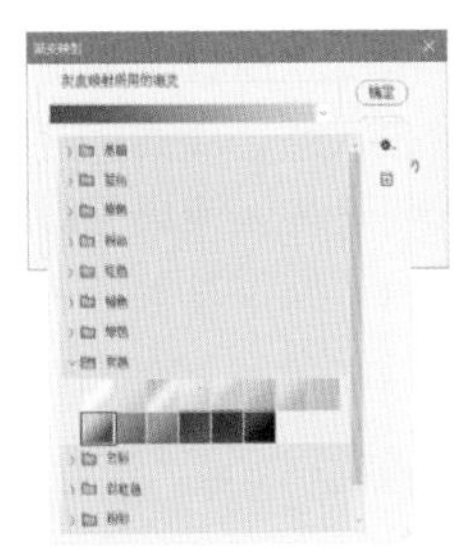

图6-55

6.4.3　去色调整命令：黑暗城市

使用“去色”命令可以删除图像的颜色，将彩色图像转变成黑白图像，但不改变图像的颜色模式。

01 启动Photoshop 2023软件，按快捷键Ctrl+O，打开相关素材中的“科技园.jpg”文件，效果如图6-56所示。

图6-56

02 执行“图像”|“调整”|“去色”命令，或按快捷键Shift+Ctrl+U，可对图像进行去色处理，效果如图6-57所示。

图6-57

延伸讲解

“去色”命令只对当前图层或图像中的选区进行转换，不改变图像的颜色模式。如果正在处理多层图像，则“去色”命令仅作用于所选图层。“去色”命令经常用于将彩色图像转换为黑白图像，如果对图像执行“图像”|“模式”|“灰度”命令，可直接将图像转换为灰度效果，当源图像的深浅对比度不大而颜色差异较大时，其转换效果不佳；如果将图像先去色，然后再转换为灰度模式，则能够保留较多的图像细节。

6.4.4　阈值调整命令：静谧的湿地

“阈值”命令用于将灰度或彩色图像转换为高对比度的黑白图像，可以指定某个色阶作为阈值，所有比阈值色阶亮的像素转换为白色，而所有比阈值暗的像素转换为黑色，从而得到纯黑白图像。使用“阈值”命令，可以调整得到具有特殊艺术效果的黑白图像。

01 启动Photoshop 2023软件，按快捷键Ctrl+O，打开相关素材中的“湿地.jpg”文件，效果如图6-58所示。

02 执行“图像”|“调整”|“阈值”命令，打开“阈值”对话框，在该对话框中显示了当前图像像素

亮度的直方图，效果如图6-59所示。

图6-58

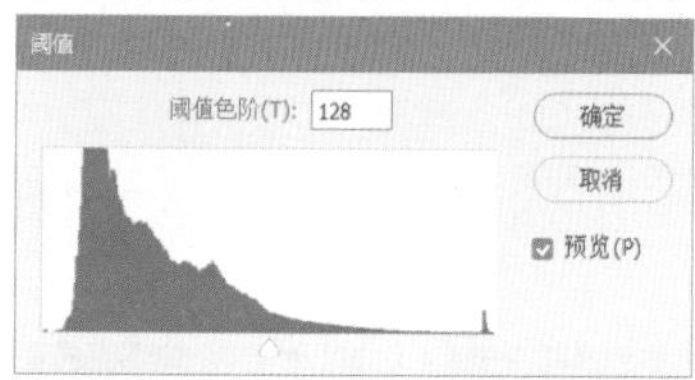

图6-59

03 设置“阈值色阶”为86，如图6-60所示，完成后单击“确定”按钮，得到的图像效果如图6-61所示。

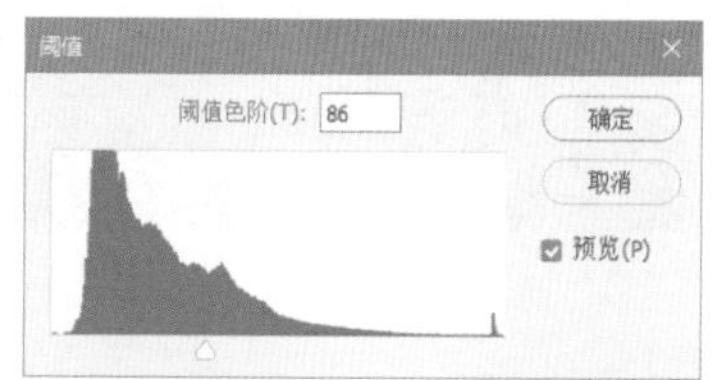

图6-60

图6-61

6.4.5 色调分离调整命令：甜心烘焙

“色调分离”命令用于指定图像的色调级数，并按此级数将图像的像素映射为最接近的颜色。

01 启动Photoshop 2023软件，按快捷键Ctrl+O，打开相关素材中的“面包.jpg”文件，效果如图6-62所示。

图6-62

02 执行“图像”|“调整”|“色调分离”命令，打开“色调分离”对话框，如图6-63所示。可以选择拖动“色阶”选项的滑块，或输入数值来调整图像色阶。

图6-63

03 设置“色阶”为2，得到的图像效果如图6-64所示。

图6-64

04 设置“色阶”为7，得到的图像效果如图6-65所示。

图6-65

6.5 信息面板

在没有进行任何操作时，“信息”面板中会显示光标所在位置的颜色值、文档的状态、当前工具的使用提示等信息，执行更换、创建选区或调整颜色等操作后，面板中就会显示与当前操作有关的各种信息。

6.5.1 使用信息面板

执行“窗口”|“信息”命令，将弹出“信息”面板，如图6-66所示。将光标放置在图像上方，面板中会显示光标的精确坐标和其所在位置的颜色值，如图6-67所示。如果颜色超出了CMYK色域，则CMYK值旁边会出现一个感叹号。

图6-66

图6-67

6.5.2　设置信息面板选项

单击“信息”面板右上角的≡按钮，在菜单中执行“面板选项”命令，打开“信息面板选项”对话框，如图6-68所示。

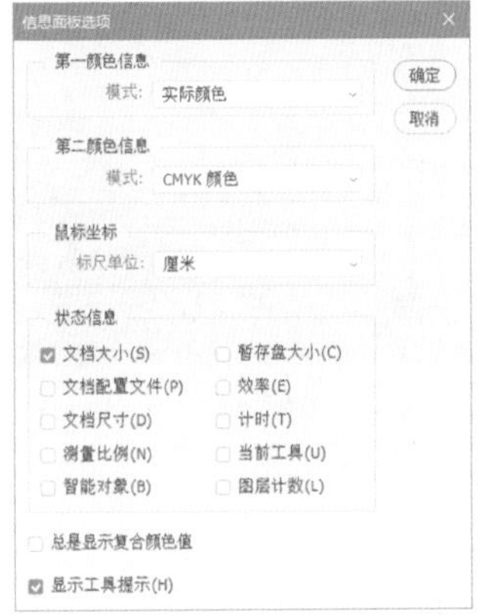

图6-68

6.6 应用案例：户外活动

在本节中，利用调整颜色与色调命令，先增加照片的对比度，然后调整色调，最后降低饱和度，完成操作。

01 启动Photoshop 2023软件，按快捷键Ctrl+O，打开相关素材中的“户外活动.jpg”文件，效果如图6-69所示。

图6-69

02 执行“图像”|“调整”|“曲线”命令，或按快捷键Ctrl+M，打开“曲线”对话框，调整曲线如图6-70所示。单击“确定”按钮关闭对话框，提高照片的亮度与对比度，同时饱和度也增加了。

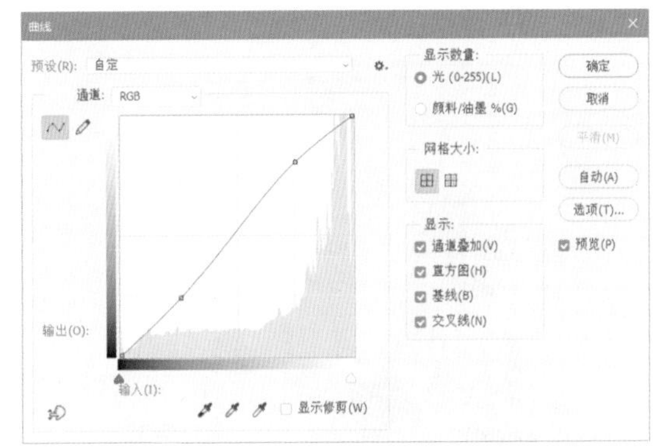

图6-70

03 执行“图像”|“调整”|“色彩平衡”命令，打开“色彩平衡”对话框，参数设置如图6-71所示。

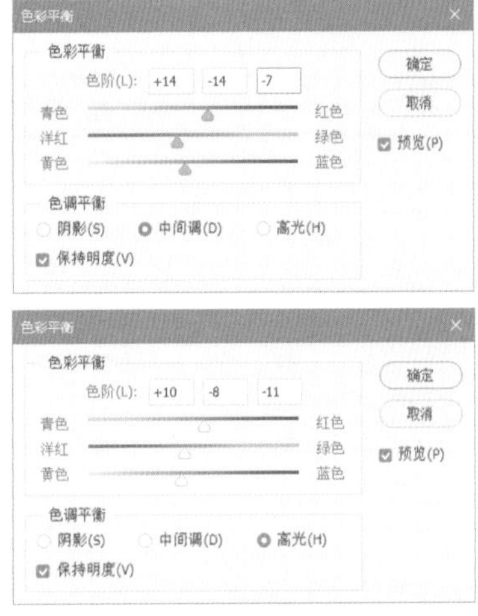

图6-71

04 单击“确定”按钮，调整结果如图6-72所示。

05 执行“图像”|“调整”|“色相/饱和度”命令，弹出“色相/饱和度”对话框，参数设置如图6-73所示。

06 单击“确定”按钮关闭对话框，调整结果如图6-74所示。

图6-72

图6-73

图6-74

6.7 课后练习：秋日暖阳人像调整

在本节中将使用多个调整图层来打造一幅暖色逆光人像。

01 打开相关素材中的“人物.jpg”文件。

02 按快捷键Ctrl+J复制“背景”图层，创建“可选颜色”调整图层，调整颜色数值。

03 再次创建“可选颜色”调整图层，调整颜色数值，将背景调整为暖黄色。

04 创建“亮度/对比度”调整图层，调整参数，增加画面的对比效果。

05 创建“色彩平衡”调整图层，调整“阴影”“中间调”和“高光”的参数。在蒙版中利用“画笔”工具涂抹人物脸部，还原脸部肤色。

06 新建“逆光”图层，设置混合模式为“滤色”。设置前景色为浅黄色（#ffcca3），利用“渐变”工具，从图像左上角往右下角方向拖动添加线性渐脸部，还原脸部肌肤色彩。

07 创建“曲线调整图层”并置于顶层，调整RGB通道、“红”通道、“蓝”通道的参数，让图像偏暖黄色调。

08 调整完成后，按快捷键Ctrl+Alt+Shift+E盖印图层，并设置图层的混合模式为“叠加”，设置“不透明度”为20%，图像调整前后对比效果如图6-75所示。

图6-75

6.8 复习题

打开古镇图像，执行“图像”|“调整”|“色彩平衡”命令，调整图像色彩。再执行“图像”|“调整”|“曲线”命令，调整图像的对比度，效果如图6-76所示。

图6-76

第 7 章

精修图像：裁剪、修饰、颜色调整、修复

本章将继续介绍Photoshop 2023在美化、修复图像方面的强大功能。通过简单、直观的操作，可以将各种有缺陷的数码照片加工为美轮美奂的图片，也可以基于设计需要为普通的图像添加特定的艺术效果。

7.1 关于图像

图像是客观对象的一种相似性的、生动性的描述或写真，是人类社会活动中最常用的信息载体。或者说图像是客观对象的一种表示，它包含了被描述对象的有关信息。它是人们最主要的信息源。据统计，一个人获取的信息大约有75%来自视觉。

7.1.1 图像的分辨率

图像分辨率指图像中存储的信息量，是每英寸图像内有多少个像素点，分辨率的单位为PPI（Pixels Per Inch），通常叫作像素每英寸。图像分辨率一般被用于Photoshop中，用来改变图像的清晰度。

数码图像有两大类，一类是矢量图，也叫向量图；另一类是点阵图，也叫位图。

矢量图比较简单，它是由大量数学方程式创建的，其图形是由线条和填充颜色的块面构成的，而不是由像素组成的，对这种图形进行放大和缩小，不会引起图形失真。

点阵图是通过摄像机、数码相机和扫描仪等设备，利用扫描的方法获得，由像素组成，是以每英寸的像素数（PPI）来衡量的。点阵图具有精细的图像结构、丰富的灰度层次和广阔的颜色阶调。

7.1.2 图像的颜色模式

颜色模式是将某种颜色表现为数字形式的模型，或者说是一种记录图像颜色的方式。分为RGB模式、CMYK模式、HSB模式、Lab颜色模式、位图模式、灰度模式、索引颜色模式、双色调模式和多通道模式。

图7-1所示为RGB模式与CMYK模式的色环，在色环的外围标注颜色值。在Photoshop中输入颜色值，可以调用指定的颜色。

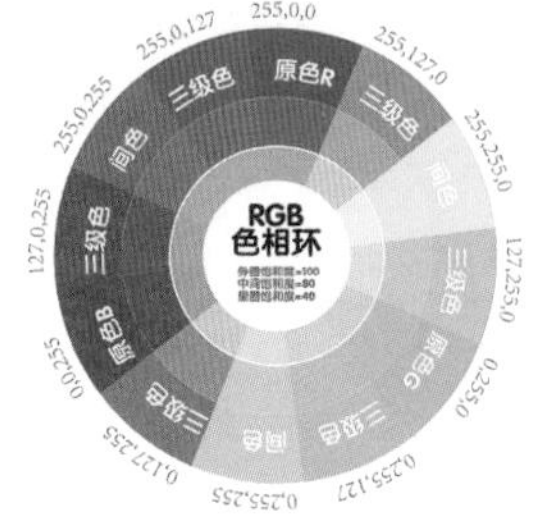

图7-1

7.2 裁剪图像

在处理照片或扫描的图像时，经常需要对图像进行裁剪，以便删除多余的内容，使画面的构图更加完美。在Photoshop中，使用“裁剪”工具ㄓ、“裁剪”命令和“裁切”命令都可以裁剪图像。

7.2.1 裁剪工具选项栏

用“裁剪”工具ㄓ可以对图像进行裁剪，重新定义画布的大小。在工具箱中选择“裁剪”工具ㄓ后，在画面中单击并拖出一个矩形定界框，按Enter键，即可将定界框之外的图像裁掉，如图7-2所示。

在工具箱中选择“裁剪”工具ㄓ后，可以看到如图7-3所示的“裁剪”工具选项栏。

图7-2

宽 x 高 x 分... 1280 像素 ⇄ 800 像素 113 像素/英寸 清除 拉直 删除裁剪的像素 填充: 默认值

图7-3

延伸讲解

如果要更换两个文本框中的数值，可以单击⇄按钮。如果要清除文本框中的数值，可以单击“清除”按钮。

单击工具选项栏中的▦按钮，可以打开一个级联菜单，如图7-4所示。Photoshop提供了一系列参考线选项，可以帮助用户进行合理构图，使画面更加艺术、美观。

单击工具选项栏中的⚙按钮，可以打开一个下拉面板，如图7-5所示，在其中选择裁剪方式。

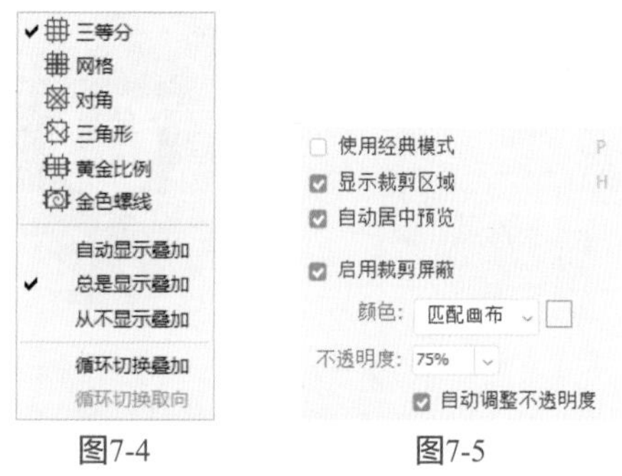

图7-4　　图7-5

7.2.2　裁剪工具：我是主角

下面以实例的形式详细讲解“裁剪”工具的使用方法。

01 启动Photoshop 2023软件，按快捷键Ctrl+O，打开相关素材中的“读书.jpg”文件，效果如图7-6所示。

图7-6

02 在工具箱中选择“裁剪”工具，在画面中单击并拖动光标，创建一个矩形裁剪框，如图7-7所示。此外，在画面上单击，也可以显示裁剪框。

图7-7

03 将光标放在裁剪框的边界上，单击并拖动光标可以调整裁剪框的大小，如图7-8所示。拖曳裁剪框上的控制点，可以缩放裁剪框，按住Shift键拖曳，可进行等比缩放。

图7-8

04 将光标放在裁剪框外，单击并拖动光标，可以旋转图像，如图7-9所示。

图7-9

05 将光标放在裁剪框内，单击并拖动光标可以移动图像，如图7-10所示。

图7-10

06 完成裁剪框的调整后，按Enter键确认，即可裁剪图像，如图7-11所示。

图7-11

7.3 修饰工具

修饰工具包括"模糊"工具、"锐化"工具和"涂抹"工具，使用这些工具，可以对图像的对比度、清晰度进行控制，以创建真实、完美的图像。

7.3.1 模糊工具：朦胧美

"模糊"工具主要用来对照片进行修饰，通过柔化图像减少图像的细节达到突出主体的效果。

01 启动Photoshop 2023软件，按快捷键Ctrl+O，打开相关素材中的"静物.jpg"文件，效果如图7-12所示。

图7-12

02 在工具箱中选择"模糊"工具后，在工具选项栏设置合适的笔触大小，并设置"模式"为"正常"，设置"强度"为100%，如图7-13所示。

图7-13

03 将光标移至画面左侧，单击并长按鼠标左键进行反复涂抹，可以看到涂抹处产生模糊效果，如图7-14所示。

图7-14

延伸讲解

在工具选项栏设置参数时，强度值越大，图像模糊效果越明显。

7.3.2 锐化工具：花气袭人

"锐化"工具通过增大图像相邻像素之间的反差锐化图像，从而使图像看起来更清晰。

延伸讲解

"锐化"工具的工具选项栏与"模糊"工具的工具选项栏基本相同。在处理图像时，如果想要产生更夸张的锐化效果，可取消勾选"保护细节"复选框。

01 启动Photoshop 2023软件，按快捷键Ctrl+O，打开相关素材中的"花.jpg"文件，效果如图7-15所示，可以看到主体的花卉是比较模糊的。

02 在工具箱中选择"锐化"工具，在工具选项栏设置合适的笔触大小，并设置"模式"为"正常"，设置"强度"为50%，然后对花朵模糊部位进行反复涂抹，将其逐步锐化，效果如图7-16所示。

图7-15

图7-16

7.3.3 涂抹工具：傲娇的柴犬

使用“涂抹”工具绘制出来的效果类似于在未干的油画上涂抹，会出现色彩混合扩展的现象。

01 启动Photoshop 2023软件，按快捷键Ctrl+O，打开相关素材中的“背景.jpg”文件，效果如图7-17所示。

图7-17

02 在工具箱中选择“涂抹”工具后，在工具选项栏中选择一个“柔边圆”笔刷，并设置笔触大小为7像素，设置“强度”为60%，取消勾选“对所有图层进行取样”复选框，然后在柴犬的边缘处进行涂抹，如图7-18所示。

03 耐心涂抹完全部连续边缘，使柴犬产生毛茸茸的效果，如图7-19所示。

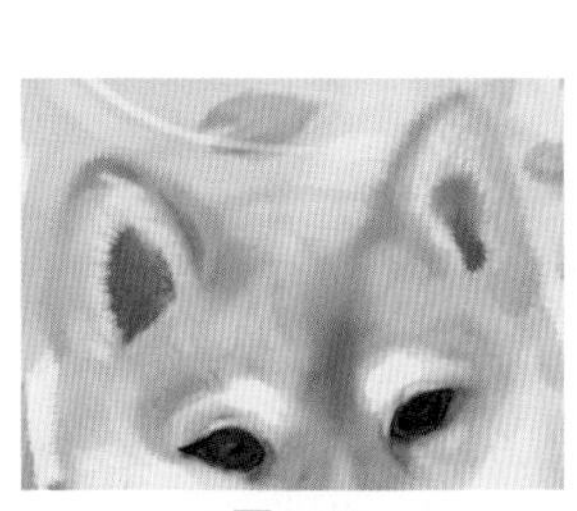

图7-18

图7-19

延伸讲解

“涂抹”工具适合扭曲小范围的区域，主要针对细节进行调整，处理的速度较慢。若需要处理大面积的图像，结合使用滤镜效果更明显。

7.4 颜色调整工具

颜色调整工具包括“减淡”工具、“加深”工具和“海绵”工具，可以对图像的局部色调和颜色进行调整。

7.4.1 减淡工具与加深工具

在传统摄影技术中，调节图像特定区域曝光度时，摄影师通过遮挡光线以使照片中的某个区域变亮（减淡），或增加曝光度使照片中的某个区域变暗（加深）。Photoshop中的“减淡”工具和“加深”工具正是基于这种技术处理照片的曝光。这两个工具的工具选项栏基本相同，图7-20所示为“减淡”工具选项栏。

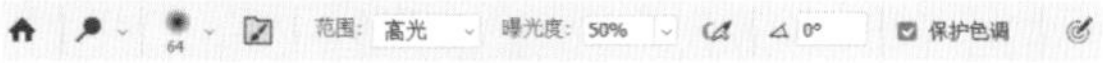

范围：高光　曝光度：50%　△ 0°　保护色调

图7-20

7.4.2 减淡工具：炫彩眼妆

“减淡”工具主要用来增加图像的曝光度，通过减淡涂抹，可以提亮图像中的特定区域，增加图像质感。

01 启动Photoshop 2023软件，按快捷键Ctrl+O，打开相关素材中的“眼睛.jpg”文件，效果如图7-21所示。

02 按快捷键Ctrl+J复制得到新的图层，并重命名为“阴影”。选择“减淡”工具，在工具选项栏中设置合适的笔触大小，将“范围”设置为“阴影”，并将“曝光度”设置为30%，在画面中反复涂抹。涂抹后，阴影处的曝光增加了，如图7-22所示。

图7-21

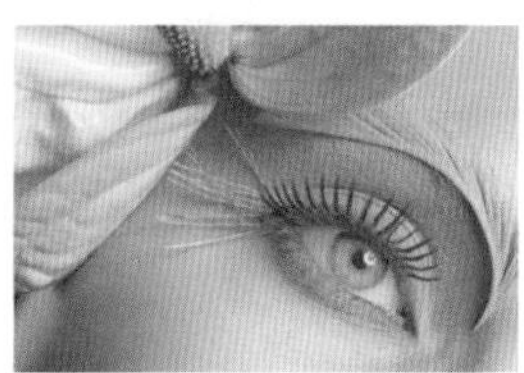

图7-22

03 将“背景”图层再次复制，并将复制得到的图层重命名为“中间调”，置于顶层。在“减淡”工具选项栏中设置合适的笔触大小，设置“范围”为“中间调”，然后在画面中反复涂抹。涂抹后，中间调减淡，效果如图7-23所示。

04 将“背景”图层再次复制，并将复制得到的图层重命名为“高光”，置于顶层。在“减淡”工具选项栏中设置合适的笔触大小，设置“范围”为“高光”，然后在画面中反复涂抹。涂抹后，高光减淡，图像变亮，效果如图7-24所示。

图7-23

图7-24

7.4.3　加深工具：古镇情调

“加深”工具主要用来降低图像的曝光度，使图像中的局部亮度变得更暗。

01 启动Photoshop 2023软件，按快捷键Ctrl+O，打开相关素材中的“古镇.jpg”文件，效果如图7-25所示。

图7-25

02 按快捷键Ctrl+J复制得到新的图层，并重命名为“阴影”。选择“加深”工具，在工具选项栏中设置合适的笔触大小，将“范围”设置为“阴影”，并将“曝光度”设置为50%，在画面中反复涂抹。涂抹后，阴影加深，如图7-26所示。

图7-26

03 复制“阴影”图层，重命名为“中间调”，置于顶层。在工具选项栏中设置合适的笔触大小，设置“范围”为“中间调”，然后在画面中反复涂抹。涂抹后，中间调曝光度降低，如图7-27所示。

图7-27

延伸讲解

在工具选项栏中选择“范围”为“高光”，在画面中反复涂抹，画面的高光曝光度降低。

7.4.4　海绵工具：浪漫天空

“海绵”工具主要用来改变局部图像的色彩饱和度，但无法为灰度模式的图像上色。

01 启动Photoshop 2023软件，按快捷键Ctrl+O，打开相关素材中的“花田.jpg”文件，效果如图7-28所示。

图7-28

02 按快捷键Ctrl+J复制得到新的图层，并重命名为“去色”。选择“海绵”工具，在工具选项栏中设置合适的笔触大小，将“模式”设置为“去色”，并将“流量”设置为50%，如图7-29所示。

图7-29

03 完成上述设置后，按住鼠标左键在画面中反复涂抹，即可降低图像饱和度，如图7-30所示。

图7-30

04 将“背景”图层进行复制，并将复制得到的图层重命名为“加色”，置于顶层。在工具选项栏中设置合适的笔触大小，将“模式”设置为“加色”，然后在画面中反复涂抹，即可增加图像饱和度，如图7-31所示。

图7-31

7.5 修复工具

Photoshop提供了大量专业的图像修复工具，包括“仿制图章”工具、“污点修复画笔”工具、“修复画笔”工具、“修补”工具和“红眼”工具等，使用这些工具可以快速修复图像中的污点和瑕疵。

7.5.1 仿制源面板

“仿制源”面板主要用于放置“仿制图章”工具或“修复画笔”工具，使这些工具的使用更加便捷。在对图像进行修饰时，如果需要确定多个仿制源，使用该面板进行设置，即可在多个仿制源中进行切换，并可对克隆源区域的大小、缩放比例、方向进行动态调整，从而提高“仿制”工具的工作效率。

执行“窗口”|“仿制源”命令，即可在视图中显示“仿制源”面板，如图7-32所示。

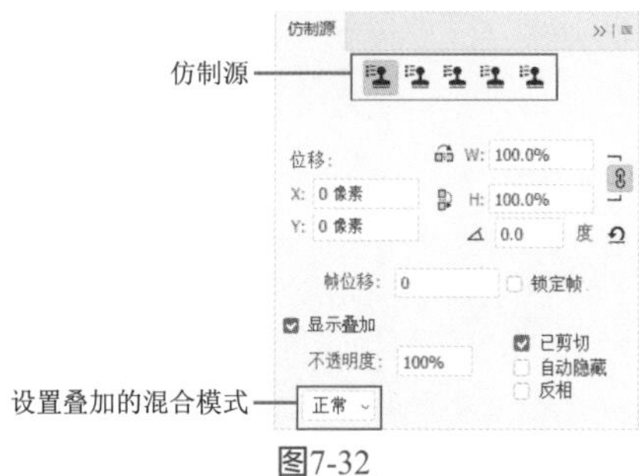

图7-32

7.5.2 仿制图章工具：日出印象

“仿制图章”工具从源图像复制取样，通过涂抹的方式将仿制的源复制出新的区域，以达到修补、仿制的目的。

01 启动Photoshop 2023软件，按快捷键Ctrl+O，打开相关素材中的“风景.jpg”文件，效果如图7-33所示。

图7-33

02 按快捷键Ctrl+J复制得到新的图层，选择工具箱中的“仿制图章”工具，在工具选项栏中设置一个“柔边圆”笔触，如图7-34所示。

03 将光标移至取样处，按住Alt键并单击即可进行取样，如图7-35所示。

04 释放Alt键，此时涂抹笔触内将出现取样图案，如图7-36所示。

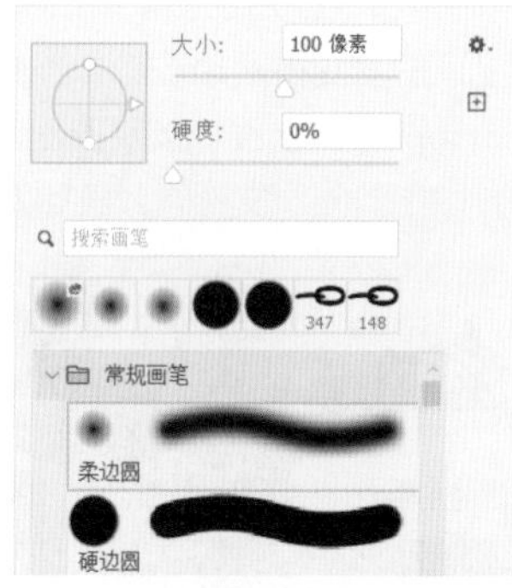

图7-34

图7-35

图7-36

延伸讲解

取样后涂抹时，会出现十字形标志和一个圆圈。操作时，十字形标志和圆圈的距离保持不变。圆圈内区域即表示正在涂抹的区域，十字形标志表示此时涂抹区域正从其所处位置进行取样。

05 单击并进行拖动，在需要仿制的地方涂抹，即可去除图像，如图7-37所示。

06 仔细观察图像寻找合适的取样点，用同样的方法将整个人物覆盖，注意随时调节画笔大小以适合取样范围，最终效果如图7-38所示。

图7-37

图7-38

7.5.3 图案图章工具：可爱斑比鹿

“图案图章”工具的功能和图案填充效果类似，都可以使用Photoshop软件自带的图案或自定义图案对选区或者图层进行图案填充。

01 启动Photoshop 2023软件，执行“文件”|“新建”命令，新建一个“高度”为3000像素、“宽度”为2000像素、“分辨率”为300像素/英寸的RGB图像。

02 按快捷键Ctrl+O，打开相关素材中的“花纹1.jpg”文件，效果如图7-39所示。

图7-39

03 执行“编辑”|“定义图案”命令，打开“图案名称”对话框，如图7-40所示，单击“确定”按钮，便自定义好了一个图案。用同样方法，分别给素材“花纹2”“花纹3”“花纹4”和“花纹5”定义图案。

图7-40

04 选择工具箱中的“图案图章”工具，在工具选项栏中设置一个“柔边圆”笔触，然后在图案下拉列表中找到定义的“花纹1”，并勾选“对齐”复选框。调整笔尖至合适大小后，在画面中涂满图案，如图7-41所示。

图7-41

05 将相关素材中的“卡通.png”文件拖入文档，按Enter键确认，然后右击该图层，在弹出的快捷菜单中选择“栅格化图层”选项，将置入的素材栅格化，如图7-42所示。

06 选择工具箱中的“魔棒”工具，单击画面中的滑板部分，创建选区，如图7-43所示。

图7-42　图7-43

07 选择工具箱中的“图案图章”工具，在工具选项栏中设置一个“柔边圆”笔触，然后在图案下拉列表中找到定义的“花纹2”。调整笔尖至合适大小后，在选区内涂满图案，如图7-44所示。

08 用同样的方法，为麋鹿的身体、耳朵、围巾等部位创建选区，并选择合适的自定义图案进行涂抹，最终效果如图7-45所示。

图7-44

图7-45

7.5.4 污点修复画笔工具：星星在哪里

“污点修复画笔”工具用于快速除去图片中的污点与其他不理想部分，并自动对修复区域与周围图像进行匹配与融合。

01 启动Photoshop 2023软件，按快捷键Ctrl+O，打开相关素材中的“男孩.jpg”文件，效果如图7-46所示。

图7-46

02 按快捷键Ctrl+J复制得到新的图层，选择工具箱中的“污点修复画笔”工具，在工具选项栏中设置一个“柔边圆”笔触，如图7-47所示。

模式：正 类型：内容识别 创建纹理 近似匹配 对所有图层取样 0°

图7-47

03 将光标移动至星星的位置，按住鼠标左键进行涂抹，如图7-48所示。

04 释放鼠标左键，即可看到星星被清除，如图7-49所示。

图7-48

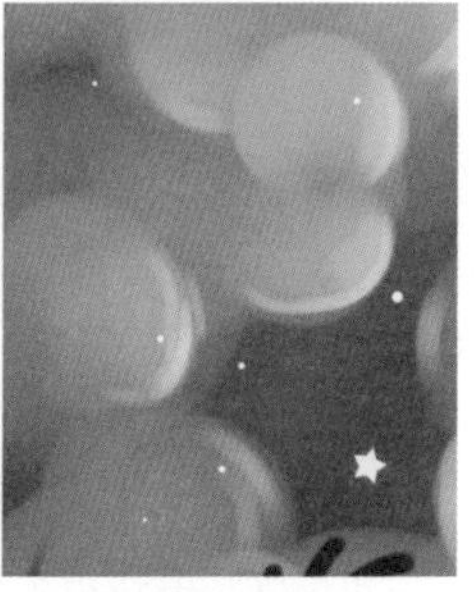

图7-49

05 用上述同样的方法，清除图像中的其他星星，最终效果如图7-50所示。

图7-50

7.5.5 修复画笔工具：西瓜籽不见了

“修复画笔”工具和“仿制图章”工具类似，都是通过取样将取样区域复制到目标区域。不同的是，前者不是完全的复制，而是经过自动计算使修复处的光影和周边图像保持一致，源的亮度等信息可能会被改变。

01 启动Photoshop 2023软件，按快捷键Ctrl+O，打开相关素材中的“西瓜.jpg”文件，效果如图7-51所示。

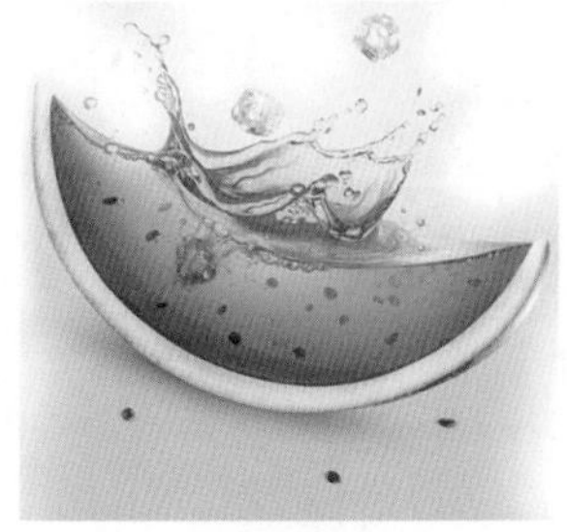

图7-51

02 按快捷键Ctrl+J复制得到新的图层，选择工具箱中的“修复画笔”工具，在工具选项栏中设置一个笔触，并将“源”设置为取样，如图7-52所示。

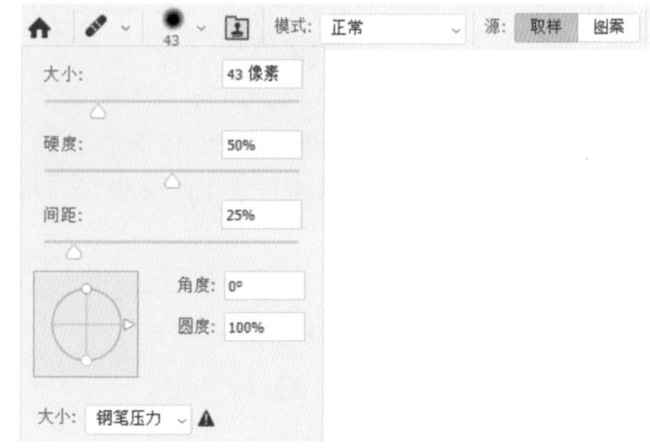

图7-52

延伸讲解

“正常”模式下，取样点内像素与替换涂抹处的像素混合识别后进行修复；而“替换”模式下，取样点内像素将直接替换涂抹处的像素。此外，“源”选项可选择“取样”或“图案”。“取样”指直接从图像上进行取样，“图案”指选择图案下拉列表中的图案来进行取样。

03 设置完成后，将光标放在没有西瓜籽的区域，按住Alt键并单击进行取样，如图7-53所示。

04 释放Alt键，在西瓜籽处涂抹，即可将西瓜籽去除，如图7-54所示。

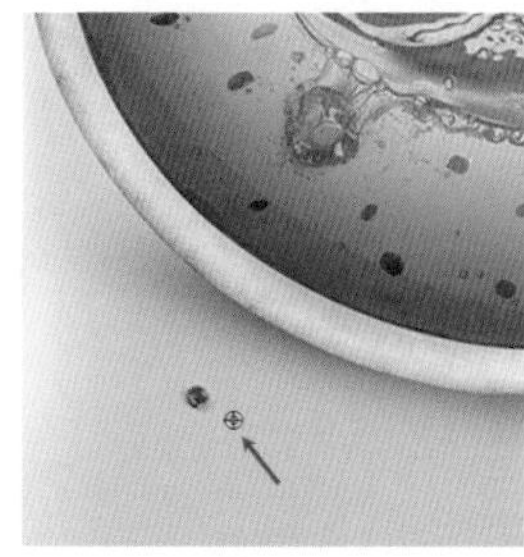

图7-53

图7-54

05 用上述同样的方法，继续使用“修复画笔”工具完成其余部分的修复，如图7-55所示。

图7-55

7.5.6 修补工具：月圆之夜

“修补”工具通过仿制源图像中的某一区域，去修补另外一个地方并自动融入图像的周围环境中，这一点与“修复画笔”工具的原理类似。不同的是，“修补”工具主要是通过创建选区对图像进行修补。

01 启动Photoshop 2023软件，按快捷键Ctrl+O，打开相关素材中的“中秋.jpg”文件，效果如图7-56所示。

图7-56

02 按快捷键Ctrl+J复制得到新的图层，选择工具箱中的“修补”工具，在工具选项栏中选择“源”选项，如图7-57所示。

图7-57

03 单击并拖动光标，选择孔明灯创建选区，如图7-58所示。

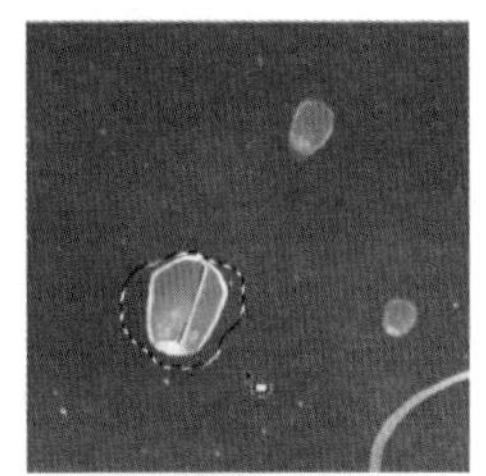

图7-58

04 将光标放在选区内，拖动选区到背景的空白处，如图7-59所示。按快捷键Ctrl+D取消选择，即可去除孔明灯，如图7-60所示。

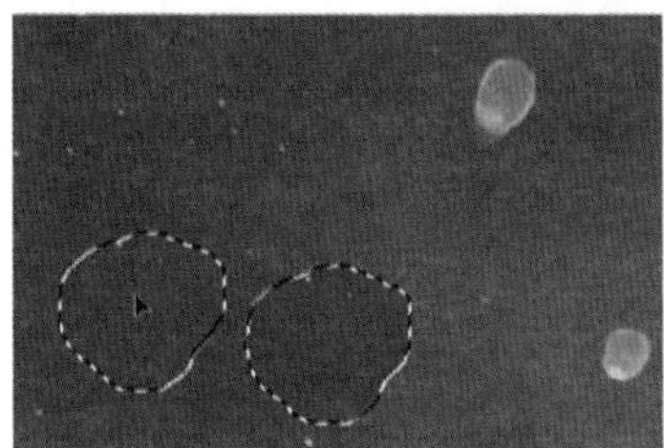

图7-59

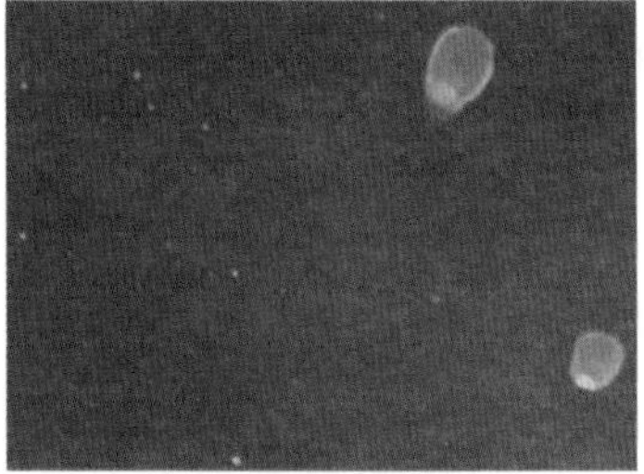

图7-60

05 重复上述操作，删除背景中的孔明灯，效果如图7-61所示。

图7-61

延伸讲解

“修补”工具选项栏中的修补模式包括“正常”模式和“内容识别”模式。在“正常”模式下，选择“源”时，使用后选择的区域覆盖先选择的区域；选择“目标”时与“源”相反，使用先选择的区域覆盖后来的区域。勾选“透明”复选框后，修复后的图像将与原选区的图像进行叠加。在“内容识别”模式下，会自动对修补选区周围像素和颜色进行识别融合，并能选择适应强度，从非常严格到非常松散来对选区进行修补。

7.5.7 内容感知移动工具：橙子车轮

“内容感知移动”工具用来移动和扩展对象，并可以将对象自然地融入原来的环境中。

01 启动Photoshop 2023软件，按快捷键Ctrl+O，打开相关素材中的“背景.psd”文件，效果如图7-62所示。

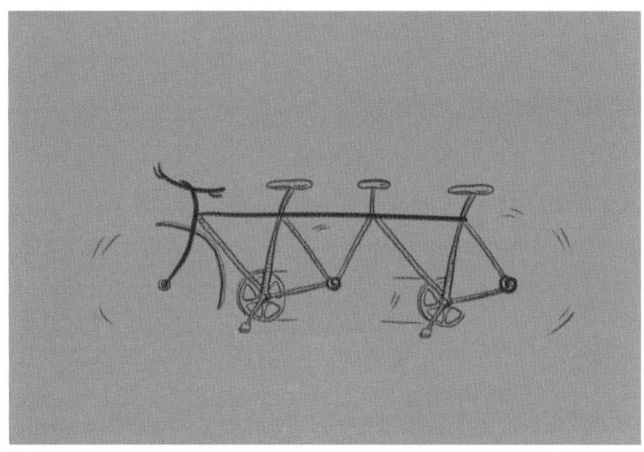

图7-62

02 重复上述操作，打开相关素材中的“橙子.png”文件，放置在背景的合适位置，效果如图7-63所示。

03 选择“橙子”图层，再选择工具箱中的“内容感知移动”工具，在工具选项栏中设置“模式”为“扩展”，如图7-64所示。

图7-63

模式: 扩展 结构: 4 颜色: 0 对所有图层取样 投影时变换

图7-64

04 在画面上单击并拖动光标，将橙子载入选区，如图7-65所示。

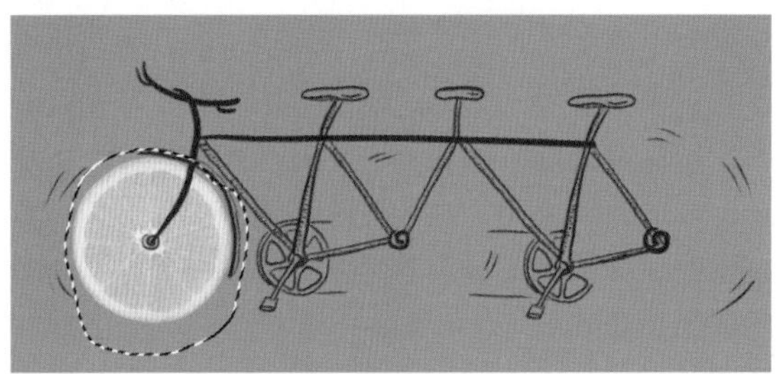

图7-65

05 将光标放在选区内，单击并向右拖动，如图7-66所示。

图7-66

06 将选区内的图像复制到新的位置，如图7-67所示。

图7-67

07 重复上述操作，继续向右复制一个橙子，如图7-68所示。

08 打开“图层”面板中的“表情”图层组，为橙子添加表情，效果如图7-69所示。

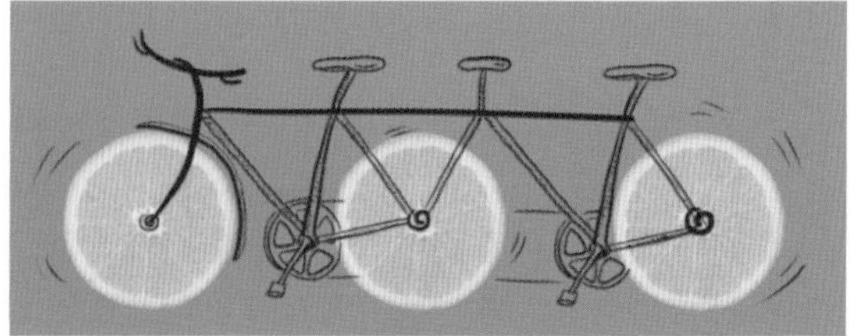

图7-68

图7-69

延伸讲解

“移动”模式是指剪切并粘贴选区后融合图像，“扩展”模式是指复制并粘贴选区后融合图像。

7.5.8 红眼工具：大眼美女

使用“红眼”工具能很方便地消除红眼，弥补相机使用闪光灯或者其他原因导致的红眼问题。

01 启动Photoshop 2023软件，按快捷键Ctrl+O，打开相关素材中的“模特.jpg”文件，效果如图7-70所示。

图7-70

02 选择工具箱中的“红眼”工具，在工具选项栏中设置“瞳孔大小”为50%，设置“变暗量”为50%，如图7-71所示。

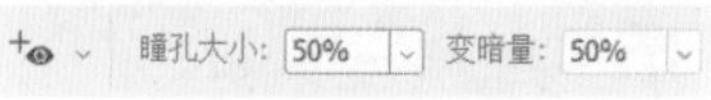

瞳孔大小: 50% 变暗量: 50%

图7-71

延伸讲解

“瞳孔大小”和“变暗量”可根据图像实际情况来设置。“瞳孔大小”用来设置瞳孔的大小，百分比越大，瞳孔越大；“变暗量”用来设置瞳孔的暗度，百分比越大，变暗效果越明显。

03 设置完成后，在眼球处单击，即可去除红眼，如图7-72所示。

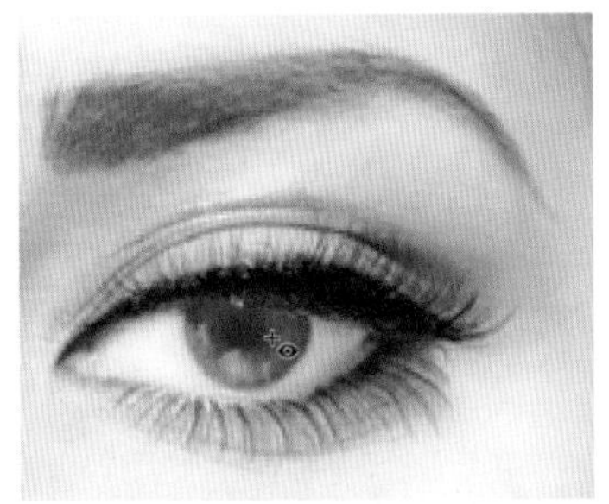

图7-72

04 除了上述方法，选择“红眼”工具后，在红眼处绘制一个虚线框，同样可以去除框内红眼，如图7-73所示。

图7-73

7.6 应用案例：祛斑行动

祛除人物脸上的斑点，可以利用“污点修复画笔”工具。该工具能自动拾取斑点周边的皮肤来覆盖斑点，达到无痕祛斑的效果。祛斑结束后，再调整图像的亮度与饱和度，使图像的显示效果更佳。

01 启动Photoshop 2023软件，按快捷键Ctrl+O，打开相关素材中的“青春.jpg”文件，效果如图7-74所示。

图7-74

02 选择“污点修复画笔”工具，在工具选项栏中设置参数，如图7-75所示。

90 模式：正 类型：内容识别 创建纹理 近似匹配

图7-75

03 将光标放置在斑点之上，单击，即可祛除斑点，如图7-76所示。

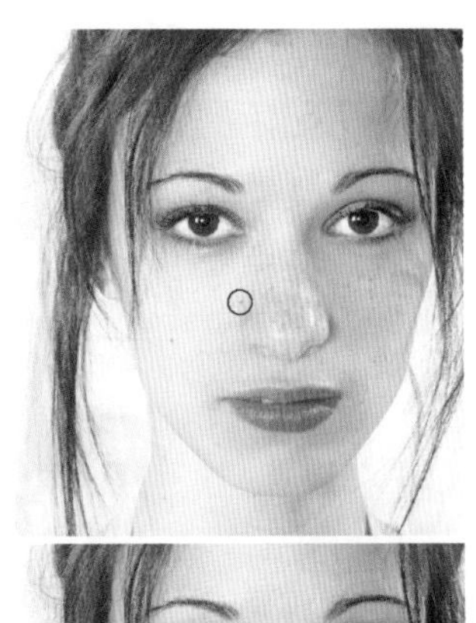

图7-76

04 重复操作，继续执行祛斑操作，结果如图7-77所示。

图7-77

05 单击图层面板底下的“创建新的填充或调整图层”按钮，在弹出的列表中选择“曲线”选项，添加曲线调整图层，参数设置如图7-78所示。

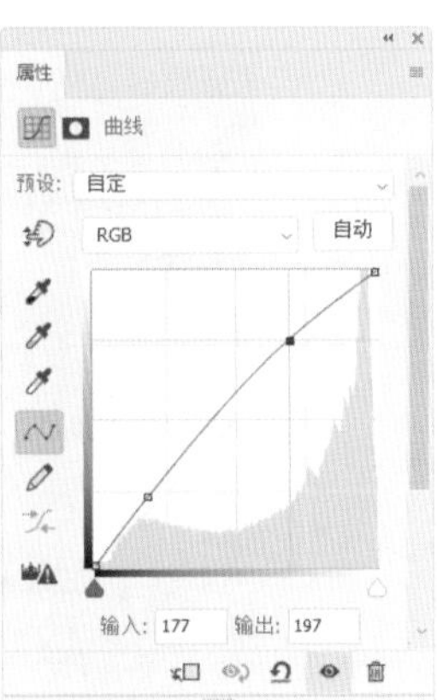

图7-78

06 添加“色相/饱和度”调整图层，设置“饱和度”参数，如图7-79所示。

07 图像的最终效果如图7-80所示。

图7-79

图7-80

7.7 课后练习：精致人像修饰

本节将结合本章所学内容，对人像进行美化处理，并为人像添加妆容，让人物更加饱满。

01 打开相关素材中的“人像.jpg”文件。

02 按快捷键Ctrl+J复制得到新的图层，选择“污点修复画笔”工具，在人物脸上较明显的瑕疵区域单击，去除瑕疵。

03 选择“模糊”工具，“锐化”工具，单击并在人物皮肤上涂抹，令皮肤柔化光滑清晰。

04 按快捷键Ctrl+J复制得到新的图层，选择“减淡”工具，单击并在人物高光区域涂抹，提亮肤色。

05 选择“加深”工具，单击并在人物阴影区域涂抹，加深轮廓。

06 利用“吸管”工具对人物嘴唇的颜色进行取样，新建空白图层，选择“混合器画笔”工具，长按鼠标左键在人物脸部与眼尾处涂抹，为人物添加腮红与眼影。

07 重复上述操作，继续对人物其他区域进行取色、涂抹，最终效果如图7-81所示。

图7-81

7.8 复习题

在本题中，首先使用“裁剪”工具裁剪图像，再利用“模糊”工具涂抹背景，接着选择“污点修复画笔”工具、“修补”工具编辑右侧墙壁上水渍的痕迹，最后添加曲线、自然饱和度调整图层，调整图像的显示效果如图7-82所示。

图7-82

第 8 章 图像合成：蒙版与通道的应用

利用图层蒙版可以轻松控制图层区域的显示或隐藏，是进行图像合成最常用的手段。使用图层蒙版混合图像时，可以在不破坏图像的情况下反复实验、修改混合方案，直至得到所需要的效果。

通道的主要功能是保存颜色数据，也可以用来保存和编辑选区。由于通道功能强大，因而在制作图像特效方面应用广泛，但也最难理解和掌握。本章将讲解蒙版与通道的应用方法。

8.1 图像合成技术概述

图像合成技术是基于互联网海量的图像信息源，通过用户给定的图像期望对象，以及对象的具体特征，通过一定的筛选过滤算法，从图像库中选择最匹配的图像源，再经过对图像对象的分割、提取，经过处理后最终合成最能满足用户需要的结果图像。

图像合成一般的处理流程如下。

- 用户给出期望图像的草图，根据文字标签从互联网下载图像。
- 进行基于轮廓和内容一致性的图像过滤，并将前景图像分割出来。
- 计算最优的图像合成组合。
- 将结果提供给用户，用户可以选择最满意的合成结果，并进行简单的交互修正。

在合成图像时，需要注意各元素之间的匹配度，如造型、色相、亮度、质感、动感等，避免出现元素之间风马牛不相及的情况。

图8-1所示为合成图像范例。

图8-1

图8-1（续）

8.2 认识蒙版

在Photoshop中，蒙版就是遮罩，控制着图层或图层组中的不同区域如何隐藏和显示。通过更改蒙版，可以对图层应用各种特殊效果，而不会影响该图层上的实际像素。

8.2.1 蒙版的种类和用途

Photoshop提供了3种蒙版，分别是图层蒙版、矢量蒙版和剪贴蒙版。

图层蒙版通过灰度图像控制图层的显示与隐藏，可以用绘画工具或选择工具创建和修改；矢量蒙版也用于控制图层的显示与隐藏，但它与分辨率无关，可以用“钢笔”工具或形状工具创建；剪贴蒙版是一种比较特殊的蒙版，它是依靠底层图层的形状来定义图像的显示区域。虽然蒙版的分类不同，但是蒙版的工作方式大体相似。

8.2.2 属性面板

“属性”面板用于调整所选图层中的图层蒙版和矢量蒙版的“不透明度”和“羽化”范围，如图8-2所示。此外，使用“光照效果”滤镜创建调整图层时，也会用到“属性”面板。

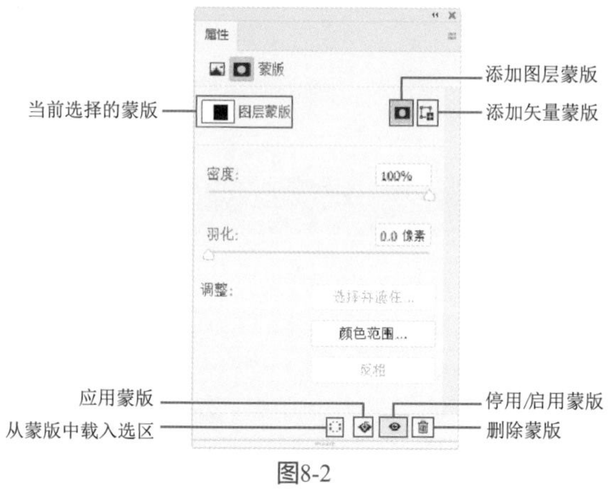

图8-2

8.3 图层蒙版

图层蒙版主要用于合成图像，是一个256级色阶的灰度图像。它蒙在图层上面，起到遮罩图层的作用，然而其本身并不可见。此外，创建调整图层、填充图层或者应用智能滤镜时，Photoshop也会自动为图层添加图层蒙版，因此，图层蒙版还可以控制颜色调整和滤镜范围。

8.3.1 图层蒙版的原理

在图层蒙版中，纯白色对应的图像是可见的，纯黑色会遮盖图像，灰色区域会使图像呈现出一定程度的透明效果（灰色越深，图像越透明），如图8-3所示。基于以上原理，如果想要隐藏图像的某些区域，为其添加一个蒙版，再将相应的区域涂黑即可；想让图像呈现出半透明效果，可以将蒙版涂灰。

图层蒙版是位图图像，几乎所有的绘画工具都可以用来编辑它。例如，用柔角画笔在蒙版边缘涂抹时，可以使图像边缘产生逐渐淡出的过渡效果，如图8-4所示；为蒙版添加渐变时，可以将当前图像逐渐融入另一个图像中，图像之间的融合效果自然且平滑，如图8-5所示。

图8-3

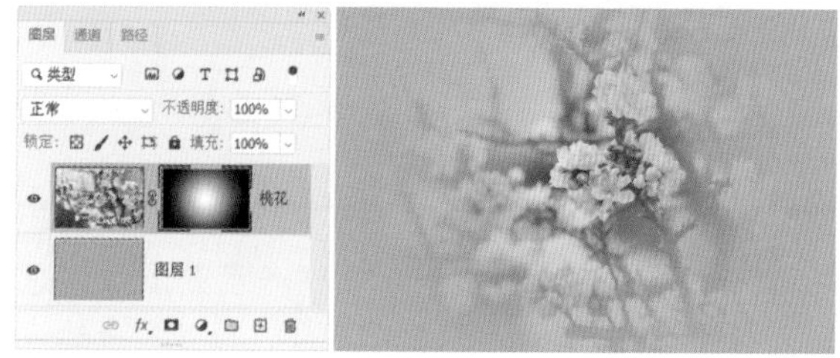

图8-4

图8-5

8.3.2 创建图层蒙版：乘风破浪

图层蒙版是与分辨率相关的位图图像，可对图像进行非破坏性编辑，在图像合成中的应用非常广泛。下面详细讲解创建和编辑图层蒙版的方法。

01 启动Photoshop 2023软件，按快捷键Ctrl+O，先后打开相关素材中的“大海.jpg”和“帆船.jpg”文件，效果如图8-6和图8-7所示。

图8-6

图8-7

02 在“图层”面板中，选择“帆船”图层，然后单击面板底部的“添加图层蒙版”按钮□，或执行“图层”|“图层蒙版”|“显示全部”命令，为图层添加蒙版。此时蒙版颜色默认为白色，如图8-8所示。

图8-8

延伸讲解

按住Alt键的同时单击“添加图层蒙版”按钮□，或执行“图层”|“图层蒙版”|“隐藏全部”命令，添加的蒙版将为黑色。

03 将前景色设置为黑色，选择蒙版，按快捷键Alt+Delete将蒙版填充为黑色。此时“大海”图层的图像被完全覆盖，图像窗口显示背景图像，如图8-9所示。

图8-9

延伸讲解

图层蒙版只能用黑色、白色及其中间的过渡色（灰色）来填充。在蒙版中，填充黑色即蒙住当前图层，显示当前图层以下的可见图层；填充白色则是显示当前层；填充灰色则当前图层呈半透明状态，且灰度越高，图层越透明。

04 选择工具箱中的“渐变”工具□，在工具选项栏中设置渐变为黑白渐变，选择“线性渐变”模式□，将“不透明度”调整为100%，如图8-10所示。

图8-10

05 选择蒙版，垂直方向由下往上拉出黑白渐变，海中的帆船便出现了，如图8-11所示。

图8-11

延伸讲解

如果有多个图层需要添加统一的蒙版效果，可以将这些图层置于一个图层组中，然后选择该图层组，单击“图层”面板中的“添加图层蒙版”按钮□，即可为图层组添加蒙版，以简化操作，提升工作效率。

8.3.3　从选区生成图层蒙版：金钱与人生

如果在当前图层中存在选区，则可以将选区转换为蒙版。下面详细讲解从选区生成图层蒙版的方法。

01 启动Photoshop 2023软件，按快捷键Ctrl+O，打开相关素材中的“背景.psd”文件，效果如图8-12所示。

图8-12

02 在“图层”面板选择“背景”图层，再选择“魔棒”工具，单击白色形状，创建选区，如图8-13所示。

图8-13

03 单击“图层”面板中的“添加图层蒙版”按钮，可以从选区自动生成蒙版，选区内的图像可以显示，选区外的图像则被蒙版隐藏，按快捷键Ctrl+I反相，如图8-14所示。

图8-14

04 将相关素材中的“城市.jpg”文件拖入文档，并放置在“背景”图层的下方，调整合适的大小及位置，效果如图8-15所示。

图8-15

延伸讲解

执行“图层”|“图层蒙版”|“显示选区”命令，可得到选区外图像被隐藏的效果；若执行“图层”|“图层蒙版”|“隐藏选区”命令，则会得到相反的结果，选区内的图像会被隐藏，与按住Alt键再单击按钮的效果相同。

8.4 矢量蒙版

图层蒙版和剪贴蒙版都是基于像素区域的蒙版，而矢量蒙版则是用“钢笔”“自定形状”工具等矢量工具创建的蒙版。矢量蒙版与分辨率无关，因此，无论图层是缩小还是放大，均能保持蒙版边缘处光滑且无锯齿。

8.4.1 创建矢量蒙版：马尔代夫之旅

矢量蒙版将矢量图形引入蒙版之中，为用户提供一种可以在矢量状态下编辑蒙版的特殊方式。下面详细讲解创建矢量蒙版的操作方法。

01 启动Photoshop 2023软件，按快捷键Ctrl+O，打开相关素材中的“海报.psd”文件，如图8-16所示。

02 重复上述操作，打开“余晖.jpg”文件，并将其放置在“海报.psd”文档中，效果如图8-17所示。

图8-16

图8-17

03 在工具箱中选择“矩形”工具，在工具选项栏中设置“工作模式”为“路径”，设置圆角半径值，如图8-18所示。

图8-18

04 在图像上创建一个圆角矩形，如图8-19所示。

图8-19

05 保持圆角矩形的选择状态，执行“图层”|“矢量蒙版”|“当前路径”命令，如图8-20所示。

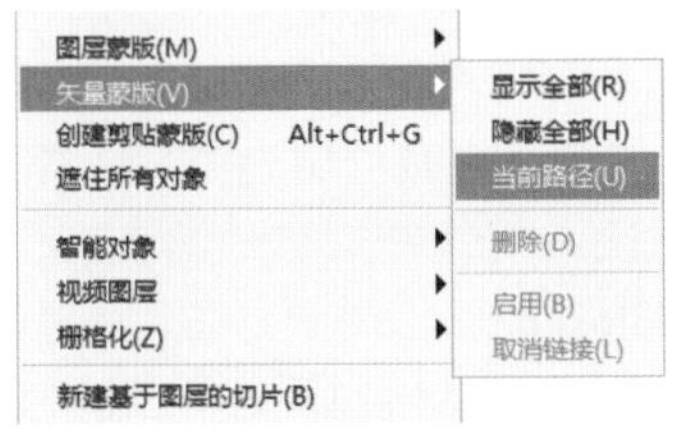

图8-20

延伸讲解

按住Ctrl键单击“图层”面板中的“添加图层蒙版”按钮◘，也可以基于当前路径创建矢量蒙版。

06 此时路径区域以外的图像会被蒙版遮盖，如图8-21所示。

图8-21

07 在“图层”面板中单击图层与蒙版之间的“链接”按钮8，取消链接。选择图层，按快捷键Ctrl+T进入自由变换模式，调整图片的大小，如图8-22所示。

图8-22

08 在“图层”面板中单击“添加新的填充或调整图层”按钮◐，添加“曲线”图层，调整曲线参数，并单击“此调整剪切到此图层”按钮⊡，如图8-23所示。

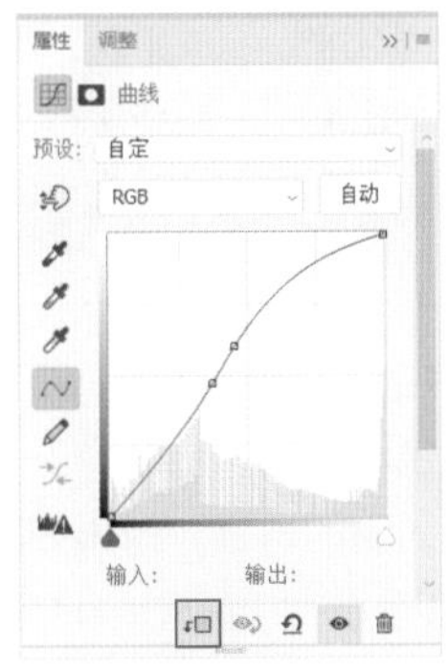

图8-23

09 调整图片明暗对比效果如图8-24所示。

10 双击矢量蒙版图层，打开“图层样式”对话框，设置“描边”“投影”参数，如图8-25所示。

图8-24

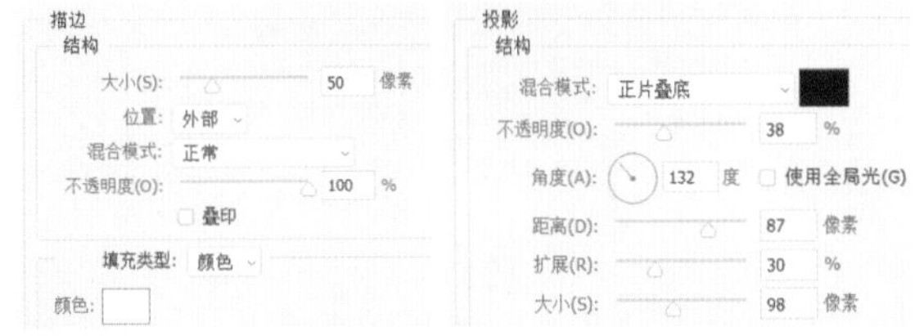

图8-25

11 单击“确定”按钮，关闭对话框，图片的显示效果如图8-26所示。

12 重复上述操作，创建矢量蒙版并添加图层效果，如图8-27所示。

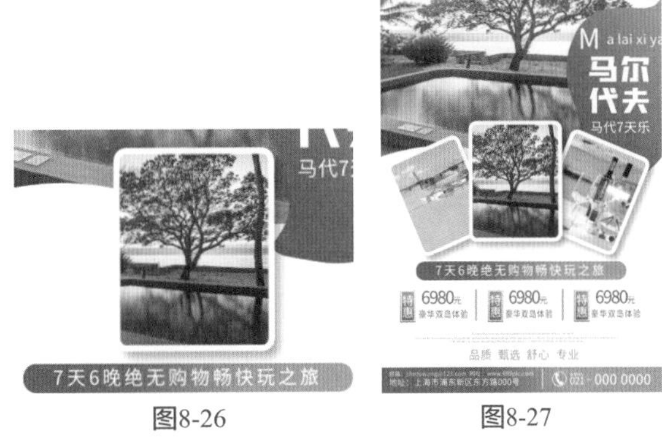

图8-26　　图8-27

延伸讲解

矢量蒙版只能用“锚点编辑”工具和“钢笔”工具来编辑。如果要用绘画工具或是滤镜修改蒙版，可选择蒙版，执行“图层”|“栅格化”|“矢量蒙版”命令，将矢量蒙版栅格化，使它转换为图层蒙版。

8.4.2　矢量蒙版的变换

单击“图层”面板中的矢量蒙版缩览图，选择矢量蒙版，执行“编辑”|“变换路径”命令，通过级联菜单中的各项命令，可以对矢量蒙版进行各种变换操作，如图8-28所示。

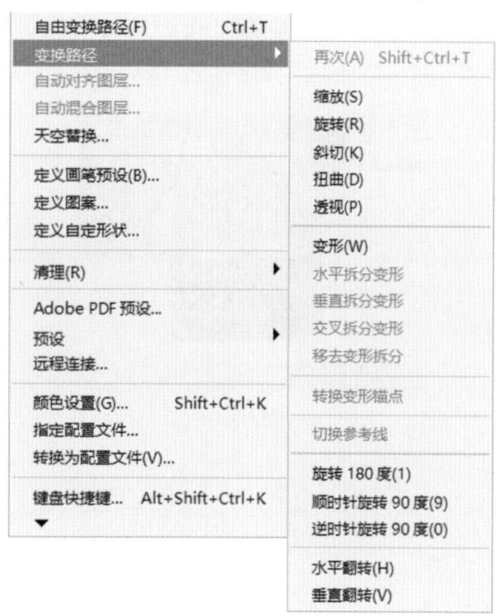

图 8-28

矢量蒙版缩览图与图像缩览图之间有一个链接图标，它表示蒙版与图像处于链接状态，此时进行任何变换操作，蒙版都与图像一同变换。执行“图层”|“矢量蒙版”|“取消链接”命令，或单击链接图标取消链接，即可单独对图像或蒙版进行变换操作。

8.4.3 矢量蒙版与图层蒙版的转换

在“图层”面板中，选择创建了矢量蒙版的图层，执行“图层”|“栅格化”|“矢量蒙版”命令，或者在矢量蒙版缩览图上右击，在弹出的快捷菜单中选择“栅格化矢量蒙版”选项，可栅格化矢量蒙版，并将其转换为图层蒙版，如图8-29所示。

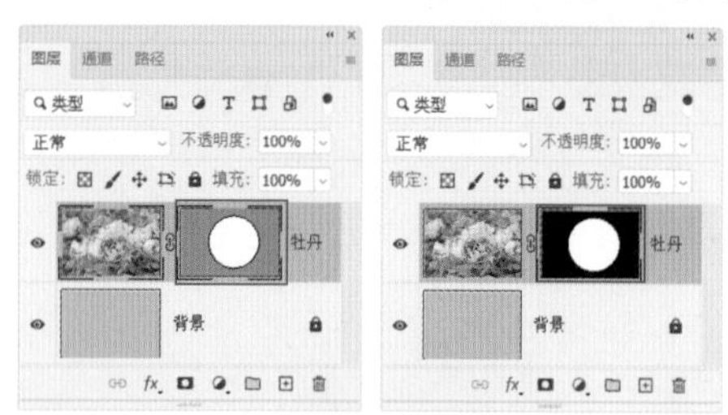

图 8-29

8.5 剪贴蒙版

剪贴蒙版是Photoshop中的特殊图层，它利用下方图层的图像形状对上方图层中的图像进行剪切，从而控制上方图层的显示区域和范围，最终得到特殊的效果。

8.5.1 创建剪贴蒙版：春装上新

剪贴蒙版最大的优点是可以通过一个图层来控制多个图层的可见内容，而图层蒙版和矢量蒙版都只能控制一个层。下面介绍为图层快速创建剪贴蒙版的操作方法。

01 启动Photoshop 2023软件，按快捷键Ctrl+O，打开相关素材中的“素材.psd”文件，如图8-30所示。

图 8-30

02 将相关素材中的“人物.png”文件拖入到文档中，摆放到合适的位置后，按Enter键确认，如图8-31所示。

图 8-31

03 选择“人物”图层，将其放置在“圆角矩形5”图层之上。执行“图层”|“创建剪贴蒙版”命令（快捷键为Alt+Ctrl+G）；或按住Alt键，将光标移到“人物”和“圆角矩形5”两个图层之间，待光标变成状态时，单击，即可创建剪贴蒙版。此时“人物”图层缩览图前有剪贴蒙版标识，如图8-32所示。

04 选择“圆角矩形5”图层，右击，在弹出的快捷菜单中选择“栅格化图层”选项。按住Ctrl键单击“人物”图层缩览图，创建的选区如图8-33所示。

图8-32

图8-33

05 选择“圆角矩形5”图层，将前景色设置为黑色，使用“画笔”工具在图层上涂抹，显示喇叭与人物的发髻，效果如图8-34所示。

06 按快捷键Ctrl+D，取消选区，最终效果如图8-35所示。

图8-34

图8-35

延伸讲解

在剪贴蒙版中，带有下划线的图层称为“基底图层”，用来控制其上方图层的显示区域，如图8-32中的“圆角矩形5”图层。位于该图层上方的图层称为“内容图层”，如图8-32中的“人物”图层。基底图层的透明区域可将内容图层中同一区域隐藏，移动基底图层即可改变内容图层的显示区域。

选择剪贴蒙版中的基底图层正上方的内容图层，执行“图层”|“释放剪贴蒙版”命令，或按快捷键Alt+Ctrl+G，即可释放全部剪贴蒙版。

8.5.2　设置不透明度：纹理文字

剪贴蒙版组使用基底图层的不透明度属性，所以在调整基底图层的“不透明度”时，可以控制整个剪贴蒙版组的“不透明度”。

01 启动Photoshop 2023软件，按快捷键Ctrl+O，打开相关素材中的“广告.jpg”文件，效果如图8-36所示。

图8-36

02 在工具箱中选择“横排文字”工具T，设置字体样式为“华文行楷”，设置字体大小为200点，颜色为黑色，然后在图像中分别输入文字“美”和“味”，并分别将文字图层栅格化，如图8-37所示。

03 将相关素材中的“食物.png”文件拖入文档，放置在“美”图层上方，并按快捷键Alt+Ctrl+G创建剪贴蒙版，如图8-38所示。

图8-37

图8-38

04 更改“美”图层的“不透明度”为50%，因为“美”图层为基底图层，更改其“不透明度”，内容图层同样会变透明，如图8-39所示。

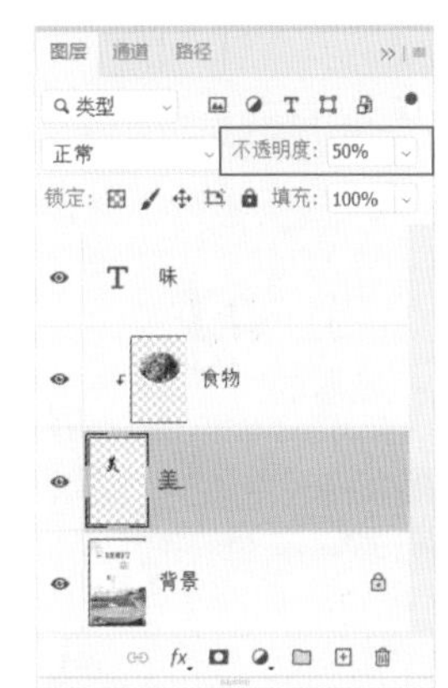

图8-39

05 将“美”图层（基底图层）的“不透明度”恢复到100%，接下来调整剪贴蒙版的“不透明度”为50%，只会更改剪贴蒙版的“不透明度”而不会影响基底图层，如图8-40所示。

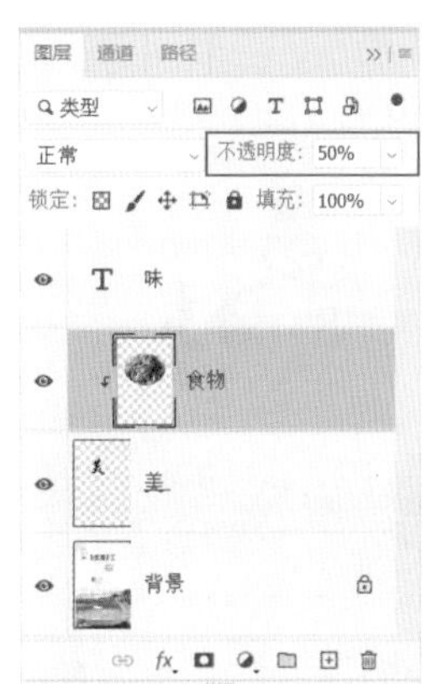

图8-40

8.5.3 设置混合模式：多彩文字

图8-41

剪贴蒙版使用基底图层的混合模式，当基底图层为“正常”模式时，所有图层会按照各自的混合模式与下面的图层混合。下面讲解设置剪贴蒙版混合模式的操作方法。

01 启动Photoshop 2023软件，按快捷键Ctrl+O，打开相关素材中的“广告.psd”文件，效果如图8-41所示。

02 在“图层”面板中选择“美”图层，设置该图层的混合模式为“颜色加深”。调整基底图层的混合模式时，整个剪贴蒙版中的图层都会使用该模式与下面的图层混合，如图8-42所示。

图8-42

03 将“美”图层的混合模式恢复为“正常”，然后设置剪贴蒙版图层的混合模式为“强光”，可以发现仅对其自身产生作用，不会影响其他图层，如图8-43所示。

图8-43

8.6 认识通道

通道是Photoshop中的高级功能，它与图像内容、色彩和选区有关。Photoshop提供了3种类型的通道，分别是颜色通道、Alpha通道和专色通道。下面详细介绍这几种通道的特征和主要用途。

8.6.1 通道面板

“通道”面板是创建和编辑通道的主要场所。打开一个图像文件，执行“窗口”|“通道”命令，将弹出如图8-44所示的面板。

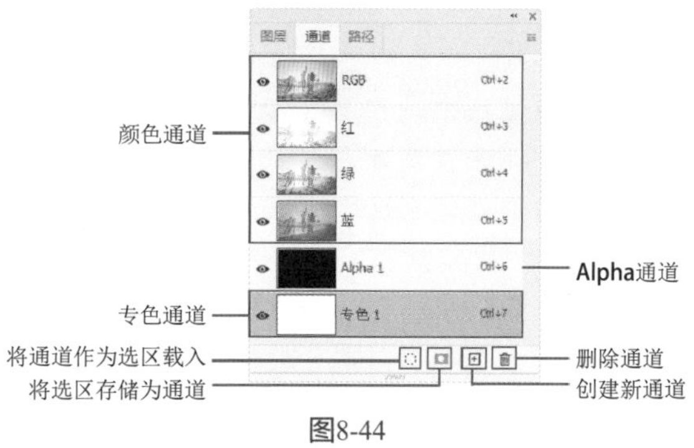

图8-44

8.6.2 颜色通道

颜色通道也称原色通道，主要用于保存图像的颜色信息。图像的颜色模式不同，颜色通道的数量也不相同。RGB图像包含红、绿、蓝和一个用于编辑图像内容的复合通道，如图8-45所示；CMYK图像包含青色、洋红、黄色、黑色和一个复合通道，如图8-46所示；Lab图像包含明度、a、b和一个复合通道，如图8-47所示；位图、灰度、双色调和索引颜色的图像都只有一个通道。

图8-45

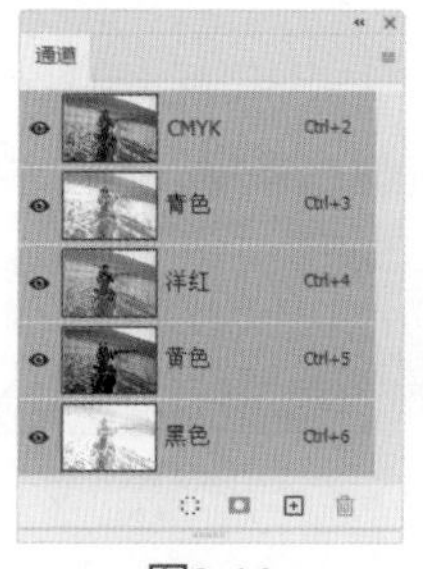

图8-46

图8-47

延伸讲解

要转换不同的颜色模式，执行“图像”|“模式”命令，在级联菜单中选择相应的模式即可。

8.6.3　Alpha 通道

Alpha通道的使用频率非常高，而且非常灵活，其较为重要的功能就是保存并编辑选区。

Alpha通道用于创建和存储选区。一个选区保存后就成为一个灰度图像保存在Alpha通道中，在需要时可载入图像继续使用。通过添加Alpha通道可以创建和存储蒙版，这些蒙版可以用于处理或保护图像的某些部分。Alpha通道与颜色通道不同，它不会直接影响图像的颜色。

在Alpha通道中，白色代表被选择的区域，黑色代表未被选择的区域，灰色则代表了被部分选择的部分区域，即羽化的区域。使用白色涂抹Alpha通道，可以扩大选区的范围；使用黑色涂抹，可以收缩选区；使用灰色涂抹，则可以增加羽化范围，如图8-48所示。

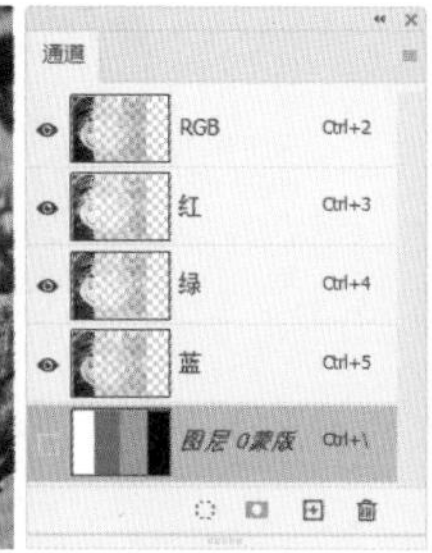

图 8-48

延伸讲解

Alpha通道是一个8位的灰度图像，可以使用绘图工具和修图工具进行编辑，也可使用滤镜进行处理，从而得到各种复杂的效果。

8.6.4　专色通道

专色通道应用于印刷领域。当需要在印刷物上添加特殊的颜色（如银色、金色），就可以创建专色通道，以存放专色油墨的浓度、印刷范围等信息。

需要创建专色通道时，可以执行面板菜单中的“新建专色通道”命令，打开“新建专色通道”对话框，如图8-49所示。

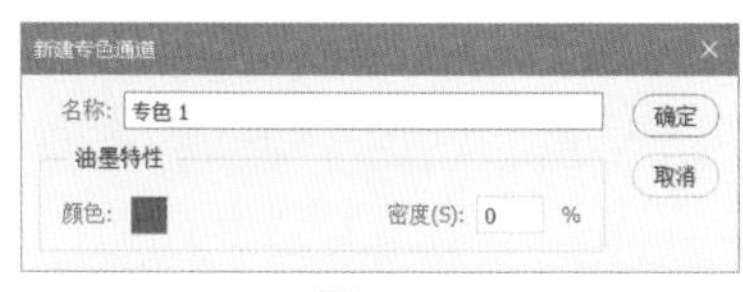

图8-49

8.6.5　创建 Alpha 通道：早餐中国

下面介绍几种新建Alpha通道的不同方法。

01 启动Photoshop 2023软件，按快捷键Ctrl+O，打开相关素材中的“早餐.jpg”文件，效果如图8-50所示。

02 在“通道”面板中，单击“创建新通道”按钮⊞，即可新建Alpha通道，如图8-51所示。

图8-50

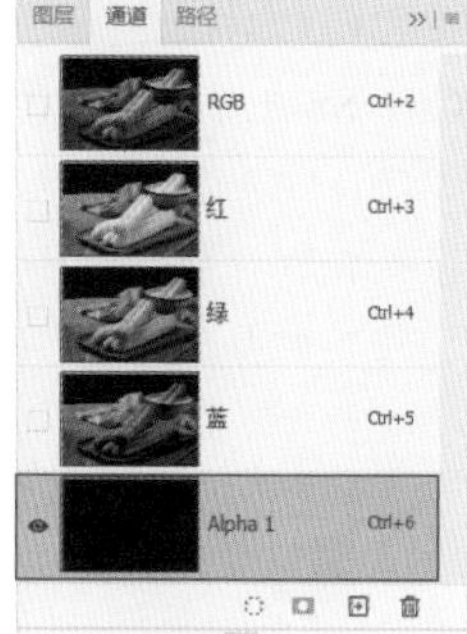

图8-51

03 如果在当前文档中创建了选区，如图8-52所示。此时单击“通道”面板中的“将选区存储为通道”按钮◘，可以将选区保存为Alpha通道，如图8-53所示。

图8-52　图8-53

04 单击“通道”面板右上角的≡按钮，从弹出的面板菜单中执行“新建通道”命令，打开“新建通道”对话框，如图8-54所示。

05 输入新通道的名称，单击“确定”按钮，也可创建Alpha通道，如图8-55所示。Photoshop默认以Alpha 1、Alpha 2……为Alpha通道命名。

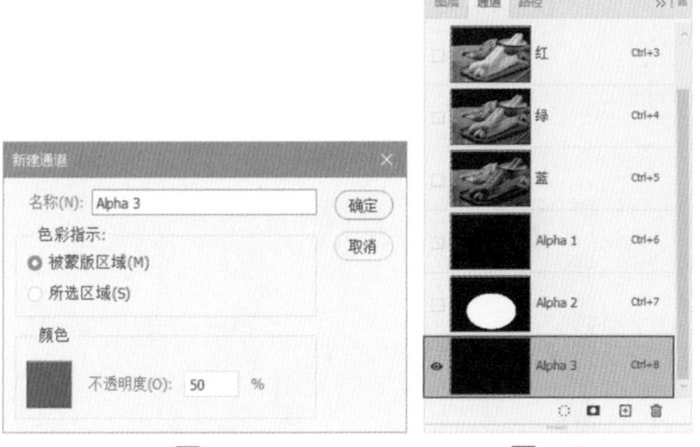

图8-54　　图8-55

延伸讲解

如果当前图像中包含选区，可以结合快捷键单击“通道”面板、“路径”面板、“图层”面板中的缩览图这一操作来进行选区运算。例如，按住Ctrl键单击缩览图可以新建选区；按住快捷键Ctrl+Shift单击可将它添加到现有选区中；按住快捷键Ctrl+Alt单击可以从当前的选区中减去载入的选区；按住快捷键Ctrl+Shift+Alt单击可进行与当前选区相交的操作。

8.7 编辑通道

本节将介绍如何使用“通道”面板和面板菜单中的命令，创建通道并对通道进行复制、删除、分离与合并等操作。

8.7.1 选择通道：变色蔷薇

编辑通道的前提是该通道处于选择状态，下面讲解选择通道的具体操作方法。

01 启动Photoshop 2023软件，按快捷键Ctrl+O，打开相关素材中的“蔷薇.jpg”文件，并打开“通道”面板，如图8-56所示。

02 在“通道”面板中单击“绿”通道，选择通道后，画面中会显示该通道的灰度图像，如图8-57所示。

图8-56

图8-57

03 单击“红”通道前的👁图标，显示该通道，选择两个通道后，画面中会显示这两个通道的复合图像，如图8-58所示。

图8-58

答疑解惑：可以快速选择通道吗?

按Ctrl+数字键，可以快速选择通道。例如，如果图像为RGB模式，按快捷键Ctrl+3可以选择“红”通道；按快捷键Ctrl+4可以选择“绿”通道；按快捷键Ctrl+5可以选择“蓝”通道；按快捷键Ctrl+6可以选择Alpha通道；如果要回到RGB复合通道，可以按快捷键Ctrl+2。

8.7.2 载入通道选区：畅游花海

编辑通道时，可以将Alpha通道载入选区，下面讲解具体操作方法。

01 启动Photoshop 2023软件，按快捷键Ctrl+O，打开相关素材中的“女孩.psd”文件，如图8-59所示，

02 打开“通道”面板，如图8-60所示。

03 按Ctrl键并单击Alpha 1通道，将其载入选区，如图8-61所示。

04 按快捷键Ctrl+Shift+I反选选区，如图8-62所示。

图8-59

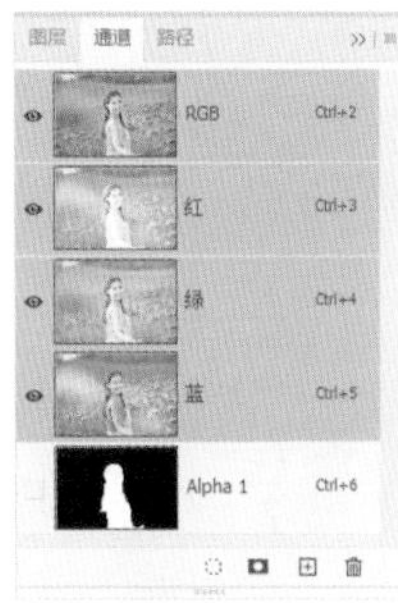

图8-60

图8-61

图8-62

05 按快捷键Ctrl+J复制选区中的图像，得到“图层1”。选择“图层1”，执行“滤镜”|“滤镜库”命令，打开“滤镜库”对话框，在“画笔描边”组中选择“强化的边缘”选项，在右侧设置参数，如图8-63所示。

强化的边缘
边缘宽度(W) 5
边缘亮度(B) 42
平滑度(S) 7

图8-63

06 设置完毕后，单击“确定”按钮，设置“图层1”的混合模式为“叠加”，得到的最终效果如图8-64所示。

图8-64

延伸讲解

如果在画面中已经创建了选区，单击“通道”面板中的 ◘ 按钮，可将选区保存到Alpha通道中。

8.7.3 复制通道：青春无限好

复制通道与复制图层类似。下面介绍复制通道的具体操作步骤。

01 启动Photoshop 2023软件，按快捷键Ctrl+O，打开相关素材中的“交流.jpg”文件，如图8-65所示。

图8-65

02 打开“通道”面板，如图8-66所示。

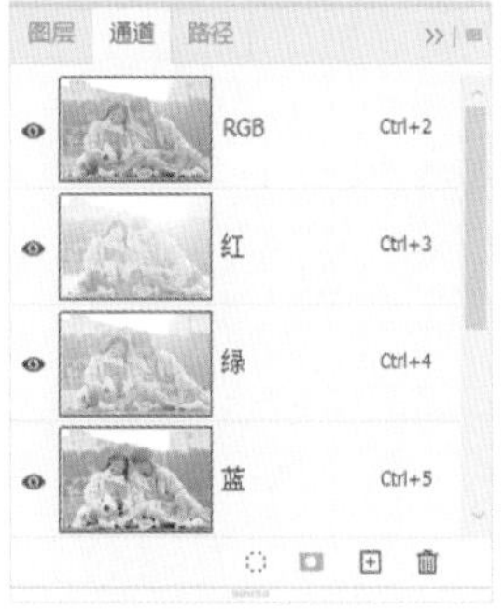

图8-66

03 选择“绿”通道，拖动该通道至面板底部的“创建新通道”按钮 ⊞ 之上，即可得到复制的通道，如图8-67所示。

04 显示所有的通道，此时的图像效果如图8-68所示。

延伸讲解

使用面板菜单中的命令也可以复制通道。选中通道后，从面板菜单中执行“复制通道”命令，在打开的对话框中可设置新通道的名称和目标文档。

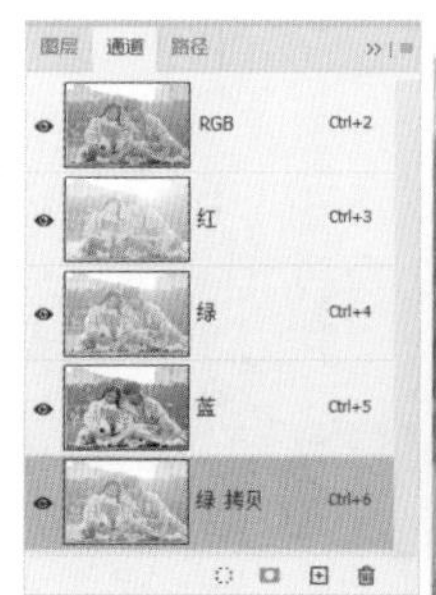

图8-67

图8-68

8.8 应用案例：端午节合成海报

在端午节合成海报中添加了各种素材，如符合端午节氛围的粽子、竹叶、远山、鸟群等，以及用来说明节日的文字。为了营造画面氛围，需要添加调整图层来调整素材的显示效果，如色调、色相、亮度、对比度等。

01 启动Photoshop 2023软件，新建一个尺寸为254cm×122cm、分辨率为50像素的新文档。双击新文档的背景图层、使之转换为普通图层。双击图层，在打开的“图层样式”对话框中添加“渐变叠加”样式，参数设置如图8-69所示。

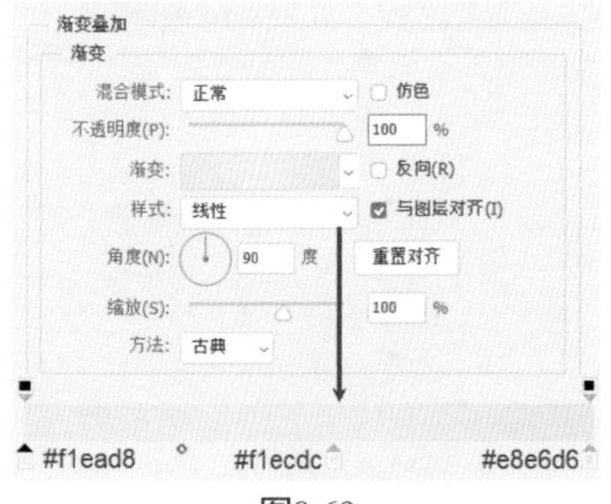

图8-69

02 单击“确定”按钮关闭对话框，渐变叠加的效果如图8-70所示。

图8-70

03 按快捷键Ctrl+O，打开相关素材中的“竹.png”文件，放置在画面的左侧，如图8-71所示。

图8-71

04 为“竹”图层添加图层蒙版，并将前景色设置为黑色，利用“画笔”工具在蒙版的右侧涂抹，隐藏部分素材。修改图层混合模式为“正片叠底”，“不透明度”为19%，如图8-72所示。

图8-72

05 编辑素材的结果如图8-73所示。

图8-73

06 继续添加“绿竹.png”素材，将其放置在画面的右上角，如图8-74所示。

图8-74

07 单击图层面板下方的“创建新的填充或调整图层”按钮，新建一个“色彩平衡”调整图层，选择

"中间调"选项，设置参数如图8-75所示。

08 在"属性"面板中单击"此调整剪切到此图层（单击可影响下面的所有图层）"按钮，使"色彩平衡"调整图层仅影响绿竹素材，效果如图8-76所示。

图8-75

图8-76

09 添加"叶子.png"素材，放置在画面的右侧，如图8-77所示。

图8-77

10 重复上述操作，将"端午肉粽.png"素材放置在叶子素材之上，如图8-78所示。

图8-78

11 在"端午肉粽"图层的下方新建一个图层，重命名为"倒影"。在该图层上绘制"从黑色到透明"的径向渐变，并按快捷键Ctrl+T进入变换模式，压扁径向渐变，使之呈线型显示，如图8-79所示。

图8-79

12 在"端午肉粽"图层的上方新建"亮度/对比度"调整图层，参数设置如图8-80所示。单击"此调整剪切到此图层（单击可影响下面的所有图层）"按钮，使调整图层仅影响"端午肉粽"图层。

13 继续添加"色彩平衡"调整图层，参数设置如图8-81所示。单击"此调整剪切到此图层（单击可影响下面的所有图层）"按钮，使调整图层仅影响"端午肉粽"图层。

图8-80

图8-81

14 此时端午肉粽的显示效果如图8-82所示。

图8-82

15 选择"端午肉粽"图层，按快捷键Ctrl+J拷贝图层。按快捷键Ctrl+T进入变换模式，右击后在弹出的快捷键菜单中选择"垂直翻转"选项，翻转效果如图8-83所示。

图8-83

16 重命名拷贝图层为"渐隐效果"。添加图层蒙版，绘制"从黑色到透明"的线性渐变，并更改"不透明度"为52%，如图8-84所示。

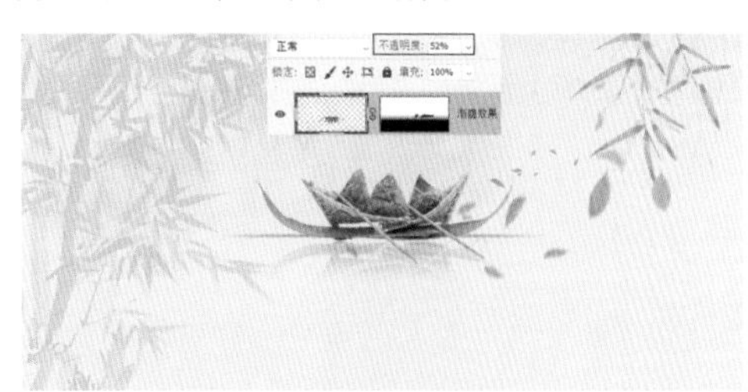
图8-84

17 添加“水面倒影.png”素材，放置在“端午肉粽”图层的下方，如图8-85所示。

图8-85

18 选择“横排文字”工具T，选择合适的字体、字号与颜色，输入标题与副标题，完成海报的绘制，如图8-86所示。

图8-86

8.9 课后练习：梦幻海底

本节详细讲解如何制作创意合成图像，巩固本章所学的图层蒙版功能。

01 新建空白文档。将相关素材中的“海底.jpg”和“草.jpg”文件拖入文档，并调整到合适的大小及位置。

02 选择“草”图层，设置混合模式为“正片叠底”。添加图层蒙版，选择“渐变”工具，在“渐变编辑器”中选择黑色到白色的渐变，激活“线性渐变”按钮，从上往下拖动填充渐变。

03 创建“色彩平衡”调整图层，调整“中间调”参数，使草与海底色调融为一体。

04 添加“天空.jpg”文件，为其添加图层蒙版，用黑色画笔在蒙版上涂抹，使画面中只留下海平面上方的云朵，注意调整蒙版的“羽化”值，使过渡更加自然。

05 选择“天空”图层，为其添加“可选颜色”调整图层，分别调整黑、白、中性色颜色，并按快捷键Alt+Ctrl+G创建剪贴蒙版。

06 重复上述操作，导入素材，并调整效果，使之与画面相融合。

07 按快捷键Ctrl+Alt+Shift+E盖印所有图层，利用“加深”工具与“减淡”工具制作高光。添加气泡文件，设置混合模式为“滤色”，最终效果如图8-87所示。

图8-87

8.10 复习题

在本题中，为打开的书本合成一个梦幻效果，如图8-88所示。通过添加素材，调整素材的尺寸、位置、显示效果来营造梦幻氛围。

图8-88

第 9 章 UI 设计：矢量工具与路径

形状和路径是可以在Photoshop中创建的两种矢量图形。由于是矢量对象，因此可以自由地缩小或放大，而不影响其分辨率，还可以输出到Illustrator矢量图像软件中进行编辑。

路径在Photoshop中有着广泛的应用，通过路径可以为对象描边和填充颜色。此外，路径还可以转换为选区，常用于抠取复杂而光滑的对象。

9.1 UI 设计概述

UI设计（或称界面设计）是指对软件的人机交互、操作逻辑、界面美观的整体设计。UI设计分为实体UI和虚拟UI，互联网常用的UI设计是虚拟UI，UI即User Interface（用户界面）的简称。

UI设计的原则概括如下。

1. 简易性

界面的简洁是要让用户便于使用、便于了解产品，并能减少用户发生错误选择的可能性。

2. 用户语言

界面中要使用能反映用户本身的语言，而不是游戏设计者的语言。

3. 记忆负担最小化

人脑不是电脑，在设计界面时必须要考虑人类大脑处理信息的限度。人类的短期记忆有限且极不稳定，24小时内存在约25%的遗忘率。对用户来说，浏览信息比记忆更容易。

4. 一致性

一致性是每一个优秀界面都具备的特点。界面的结构必须清晰且一致，风格必须与产品内容相一致。

5. 从用户习惯考虑

想用户所想，做用户所做。用户总是按照他们自己的方法理解和使用。通过比较两个不同世界（真实与虚拟）的事物，完成更好的设计。

6. 安全性

用户能自由地做出选择，且所有选择都是可逆的。在用户选择危险的操作时有系统介入的提示。

7. 灵活性

灵活性就是要让用户方便的使用，即互动多重性，不局限于单一的工具（包括鼠标、键盘或手柄、界面）。

图9-1所示为UI界面设计范例。

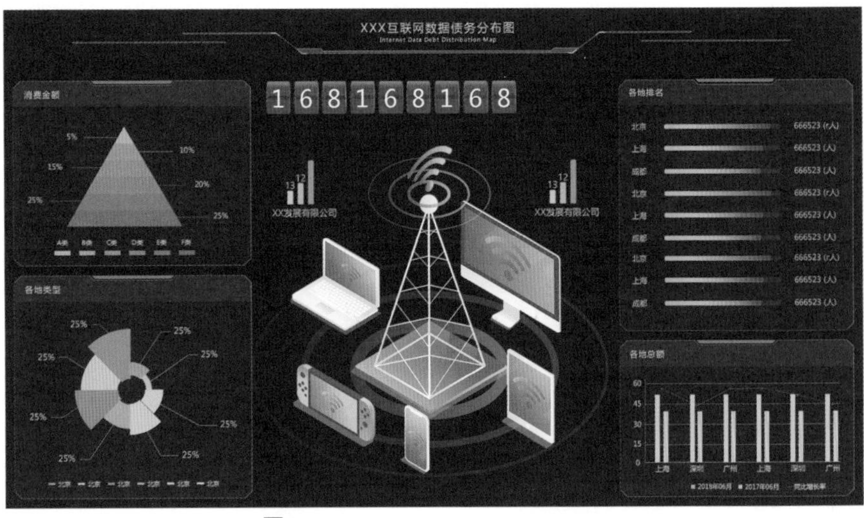

图9-1

9.2 路径和锚点

要想掌握Photoshop各类矢量工具的使用，必须先了解路径与锚点。本节将介绍路径与锚点的特征，以及路径与锚点之间的关系。

9.2.1 认识路径

“路径”是可以转换为选区的轮廓，可以为其填充颜色和描边。路径按照形态可分为开放路径、闭合路径、复合路径。开放路径的起始锚点和结束锚点未重合，如图9-2所示；闭合路径的起始锚点和结束锚点重合为一个锚点，是没有起点和终点的，路径呈闭合状态，如图9-3所示；复合路径是由两个独立的路径经过相交、相减等运算创建为一个新的复合状态路径，如图9-4所示。

图9-2

图9-3

图9-4

9.2.2 认识锚点

路径由直线路径段或曲线路径段组成，它们通过锚点连接。锚点分为两种，一种是平滑点，另外一种是角点，平滑点连接可以形成平滑的曲线，如图9-5所示；角点连接形成直线，如图9-6所示，或者转角曲线，如图9-7所示。曲线路径段上的锚点有方向线，方向线的端点为方向点，它们用于调整曲线的形状。

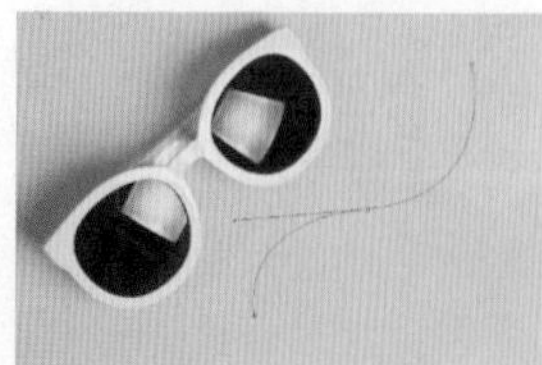

图9-5

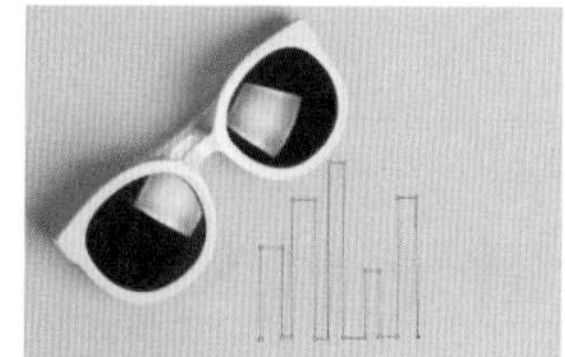

图9-6

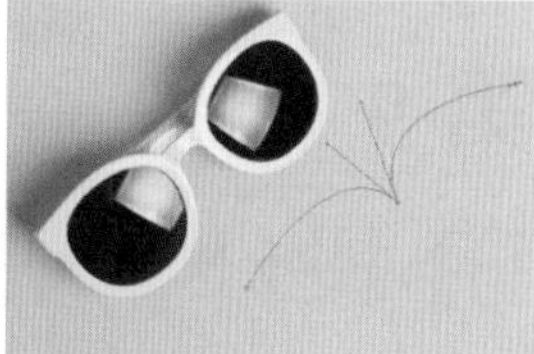

图9-7

9.3 钢笔工具

“钢笔”工具是Photoshop中最为强大的绘图工具，了解和掌握“钢笔”工具的使用方法是创建路径的基础，它主要有两种用途：一是绘制矢量图形，二是用于选取对象。在作为选取工具使用时，“钢笔”工具描绘的轮廓光滑且准确，将路径转换为选区就可以准确地选择对象。

9.3.1 钢笔工具组

Photoshop中的钢笔工具组包含6个工具，如图9-8所示，它们分别用于绘制路径、添加锚点、删除锚点、转换锚点类型。

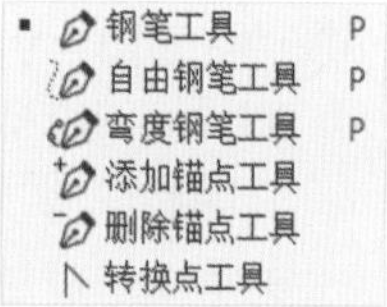

钢笔工具 P
自由钢笔工具 P
弯度钢笔工具 P
添加锚点工具
删除锚点工具
转换点工具

图9-8

钢笔工具组中各工具说明如下。

- 钢笔工具：这是最常用的路径工具，使用它可以创建光滑而复杂的路径。
- 自由钢笔工具：类似于真实的钢笔工具，它允许在单击并拖动光标时创建路径。
- 弯度钢笔工具：可用来创建自定形状或定义精确的路径，无须切换快捷键即可转换钢笔的直线或曲线模式。
- 添加锚点工具：为已经创建的路径添加锚点。
- 删除锚点工具：从路径中删除锚点。
- 转换点工具：用于转换锚点的类型，可以将路径的圆角转换为尖角，或将尖角转换为圆角。

在工具箱中选择“钢笔”工具后，可在工作界面上方看到“钢笔”工具选项栏，如图9-9所示。

选择工具模式　建立选项组

路径　建立：选区…　蒙版　形状　自动添加/删除　对齐边缘

图9-9

知识拓展：如何判断路径的走向？

单击“钢笔”工具选项栏中的⚙按钮，打开下拉面板，勾选“橡皮筋”复选框，此后使用“钢笔”工具✒绘制路径时，可以预先看到将要创建的路径段，从而判断出路径的走向，如图9-10所示。

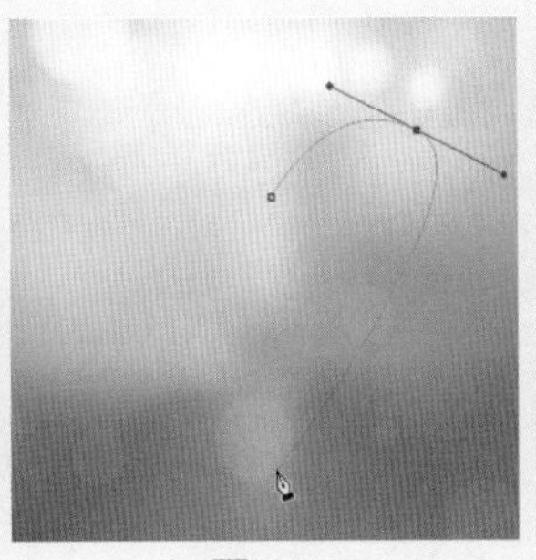
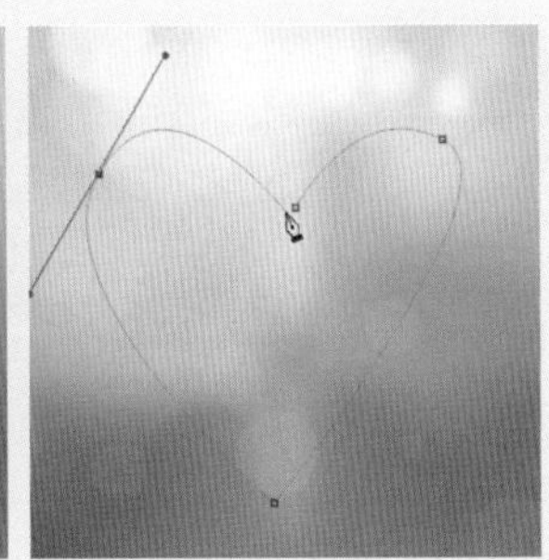

图9-10

9.3.2　钢笔工具：水墨红莲

选择“钢笔”工具后，在工具选项栏中选择“路径”选项，依次在图像窗口单击以确定路径各锚点的位置，锚点之间将自动创建一条直线路径，通过调节锚点还可以绘制出曲线。

01 启动Photoshop 2023软件，按快捷键Ctrl+O，打开相关素材中的“荷花.jpg”文件，效果如图9-11所示。

图9-11

02 在工具箱中选择“钢笔”工具✒，在工具选项栏中选择“路径”选项，将光标移至画面上，当光标变为✒状态时，单击，即可创建一个锚点，如图9-12所示。

图9-12

延伸讲解

锚点即连接路径的点，锚点两端有用于调整路径形状的方向线。锚点分为平滑点和角点两种，平滑点的连接可形成平滑的曲线，而角点的连接可形成直线或转角曲线。

03 将光标移动到下一处并单击，创建另一个锚点，两个锚点之间由一条直线连接，即创建一条直线路径，如图9-13所示。

图9-13

04 将光标移动到下一处，单击并按住鼠标左键拖动，在拖动过程中观察方向线的方向和长度，当路径与边缘重合时释放鼠标左键，直线和平滑的曲线组成了一条转角曲线路径，如图9-14所示。

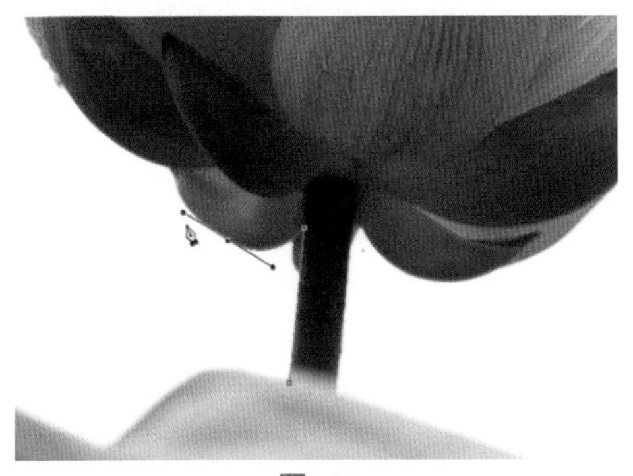

图9-14

05 将光标移动到下一处，单击并按住鼠标左键拖动，在拖动过程中观察方向线的方向和长度，当路径与边缘重合时释放鼠标左键，则该锚点与上一个锚点之间创建了一条平滑的曲线路径，如图9-15所示。

图9-15

06 按住Alt键并单击该锚点，将该平滑锚点转换为角点，如图9-16所示。

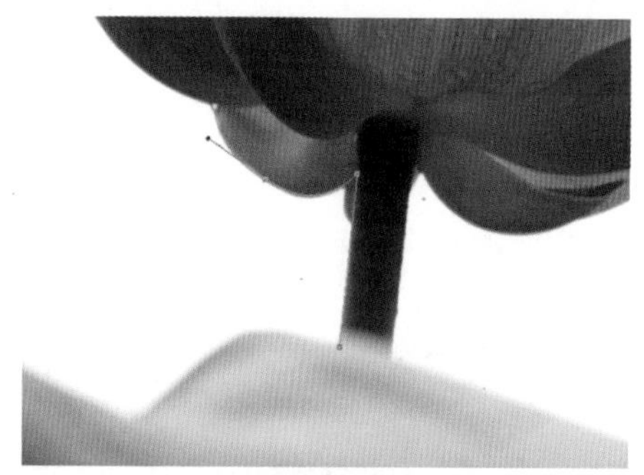

图9-16

07 用同样的方法，沿整个荷花和荷叶边缘创建路径，当起始锚点和结束锚点重合时，路径将闭合，如图9-17所示。

图9-17

08 在路径上右击，在弹出的快捷菜单中选择“建立选区”选项，在打开的“建立选区”对话框中，设置“羽化半径”为0，如图9-18所示，单击“确定”按钮，即可将路径转换为选区。

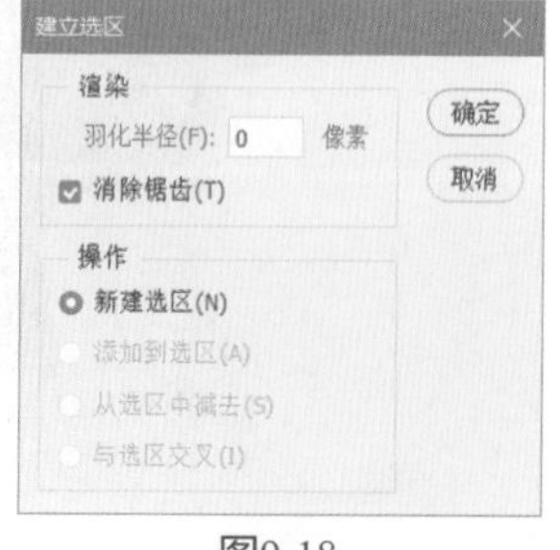

图9-18

09 将相关素材中的“水墨.jpg”文件拖入文档，放置在底层，调整大小并摆放至合适的位置，如图9-19所示。

图9-19

9.3.3 自由钢笔工具选项栏

与“钢笔”工具不同，使用“自由钢笔”工具可以用徒手绘制的方式建立路径。在工具箱中选择“自由钢笔”工具，移动光标至图像窗口中自由拖动，直至到达适当的位置后释放鼠标左键，光标移动的轨迹即为路径。在绘制路径的过程中，系统自动根据曲线的走向添加适当的锚点，并设置曲线的平滑度。

选择“自由钢笔”工具后，勾选工具选项栏中的“磁性的”复选框。这样，“自由钢笔”工具也会具有和“磁性套索”工具一样的磁性功能，在单击确定路径起始点后，沿着图像边缘移动光标，系统会自动根据颜色反差建立路径。

选择“自由钢笔”工具，在工具选项栏中单击按钮，将弹出如图9-20所示的面板。

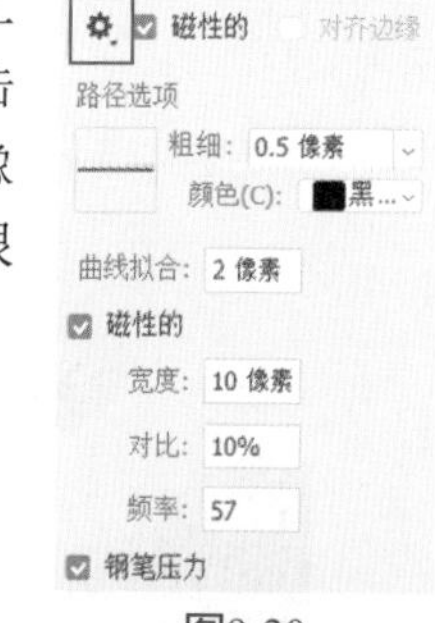

图9-20

面板中各选项说明如下。

- 曲线拟合：按拟合贝塞尔曲线时允许的错误容差创建路径。像素值越小，允许的错误容差越小，创建的路径越精细。
- 磁性的：勾选“磁性的”复选框，有“宽度”“对比”“频率”3个选项可用。其中“宽度”选项用于检测“自由钢笔”工具指定距离以内的边缘；“对比”选项用于指定该区域看作边缘所需的像素对比度，值越大，图像的对比度越低；“频率”选项用于设置锚点添加到路径中的频率。

- 钢笔压力：勾选该复选框，使用绘图压力以更改钢笔的宽度。

9.3.4 自由钢笔工具：雪山雄鹰

“自由钢笔”工具和“套索”工具类似，都可以用来绘制比较随意的图形。不同的是，用“自由钢笔”工具绘制的是封闭的路径，而“套索”工具创建的是选区。

01 启动Photoshop 2023软件，按快捷键Ctrl+O，打开相关素材中的“高空.jpg”文件，效果如图9-21所示。

图9-21

02 选择工具箱中的“自由钢笔”工具，在工具选项栏中选择“路径”选项，在画面中单击并拖动光标，绘制比较随意的山峰路径，如图9-22所示。

图9-22

延伸讲解

单击可添加一个锚点，双击可结束编辑。

03 单击“图层”面板中的“创建新图层”按钮，新建空白图层。按快捷键Ctrl+Enter将路径转换为选区，如图9-23所示。

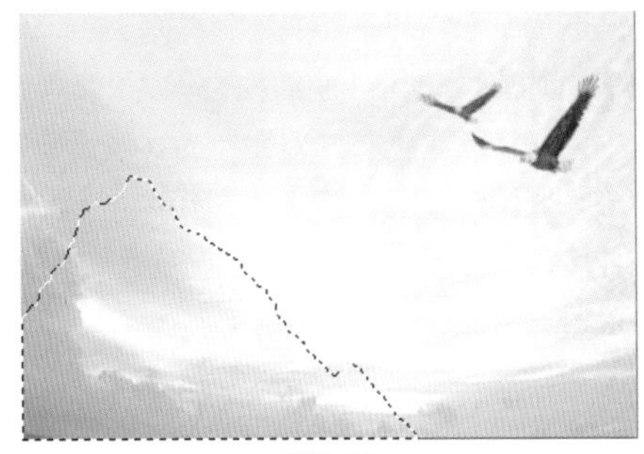

图9-23

04 设置前景色为灰色（#f2efed），按快捷键Alt+Delete为选区填充颜色，按快捷键Ctrl+D取消选择，得到如图9-24所示的图形对象。

图9-24

05 用上述同样的方法，绘制山峰阴影并填充颜色（#060606），效果如图9-25所示。

图9-25

06 按快捷键Ctrl+O，打开相关素材中的“雄鹰.jpg”文件，如图9-26所示。

图9-26

07 选择“自由钢笔”工具，在工具选项栏中选择

“路径”选项，勾选“磁性的”复选框，并单击⚙按钮，在下拉列表中设置“曲线拟合”为2像素，设置“宽度”为10像素，设置“对比”为10%，设置“频率”为57，如图9-27所示。

08 此时移动光标到画面中，光标形状变成时单击，创建第一个锚点，如图9-28所示。

图9-27

图9-28

09 沿雄鹰的边缘拖动光标，锚点将自动吸附在边缘处。此时每单击一次，将在单击处创建一个新的锚点，移动光标直到与起始锚点重合，单击，路径闭合，如图9-29所示。

图9-29

10 按快捷键Ctrl+Enter将路径转换为选区，并使用“移动”工具✥将选区中的图像拖入“背景”文档中，调整大小后，按Enter键确认，完成效果如图9-30所示。

图9-30

9.4 编辑路径

要想使用“钢笔”工具准确地描摹对象的轮廓，必须熟练掌握锚点和路径的编辑方法，下面详细讲解如何对锚点和路径进行编辑。

9.4.1 选择与移动

Photoshop提供了两个路径选择工具，分别是“路径选择”工具和“直接选择”工具。

1. 选择锚点、路径段和路径

“路径选择”工具用于选择整条路径。移动光标至路径区域内任意位置单击，路径的所有锚点被全部选中，锚点以黑色实心显示，此时拖动光标可移动整条路径，如图9-31所示。如果当前路径有多条子路径，可按住Shift键依次单击，以连续选择各子路径，如图9-32所示。或者拖动光标拉出一个虚框，与框交叉和被框包围的所有路径都将被选择。如果要取消选择，可在画面空白处单击。

图9-31

图9-32

使用“直接选择”工具单击一个锚点即可选择该锚点，选中锚点为实心状态，未选中的锚点为空心状态，如图9-33所示；单击一条路径段，可以选择该路径段，如图9-34所示。

图9-33

图9-34

延伸讲解

按住Alt键单击一条路径段，可以选择该路径段及路径段上的所有锚点。

2. 移动锚点、路径段和路径

选择锚点、路径段和路径后，按住鼠标左键不放并拖动，即可将其移动。如果选择了锚点，光标从锚点上移开后，又想移动锚点，可将光标重新定位在锚点上，按住鼠标左键并拖动光标才可将其移动，否则，只能在画面中拖出一个矩形框，可以框选锚点或者路径段，但不能移动锚点。从选择的路径上移开光标后，需要重新将光标定位在路径上才能将其移动。

延伸讲解

按住Alt键移动路径，可在当前路径内复制子路径。如果当前选择的是“直接选择”工具，按住Ctrl键，可切换为“路径选择”工具。

9.4.2 删除和添加锚点

使用“添加锚点”工具和“删除锚点”工具，可添加和删除锚点。

选择“添加锚点”工具后，移动光标至路径上方，如图9-35所示；当光标变为状态时，单击即可添加一个锚点，如图9-36所示；如果单击并拖动光标，可以添加一个平滑点，如图9-37所示。

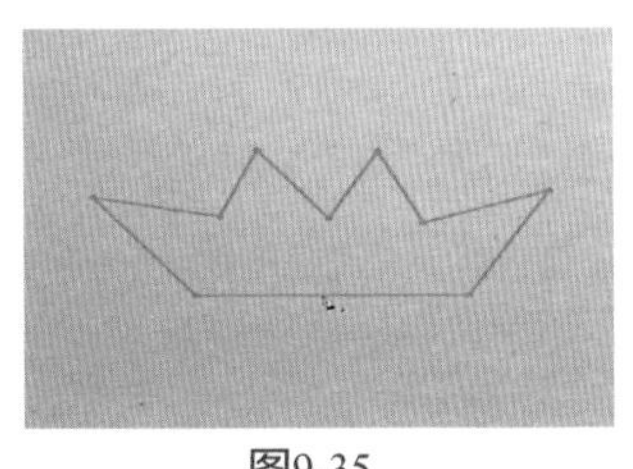

图9-35

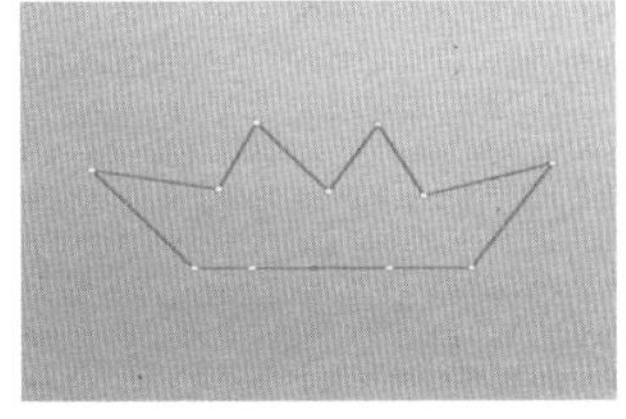

图9-36

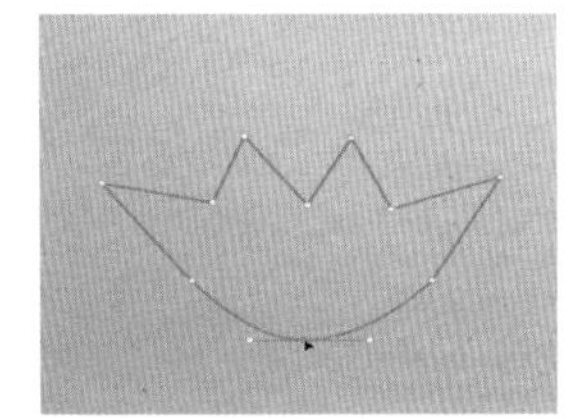

图9-37

选择“删除锚点”工具，将光标放在锚点上，如图9-38所示；当光标变为状态时，单击即可删除该锚点，如图9-39所示；使用“直接选择”工具，选择锚点后，按Delete键也可以将其删除，但该锚点两侧的路径段也会被同时删除。如果路径为闭合路径，此时则会变为开放式路径，如图9-40所示。

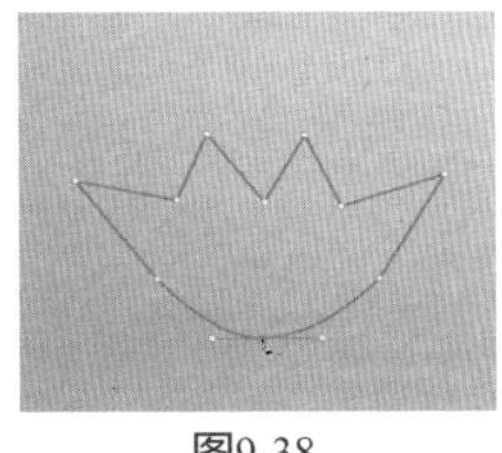

图9-38

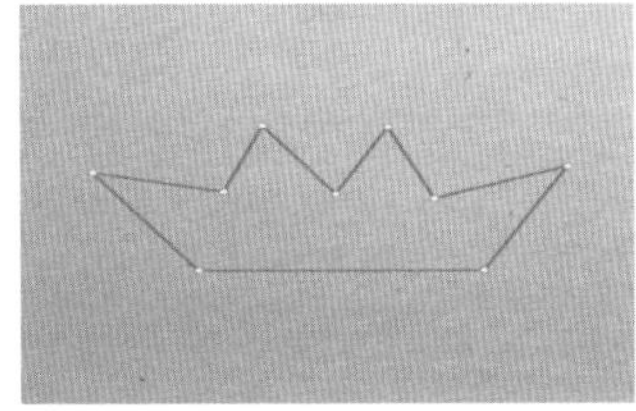

图9-39

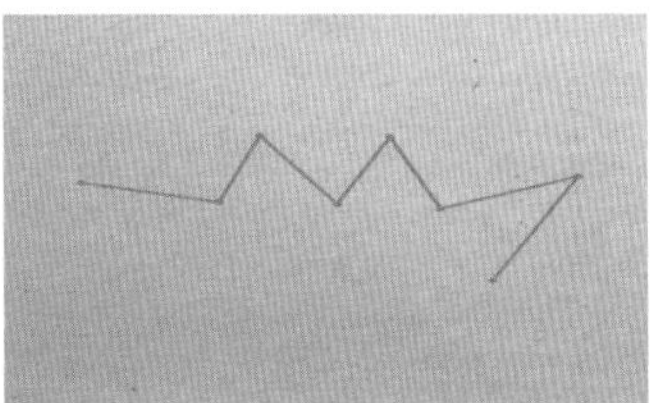

图9-40

9.4.3 转换锚点的类型

使用“转换点”工具可轻松完成平滑点和角点之间的相互转换。

如果当前锚点为角点，在工具箱中选择“转换点”工具，然后移动光标至角点上，拖动光标可将其转换为平滑点，如图9-41和图9-42所示。如需要转换的是平滑点，单击该平滑点可将其转换为角点，如图9-43所示。

图9-41

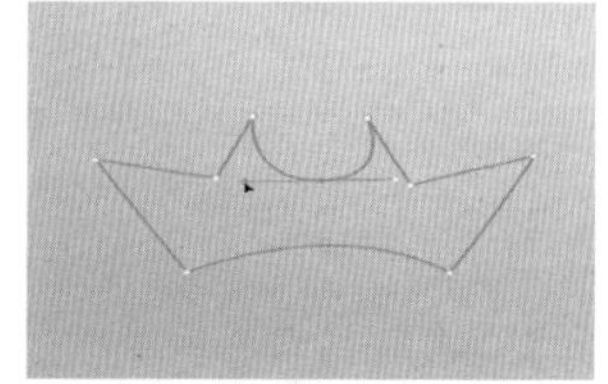
图9-42

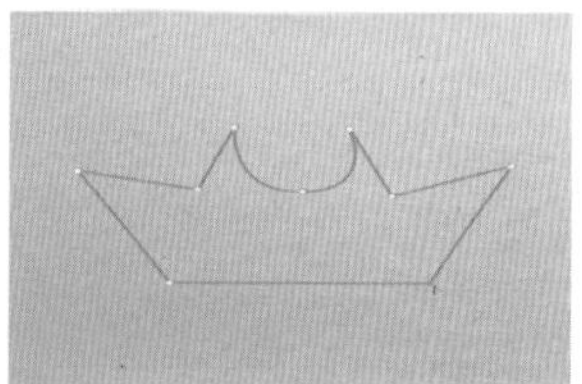
图9-43

9.4.4 调整路径方向

使用“直接选择”工具选中锚点之后，该锚点及相邻锚点的方向线和方向点就会显示在图像窗口中，方向线和方向点的位置确定了曲线段的曲率，移动这些元素将改变路径的形状。

移动方向点与移动锚点的方法类似，首先移动光标至方向点上，然后按住鼠标左键拖动，即可改变方向线的长度和角度。图9-44所示为原图形，使用“直接选择”工具拖动平滑点上的方向线时，方向线始终为一条直线状态，锚点两侧的路径段都会发生改变，如图9-45所示；使用“转换点”工具拖动方向线时，则可以单独调整平滑点任意一侧的方向线，而不会影响到另外一侧的方向线和同侧的路径段，如图9-46所示。

图9-44

图9-45

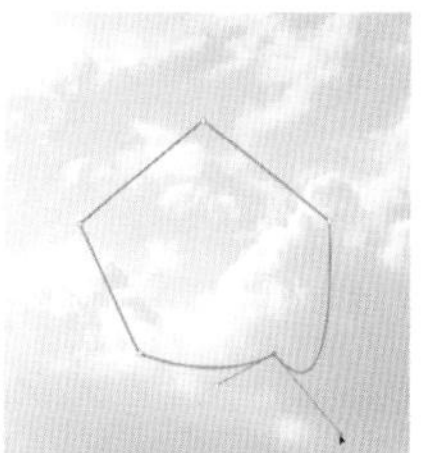
图9-46

9.4.5 路径的变换操作：大雁南飞

与图像和选区一样，路径也可以进行旋转、缩放、斜切、扭曲等变换操作。下面讲解路径的变换操作。

01 启动Photoshop 2023软件，按快捷键Ctrl+O，打开相关素材中的“群山.jpg”文件，效果如图9-47所示。

图9-47

02 执行“窗口”|“形状”命令，打开“形状”面板，选择“鸟”图形，如图9-48所示。

03 将“鸟”图形拖动至画面左上角位置，并调整到合适大小，如图9-49所示。

04 在工具箱中选择“路径选择”工具，按住Alt键拖动“鸟”图形，再复制一层，按快捷键Ctrl+T，进入自由变换状态，然后将图形进行适当地缩放和旋转，得到的效果如图9-50所示。

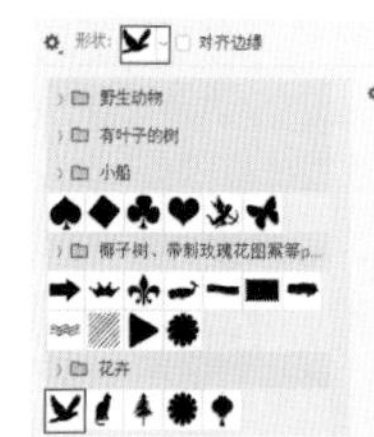

图9-48

05 使用“路径选择”工具再次选中“鸟”图形，按住Alt键拖动“鸟”图形，再复制一层。为复制的图形执行“编辑”|“变换路径”|“斜切”命令，然后将光标定位在控制点处，当箭头变为白色并带有水平或垂直的双向箭头时，拖动光标，斜切变换图形，如图9-51所示。

图9-49

图9-50

图9-51

06 用上述同样的方法，多次复制图形，并调整到合适的位置及大小，最终完成效果如图9-52所示。

图9-52

9.4.6 路径的运算方法

使用“魔棒”工具和“快速选择”工具选取对象时，通常要对选区进行相加、相减等运算，以使其符合要求。使用“钢笔”工具或形状工具时，也要对路径进行相应的运算，才能得到想要的轮廓。单击工具选项栏中的“路径操作”按钮，可以在弹出的下拉菜单中选择路径运算方式，如图9-53所示。

图9-53

下拉列表中各选项说明如下。

- 新建图层：选择该选项，可以创建新的路径层。
- 合并形状：选择该选项，新绘制的图形会与现有的图形合并，如图9-54所示。
- 减去顶层形状：选择该选项，可从现有的图形中减去新绘制的图形，如图9-55所示。
- 与形状区域相交：选择该选项，得到的图形为新图形与现有图形相交的区域，如图9-56所示。
- 排除重叠形状：选择该选项，得到的图形为合并路径中排除重叠的区域，如图9-57所示。
- 合并形状组件：选择该选项，可以合并重叠的路径组件。

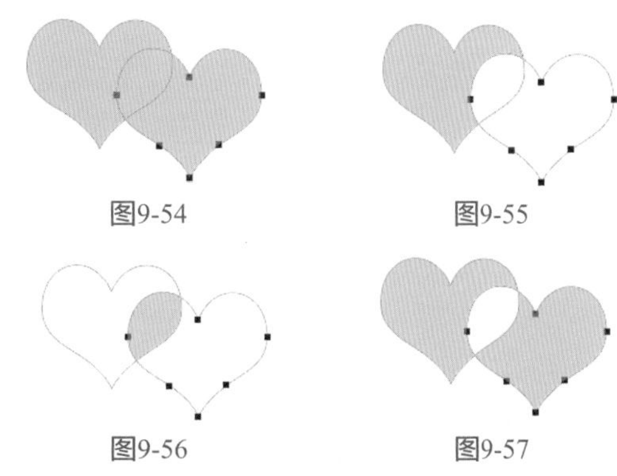
图9-54 图9-55

图9-56 图9-57

9.4.7 路径运算：一唱雄鸡天下白

路径运算是指将两条路径组合在一起，包括合并形状、减去顶层形状、与形状区域相交和排除重叠形状，操作完成后还能将经过运算的路径合并。下面讲解路径运算的具体操作方法。

01 启动Photoshop 2023软件，按快捷键Ctrl+O，打开相关素材中的“松间云雾.jpg”文件，效果如图9-58所示。

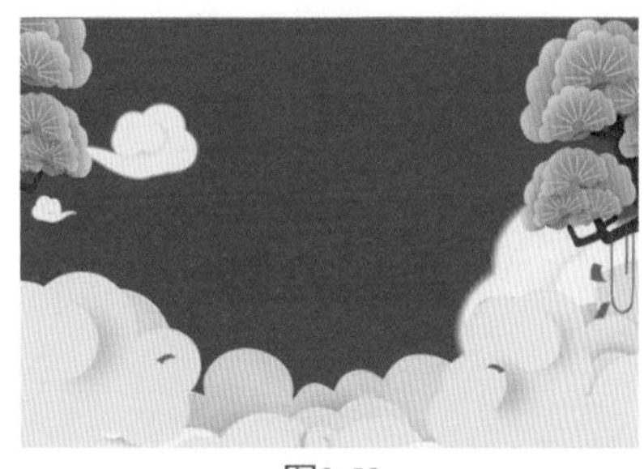
图9-58

02 在工具箱中选择“椭圆”工具，在工具选项栏中选择“形状”选项，在画面中单击，打开“创建椭圆”对话框，设置“宽度”和“高度”为258像素，并勾选“从中心”复选框，如图9-59所示。

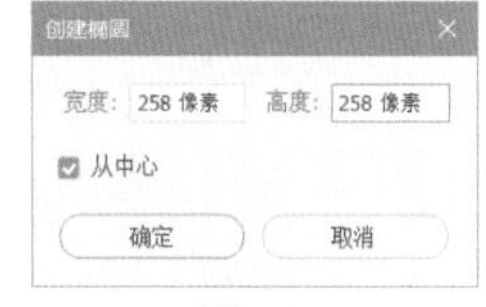

图9-59

03 单击“确定”按钮，创建一个固定大小的圆形。设置其填充颜色为橘色（#ed6941），描边颜色为无，并在圆心处拉出参考线，如图9-60所示。

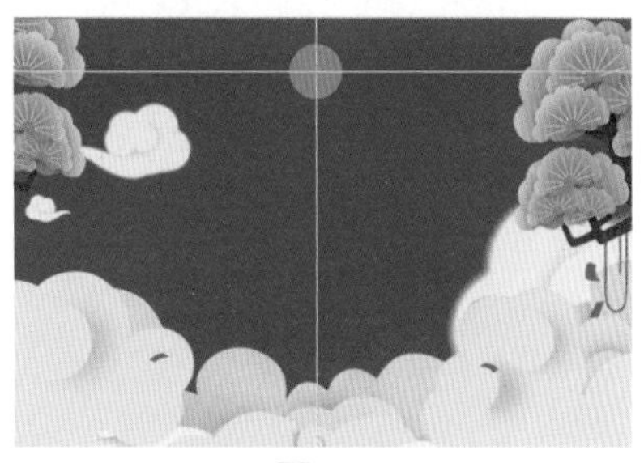
图9-60

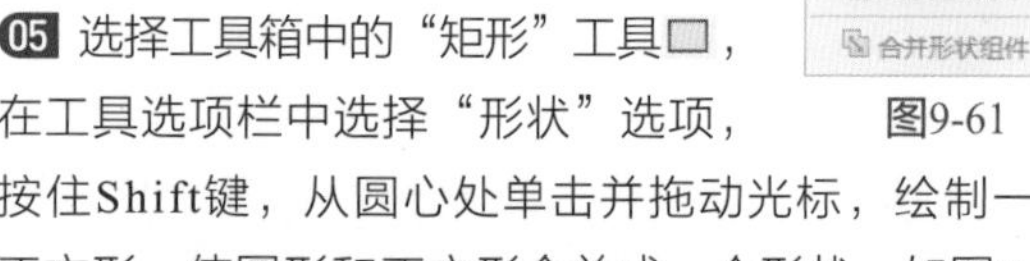

04 在工具选项栏中单击“路径操作”按钮，在下拉列表中选择“合并形状”选项，如图9-61所示。

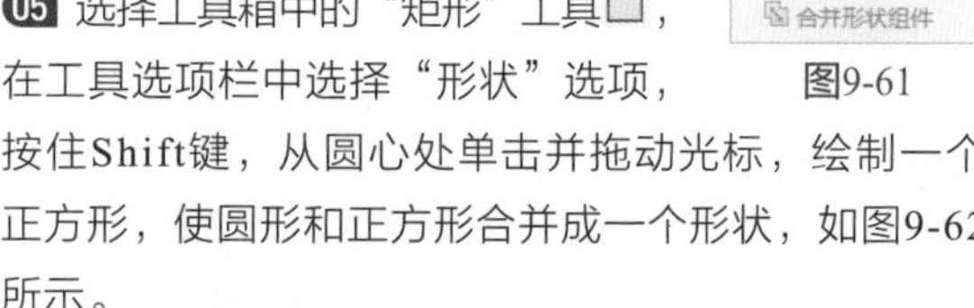

图9-61

05 选择工具箱中的“矩形”工具，在工具选项栏中选择“形状”选项，按住Shift键，从圆心处单击并拖动光标，绘制一个正方形，使圆形和正方形合并成一个形状，如图9-62所示。

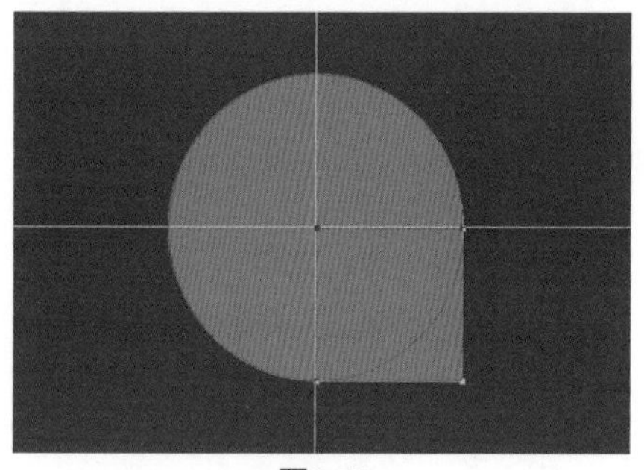

图9-62

06 清除参考线。新建图层，选择“椭圆”工具，在画面中单击，打开“创建椭圆”对话框，设置“宽度”和“高度”为1064像素，绘制一个圆形，并设置其填充颜色为黄色（#fac33e），描边颜色为无，然后在圆心处拉出参考线，如图9-63所示。

图9-63

07 在工具选项栏中单击“路径操作”按钮，在下拉列表中选择“减去顶层形状”选项。

08 选择工具箱中的“矩形”工具，单击并拖动光标，沿参考线处圆的直径向左绘制一个正方形，正圆减去矩形后成为半圆，如图9-64所示。

图9-64

09 新建图层，选择工具箱中的“矩形”工具，按住Shift键，从圆心处单击并向左拖动光标，绘制一个正方形。设置填充颜色为黄色（#f5ae25），描边颜色为无，如图9-65所示。

图9-65

10 在工具选项栏中单击“路径操作”按钮，在下拉列表中选择“与形状区域相交”选项。

11 选择工具箱中的“椭圆”工具，在画面中单击，打开“创建椭圆”对话框，设置“宽度”和“高度”为1064像素，绘制一个圆形，圆形与正方形相交后得到的效果如图9-66所示。

图9-66

12 新建图层，选择工具箱中的“椭圆”工具，在画面中单击，打开“创建椭圆”对话框，设置“宽度”和“高度”为230像素，绘制一个圆形，设置填充颜色为黄色（#fac33e），描边为无，如图9-67所示。

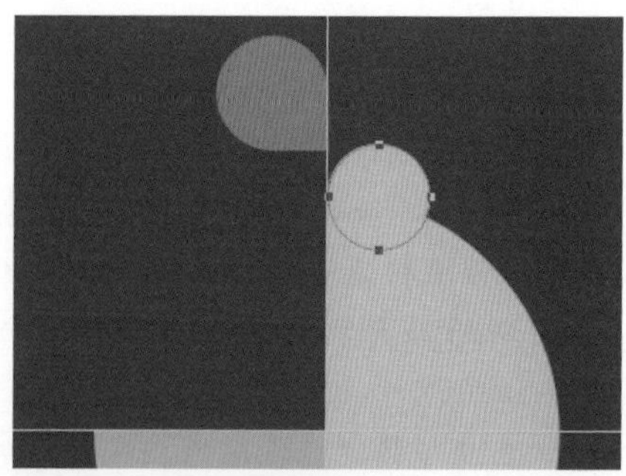

图9-67

13 在工具选项栏中单击“路径操作”按钮，在下拉列表中选择“排除重叠形状”选项。

14 选择工具箱中的“椭圆”工具，在画面中单击，打开“创建椭圆”对话框，设置“宽度”和“高度”为47像素，绘制一个圆形，圆形与小圆形排除重叠形状后得到的效果如图9-68所示。

图9-68

15 用同样的方法，绘制公鸡的其他部分，完成图像制作，如图9-69所示。

图9-69

9.4.8　路径的对齐与分布

在“路径选择”工具的工具选项栏中单击“路径对齐方式”按钮，可展开如图9-70所示的面板，其中包含路径的“对齐与分布”选项。

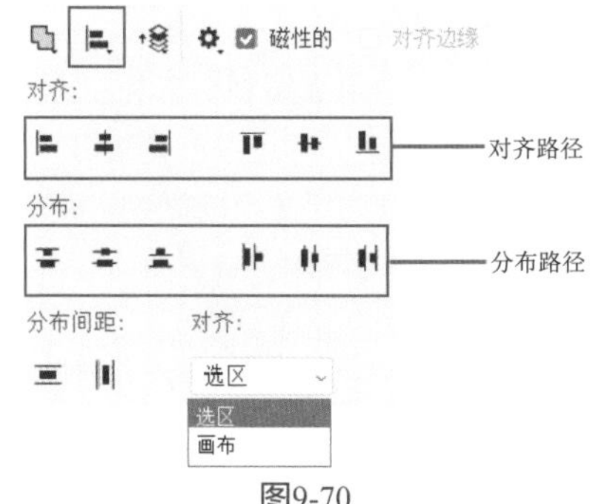

图9-70

对齐路径选项包括“左对齐”、“水平居中对齐”、“右对齐”、“顶对齐”、“垂直居中对齐”和“底对齐”。使用“路径选择”工具选择需要对齐的路径后，单击上述任意一个对齐选项即可进行路径对齐操作。

如果要分布路径，应至少选择3个路径组件，然后单击一个分布选项即可进行路径的分布操作。

9.5 路径面板

“路径”面板用于保存和管理路径，面板中显示了每条存储的路径，当前工作路径和当前矢量蒙版的名称和缩览图。使用该面板可以保存和管理路径。

9.5.1　了解路径面板

执行“窗口”|“路径”命令，可以打开“路径”面板，如图9-71所示。

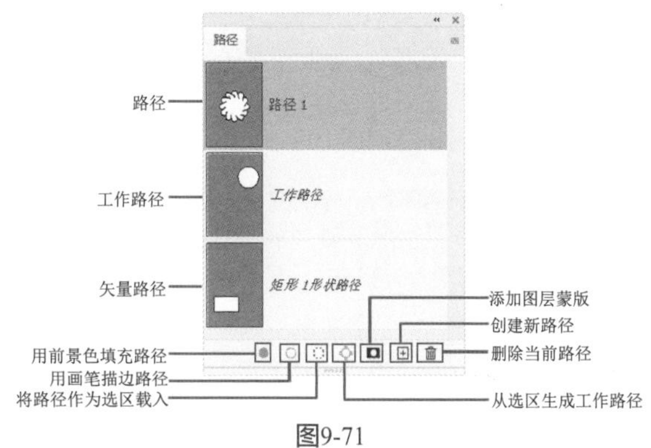

图9-71

9.5.2　了解工作路径

在使用“钢笔”工具或形状工具直接绘图时，该路径在“路径”面板中被保存为工作路径，“路径”面板如图9-72所示；如果在绘制路径前单击“路径”面板上的“创建新路径”按钮，新建一图层再绘制路径，此时创建的只是路径，如图9-73所示。

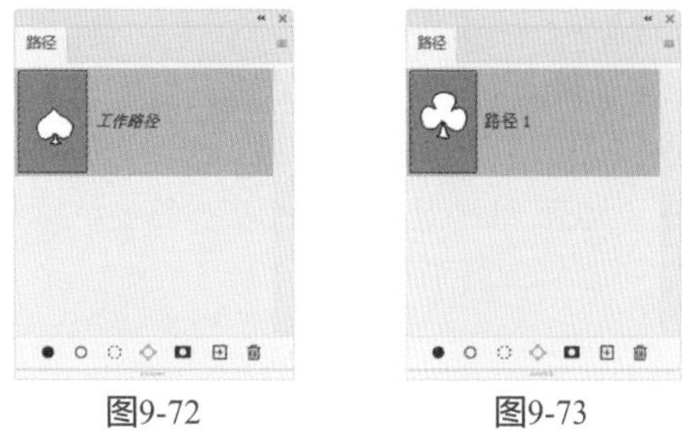

图9-72　　图9-73

延伸讲解

工作路径只是暂时保存路径，如果不选中此路径，再次在图像中绘制路径，则新的工作路径将替换为原来的工作路径，因此若要避免工作路径被替代，应将其中的路径保存起来。在“路径”面板中双击工作路径，在打开的“存储路径”对话框中输入名称，单击“确定”按钮即可保存路径。

9.5.3 路径和选区的转换：糖果屋

路径与选区可以相互转换，即路径可以转换为选区，选区也可以转换为路径。下面讲解路径与选区相互转换的具体操作。

01 启动Photoshop 2023软件，按快捷键Ctrl+O，打开相关素材中的“糖果屋.jpg”文件。在工具箱中选择“魔棒”工具，在图像背景上单击，建立选区，如图9-74所示。如果一次没有选中，可按住Shift键加选背景。

图9-74

02 按快捷键Ctrl+Shift+I反选选区，选中除背景以外的图像部分，如图9-75所示。

图9-75

03 单击“路径”面板中的“从选区生成工作路径”按钮，可以将选区转换为路径，如图9-76所示，对应地在“路径”面板上生成一个工作路径，如图9-77所示。

图9-76

04 单击“路径”面板中的工作路径，单击“将路径作为选区载入”按钮，如图9-78所示，将路径载入选区，如图9-79所示。

图9-77

图9-78

图9-79

9.6 形状工具

形状实际上是由路径轮廓围成的矢量图形。使用Photoshop提供的“矩形”工具、“椭圆”工具、“三角形”工具、“多边形”工具和“直线”工具，可以创建规则的几何形状，使用“自定义形状”工具可以创建不规则的复杂形状。

9.6.1 矩形工具

“矩形”工具用来绘制矩形和正方形。选择该工具后，单击并拖动光标可以创建矩形；按住Shift键拖动可以创建正方形；按住Alt键单击并拖动会以单击点为中心向外创建矩形；按快捷键Shift+Alt单击并拖动，会以单击点为中心向外创建正方形。单击工具选项栏中的按钮，在打开的下拉面板中可以设置矩形的创建方式，如图9-80所示。

图9-80

下拉面板中各选项说明如下。

- 不受约束：选中该单选按钮，可通过拖动光标创建任意大小的矩形和正方形，如图9-81所示。
- 方形：选中该单选按钮，只能创建任意大小的正方形，如图9-82所示。

图9-81

图9-82

- 固定大小：选中该单选按钮，并在它右侧的文本框中输入数值（W为宽度，H为高度），此后只创建预设大小的矩形。
- 比例：选中该单选按钮，并在它右侧的文本框中输入数值（W为宽度比例，H为高度比例），此后无论创建多大的矩形，矩形的宽度和高度都保持预设的比例。
- 从中心：选中该单选按钮，以任何方式创建矩形时，在画面中的单击点即为矩形的中心，拖动光标时矩形将由中心向外扩展。

9.6.2　椭圆工具

“椭圆”工具○用来创建不受约束的椭圆形和圆形，也可以创建固定大小和固定比例的圆形，如图9-83所示。选择该工具后，单击并拖动光标可创建椭圆形，按住Shift键单击并拖动则可创建圆形。

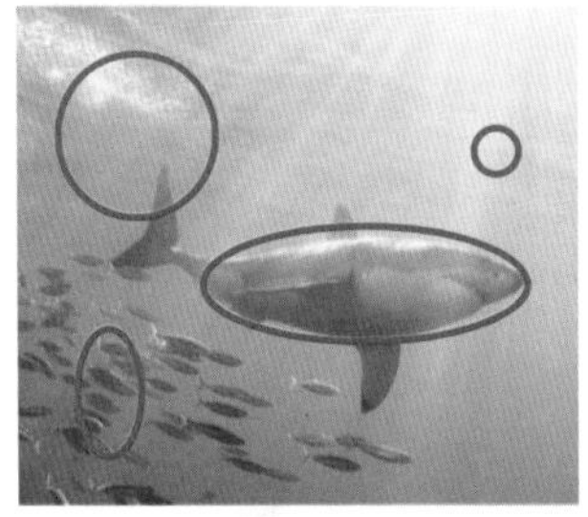

图9-83

9.6.3　三角形工具

“三角形”工具△可以创建规则三角形。选择该工具，在画布中单击，打开“创建三角形”对话框，如图9-84所示。设置“宽度”“高度”参数，选择“等比”选项可以创建等边三角形。自定义“圆角半径”值，以圆弧连接三条边。勾选“从中心”复选框，以三角形的中心为基点绘制形状。

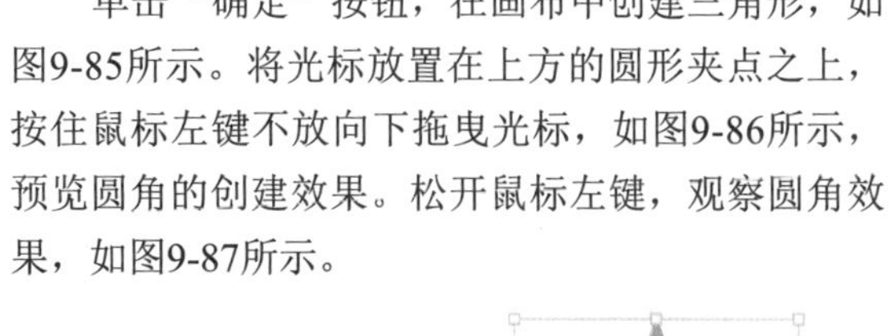

单击“确定”按钮，在画布中创建三角形，如图9-85所示。将光标放置在上方的圆形夹点之上，按住鼠标左键不放向下拖曳光标，如图9-86所示，预览圆角的创建效果。松开鼠标左键，观察圆角效果，如图9-87所示。

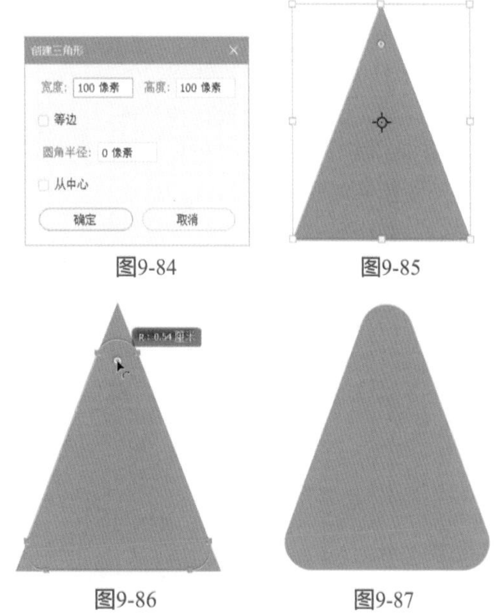

图9-84　图9-85

图9-86　图9-87

9.6.4　多边形工具

“多边形”工具⬡用来创建多边形和星形。选择该工具后，首先要在工具选项栏中设置多边形或星形的边数，范围为3～100。单击工具选项栏中的⚙按钮，打开下拉面板，在面板中可以设置多边形的选项，如图9-88所示。

图9-88

勾选“星形比例”复选框，可以创建星形。设置不同的“星形比例”值，星形边缘向中心缩进的数量也会不同，如图9-89所示。取消勾选“平滑星形缩进”复选框，可以绘制五角星。

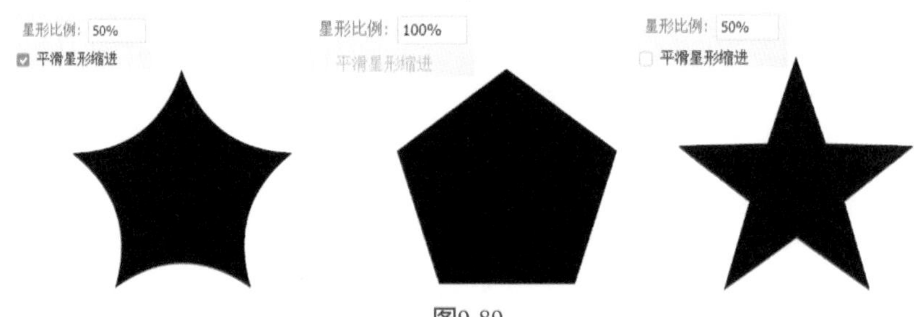

图9-89

9.6.5 直线工具

“直线”工具用来创建直线和带有箭头的线段。选择该工具后，单击并拖动光标可以创建直线或线段；按住Shift键单击并拖动，可创建水平、垂直或以45°角为增量的直线。“直线”工具的工具选项栏包含设置直线粗细的选项，在下拉面板中还包含设置箭头的选项，如图9-90所示。

图9-90

下拉面板中各参数说明如下。

- 实时形状控件：勾选该复选框，显示定界框，方便编辑直线。
- 起点/终点：可设置分别或同时在直线的起点和终点添加箭头，如图9-91所示。

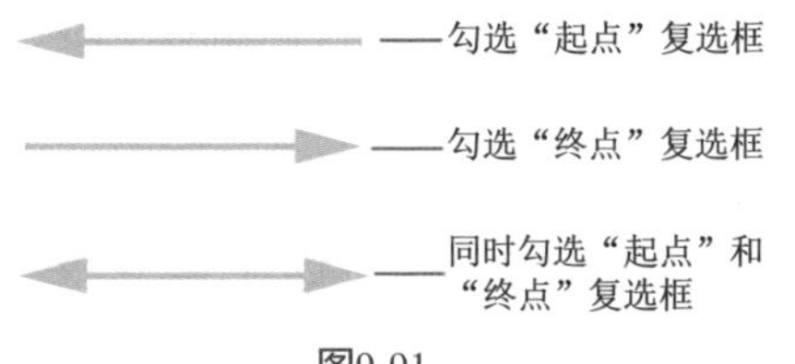

图9-91

- 宽度：可设置箭头宽度与直线宽度的百分比，范围为10%～1000%。
- 长度：可设置箭头长度与直线宽度的百分比，范围为10%～5000%。
- 凹度：用来设置箭头的凹陷程度，范围为-50%～50%。该值为0%时，箭头尾部平齐，如图9-92所示；该值大于0%时，向内凹陷，如图9-93所示；该值小于0%时，向外凸出，如图9-94所示。

图9-92 图9-93 图9-94

9.6.6 自定形状工具

使用“自定形状”工具可以创建Photoshop预设的形状、自定义的形状或者是外部提供的形状。选择“自定形状”工具后，需要单击工具选项栏中的按钮，在打开的形状下拉面板中选择一种形状，如图9-95所示，然后单击并拖动光标即可创建该图形。如果要保持形状比例，可以按住Shift键绘制图形。

如果要使用其他方法创建图形，可以在形状选项下拉面板中进行设置，如图9-96所示。

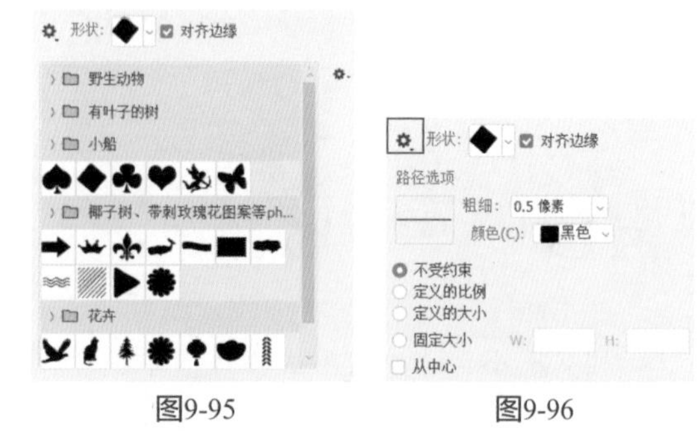

图9-95 图9-96

9.6.7 绘制矢量插画：年货推荐官

下面使用Photoshop中预设的各类自定义形状为画面添加图形元素，制作出极具趣味性的插画效果。

01 启动Photoshop 2023软件，按快捷键Ctrl+O，打开相关素材中的“背景.jpg”文件，效果如图9-97所示。

02 在工具箱中选择“自定形状”工具，在工具选项栏中选择“形状”选项，展开形状下拉列表，选择“灯笼”形状，如图9-98所示。

图9-97 图9-98

03 选择形状后，在画面中拖动光标绘制一个填充色为红色（#b31b0d）、描0边为黑色、“大小”为5的灯笼形状，如图9-99所示。

04 选择“鞭炮”形状，设置填充色为红色（#b31b0d），描边为黑色，“大小”为5，在画面的右侧绘制鞭炮形状，如图9-100所示。

05 在形状列表中选择“元宝”形状，设置填充色为橙色（# ea8103），描边为黑色，“大小”为5，在画面的右侧绘制元宝形状，如图9-101所示。

06 选择“纹理”形状，设置填充色为白色，描边为黑色，“大小”为5，在画面中绘制纹理形状，结果如图9-102所示。

图9-99

图9-100

图9-101

图9-102

9.7 应用案例：绘制质感按钮

在本节中，使用“矩形”工具、“椭圆”工具以及“渐变”工具等绘制图形，通过叠加图层，并调整图层的混合模式以及“不透明度”，完成质感按钮的绘制。

01 启动Photoshop 2023软件，新建一个空白文档，并填充深灰色（#242424）。选择“矩形”工具，设置填充色为白色，描边为无，设置合适的圆角半径，拖曳光标绘制一个圆角矩形，如图9-103所示。

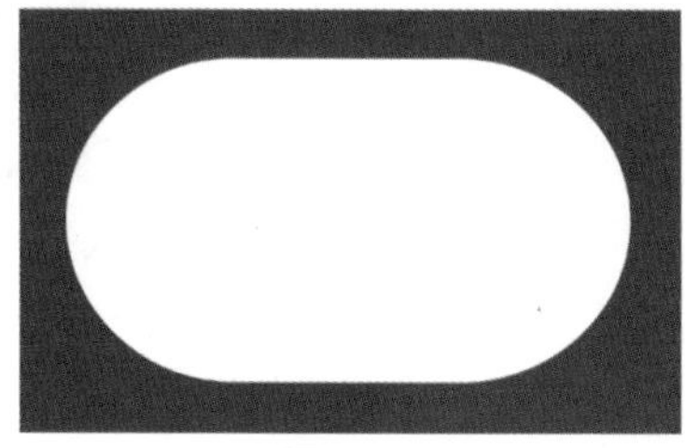

图9-103

02 双击矩形，打开“图层样式”对话框，选择“描边”样式，参数设置如图9-104所示。

03 再选择“内发光”样式，设置“混合模式”为“正常”，“不透明度”为50%，其他参数设置如图9-105所示。

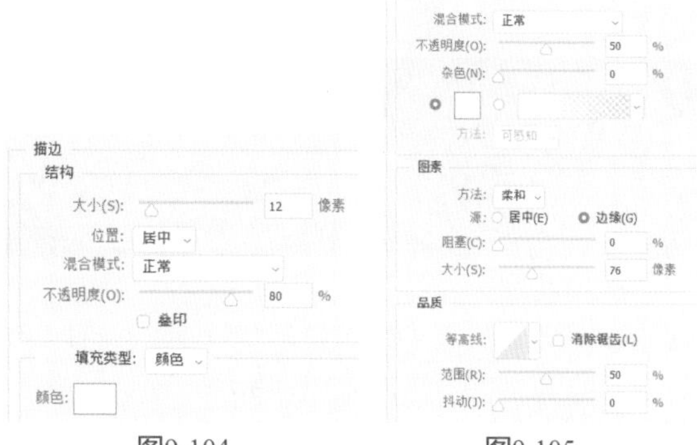

图9-104　图9-105

04 单击“确定”按钮关闭对话框，将图层的“填充”值降为10%，效果如图9-106所示。

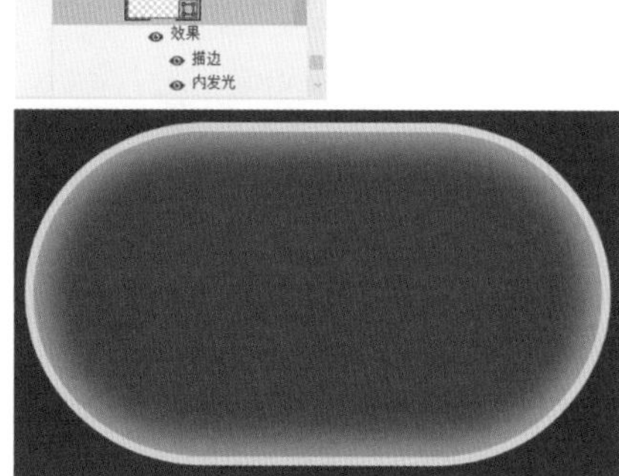

图9-106

05 新建一个图层。将前景色设置为白色，选择“渐变”工具，选择“从前景色到透明渐变”样式，拖曳光标绘制径向渐变，如图9-107所示。

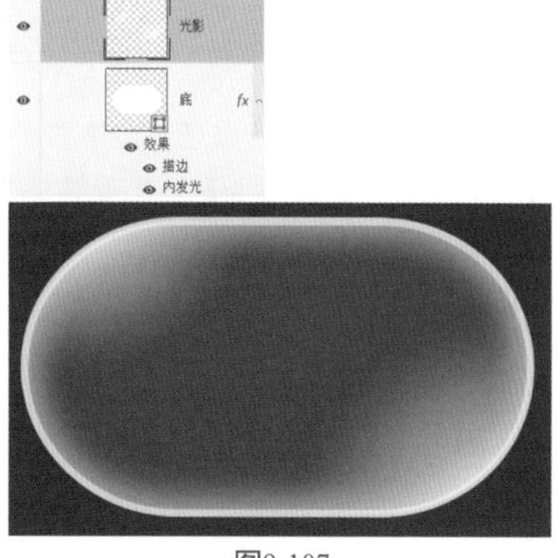

图9-107

06 选择在（1）步骤中绘制的矩形，删除图层样式，恢复图层的“填充”值为100%。向内缩放矩形，并调整矩形位置，更改填充色为绿色（#5f923e），其他属性参数保持不变，如图9-108所示。

07 继续复制矩形，调整矩形位置，更改填充色为草绿色（#98bd4f），其他属性参数保持不变，如图9-109所示。

图9-108

图9-109

08 双击矩形，打开“图层样式”对话框，添加“内发光”样式，参数设置如图9-110所示。

内发光
结构
混合模式：滤色
不透明度(O)：66 %
杂色(N)：0 %
#b4d74c
方法：可感知
图素
方法：柔和
源：居中(E) 边缘(G)
阻塞(C)：0 %
大小(S)：70 像素

图9-110

09 单击“确定”按钮，为矩形添加内发光的效果如图9-111所示。

10 选择“矩形”工具，绘制一个柠檬黄（#f5ffb4）的矩形，并调整矩形的位置与尺寸，如图9-112所示。

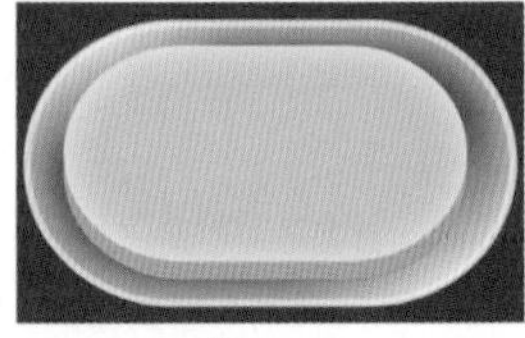

图9-111

图9-112

11 为“矩形”图层添加图层蒙版。设置前景色为黑色，背景色为白色。选择“渐变”工具，绘制从“前景色到背景色”的线性渐变，并更改图层的“不透明度”为36%，效果如图9-113所示。

12 选择“椭圆”工具，设置填充色为白色，描边为无，在按钮的左上角绘制白色椭圆，如图9-114所示。

13 继续在按钮的右下角绘制白色椭圆，更改椭圆图层的“混合模式”为“叠加”，“不透明度”为70%，效果如图9-115所示。

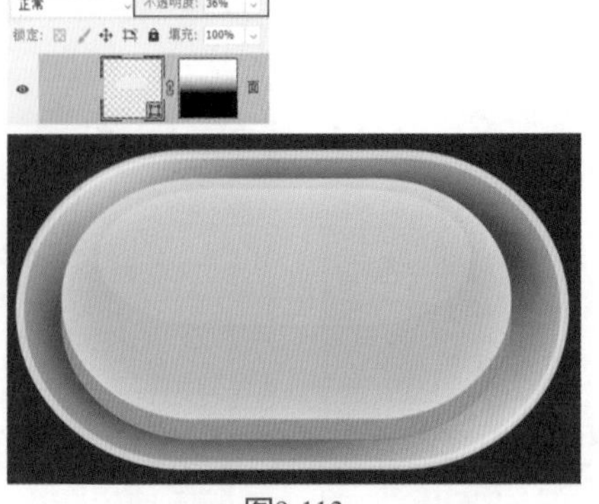

图9-113

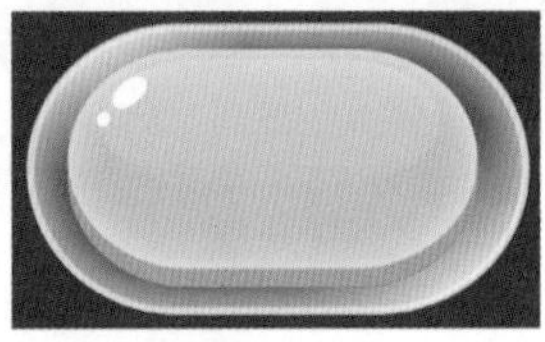

图9-114

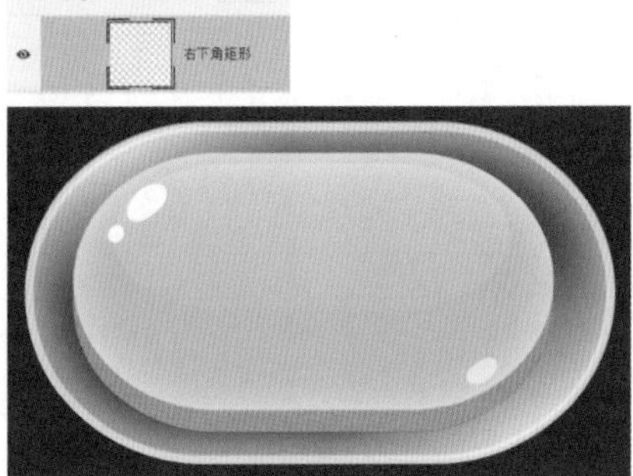

图9-115

14 设置前景色为浅绿色（#bedc75）。新建一个图层，选择“渐变”工具，绘制从“前景色到透明”的径向渐变，更改图层的“混合模式”为“叠加”，“不透明度”为71%，绘制的反光效果如图9-116所示。

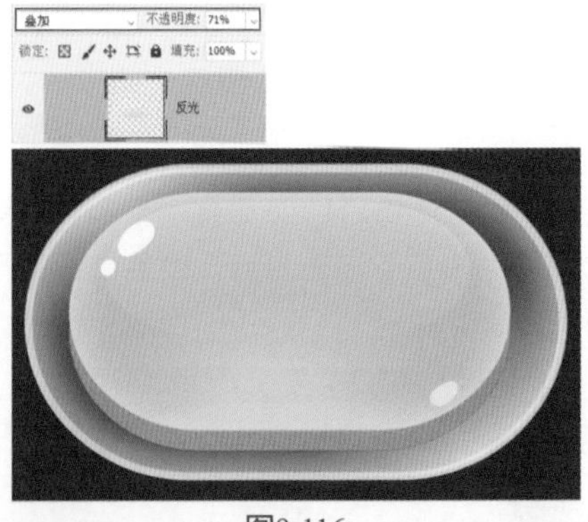

图9-116

15 选择“椭圆”工具，设置填充色为绿色（#5f923e），描边为无，按住Shift键在按钮的上方随意绘制圆形，如图9-117所示。

16 新建一个图层，重命名为“质感光”。设置前景色为黄色（#f9fa9e），选择“渐变”工具，绘制从“前景色到透明”的径向渐变，更改图层的“混合模式”为“叠加”，“不透明度”为28%，如图9-118所示。

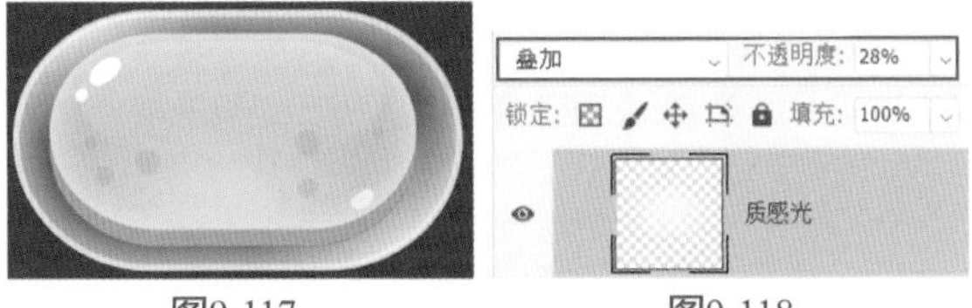

图9-117 图9-118

17 质感按钮的绘制结果如图9-119所示。

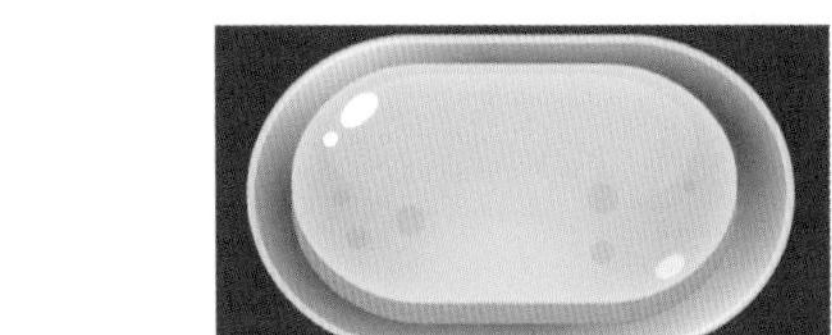

图9-119

9.8 课后练习：绘制立体饼干图标

本例将介绍立体饼干图标的绘制方法，将背景色设置为紫色，以橙色和白色作为图标的搭配色，整体色调具有强烈的对比，最终呈现出来的视觉效果相当出色。

01 启动Photoshop 2023软件，按快捷键Ctrl+O，打开相关素材中的“背景.jpg”文件。

02 在工具箱中选择“矩形”工具，绘制白色圆角矩形。接着再绘制正方形，并创建多个副本。

03 选中所有正方形，在“图层”面板选中的图层上右击，在弹出的快捷菜单中选择“创建剪贴蒙版”选项，使选中的这些图形向下创建剪贴蒙版。

04 选择工具箱中的“钢笔”工具，在圆角矩形上方绘制图形。

05 使用上述同样的方法，为绘制的白色图形创建剪贴蒙版，制作奶油效果。

06 使用“路径选择”工具、“椭圆”工具，按住Alt键的同时在图形右上角绘制椭圆形，可以在图形中减去绘制的椭圆形，呈现镂空效果。

07 在“图层”面板中，为“圆角矩形1”图层添加“投影”“内阴影”效果。

08 在“图层”面板中，为“形状1”图层添加“投影”“内阴影”“斜面和浮雕”“等高线”效果。

09 完成设置后，单击“确定”按钮，关闭“图层样式”对话框，得到的最终效果如图9-120所示。

图9-120

9.9 复习题

在本题中，练习绘制导航栏，如图9-121所示。在绘制的过程中，需要使用“钢笔”工具、“矩形”工具、“横排文字”工具以及“自定形状”工具等。

图9-121

第 10 章

字体设计：文本的应用

文字是设计作品的重要组成部分，它不仅可以传达信息，还能起到美化版面和强化主题的作用。本章将详细讲解Photoshop中文字的输入和编辑方法。通过本章的学习，读者可以快速掌握点文字、段落文字的输入方法，以及变形文字的设置和路径文字的制作。

10.1 字体设计概述

为了使文字能应用到不同的设计项目，设计师会对文字按视觉设计规律加以整体的精心安排，使文字突破原先的结构样式，呈现丰富多样的效果。

10.1.1 文字设计风格

标准字体的设计可以划分为书法标准字体、装饰标准字体和英文标准字体。

1. 秀丽柔美

字体优美清新，线条流畅，给人以华丽柔美之感，此种类型的字体，适用于女用化妆品、饰品、日常生活用品、服务业等主题。

2. 稳重挺拔

字体造型规整，富于力度，给人以简洁爽朗的现代感，有较强的视觉冲击力，这种个性的字体，适合于机械科技等主题。

3. 活泼有趣

字体造型生动活泼，有鲜明的节奏韵律感，色彩丰富明快，给人以生机盎然的感受。这种个性的字体适用于儿童用品、运动休闲、时尚产品等主题。

4. 苍劲古朴

字体朴素无华，饱含古时之风韵，能带给人们一种怀旧感觉，这种个性的字体适用于传统产品、民间艺术品等主题。

图10-1所示为字体设计范例。

图10-1

10.1.2 创意方法

在解构、重组文字的过程中，设计师可以参考的方法很多，部分列举如下。需要注意的是，字体设计的结果不仅兼具美观性，还必须可识别。

- 塑造笔形。
- 变换结构。
- 重组笔形。
- 变换笔形。
- 结构中的形象叠加。
- 变化黑白区关系。
- 突破字体的外形。
- 结构的再设计。

10.2 文字工具概述

在平面设计中，文字一直是画面不可缺少的元素，好的文字布局和设计有时会起到画龙点睛的作用。对于商业平面作品而言，文字更是不可缺少的内容，只有通过文字的点缀和说明，才能清晰、完整地表达作品的含义。在Photoshop中有着非常强大的文字编辑功能，在文档中输入文字后，用户可以通过各种文字工具来完善文字效果，使文本内容更加鲜活醒目。

10.2.1 文字的类型

Photoshop中的文字是以数学方式定义的形式组成的。在图像中创建文字时，字符由像素组成，并且与图像文件具有相同的分辨率。但是，在将文字栅格化以前，Photoshop会保留基于矢量的文字轮廓。因此，即使是对文字进行缩放或调整文字大小，文字也不会因为分辨率的限制而出现锯齿。

文字的划分方式有很多种。如果从排列方式上划分，可以将文字分为横排文字和直排文字；如果从创建的内容上划分，可以将文字分为点文字、段落文字和路径文字；如果从样式上划分，则可将文字分为普通文字和变形文字。

10.2.2 文字工具选项栏

Photoshop中的文字工具包括“横排文字”工具T、“直排文字”工具IT、“直排文字蒙版”工具IT和“横排文字蒙版”工具T4种。其中“横排文字”工具T和“直排文字”工具IT用来创建点文字、段落文字和路径文字，“横排文字蒙版”工具T和“直排文字蒙版”工具IT用来创建文字选区。

在使用文字工具输入文字前，需要在工具选项栏或“字符”面板中设置字符的属性，包括字体、大小和文字颜色等。文字工具选项栏如图10-2所示。

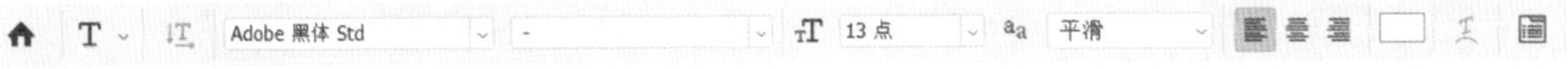

图10-2

10.3 文字的创建与编辑

本节将对创建与编辑文字的相关知识进行介绍，并学习如何创建和编辑点文字及段落文字。

10.3.1 字符面板

“字符”面板用于编辑文本字符的格式。执行“窗口”|“字符”命令，将弹出如图10-3所示的字符控制面板。

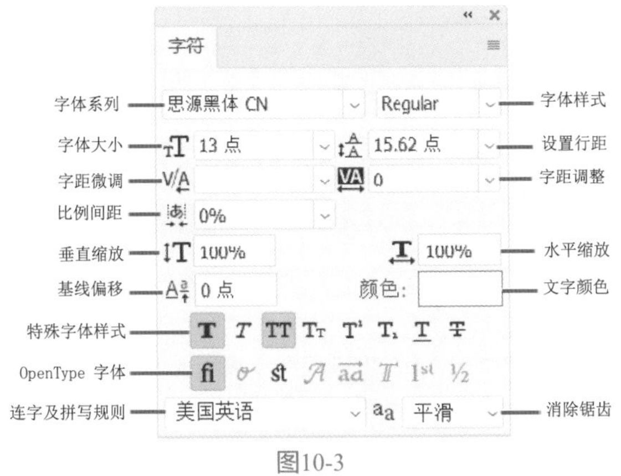

图10-3

10.3.2 创建点文字：新年快乐

点文字是一个水平或垂直的文本行，在创建标题等字数较少的文字时，可以通过点文字来完成。

01 启动Photoshop 2023软件，按快捷键Ctrl+O，打开相关素材中的“背景.jpg”文件，效果如图10-4所示。

图10-4

02 在工具箱中选择“横排文字”工具T，在工具选项栏中设置字体为“字魂182号-新潮卡酷黑”，设置合适的字体大小，选择文字的颜色为黑色。在需要输入文字的位置单击，设置插入点，画面中会出现一个闪烁的“I”形光标，接着输入文字即可，如图10-5所示。

03 双击“文字”图层，打开“图层样式”对话框，分别设置“描边”“颜色叠加”参数，如图10-6所示。

图10-5

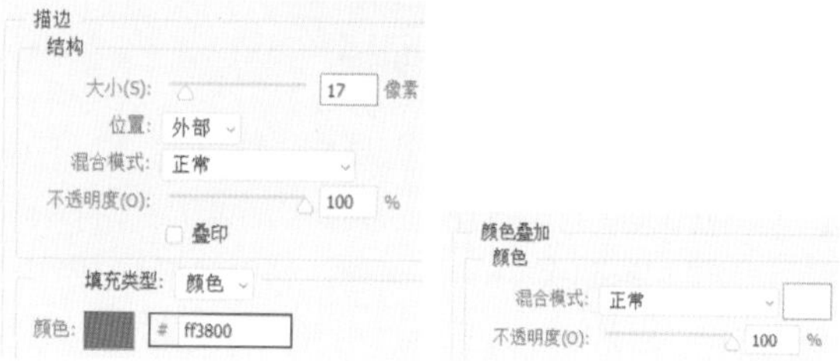

图10-6

04 单击“确定”按钮，为文字添加图层样式的结果如图10-7所示。

图10-7

05 选择“新年快乐”图层与“Happy New Year”图层，按快捷键Ctrl+G创建成组，命名为“文字”。

06 设置前景色为黄色（#ffcd2c），在“文字”图层组之上新建一个图层，命名为“填充”。选择“画笔”工具，在文字上涂抹，效果如图10-8所示。

图10-8

07 展开“文字”图层组，选择“新年快乐”图层，右击，在弹出的快捷菜单中选择“栅格化文字”选项。按住Ctrl键单击“新年快乐”图层，创建选区，如图10-9所示。

图10-9

08 选择“填充”图层，单击“图层”面板下方的“添加图层蒙版”按钮，选区外的图形被隐藏，效果如图10-10所示。

图10-10

09 选中蒙版，利用“画笔”工具将前景色设置为黑色，涂抹文字上的填充效果，隐藏多余的部分，完成结果如图10-11所示。

图10-11

10.3.3 了解段落面板

“段落”面板用于编辑段落文本。执行“窗口”|“段落”命令，将打开如图10-12所示的“段落”面板。

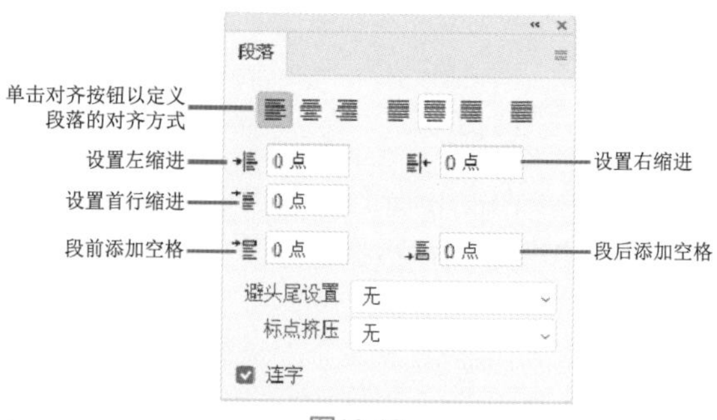

图10-12

10.3.4 创建段落文字：鹤鸣九天

段落文字具有自动换行、可调整文字区域大小等优势。在需要处理文字较多的文本时，可以使用段落文字来完成。

01 启动Photoshop 2023软件，按快捷键Ctrl+O，打开相关素材中的“背景.jpg”文件，效果如图10-13所示。

图10-13

02 在工具箱中选择“横排文字”工具T，在工具选项栏中选择合适的字体，设置合适的字体大小，选择文字颜色为黑色。完成设置后，在画面中单击并向右下角拖动，创建一个文本区域，释放鼠标左键后，会出现闪烁的“I”光标，如图10-14所示。

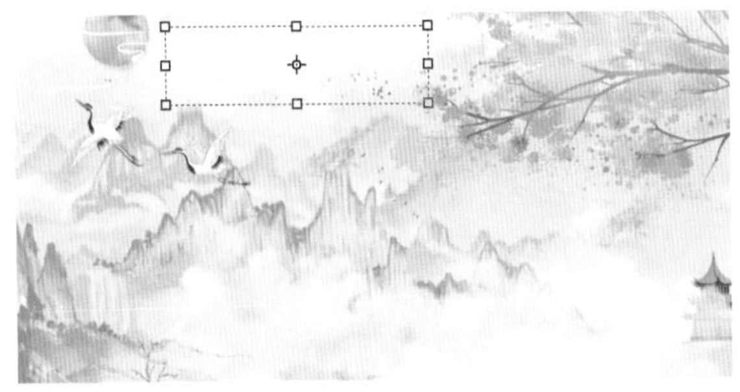

图10-14

03 输入文字，当文字达到文本框边界时会自动换行。输入完毕后，全选文字，单击“切换文本取向”按钮，更改文字的排列方向，如图10-15所示。

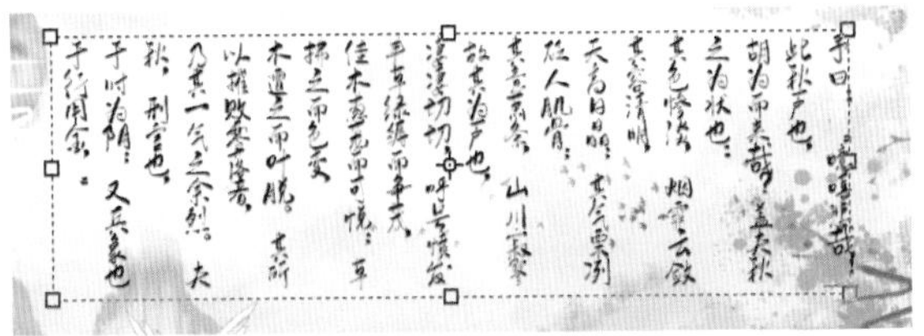

图10-15

04 在文本段落的右上角输入文章标题，在段落的左下角输入作者名称，如图10-16所示。

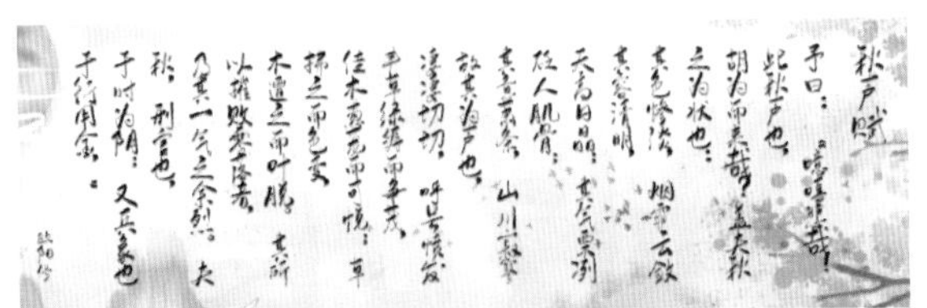

图10-16

05 新建一个图层，选择“套索”工具，绘制闭合选区。设置前景色为暗红色（#9d0000），按快捷键Alt+Delete为选区填充前景色。选择“横排文字”工具T输入文字，如图10-17所示。

06 最终效果如图10-18所示。

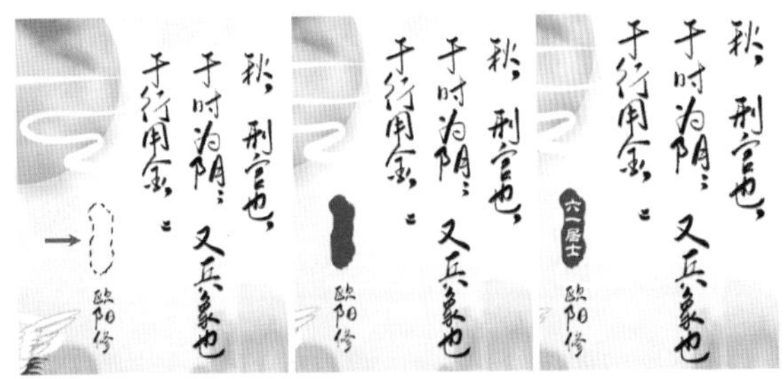

图10-17

图10-18

延伸讲解

在单击并拖动光标定义文本区域时，如果同时按住Alt键，会打开“段落文字大小”对话框，在对话框中输入“宽度”和“高度”值，可以精确定义文字区域的大小。

10.4 变形文字

Photoshop文字可以进行变形操作，转换为波浪形、球形等各种形状，从而创建富有动感的文字效果。

10.4.1　设置变形选项

在文字工具选项栏中单击“创建变形文字”按钮，可打开如图10-19所示的“变形文字”对话框，利用该对话框中的样式可制作各种文字弯曲变形的艺术效果，如图10-20所示。

Photoshop提供了15种文字变形样式效果，如图10-21所示。

若要取消文字的变形，可以打开“变形文字”对话框，在“样式”下拉列表中选择“无”选项，单击“确定”按钮，关闭对话框，即可取消文字的变形。

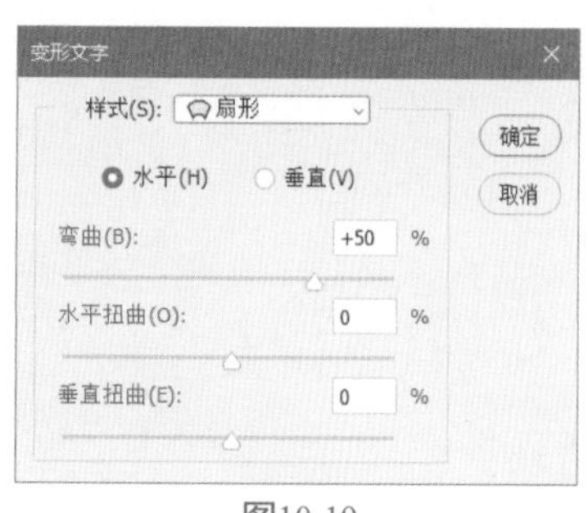

图10-19

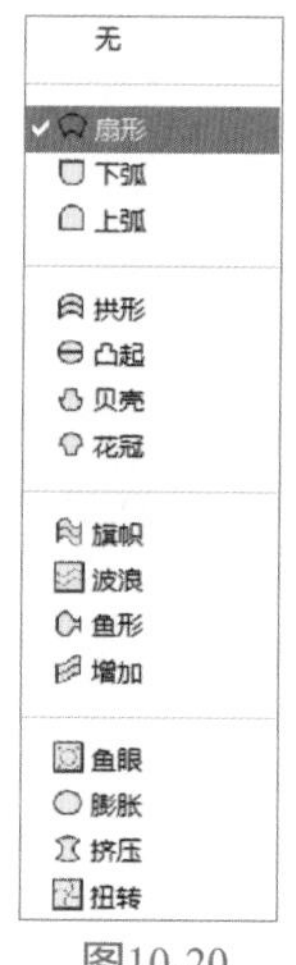

图10-20

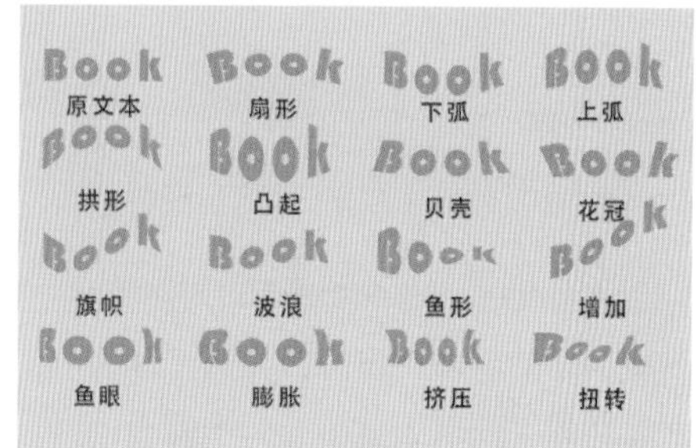

图10-21

延伸讲解

使用“横排文字”工具和“直排文字”工具创建的文本，只要保持文字的可编辑性，即没有将其栅格化、转换成为路径或形状前，可以随时进行重置变形与取消变形的操作。要重置变形，可选择一个文字工具，然后单击工具选项栏中的“创建变形文字”按钮，打开“变形文字”对话框，此时可以修改变形参数，或者在“样式”下拉列表中选择另一种样式。

10.4.2 文字变形

输入文字后，单击工具选项栏中的“创建变形文字”按钮，在打开的“变形文字”对话框中选择“旗帜”选项，并设置相关参数。单击“确定”按钮，关闭对话框，此时得到的文字效果如图10-22所示。

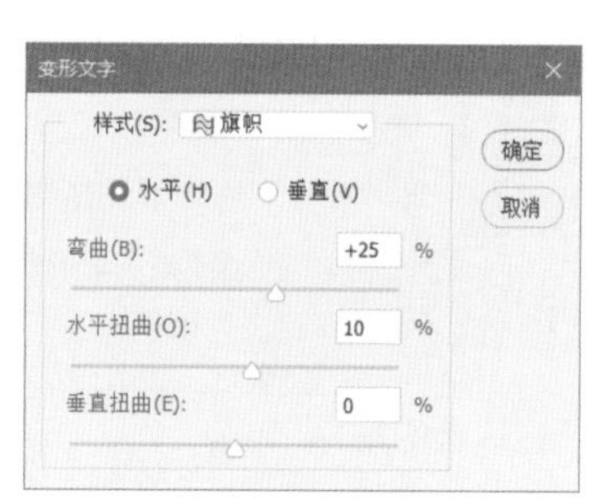

图10-22

10.4.3 创建变形文字：闹元宵

除了利用“变形文字”对话框中的“样式”快速对文字添加变形效果，还可以直接更改文字的外观，使文字符合实际的使用需求，下面介绍操作方法。

01 新建一个空白文档。在工具箱中选择“横排文字”工具T，在图像中输入文字，然后在“字符”面板中设置字体为“黑体”，选择合适的字体大小，设置文字颜色为黑色，如图10-23所示。

闹元宵

图10-23

02 选择文字图层，右击，在弹出的快捷菜单中选择“转换为形状”选项，如图10-24所示。

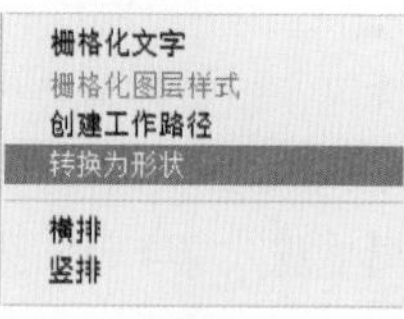

图10-24

03 选择“直接选择”工具，选择文字上的夹点，按Delete

键删除夹点后，笔画也会被删除，此时文字的显示效果如图10-25所示。

图10-25

04 选择“椭圆”工具◯，按住Shift键绘制黑色的正圆，如图10-26所示。

图10-26

05 选择“矩形”工具▭，设置“填充”为无，“描边”为黑色，设置合适的描边大小及圆角半径，绘制的矩形如图10-27所示。

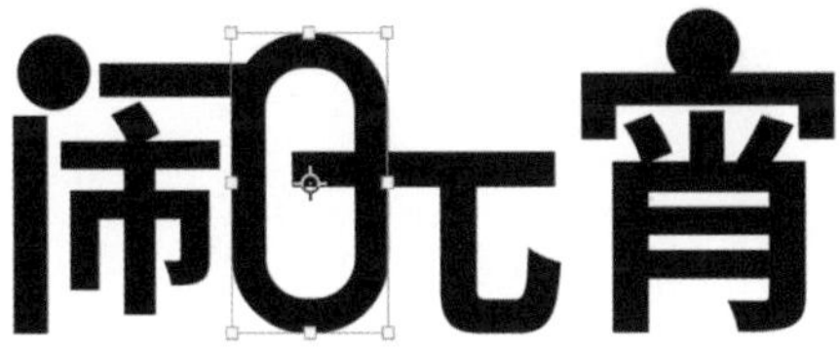

图10-27

06 选择“直接选择”工具，选中矩形，显示白色的夹点，如图10-28所示。

07 选中矩形上的夹点，此时夹点显示为黑色。按Delete键删除夹点的同时，形状也会被删除，此时矩形的编辑结果如图10-29所示。

图10-28 　　图10-29

08 重复上述操作，绘制矩形并删除夹点，将“元”字与“宵”字连接在一起，如图10-30所示。

图10-30

09 选择“钢笔”工具，选择“形状”，绘制黑色形状，如图10-31所示。

图10-31

10 按快捷键Ctrl+E，将绘制完毕的文字及形状进行合并。双击合并得到的图层，打开“图层样式”对话框，分别设置“描边”“颜色叠加”“投影”样式参数，如图10-32所示。

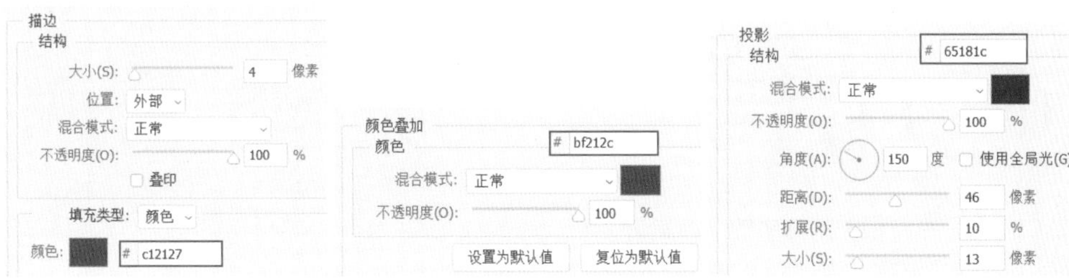

图10-32

11 单击“确定”按钮，添加样式的效果如图10-33所示。

图10-33

12 按快捷键Ctrl+J，复制已添加样式的图层，并删除图层样式效果。双击图层，在“图层样式”对话框中分别设置“描边”“颜色叠加”参数，如图10-34所示。

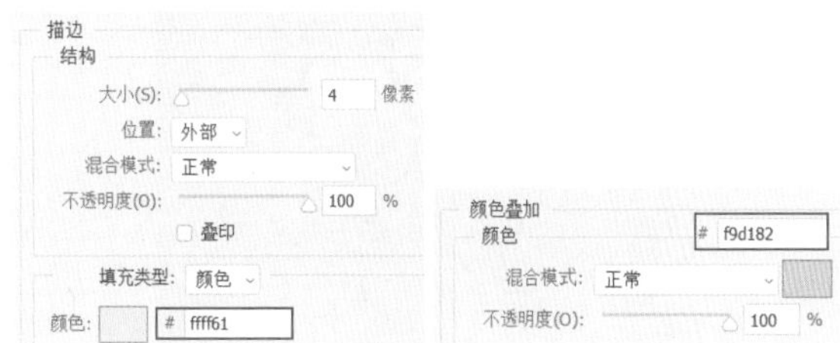

图10-34

13 单击“确定”按钮，添加样式后文字的显示效果如图10-35所示。

图10-35

14 选择两个已添加样式的图层，按快捷键Ctrl+G创建成组，命名为“闹元宵”。在“闹元宵”图层组之上新建一个图层，命名为“光亮”。选择“画笔”工具，设置合适的颜色，在文字上涂抹，如图10-36所示。

图10-36

15 选择“文字”图层，按Ctrl键创建选区。再选择“光亮”图层，单击“图层”面板下方的“添加图层蒙版”按钮，添加蒙版，隐藏选区外的图形，效果如图10-37所示。

图10-37

16 按快捷键Ctrl+O，打开相关素材中的“背景.jpg”文件，将创建完毕的文字拖放至“背景.jpg”文件的合适位置，最终结果如图10-38所示。

图10-38

10.5 路径文字

路径文字是指创建在路径上的文字，文字会沿着路径排列，改变路径形状时，文字的排列方式也会随之改变。用于排列文字的路径可以是闭合式的，也可以是开放式的。

10.5.1 沿路径排列文字：群山之巅

沿路径排列文字，首先要绘制路径，然后使用文字工具输入文字。下面讲解具体操作方法。

01 启动Photoshop 2023软件，按快捷键Ctrl+O，打开相关素材中的“群山之巅.jpg”文件，效果如图10-39所示。

图10-39

02 选择“钢笔”工具，设置工具模式为“路径”，在画面上方绘制一段开放路径，如图10-40所示。

图10-40

03 选择“横排文字”工具T，在工具选项栏中设置字体为“思源宋体”，设置合适的文字大小，选择文字颜色为红色，移动光标至路径上方（光标会显示为形状），如图10-41所示。

04 单击即可输入文字，文字输入完成后，在“字符”面板中调整合适的“字距”参数。按快捷键Ctrl＋H隐藏路径，文字沿着路径排列的效果如图10-42所示。

延伸讲解

如果觉得路径文字排列太过紧凑，可以框选文字后，在“字符”面板中调整所选字符的间距。

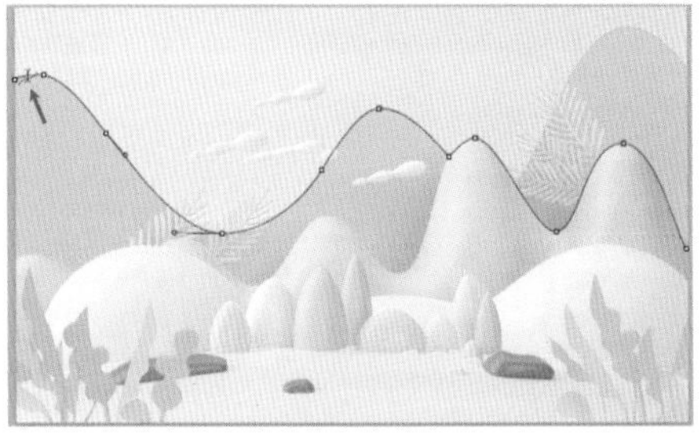
图10-41

图10-42

10.5.2　移动和翻转路径上的文字：甘甜黄杏

在Photoshop中不仅可以沿路径编辑文字，还可以移动、翻转路径中的文字。下面讲解具体操作方法。

01 启动Photoshop 2023软件，按快捷键Ctrl+O，打开相关素材中的“甘甜黄杏.psd”文件，效果如图10-43所示。

02 在“图层”面板中选中文字所在的图层，画面中会显示对应的文字路径。在工具箱中选择“路径选择”工具或“直接选择”工具，移动光标至文字上方，当光标显示为状时单击并拖动，如图10-44所示。

图10-43　图10-44

03 通过上述操作，即可改变文字在路径上的起始位置，如图10-45所示。

04 将文字还原至最初状态，使用“路径选择”工具或“直接选择”工具，单击并朝路径的另一侧拖动文字，可以翻转文字（文字由路径外侧翻转至路径内侧），如图10-46所示。

图10-45

图10-46

10.5.3　调整路径文字：广州地标

之前学习了如何移动并翻转路径上的文字，接下来学习沿路径排列后编辑文字路径的操作方法。

01 启动Photoshop 2023软件，按快捷键Ctrl+O，打开相关素材中的“路径文字.psd”文件，效果如图10-47所示。

图10-47

02 在“图层”面板中选择“文字”图层，选择“直接选择”工具，单击路径显示锚点，如图10-48所示。

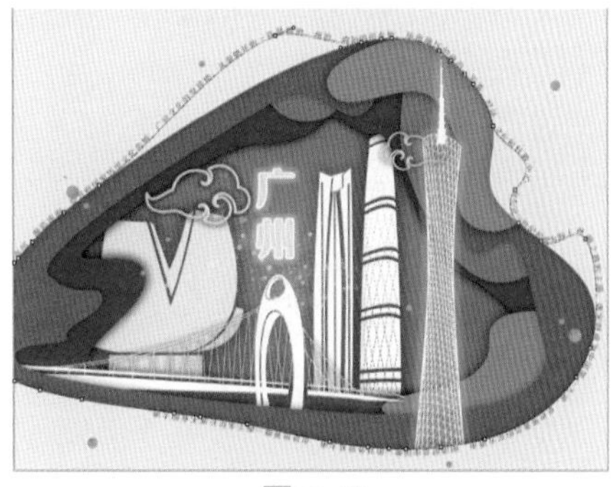

图10-48

03 移动锚点或者调整方向线，可以修改路径的形状，文字会沿修改后的路径重新排列，如图10-49和图10-50所示。

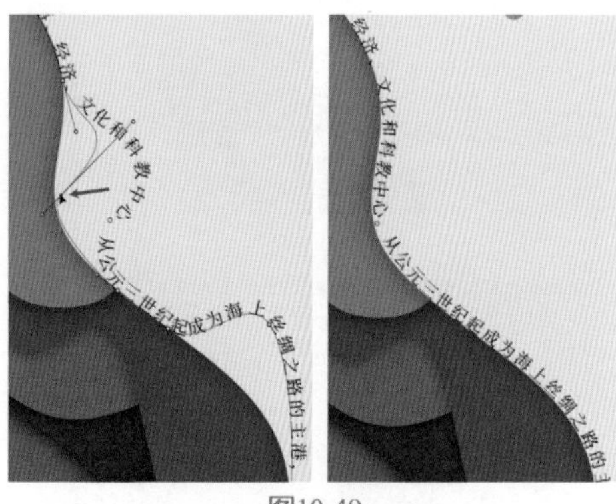

图10-49

图10-50

延伸讲解

文字路径是无法在“路径”面板中直接删除的，除非在“图层”面板中删除文字路径所在的图层。

10.6 编辑文本命令

在Photoshop中，除了可以在“字符”和“段落”面板中编辑文本，还可以通过命令编辑文字，如进行拼写检查、查找和替换文本等。

10.6.1 拼写检查

执行“编辑”|“拼写检查”命令，可以检查当前文本中英文单词的拼写是否有误，如果检查到错误，Photoshop还会提供修改建议。选择需要检查拼写错误的文本，执行命令后，打开“拼写检查”对话框，显示检查信息，如图10-51所示。

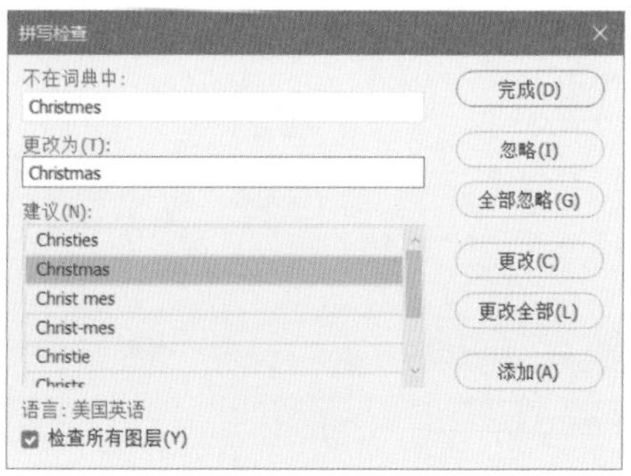

图10-51

10.6.2 查找和替换文本

执行“编辑”|“查找和替换文本”命令，可以查找到当前文本中需要修改的文字、单词、标点或字符，并将其替换为正确的内容，图10-52所示为“查找和替换文本”对话框。

图10-52

在进行查找时，只需在“查找内容”文本框中输入要替换的内容，然后在“更改为”文本框中输入用来替换的内容，单击“查找下一个”按钮，Photoshop会将搜索到的内容高亮显示，单击“更改”按钮，可将其替换。如果单击“更改全部”按钮，则搜索并替换所找到文本的全部匹配项，并弹出如图10-53所示的提示对话框，告知用户更改的结果。

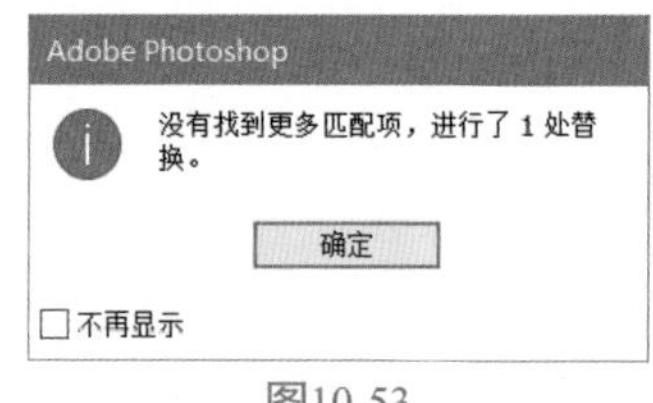

图10-53

10.6.3 更新所有文字图层

在Photoshop 2023中导入低版本Photoshop中创建的文字时，执行“文字”|“更新所有文字图层”命令，可将其转换为矢量类型。

10.6.4 替换所有欠缺字体

打开文件时，如果该文档中的文字使用了系统

中没有的字体，会弹出一条警告信息，指明缺少哪些字体，出现这种情况时，可以执行“文字”|“替换所有欠缺字体”命令，使用系统中安装的字体替换文档中欠缺的字体。

10.6.5　基于文字创建工作路径

选择一个文字图层，如图10-54所示，执行“文字”|“创建工作路径”命令，可以基于文字生成工作路径，原文字图层保持不变，如图10-55所示。生成的工作路径可以应用填充和描边，或者通过调整锚点得到变形文字。

图10-54

图10-55

10.6.6　将文字转换为形状

选择文字图层，如图10-56所示，执行“文字”|“转换为形状”命令，或右击文字图层，在弹出的快捷菜单中选择“转换为形状”选项，可以将其转换为具有矢量蒙版的形状图层，如图10-57所示。需要注意的是，执行此操作后，原文字图层将不会保留。

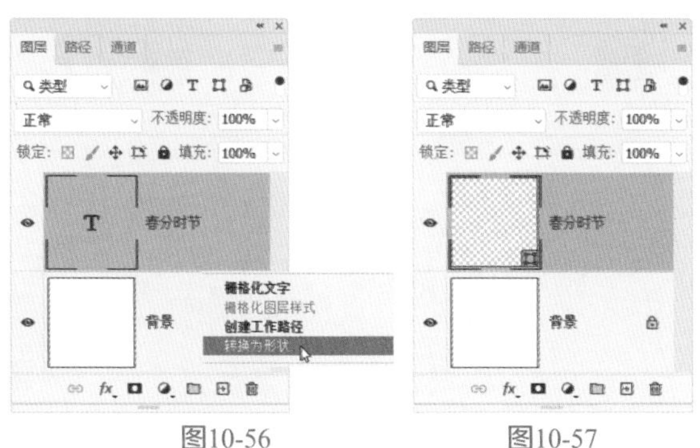

图10-56　　图10-57

10.6.7　栅格化文字

在“图层”面板中选择文字图层，执行“文字”|“栅格化文字图层”命令，或执行“图层”|“栅格化”|“文字”命令，可以将文字图层栅格化，使文字变为图像。栅格化后的图像可以用“画笔”工具和滤镜等进行编辑，但不能对文字内容进行修改。

10.7 应用案例：制作萌萌哒文字

在本节中，首先绘制与萌萌哒风格相似的文字，再在此基础上调整文字的结构，接着更改文字某部分的颜色，增加灵动性。为文字添加图层样式，如描边、内阴影以及投影，使文字更加立体。最后添加配饰，丰富文字的表现效果。

01 启动Photoshop 2023软件，新建一个空白文档。选择“横排文字”工具T，选择合适的字体与字号，设置文字颜色为蓝色（#00b9eb），绘制的文字如图10-58所示。

图10-58

02 选择“矩形选框”工具，选择“乘”字，如图10-59所示。

图10-59

延伸讲解

为了方便调整文字，应该单独输入每个文字。

03 按下快捷键Ctrl+O，进入变换模式。将光标放置在上方中间的夹点之上，按住Ctrl键向右移动光标，倾斜文字，如图10-60所示。按Enter键结束变换操作，按快捷键Ctrl+D取消选区。

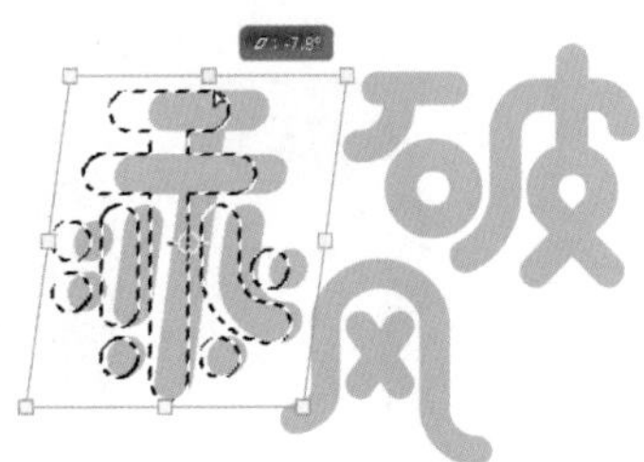

图10-60

04 选择“破”字右侧的“皮”部分，将其向上移动至合适的距离，如图10-61所示。

图10-61

05 按快捷键Ctrl+O，进入变换模式，将光标放置在上方中间的夹点之上，按住Shift键向下移动，压缩“皮”的效果如图10-62所示。

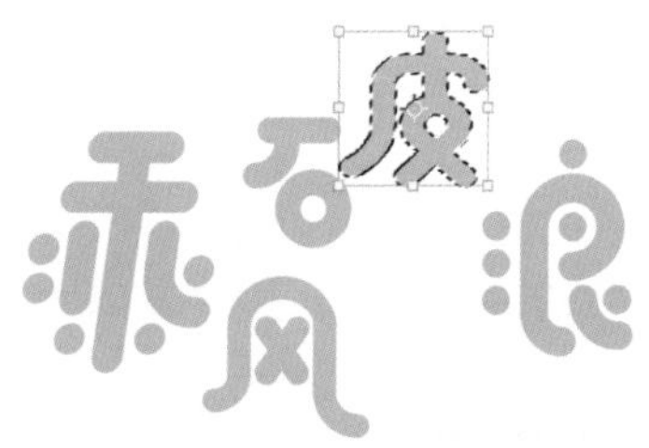

图10-62

06 继续调整文字，结果如图10-63所示。

图10-63

07 选择独立的4个文字，按快捷键Ctrl+E合并为一个图层，更名为“乘风破浪”。双击图层，打开“图层样式”对话框，添加“描边”“内阴影”“投影”样式，参数设置如图10-64所示。

08 单击“确定”按钮关闭对话框，为文字添加样式的效果如图10-65所示。

09 新建一个图层，重命名为“改色”。将前景色设置为红色（#ff4e6b），选择“画笔”工具，在文字上涂抹，如图10-66所示。

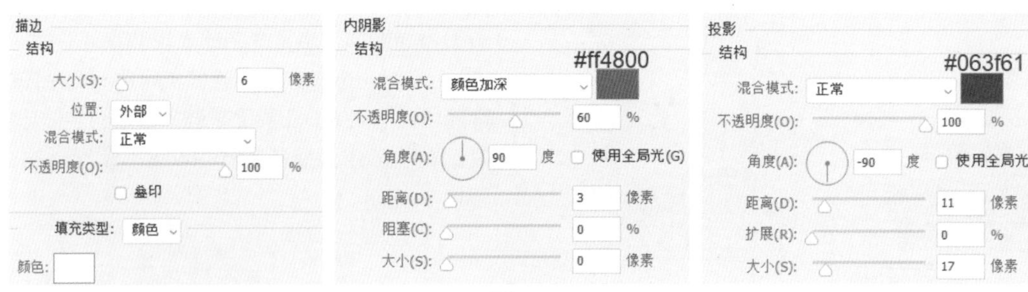

图10-64

图10-65

图10-66

10 执行“图层”|“创建剪贴蒙版”命令，将涂抹效果限制在文字的轮廓之内，如图10-67所示。

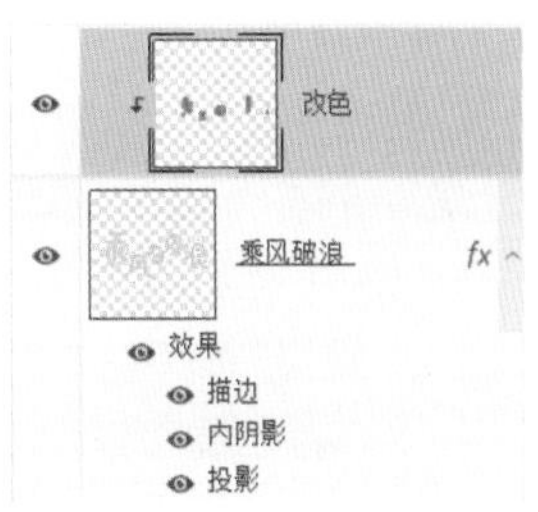

图10-67

11 选择“钢笔”工具，选择“形状”模式，将填充设置为无，描边颜色设置为蓝色（#009fe7），设置合适的描边宽度，绘制如图10-68所示的线条。

图10-68

12 双击线条所在图层，在“图层样式”对话框中添加“描边”样式，参数设置如图10-69所示。

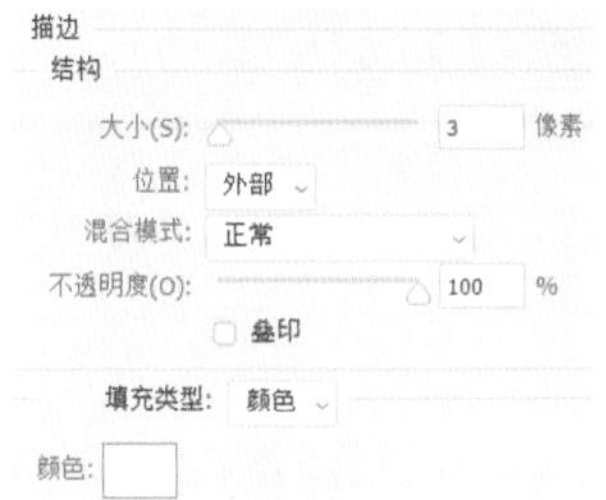

图10-69

13 继续添加“投影”样式，设置“混合模式”“不透明度”“角度”等其他参数，如图10-70所示。

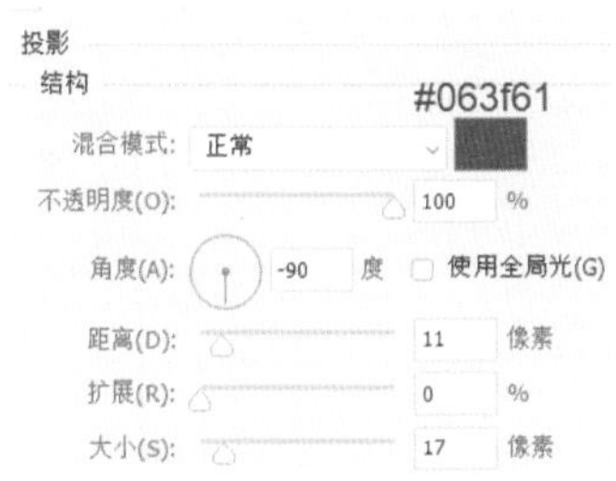

图10-70

14 单击“确定”按钮，线条的显示效果如图10-71所示。

图10-71

15 导入“帆船.png”素材，将其放置在合适的位置。双击“帆船”图层，在“图层样式”对话框中为其添加“描边”样式，参数设置与最终效果如图10-72所示。

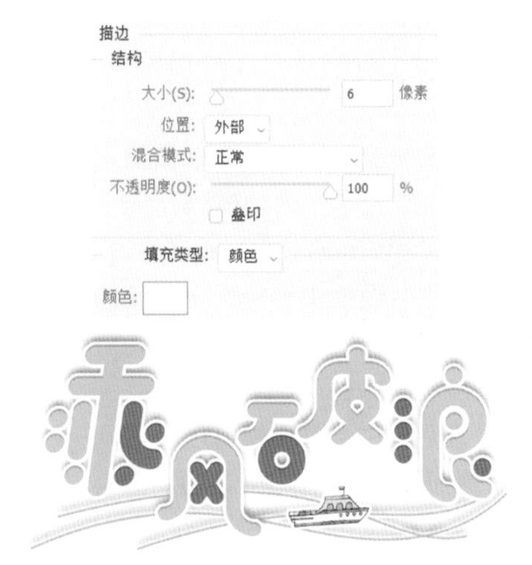

图10-72

16 继续添加其他配饰，并为它们添加图层样式效果，最终效果如图10-73所示。

图10-73

10.8 课后练习：奶酪文字

本节将结合滤镜与选区工具的使用，创建一款自定义图案，然后利用该图案填充文字，制作一款立体感十足的奶酪文字。

01 新建空白文档。

02 新建图层，设置前景色为黄色（#fbf2b7），按快捷键Alt+Delete为新图层填充前景色。

03 选择“椭圆选框”工具◯，单击“添加到选区”按钮，然后在图像上方绘制多个椭圆形选区，按Delete键将选区内的图像删除。

04 执行“滤镜”|“其他”|“位移”命令，在“位移”对话框中设置“水平”与“垂直”位移量均为100像素，设置“未定义区域”为“折回”，这样可以使椭圆图形分布均匀。

05 使用上述同样的方法，使用“椭圆选框”工具◯绘制圆形，填补空缺处，并按Delete键删除选区中的图像。

06 将“背景”图层隐藏。选择“图层1”，执行“编辑”|“定义图案”命令，将绘制的图形定义为图案。

07 按快捷键Ctrl+O，打开相关素材中的“背景.jpg”文件。

08 使用“横排文字”工具T在图像上方输入文字Cheese，其中文字大小为180像素，颜色为黑色，使用的字体为Berlin Sans FB Demi。

09 在“图层”面板中选择文字所在的图层，按住Ctrl键的同时单击该图层的缩览图，可得到文字选区。在文字所在的图层上方新建图层，命名为“芝士填充”，然后选中该图层，执行“编辑”|“填充”命令，在打开的“填充”对话框中选择“奶酪”图案，其他选项保持默认，单击“确定”按钮。

10 使用“油漆桶”工具为选区填充图案，并按快捷键Ctrl+D取消选择。

11 重复操作，继续在文档中继续添加其他文字，最终效果如图10-74所示。

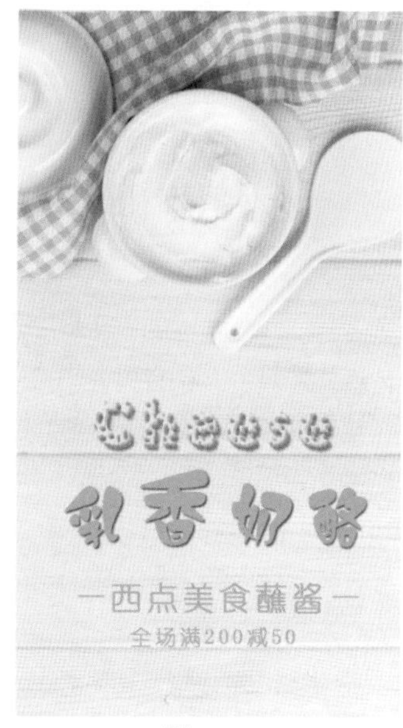

图10-74

10.9 复习题

在本题中，综合所学知识练习创建手写字体，如图10-75所示。

图10-75

第 11 章

智能滤镜：Camera Raw 滤镜的应用

滤镜是Photoshop的万花筒，可以在顷刻之间完成许多令人眼花缭乱的特殊效果，例如指定印象派绘画或马赛克拼贴外观，或者添加独一无二的光照和扭曲效果。本章将详细讲解一些常用的滤镜效果，以及滤镜在图像处理中的应用方法和技巧。

11.1 认识滤镜

Photoshop的滤镜种类繁多，功能和应用各不相同，但在使用方法上有许多相似之处，了解和掌握这些方法和技巧，对提高滤镜的使用效率很有帮助。

11.1.1 什么是滤镜

Photoshop滤镜是一种插件模块，它们能够操纵图像中的像素，位图是由像素构成的，每一个像素都有自己的位置和颜色值，滤镜就是通过改变像素的位置或颜色值来生成特效的。

11.1.2 滤镜的种类

滤镜分为内置滤镜和外挂滤镜两大类。内置滤镜是Photoshop自身提供的各种滤镜，外挂滤镜是由其他厂商开发的滤镜，它们需要安装在Photoshop中才能使用。下面讲解Photoshop 2023内置滤镜的使用方法与技巧。

11.1.3 滤镜的使用

掌握一些滤镜的使用规则及技巧，可以有效地避免陷入操作误区。

1. 使用规则

- 使用滤镜处理某个图层中的图像时，需要选择该图层，并且图层必须是可见状态，即缩览图前显示图标👁。
- 滤镜同绘画工具或其他修饰工具一样，只能处理当前选择的图层中的图像，而不能同时处理多个图层中的图像。
- 滤镜的处理效果以像素为单位，使用相同的参数处理不同分辨率的图像时，其效果也会有所不同。
- 只有“云彩”滤镜可以应用在没有像素的区域，其他滤镜都必须应用在包含像素的区域，否则不能使用这些滤镜（外挂滤镜除外）。
- 如果已创建选区，如图11-1所示，那滤镜只处理选中的图像，如图11-2所示；如果未创建选区，则处理当前图层中的全部图像。

图11-1

图11-2

2. 使用技巧

- 在滤镜对话框中设置参数时，按住Alt键，

“取消”按钮会变成“复位”按钮，如图11-3所示，单击该按钮，可以将参数恢复为初始状态。

图11-3

- 使用一个滤镜后，“滤镜”菜单中会出现该滤镜的名称，单击它或按快捷键Ctrl+F可以快速应用这个滤镜。如果要修改滤镜参数，可以按快捷键Alt+Ctrl+F，打开相应的对话框重新设定。
- 应用滤镜的过程中，如果要终止处理，可以按Esc键。
- 使用滤镜时，通常会打开滤镜库或者相应的对话框，在预览框中可以预览滤镜的效果。单击 或 图标，可以放大或缩小显示比例；单击并拖动预览框内的图像，可移动图像，如图11-4所示；如果想要查看某一区域，可在文档中单击，滤镜预览框中就会显示单击处的图像，如图11-5和图11-6所示。

图11-4

图11-5

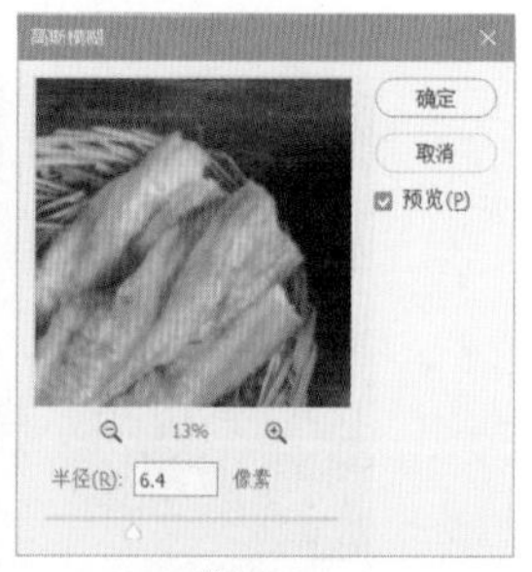

图11-6

- 使用滤镜处理图像后，执行“编辑”|“渐隐”命令，可以修改滤镜效果的混合模式和“不透明度”。

11.1.4 提高滤镜工作效率

有些滤镜使用时会占用大量内存，尤其是将滤镜应用于大尺寸、高分辨率的图像时，处理速度会非常缓慢。

- 如果图像尺寸较大，可以在图像上选择部分区域试验滤镜效果，得到满意的结果后，再应用于整幅图像。如果图像尺寸很大，而且内存不足时，可将滤镜应用于单个通道中的图像，添加滤镜效果。
- 在运行滤镜之前，先执行“编辑”|“清理”|“全部”命令，释放内存。
- 将更多的内存分配给Photoshop。如果需要，可关闭其他正在运行的应用程序，以便为Photoshop提供更多的可用内存。
- 尝试更改设置，以提高占用大量内存的滤镜的速度，如“光照效果”“木刻”“染色玻璃”“铬黄”“波纹”“喷溅”“喷色描边”和“玻璃”滤镜等。

11.2 智能滤镜

所谓智能滤镜，实际上就是应用在智能对象上的滤镜。与应用在普通图层上的滤镜不同，Photoshop保存的是智能滤镜的参数和设置，而不是图像应用滤镜的效果。在应用滤镜的过程中，当发现某个滤镜的参数设置不恰当，滤镜前后次序颠倒或某个滤镜不需要时，就可以像更改图层样式一样，将该滤镜关闭或重设滤镜参数，Photoshop会使用新的参数对智能对象重新进行计算和渲染。

11.2.1 智能滤镜与普通滤镜的区别

在Photoshop中，普通的滤镜是通过修改像素来生成效果的。图11-7所示为一个图像文件，图11-8所示是“镜头光晕”滤镜处理后的效果，从“图层”面板中可以看到，“背景”图层的像素被修改了，如果将图像保存并关闭，就无法恢复为原来的效果。

智能滤镜是一种非破坏性的滤镜，它将滤镜效果应用于智能对象上，不会修改图像的原始数据。图11-9所示为“镜头光晕”智能滤镜的处理结果，与普通的“镜头光晕”滤镜的效果完全相同。

图11-7

图11-8

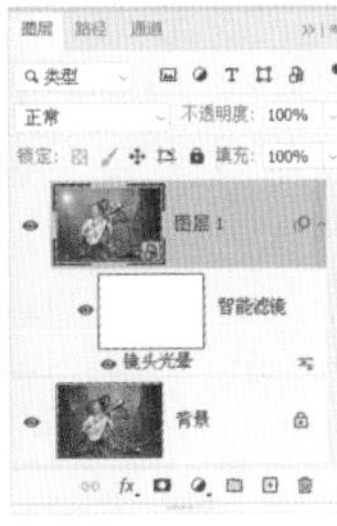

图11-9

延伸讲解

遮盖智能滤镜时，蒙版会应用于当前图层中的所有智能滤镜，单个智能滤镜无法遮盖。执行“图层”|“智能滤镜”|“停用滤镜蒙版”命令，可以暂时停用智能滤镜的蒙版，蒙版上会出现一个红色的“x”；执行“图层”|“智能滤镜”|“删除滤镜蒙版”命令，可以删除蒙版。

11.2.2　使用智能滤镜：你在想什么

要应用智能滤镜，首先应将图层转换为智能对象，或执行“滤镜”|“转换为智能滤镜”命令。下面讲解智能滤镜的用法。

01 启动Photoshop 2023软件，按快捷键Ctrl+O，打开相关素材中的“人物.jpg”文件，效果如图11-10所示。

02 选择“背景”图层，按快捷键Ctrl+J，得到“图层1”。

03 选择“图层1”，执行“滤镜”|“转换为智能滤镜”命令，弹出提示对话框，单击“确定”按钮，将“图层1”图层转换为智能对象，如图11-11所示。

图11-10

图11-11

延伸讲解

应用于智能对象的任何滤镜都是智能滤镜，如果当前图层为智能对象，可直接对其应用滤镜，不必将其转换为智能滤镜。

04 将前景色设置为黄色（#f1c28a），执行“滤镜”|“滤镜库”命令，打开“滤镜库”对话框。为对象添加“素描”组中的“半调图案”滤镜效果，并将“图案类型”设置为“网点”，如图11-12所示。

图11-12

05 单击“确定”按钮，对图像应用智能滤镜，效果如图11-13所示。

图11-13

06 设置“图层1”的混合模式为“线性加深”，如图11-14所示。

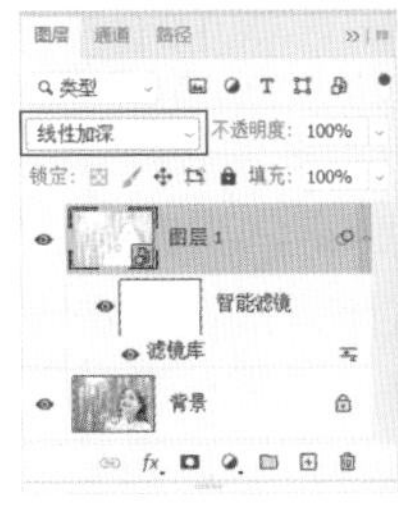

图11-14

11.2.3　编辑智能滤镜：森林里的姑娘

添加智能滤镜效果后，可以进行修改，下面讲解编辑智能滤镜的方法和技巧。

01 启动Photoshop 2023软件，按快捷键Ctrl+O，打开相关素材中的“人物.psd”文件，效果如图11-15所示。

02 在“图层”面板中双击“图层1”的“滤镜库”智能滤镜，如图11-16所示。

图11-15

图11-16

03 在打开的对话框中选择“纹理化”滤镜，在右侧修改滤镜参数，如图11-17所示。修改完成后，单击“确定”按钮即可预览修改后的效果。

图11-17

04 修改图层混合模式为“柔光”，显示效果如图11-18所示。

图11-18

延伸讲解

为普通图层应用滤镜时，需要执行“编辑”|“渐隐”命令来修改滤镜的“不透明度”和混合模式。智能滤镜则不同，可以随时双击智能滤镜旁边的“编辑滤镜混合选项”图标来修改“不透明度”和混合模式。

05 在“图层”面板中双击“滤镜库”智能滤镜旁的“编辑滤镜混合选项”图标，如图11-19所示。

06 打开“混合选项（滤镜库）对话框”，可设置滤镜的“不透明度”和混合模式，如图11-20所示。

图11-19

图11-20

07 在“图层”面板中，单击“滤镜库”智能滤镜前的图标，如图11-21所示，可隐藏该智能滤镜效果，再次单击该图标，可重新显示滤镜。

08 在“图层”面板中，解锁“背景”图层，得到“图层0”，并将该图层转换为“智能对象”。按住Alt键的同时将光标放在智能滤镜图标之上，如图11-22所示。

图11-21

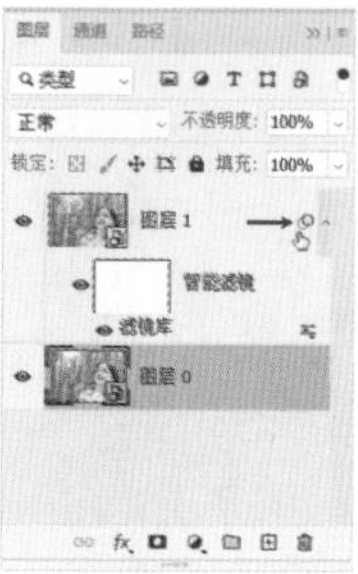

图11-22

09 从一个智能对象拖动到另一个智能对象，便可复制智能效果，如图11-23和图11-24所示。

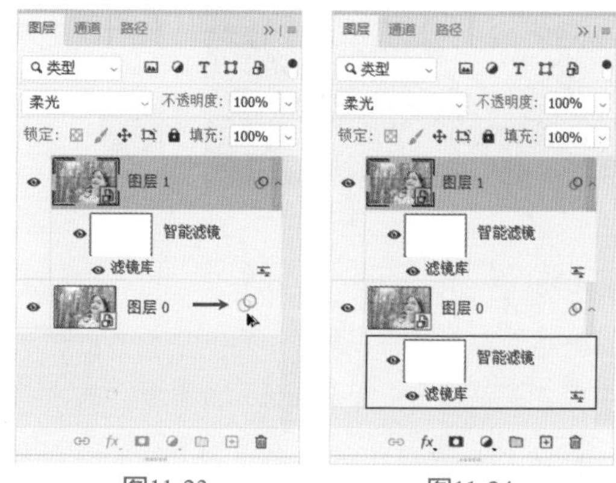

图11-23　图11-24

答疑解惑：哪些滤镜可以作为智能滤镜使用?

除“液化”和“消失点”等少数滤镜，其他的都可以作为智能滤镜使用，其中包括支持智能滤镜的外挂滤镜。此外，在“图像”|“调整”菜单中的“阴影/高光”和“变化”命令也可以作为智能滤镜来应用。

11.3 滤镜库

“滤镜库”是一个整合了风格化、画笔描边、扭曲和素描等多个滤镜组的对话框，它可以将多个滤镜同时应用于同一图像，也能对同一图像多次应用同一滤镜，或者用其他滤镜替换原有的滤镜。

11.3.1　滤镜库概览

执行“滤镜”|“滤镜库”命令，或者使用风格化、画笔描边、扭曲、素描和艺术效果滤镜组中的滤镜时，都可以打开“滤镜库”对话框，如图11-25所示。

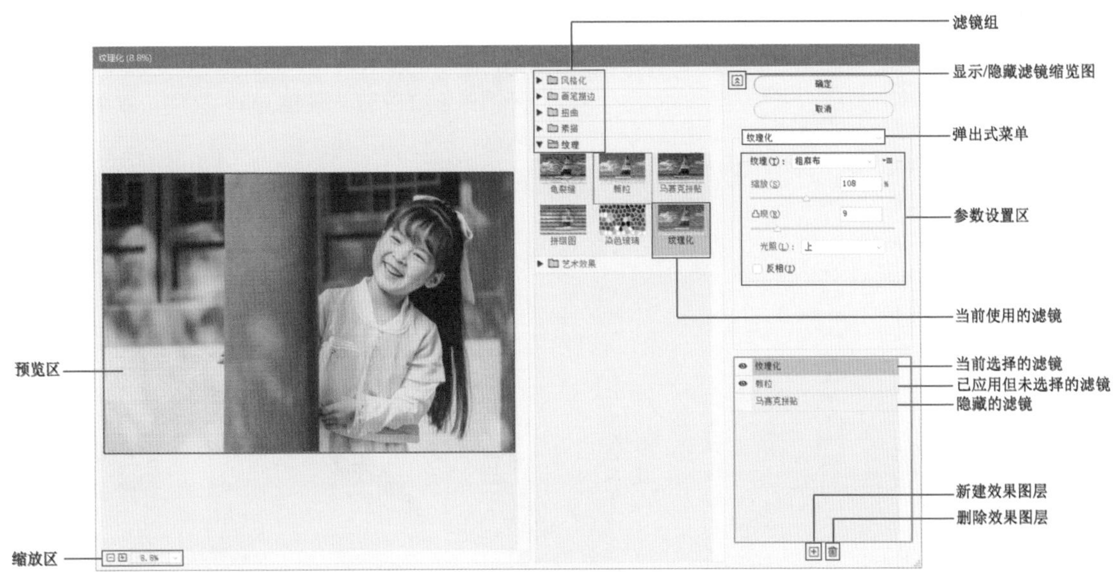

图11-25

11.3.2　效果图层

在“滤镜库”中选择一个滤镜后，它就会出现在对话框右下角的已应用滤镜列表中，如图11-26所示。单击“新建效果图层”按钮⊞，可以添加一个效果图层，此时可以选择其他滤镜，图像效果也将变得更加丰富。

图11-26

滤镜效果图层与图层的编辑方法相同，上下拖曳效果图层可以调整它们的堆叠顺序，滤镜效果也会发生改变，如图11-27所示。单击🗑按钮可以删除效果图层，单击👁图标可以隐藏或显示滤镜。

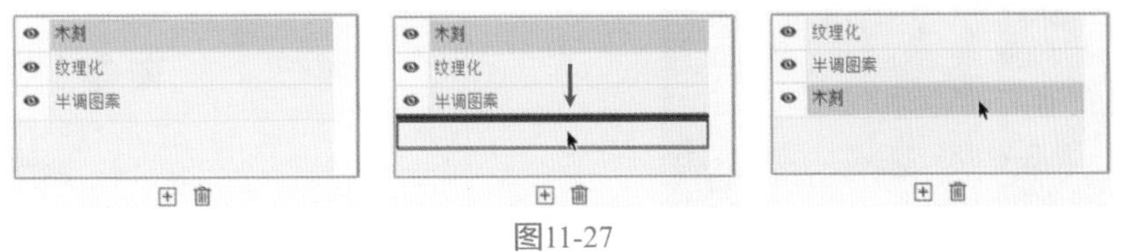

图11-27

11.4 Photoshop 常用滤镜组

Photoshop 2023为用户提供了丰富的滤镜效果，并将这些效果进行了有效分类。在工作界面中，单击菜单栏中的“滤镜”选项，在展开的菜单中可以看到各种滤镜组，如图11-28所示。下面简单介绍Photoshop中一些常用的滤镜组。

图 11-28

11.4.1 风格化滤镜组

风格化滤镜组包含查找边缘、等高线、风、浮雕效果、扩散、拼贴、曝光过度、凸出、油画这几种滤镜。通过这类滤镜效果可以置换像素，查找并增加图像的对比度，从而产生绘画和印象派风格效果，图11-29所示为风格化滤镜组中“查找边缘”滤镜应用前后效果。

图 11-29

11.4.2 模糊滤镜组

模糊滤镜组包含表面模糊、动感模糊、方框模糊、高斯模糊、进一步模糊、径向模糊、镜头模糊、模糊、平均、特殊模糊、形状模糊等滤镜。通过这类滤镜效果，可以很好地柔化像素、降低相邻像素间的对比度，使图像产生柔和、平滑的过渡效果。图11-30所示为模糊滤镜组中“表面模糊”滤镜应用前后效果。

图 11-30

11.4.3 打造运动模糊效果：速度与激情

使用“动感模糊”滤镜可以模拟出高速跟拍而产生的带有运动方向的模糊效果，下面将使用该滤镜为照片添加运动模糊效果。

01 启动Photoshop 2023软件，按快捷键Ctrl+O，打开相关素材中的“滑雪.jpg”文件，效果如图11-31所示。

02 按快捷键Ctrl+J复制“背景”图层，得到“图层1”。选择“图层1”，执行“滤镜”|“转换为智能滤镜”命令，图层缩览图右下角将出现相应图标，如图11-32所示。

图11-31

图11-32

03 执行“滤镜”|“模糊”|“动感模糊”命令，在打开的“动感模糊”对话框中设置“角度”为30度，设置“距离”为258像素，如图11-33所示。单击“确定”按钮，完成设置，此时得到的画面效果如图11-34所示。

图11-33

图11-34

04 在“图层”面板中，单击选中智能滤镜的图层蒙版，如图11-35所示。

05 单击工具箱中的“画笔”工具，打开“画笔”面板，选择“柔边圆”笔刷，设置画笔“大小”为150像素，设置“硬度”为50%，如图11-36所示。

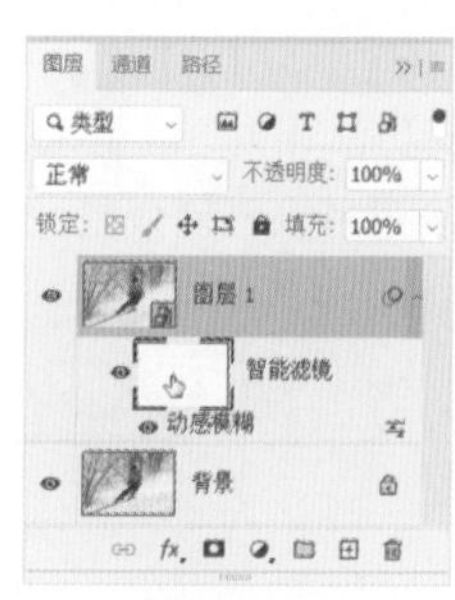

图11-35

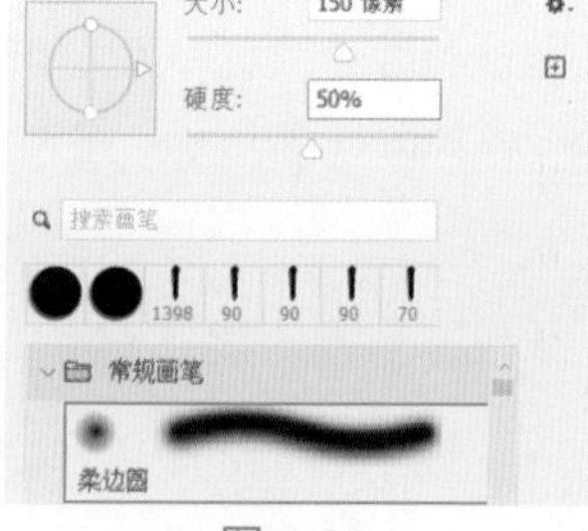

图11-36

06 将前景色设置为黑色，然后在画面中人像的位置进行涂抹，最终效果如图11-37所示。

图 11-37

11.4.4　扭曲滤镜组

扭曲滤镜组包括波浪、波纹、极坐标、挤压、切变、球面化、水波、旋转扭曲、置换等滤镜。这类滤镜效果通过创建三维或其他形体效果对图像进行几何变形，从而创建3D或其他扭曲效果。图11-38所示为扭曲滤镜组中“旋转扭曲”滤镜应用前后效果。

图 11-38

11.4.5　制作水中涟漪效果：一叶扁舟

下面主要利用“水波”滤镜来制作水中的涟漪。

01 启动Photoshop 2023软件，按快捷键Ctrl+O，打开相关素材中的“泸沽湖.jpg”文件，效果如图11-39所示。

02 按快捷键Ctrl+J复制“背景”图层，得到“图层1”。右击“图层1”，在弹出的快捷菜单中选择“转换为智能对象”选项，将复制得到的图层转换为智能对象。

03 执行“滤镜”|“扭曲”|“水波”命令，在打开的“水波”对话框中设置“数量”为100，设置“起伏”为20，“样式”选择“水池波纹”，如图11-40所示。

图11-39

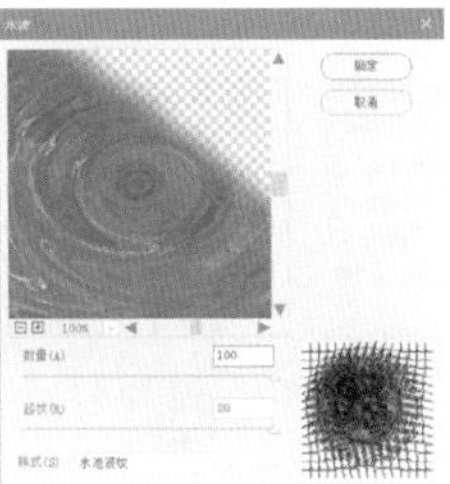

图11-40

04 设置完成后，单击“确定”按钮，此时得到的图像效果如图11-41所示。

05 在“图层”面板中选择水波所在的图层，单击“添加图层蒙版”图标，为该图层创建图层蒙版，如图11-42所示。

图11-41

图11-42

06 将前景色设置为黑色，选择工具箱中的“画笔”工具，打开“画笔”面板，选择“柔边圆”笔刷，将画笔调整到合适大小后，涂抹湖面上的小舟，将覆盖小舟的涟漪擦去，最终效果如图11-43所示。

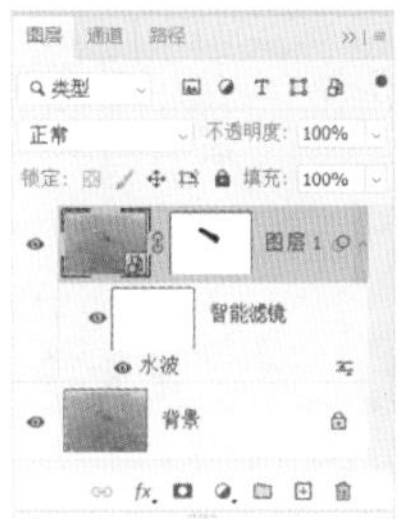

图11-43

11.4.6　锐化滤镜组

锐化滤镜组包含USM锐化、防抖、进一步锐化、锐化、锐化边缘、智能锐化等滤镜。通过这类滤镜效果可以增强相邻像素间的对比度，从而聚焦模糊的图像，使图像变清晰。图11-44所示为锐化滤镜组中“USM锐化”滤镜应用前后效果。

图 11-44

11.4.7　像素化滤镜组

像素化滤镜组包含彩块化、彩色半调、点状化、晶格化、马赛克、碎片、铜版雕刻等滤镜，这类滤镜效果可以使单元格中颜色值相近的像素结成块来清晰地定义一个选区，可用于创建彩块、点状、晶格和马赛克等特殊效果。图11-45所示为像素化滤镜组中“点状化”滤镜应用前后效果。

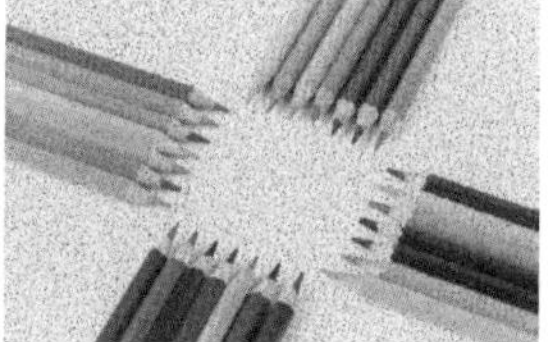

图 11-45

11.4.8 渲染滤镜组

渲染滤镜组包含火焰、图片框、树、分层云彩、光照效果、镜头光晕、纤维、云彩等滤镜。通过这类滤镜可以在图像中创建灯光效果、3D形状和折射图案等，是非常重要的特效制作滤镜。图11-46所示为渲染滤镜组中“镜头光晕”滤镜应用前后效果。

图 11-46

11.4.9 为照片添加唯美光晕：就在前面

“镜头光晕”滤镜常用于模拟因光照射到相机镜头产生折射而出现的眩光。虽然在拍摄时需要避免眩光的出现，但在后期处理时加入一些眩光，能使画面效果更加丰富。

01 启动Photoshop 2023软件，按快捷键Ctrl+O，打开相关素材中的“户外.jpg”文件，效果如图11-47所示。

02 由于该滤镜需要直接作用于画面，容易对原图造成破坏，因此需要新建图层，并为其填充黑色，然后将图层的混合模式设置为“滤色”，如图11-48所示。这样既可将黑色部分去除，又不会对原始画面造成破坏。

03 选择“图层1”，执行“滤镜”|“渲染”|“镜头光晕”命令，在打开的“镜头光晕”对话框中，拖曳缩览图中的“+”标志，即可调整光源的位置，并对光源的“亮度”与“镜头类型”进行调整，如图11-49所示。调整完成后，单击“确定”按钮，最终效果如图11-50所示。

图11-47

图11-48

图11-49

图11-50

04 重复上述操作，新建一个图层，填充黑色，设置图层混合模式为“滤色”，添加“镜头光晕”滤镜，画面的显示效果如图11-51所示。

图11-51

延伸讲解

如果觉得效果不满意，可以在填充的黑色图层上进行位置或缩放比例的修改，避免对原图层造成破坏。此外，可以按快捷键Ctrl+J复制得到另一个图层并进行操作。

11.4.10 杂色滤镜组

杂色滤镜组包含减少杂色、蒙尘与划痕、去斑、添加杂色、中间值5种滤镜。通过这类滤镜效果，可以添加或去除杂色或带有随机分布色阶的像素，创建与众不同的纹理。图11-52所示为杂色滤镜组中“添加杂色”滤镜应用前后效果。

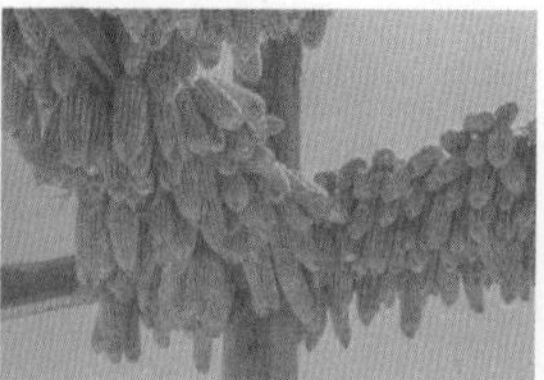

图 11-52

11.4.11　雪景制作：风雪飘摇

“添加杂色”滤镜可以在图像中添加随机的单色或彩色像素点，下面通过该滤镜打造雪景效果。

01 启动Photoshop 2023软件，按快捷键Ctrl+O，打开相关素材中的“雪景.jpg”文件，效果如图11-53所示。

图11-53

02 新建图层，设置前景色为黑色。使用“矩形选框”工具 在画面中绘制一个矩形选框，按快捷键Alt+Delete填充黑色，然后按快捷键Ctrl+D取消选择，如图11-54所示。

图11-54

03 选择“图层1”，执行“滤镜”|“杂色”|“添加杂色”命令，在打开的“添加杂色”对话框中设置“数量”为25%，选中“高斯分布”单选按钮，勾选“单色”复选框，如图11-55所示，单击“确定”按钮，完成设置。

04 在“图层1”选中状态下，使用“矩形选框”工具 绘制一个小一些的矩形选区，如图11-56所示。

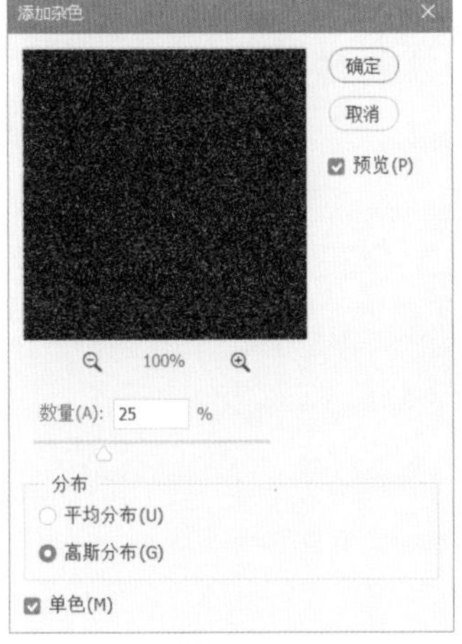

图11-55

图11-56

05 按快捷键Ctrl+Shift+I将选区反选，按Delete键删除反选部分的图像。按快捷键Ctrl+D取消选择，此时画面中只留下小部分黑色矩形，如图11-57所示。

图11-57

06 按快捷键Ctrl+T进行自由变换，将矩形放大到与画面大小一致，如图11-58所示。

图11-58

07 执行“滤镜”|“模糊”|“动感模糊”命令，在打开的“动感模糊”对话框中设置“角度”为-40度，设置“距离”为30像素，如图11-59所示，设置完成后，单击“确定”按钮。

08 在“图层”面板中设置“图层1”的混合模式为“滤色”，设置“不透明度”为75%，如图11-60所示。

09 按快捷键Ctrl+J复制得到“图层1 拷贝”图层，然后按快捷键Ctrl+T进行自由变换，适当放大，使雪更具层次感，最终效果如图11-61所示。

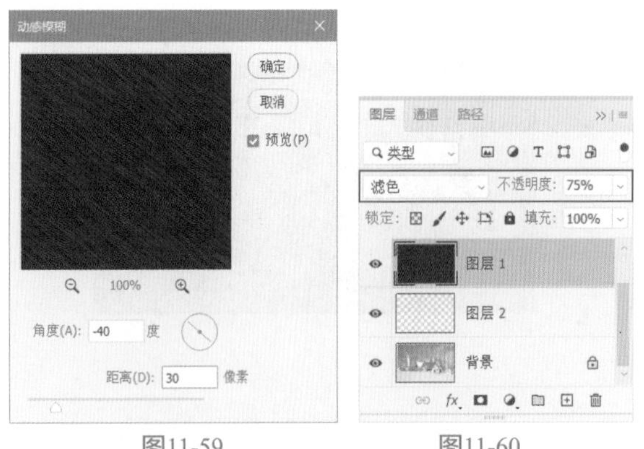

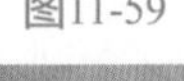

图11-59　　图11-60

图11-61

11.4.12 其它滤镜

“其它”滤镜组中有允许用户自定义滤镜的命令，也有使用滤镜修改蒙版、在图像中使选区发生位移和快速调整颜色的命令。“其它”滤镜组包含“HSB/HSL”“高反差保留”“位移”“自定”“最大值”“最小值”滤镜，如图11-62所示。

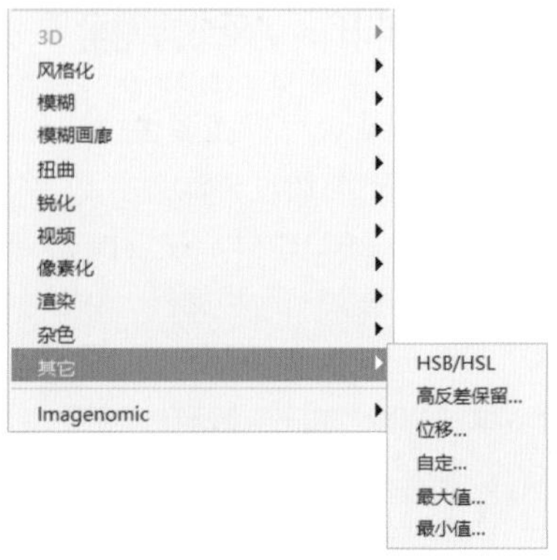

图 11-62

11.5 Camera Raw 滤镜

作为一款功能强大的RAW图像编辑工具软件，Adobe Camera Raw不仅可以处理Raw文件，也能够对JPG文件进行处理。Camera Raw主要针对数码照片进行修饰和调色编辑，可在不损坏原片的前提下批量、高效、专业、快速地处理照片。

11.5.1 Camera Raw 工作界面

在Photoshop中打开一张RAW格式的照片会自动启动Camera Raw。对于其他格式的图像，则需要执行“滤镜”|“Camera Raw滤镜”命令来打开Camera Raw。Camera Raw的工作界面简洁实用，如图11-63所示。

转换并存储对象　打开“首选项”对话框

直方图

工具栏

图像调整选项卡

缩放图像　切换视图

图 11-63

如果是直接在Camera Raw中打开的文件，完成参数调整后单击“打开对象”按钮，如图11-64所示，即可在Photoshop中打开文件。如果是通过执行“滤镜”|“Camera Raw滤镜”命令打开的文件，则需要在工作界面右下角单击“确定”按钮完成操作。

图 11-64

延伸讲解

在数码单反相机的照片存储设置中可以选择JPG或RAW，即使在拍摄时选择了RAW，但最后成片的后缀名并不是“.raw”，图11-65所示为佳能数码相机拍摄的RAW文件。“.raw”并不是一种图像格式的后缀名，准确地说RAW不是图像文件，而是一个数据包，我们可以将它理解为照片在转换为图像之前的一系列数据信息。

图 11-65

11.5.2　Camera Raw 工具栏

在Camera Raw工作界面右侧的工具栏中提供了常用工具，用来对画面的局部进行处理。为了方便显示工具栏，对其旋转后如图11-66所示。

图 11-66

11.5.3　图像调整选项卡

在Camera Raw工作界面的右侧集中了大量的图像调整命令，这些命令被分为多个组，以“选项卡”的形式展示在界面中。与常见的文字标签形式的选项卡不同，这里是以按钮的形式显示，单击某一按钮，即可切换到相应的选项卡，如图11-67所示。

图像调整命令说明如下。

- 基本：用来调整图像的基本色调与颜色品质。
- 曲线：用来对图像的亮度、阴影等进行调节。
- 细节：用来锐化图像与减少杂色。
- 混色器：可以对颜色进行色相、饱和度、明度等设置。
- 颜色分级：可以分别对中间调区域、高光区域和阴影区域进行色相和饱和度的调整。
- 光学：用来去除由于镜头原因造成的图像缺陷，如扭曲、晕影、紫边等。
- 几何：校正图像的透视效果。
- 效果：可以为图像添加或去除杂色，还可以用来制作晕影暗角特效。
- 校准：不同相机都有自己的颜色与色调调整设置，拍摄出的照片颜色也会存在些许偏差。在“校准”选项卡中，可以对这些色偏问题进行校正。

图 11-67

11.5.4 实战——使用 Camera Raw 滤镜

通过Camera Raw滤镜可以有效地校正图像色偏，下面介绍Camera Raw滤镜的使用方法。

01 启动Photoshop 2023软件，按快捷键Ctrl+O，打开相关素材中的“人像.jpg”文件，效果如图11-68所示。

02 执行“滤镜”|“Camera Raw滤镜”命令，打开Camera Raw工作界面，如图11-69所示。

图11-68

图11-69

03 在“基本”选项卡中，如图11-70所示调整图像的基本色调与颜色品质，调整后的图像效果如图11-71所示。

04 展开“混色器”选项卡，在其中分别调整图像的“色相”“饱和度”和“明亮度”参数，如图11-72～图11-74所示。

图11-70

05 展开“效果”选项卡，在其中调整“颗粒”参数，如图11-75所示。

图11-71

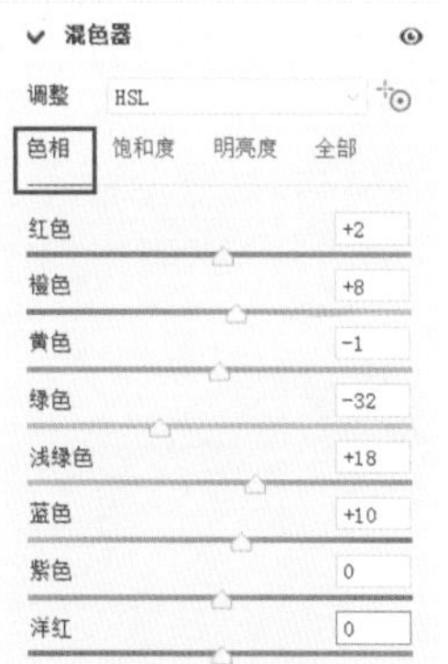

图11-72

图11-73

图11-74

图11-75

06 完成上述设置后，单击“确定”按钮保存操作，最终图像效果如图11-76所示。

图11-76

11.6 应用案例：日出布达拉宫

在Camera Raw滤镜中为不同的对象添加蒙版，可以有针对性地调整参数，使画面呈现特定的效果。在本节中，通过为主体建筑、天空、远山添加蒙版，单独调整样式参数，展现在朝阳映衬下布达拉宫的高远与肃穆。

01 启动Photoshop 2023软件，按快捷键Ctrl+O，打开相关素材中的“日出布达拉宫.jpg”文件，效果如图11-77所示。

02 在图层蒙版中选择“背景”图层，双击将其转换为普通图层。选择图层后右击，在弹出的快捷菜单中选择“转换为智能对象”选项。

03 执行“滤镜”|“Camera Raw滤镜”命令，打开滤镜对话框。在右上角的工具栏中单击“蒙版”按钮，如图11-78所示，进入蒙版参数界面。

04 在“创建新蒙版”选项组下单击“主体”按钮，如图11-79所示。滤镜自动识别画面中的主体，如图11-80所示，接着根据选择范围创建“蒙版1”。

图11-77　　图11-78

图11-79

图11-80

05 展开“蒙版1”中的参数列表，分别设置“亮”“颜色”“效果”“细节”选项栏中的参数，如图11-81所示。

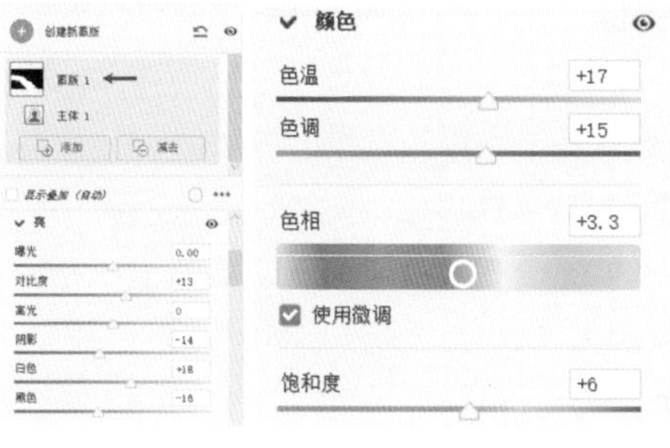

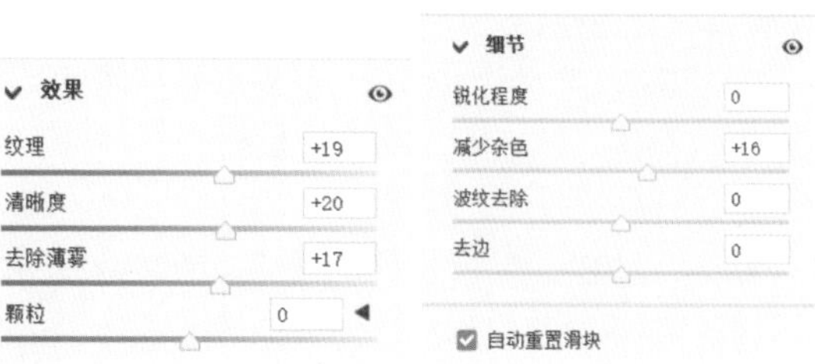

图11-81

06 此时观察主体建筑的显示效果，如图11-82所示。

07 在“创建新蒙版”选项组下单击“天空”按钮，创建“蒙版2”。设置“亮”选项组中的参数，如图11-83所示。

图11-82

图11-83

08 展开“颜色”“效果”选项组，继续设置参数，如图11-84所示。

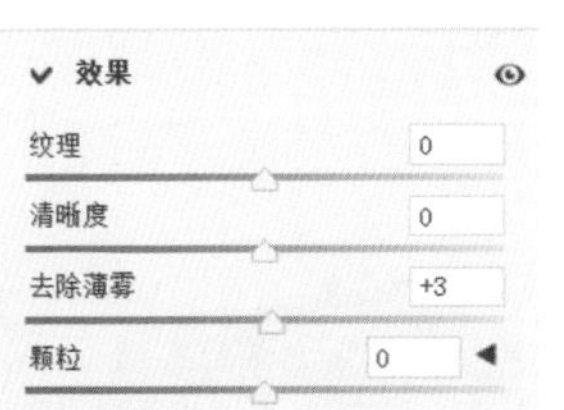

图11-84

09 在“创建新蒙版”选项组下单击“物体”按钮 物体，移动光标涂抹远山区域，如图11-85所示。创建“蒙版3”。

图11-85

10 展开“效果”“细节”选项组，设置参数如图11-86所示。

11 在右上角的工具栏中单击“编辑”按钮，接着展开界面中的“效果”选项组，设置参数如图11-87所示。

12 单击“确定”按钮，保存参数设置并关闭对话框。在“图层”面板中，显示添加滤镜的效果，如图11-88所示。

图11-86

图11-87

图11-88

13 观察图片添加滤镜后的显示效果，如图11-89所示。

图11-89

11.7 课后练习：墨池荷香

在本节中，使用Photoshop内置滤镜，将普通照片转换为水墨画。

01 打开“荷花.jpg”素材，按快捷键Ctrl+J复制得到“图层1”，执行“图像”|“调整”|“阴影/高光”命令，在“阴影/高光”对话框中调整“数量”参数。

02 执行“图像”|“调整”|“黑白”命令，在“黑白”对话框中调整颜色参数。

03 执行“选择”|“色彩范围”命令，打开“色彩范围”对话框，用“吸管”工具选取画面中的黑色背景，将其载入选区，并调整颜色“容差”值为80。

04 执行“图像”|“调整”|“反相”命令，将黑色背景转换为白色，按快捷键Ctrl+D取消选择。

05 选择“直排文字”工具IT，在画面中输入文字“墨池荷香”，并调整到合适大小及位置。

06 将图像与文字所在的图层合并，创建“照片滤镜”调整图层，调整“浓度”参数。

07 为“墨池荷香”图层执行“图像”|“调整”|“色阶”命令，在“色阶”对话框中调整参数。

08 使用“矩形”工具绘制一个与文档大小一致的绿色（#8c9282）矩形，放置在“墨池荷香”图层下方，并选择“墨池荷香”图层，按快捷键Ctrl+T进行自由变换，将图像适当缩小，最终效果如图11-90所示。

图11-90

11.8 复习题

打开图像后复制图层副本，将图层副本转换为智能对象，并为其添加“滤镜库”中的“基底凸现”滤镜。将图层副本的图层混合模式改为“明度”，再调整“不透明度”值，效果如图11-91所示。

图11-91

第 12 章

AI 时代：智能绘图

利用Photoshop 2023中的AI绘图工具，可以实现智能绘图的目的，帮助用户在极短的时间内达到预期的效果，并且可以避免一些烦琐的操作。本章主要介绍AI绘图工具的用法。

12.1 认识 AI 技术

人工智能（Artificial Intelligence，AI）是研究、开发用于模拟、延伸和扩展人的智能的理论、方法、技术及应用系统的一门新的技术科学。人工智能是新一轮科技革命和产业变革的重要驱动力量。

人工智能的主要成果包括人机对弈、模式识别、自动工程、知识工程。直至目前，这些领域仍然在继续发展，如近些年如火如荼的智能家居也是人工智能发展的一个成果，如图12-1所示。

图12-1

其中模式识别早已被应用到日常生活中，包括人像识别（如图12-2所示）、指纹识别（如图12-3所示）、文字识别、图像识别、物体识别、车牌识别以及语音识别等。

图12-2

图12-3

人工智能对社会产生的不可忽视的影响如下。

1. 人工智能对自然科学的影响

在需要使用数学计算机工具解决问题的学科，AI带来的帮助不言而喻。更重要的是，AI反过来有助于人类最终认识自身智能的形成。

2. 人工智能对经济的影响

专家系统更深入各行各业，带来巨大的宏观效益。AI也促进了计算机工业网络工业的发展，能够代替人类进行各种技术工作和脑力劳动。

3. 人工智能对社会的影响

AI为人类文化生活提供了新的模式。现有的游戏将逐步发展为更高智能的交互式文化娱乐手段，今天，游戏中的人工智能应用已经深入到各大游戏制造商的开发中。

12.2 Camera Raw 滤镜中的预设功能

Camera Raw滤镜中的预设功能提供了多种编辑

图像的工具，利用这些工具，用户可以一键完成编辑，并预览操作效果。

12.2.1 自适应人像：微笑的小女孩

利用自适应人像预设功能，可以快速为图像添加效果，如增强人像、美白牙齿、使眉毛变暗、增强衣服等。最后再调整图像的明暗、添加颗粒与晕影等即可完成操作。

01 启动Photoshop 2023软件，按快捷键Ctrl+O，打开相关素材中的“微笑的小女孩.jpg”文件，效果如图12-4所示。

图12-4

02 在图层面板中选择“背景”图层，双击将其转换为普通图层。在图层上右击，在弹出的快捷菜单中选择“转换为智能对象”选项。

03 执行“滤镜”|“Camera Raw滤镜”命令，打开对话框。单击右侧工具栏中的“预设”按钮，在“预设”列表中展开“自适应：人像”列表。

04 在列表中选择“增强人像”选项，此时弹出一个对话框，显示正在更新AI设置，如图12-5所示。稍等片刻，对话框关闭后完成应用效果的操作。

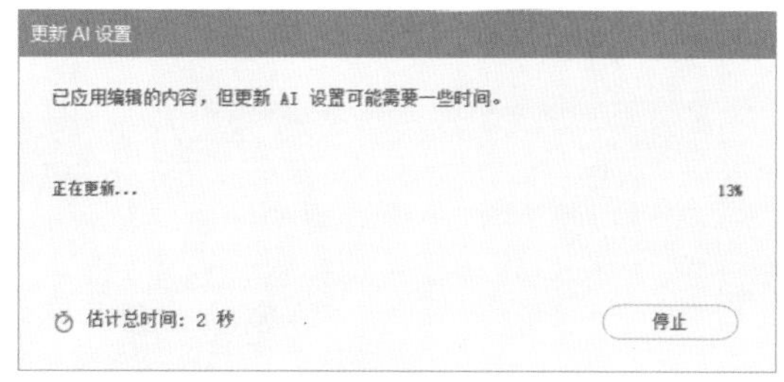

图12-5

05 在列表中选择“使眉毛变暗”选项，并在“随样性-使眉毛变暗”选项中将滑块向右移动，或者直接在文本框中输入200，在窗口中观察眉毛变暗的效果，如图12-6所示。

06 在列表中选择“顺滑头发”选项，并向右移动“随样性-顺滑头发”滑块，如图12-7所示。

07 选择“增强衣服”选项，效果与参数设置如图12-8所示。

08 选择列表右侧的矩形滑块，向下滑动，展开“颜色”列表，在其中选择“自然”选项，在“颜色-自然”选项中设置参数，如图12-9所示。

图12-6

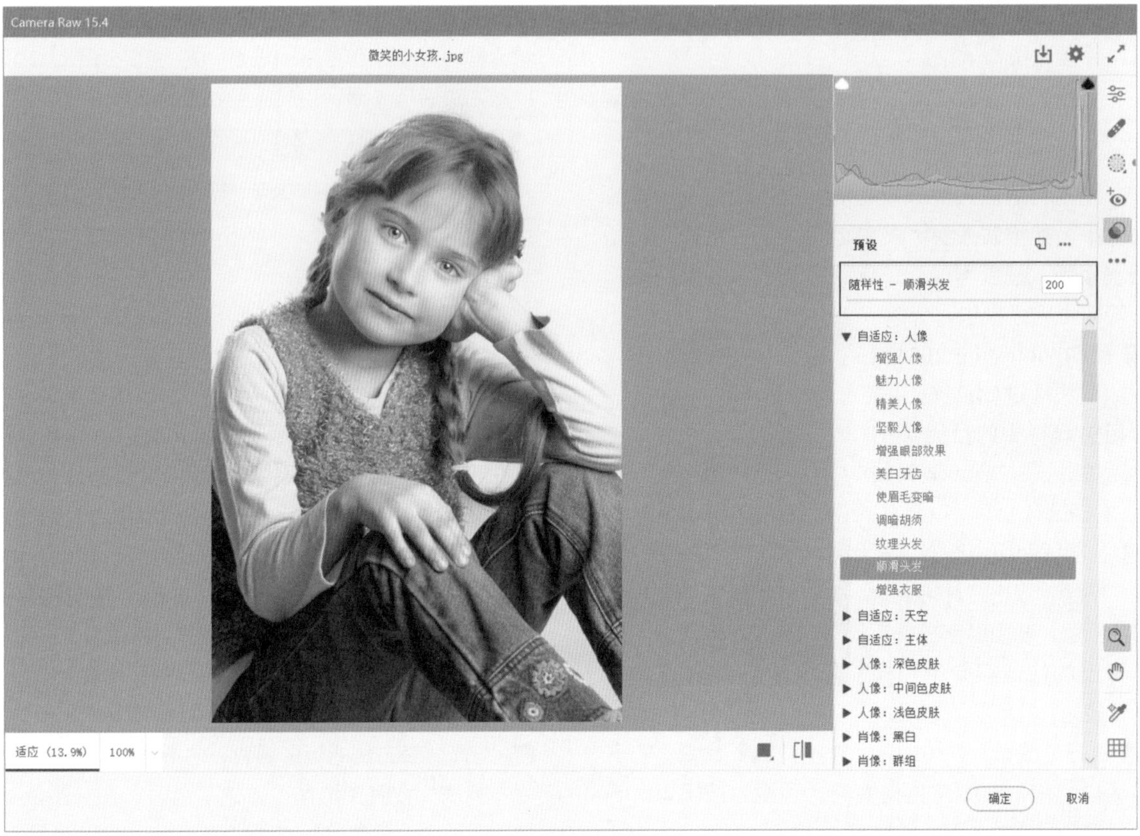
Camera Raw 15.4
微笑的小女孩.jpg
预设
随样性 – 顺滑头发
200
▼ 自适应：人像
增强人像
魅力人像
精美人像
坚毅人像
增强眼部效果
美白牙齿
使眉毛变暗
调暗胡须
纹理头发
顺滑头发
增强衣服
▶ 自适应：天空
▶ 自适应：主体
▶ 人像：深色皮肤
▶ 人像：中间色皮肤
▶ 人像：浅色皮肤
▶ 肖像：黑白
▶ 肖像：群组
适应（13.9%）
100%
确定
取消

图12-7

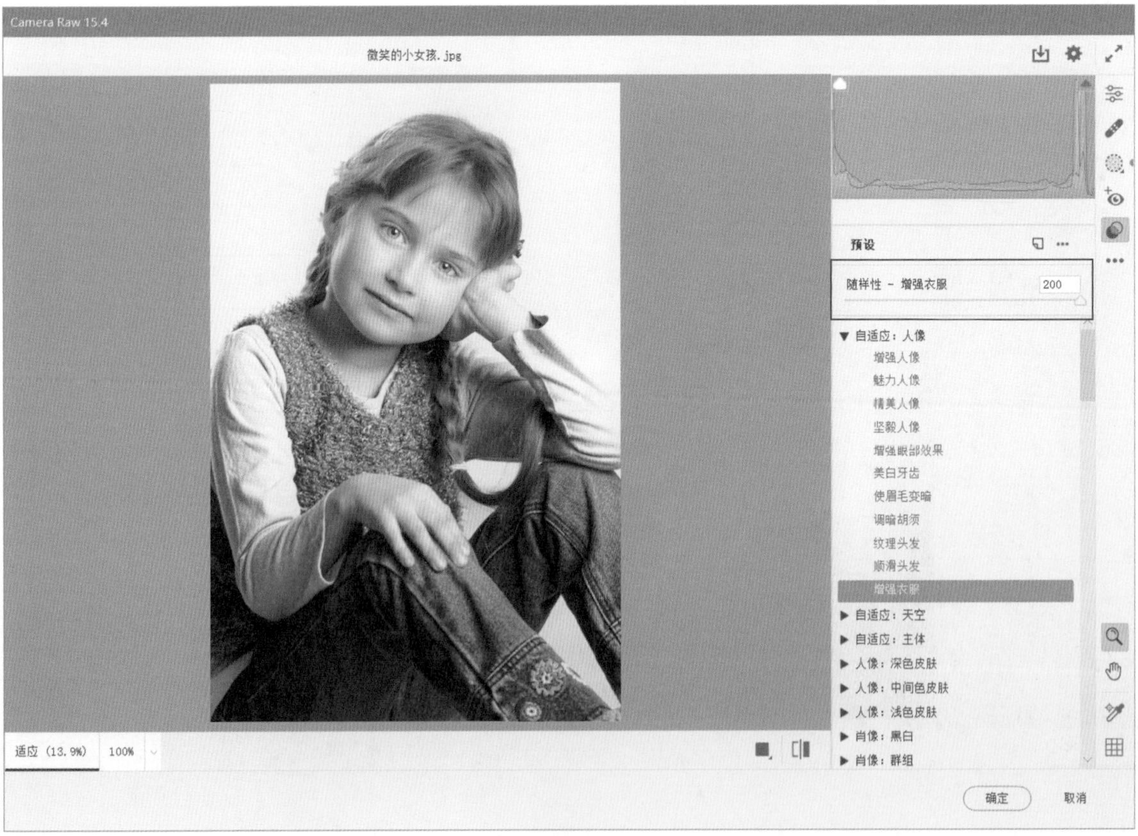
Camera Raw 15.4
微笑的小女孩.jpg
预设
随样性 – 增强衣服
200
▼ 自适应：人像
增强人像
魅力人像
精美人像
坚毅人像
增强眼部效果
美白牙齿
使眉毛变暗
调暗胡须
纹理头发
顺滑头发
增强衣服
▶ 自适应：天空
▶ 自适应：主体
▶ 人像：深色皮肤
▶ 人像：中间色皮肤
▶ 人像：浅色皮肤
▶ 肖像：黑白
▶ 肖像：群组
适应（13.9%）
100%
确定
取消

图12-8

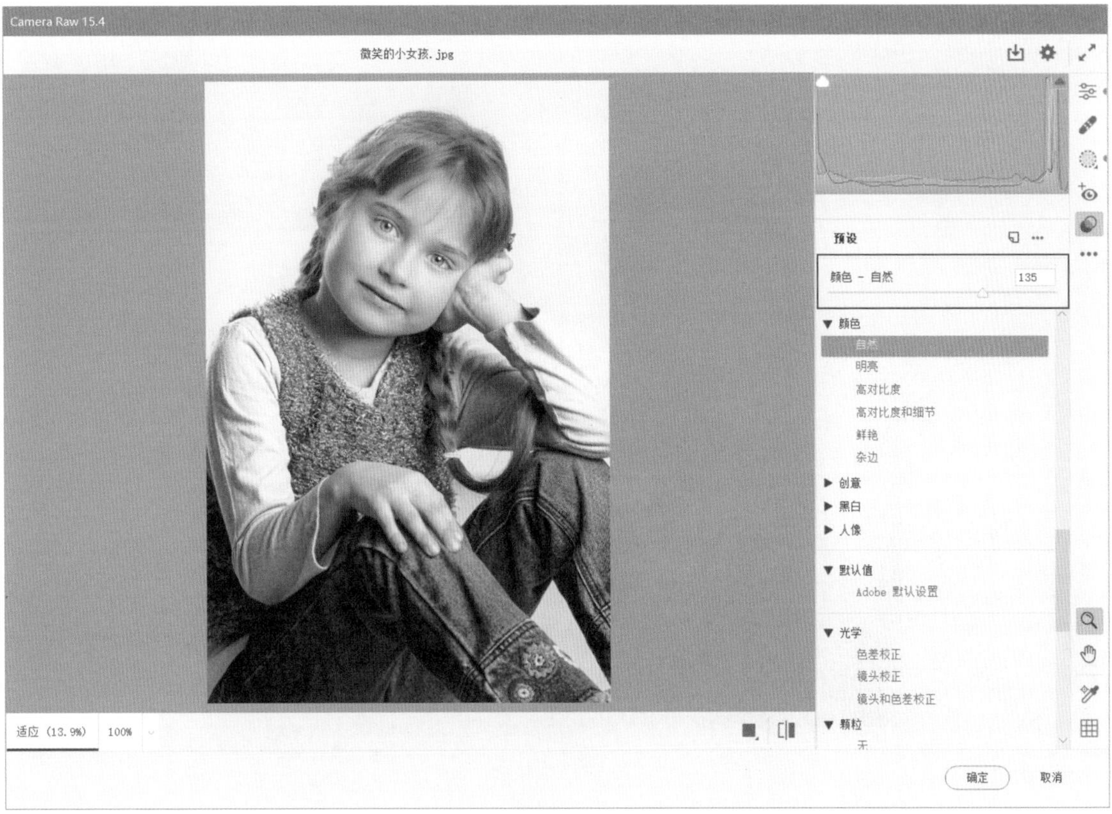

图12-9

09 展开“颗粒”列表，选择“中”选项，并在“颗粒-中”选项中设置参数，如图12-10所示。

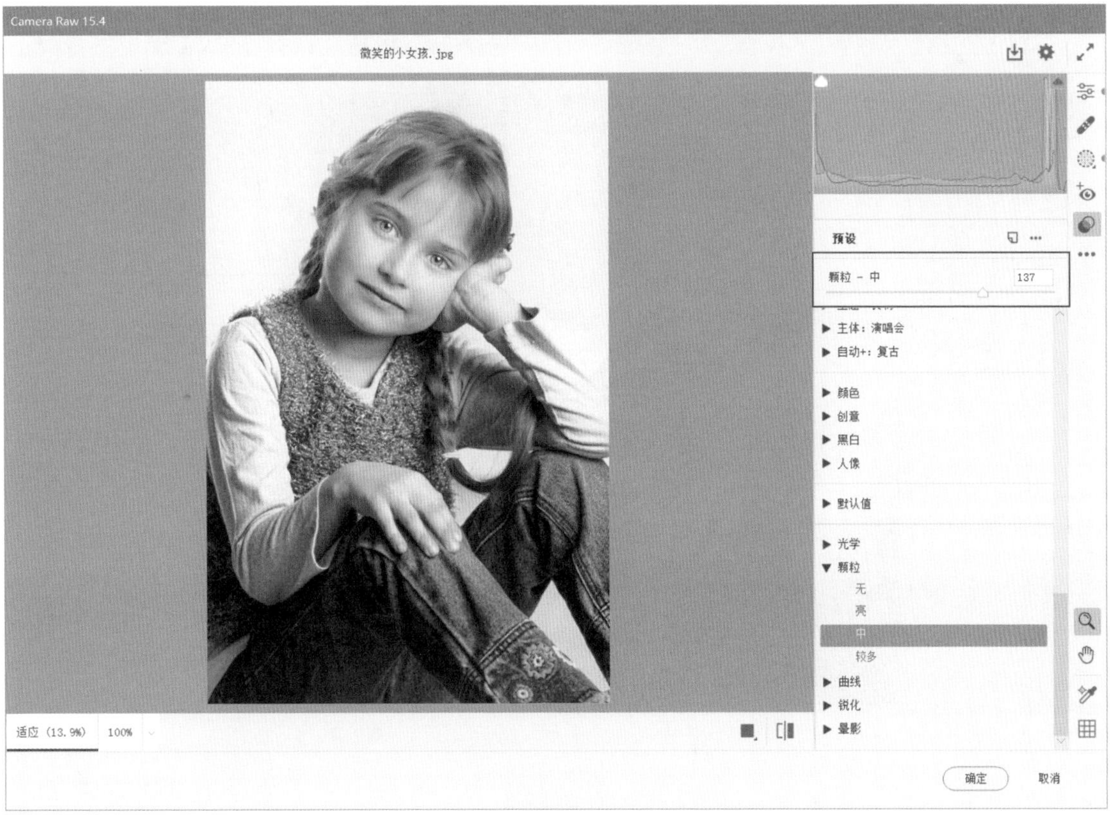

图12-10

10 展开“曲线”列表，选择“反冲”选项，在“曲线-反冲”选项中设置参数，如图12-11所示。

图12-11

11 在“晕影”列表中选择“中”选项，“晕影-中”选项中的参数保持不变，如图12-12所示。

图12-12

12 单击“确定”按钮关闭对话框，观察最终效果，如图12-13所示。

图12-13

12.2.2 自适应天空：夕阳的余晖

添加Camera Raw中的“自适应天空”功能，可以智能地调整天空，创造性地更改显示效果。为天空添加“夕阳余晖”效果，如图12-14所示。通过调整“预设”选项下的参数，可以增加或减弱效果。

12.2.3 自适应主体：阳光灿烂的女子

添加Camera Raw中的“自适应主体”功能，可以有针对性地调整图像中的人物，为其设置各种显示样式，如“流行”“暖色流行”以及“柔和”样式等。选择“鲜亮”样式，调整参数为200，使人物在场景中更加突出，如图12-15所示。

12.2.4 人像：心有所喜

添加Camera Raw中的“人像”功能，可以为人像添加“深色皮肤”“中间色皮肤”“浅色皮肤”样式。应用样式后，为了适应人像，人像背景也会联动修改，使效果更加自然。图12-16所示为应用“中间色皮肤”样式的效果。

图12-14

图12-15

图12-16

12.2.5 肖像：意大利女子

添加Camera Raw中的“肖像”功能，自动选择场景中的人物进行修改。在“预设”列表中提供“黑白”“群组”“鲜明”三种样式供用户选择。其中，在样式列表中又有若干不同的效果，对人像进行更加细致的调整。为人像应用“黑白”样式的效果如图12-17所示。

图12-17

12.2.6 风格：关键时刻

添加Camera Raw中的“风格”功能，用来调整图像的显示风格，有“电影”“复古”及“未来”三种风格可供选择。为图像添加“电影”风格的显示效果如图12-18所示。

图12-18

12.2.7 季节：草原之秋

添加Camera Raw中的“季节”功能，可以快速地转换图像季节，提供“春季”“夏季”“秋季”“冬季”四个季节样式。图12-19所示为应用“秋季”样式后图像的显示效果。

图12-19

12.2.8　视频创意：欢乐开怀

添加Camera Raw中的“视频创意”功能，可以为画面添加多种效果。展开“视频：创意”列表，选择其中一种效果，观察应用结果，如图12-20所示。

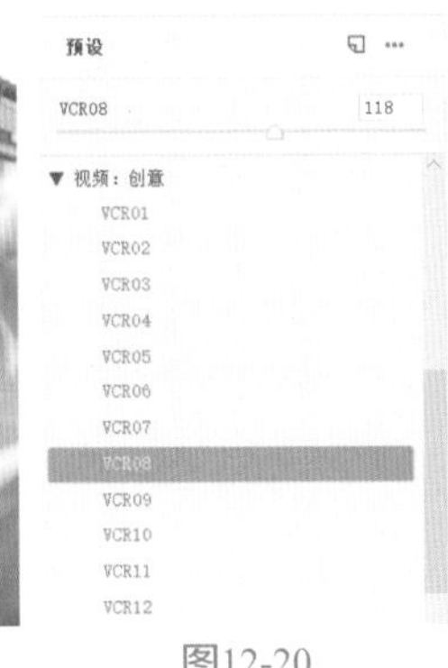

图12-20

12.2.9　样式：父子情

添加Camera Raw中的“样式”功能，营造与原图像不同的画面效果，有“电影感Ⅱ”“黑&白”两种样式可供选择。选择“黑&白”样式，以黑白灰三种颜色覆盖图像，调整滑块的位置或输入参数，图像的显示效果如图12-21所示。

图12-21

12.2.10　主题预设：多种样式

Camera Raw中有六种主题样式，分别为“城市建筑”“风景”“旅行”“旅行Ⅱ”“生活方式”“食物”。根据不同的图像为其添加不同的主题预设风格，可以跳过设置繁杂参数的步骤，直接获得效果。

展开“主题：城市建筑”列表，选择其中一种样式，为城市建筑更换显示效果，如图12-22所示。

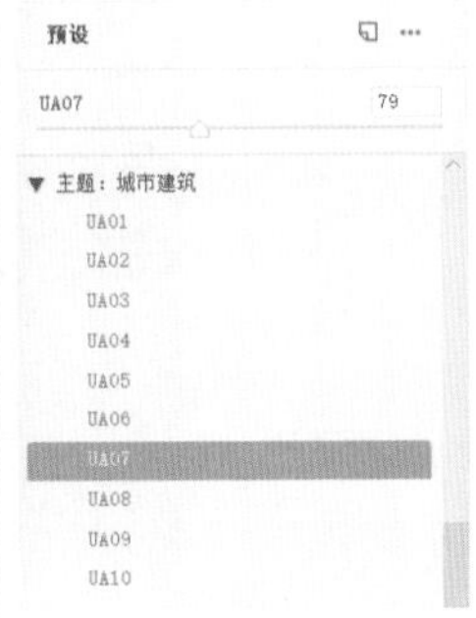

图12-22

展开“主题：食物”列表，选择最后一种样式，增加食物图像的饱和度与对比度，如图12-23所示。

图12-23

限于篇幅，其他主题样式的应用效果就不在此一一展示，读者可以自行操作并观察应用样式后的图像效果。

12.2.11 演唱会：摇滚之夜

添加Camera Raw中的“主体：演唱会”功能，为画面营造演唱会的现场感，如图12-24所示。有多种样式可供选择，包括冷色调与暖色调。

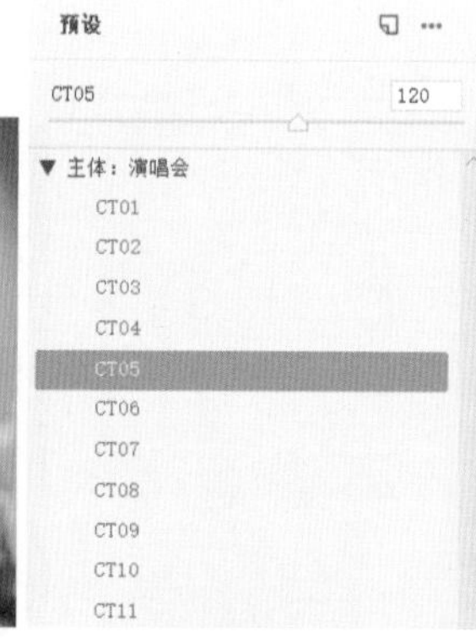

图12-24

12.2.12 复古：宫墙之外

首先添加Camera Raw中的“自动：复古”功能，再调整图像的颜色、亮度，最后添加晕影，为画面营造复古风格。

01 启动Photoshop 2023软件，按快捷键Ctrl+O，打开相关素材中的“佳人.jpg”文件，效果如图12-25所示。

02 在图层面板中选择“背景”图层，双击将其转换为普通图层。在图层上右击，在弹出的快捷菜单中选择“转换为智能对象”选项。

03 执行“滤镜”|“Camera Raw滤镜”命令，打开对话框。单击右侧工具栏中的“预设”按钮，在“预设”列表中展开“自动：复古”列表。

04 在列表中选择样式，画面效果如图12-26所示。

05 展开“颜色”列表，选择“高对比度和细节”选项，设置参数为98，如图12-27所示。

06 展开“曲线”列表，选择“反冲”选项，设置参数为122，结果如图12-28所示。

图12-25

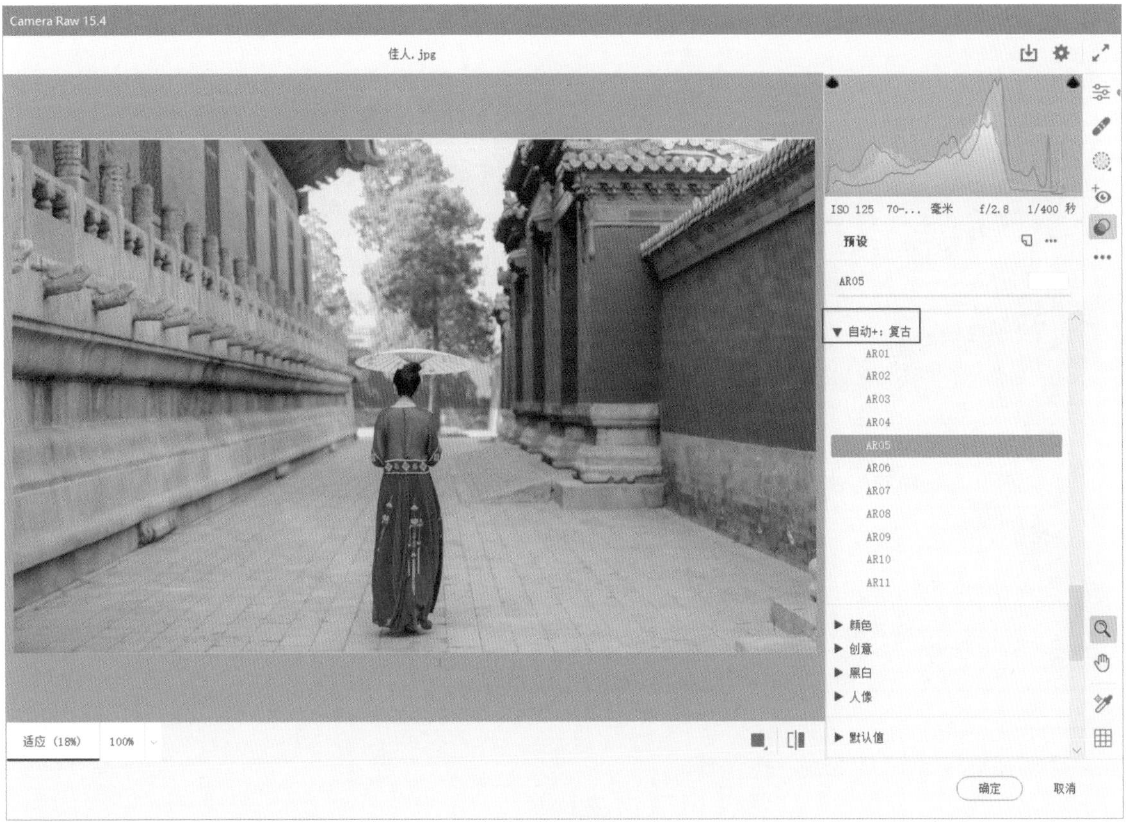
Camera Raw 15.4
佳人.jpg
ISO 125 70-... 毫米 f/2.8 1/400 秒
预设
AR05
自动+：复古
AR01
AR02
AR03
AR04
AR05
AR06
AR07
AR08
AR09
AR10
AR11
颜色
创意
黑白
人像
默认值
适应（18%）
100%
确定
取消

图12-26

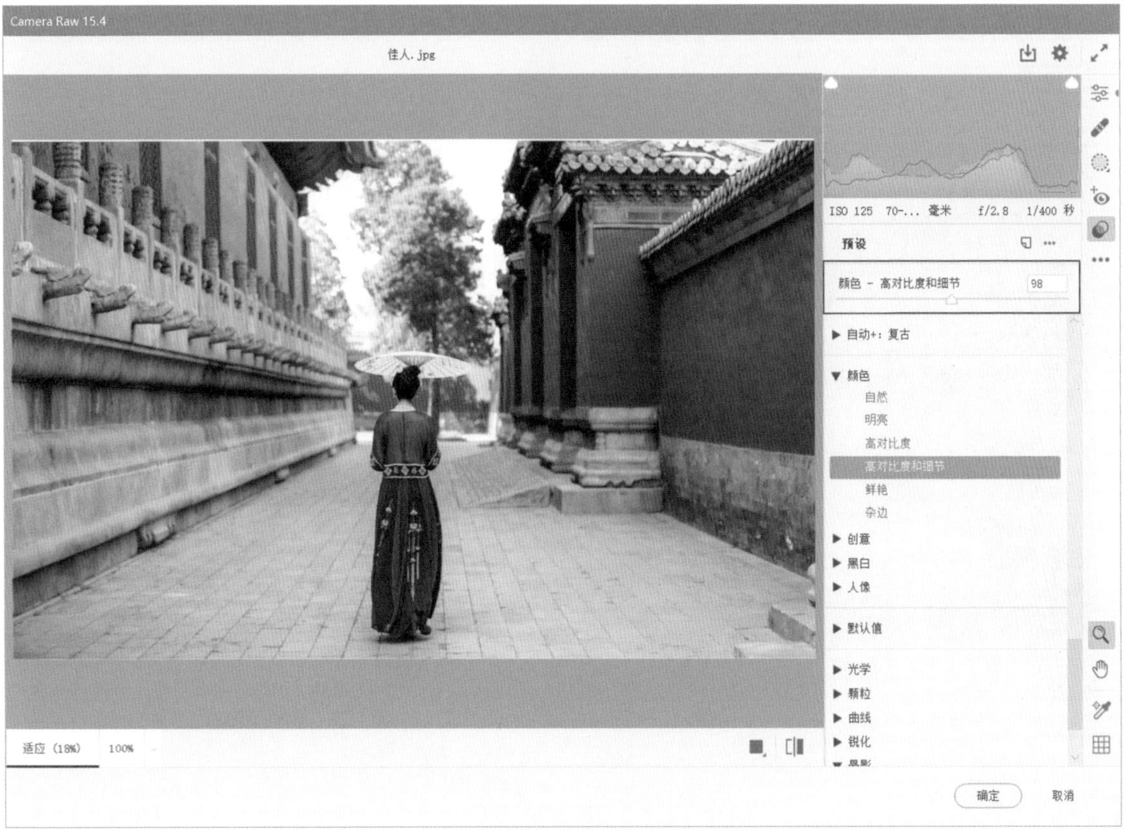
Camera Raw 15.4
佳人.jpg
ISO 125 70-... 毫米 f/2.8 1/400 秒
预设
颜色 - 高对比度和细节 98
自动+：复古
颜色
自然
明亮
高对比度
高对比度和细节
鲜艳
杂边
创意
黑白
人像
默认值
光学
颗粒
曲线
锐化
适应（18%）
100%
确定
取消

图12-27

图12-28

07 展开“晕影”列表，选择“较多”选项，参数保持默认值不变，为图像添加晕影的结果如图12-29所示。

图12-29

08 单击“确定”按钮关闭对话框，最终效果如图12-30所示。

图12-30

12.3 创成式填充

执行创成式填充操作，可以在已有对象的基础上进行改动，如更改与扩充背景、添加与删除元素、快速变更服装风格等智能操作。

12.3.1 扩充背景：盛夏时节

利用“创成式填充”工具，可以扩充图像的背景，使图像的视野更加开阔。

01 启动Photoshop 2023软件，按快捷键Ctrl+O，打开相关素材中的“海滩.jpg”文件，效果如图12-31所示。

图12-31

02 选择“裁剪”工具，将光标放置在裁剪框的右侧，按住鼠标左键不放向左拖动光标，增加画布的宽度，如图12-32所示。

图12-32

03 选择“矩形选框”工具，在图像的左侧绘制选框，需要框选一部分图像内容，如图12-33所示。

图12-33

04 在上下文任务栏中单击“创成式填充”按钮，如图12-34所示。

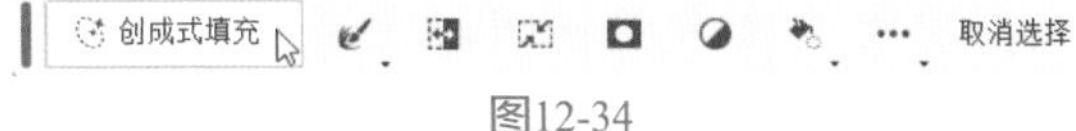

图12-34

05 不输入任何内容，直接单击“生成”按钮，接着显示填充进度栏，如图12-35所示。

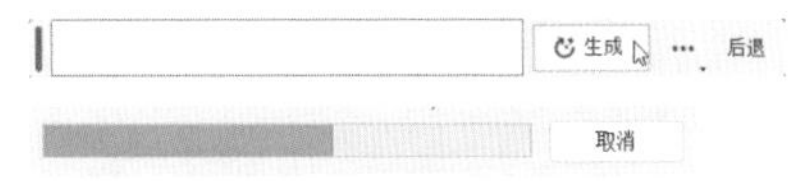

图12-35

06 稍等片刻，即可将背景扩充至指定区域，如图12-36所示。

图12-36

07 如果不满意当前的填充效果，可以在“属性”面板中选择其他样式，如图12-37所示。

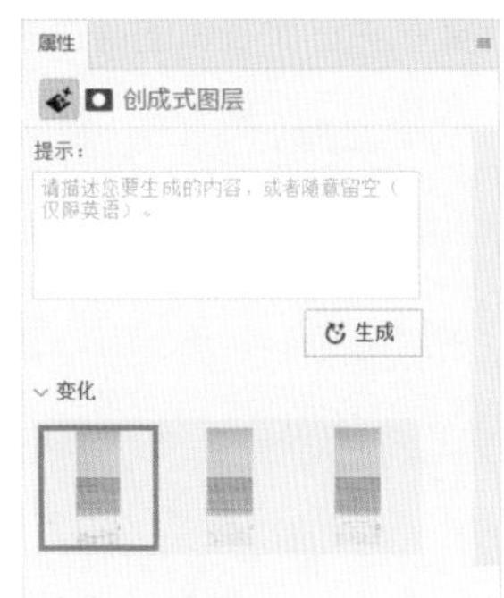

图12-37

08 利用“裁剪”工具增加画布高度，绘制矩形选框，如图12-38所示。

09 在上下文任务栏中依次单击“创成式填充”“生成”按钮，扩充天空背景，如图12-39所示。

10 选择“裁剪”工具，“矩形选框”工具，向右增加画布宽度，并指定填充区域，如图12-40所示。

图12-38

图12-39

图12-40

11 扩充图像右侧的背景效果如图12-41所示。

图12-41

12 在"图层"面板中显示三个创成式图层，记录填充历史，如图12-42所示。

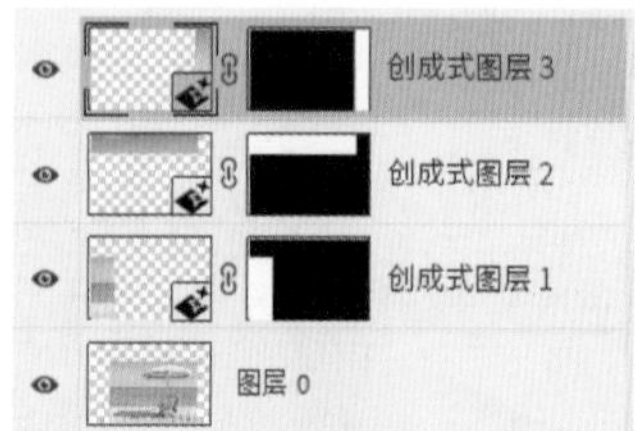

图12-42

12.3.2 快速换装：春天来了百花开

在图像上创建选区，然后在上下文任务栏中输入英文描述填充内容，系统即可按照提示文字执行生成操作。

01 启动Photoshop 2023软件，按快捷键Ctrl+O，打开相关素材中的"春天.jpg"文件，效果如图12-43所示。

图12-43

02 选择"多边形套索"工具，在图像上创建选区，指定填充范围，如图12-44所示。

图12-44

03 在上下文任务栏中单击"创成式填充"按钮，接着输入"White Dress"，即"白色连衣裙"，单击"生成"按钮即可，如图12-45所示。

White Dress　生成　…　后退

图12-45

04 稍等片刻，查看生成结果，如图12-46所示。

05 如果对填充结果不满意，在“属性”面板中选择任一生成结果，单击右上角的“生成”按钮，系统会再次执行生成操作，显示三款连衣裙供用户选择。可以多次执行生成操作，在得到的结果里择优选取，如图12-47所示。

06 选择合适的结果，按快捷键Ctrl+D取消选区，效果如图12-48所示。

图12-46

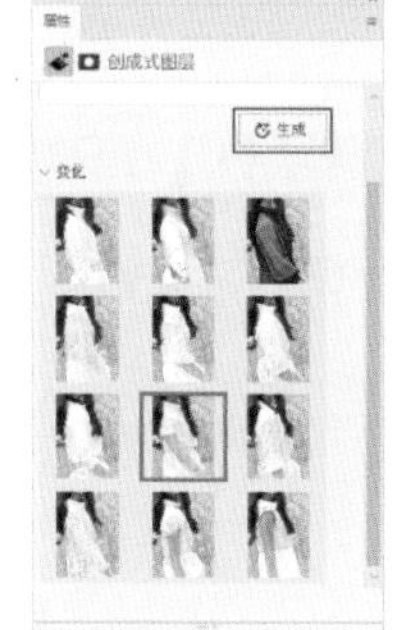

图12-47

图12-48

12.3.3　替换背景：新嫁娘

选择图像背景，执行“创成式填充”操作，可以更换背景。输入关键词，如场景类型、构成元素、时间等，系统会按照设定生成背景。

01 启动Photoshop 2023软件，按快捷键Ctrl+O，打开相关素材中的“新嫁娘.jpg”文件，效果如图12-49所示。

图12-49

02 单击上下文任务栏中的“选择主体”按钮，稍等片刻，选择图像中的人物，如图12-50所示。

图12-50

03 按快捷键Ctrl+Shift+I，反选选区，此时选择背景区域，如图12-51所示。

图12-51

04 在上下文任务栏中单击“创成式填充”按钮，接着输入“Flower Sea”，即“花海”，如图12-52所示。

图12-52

05 单击“生成”按钮，在“属性”面板中选择适用的背景，如图12-53所示。

06 更换背景的结果如图12-54所示。

07 输入其他关键词，如输入“Wedding scene”，即“婚礼现场”，如图12-55所示，选择合适的场景，替换结果如图12-56所示。

图12-53

图12-54

图12-55

图12-56

12.4 Neural Filters（神经滤镜）

Neural Filters包含多种类型的滤镜，如皮肤平滑度滤镜、智能肖像滤镜、妆容迁移滤镜等。本节介绍使用这些滤镜来编辑图像的操作方法。

12.4.1 皮肤平滑度：改善少女肌肤

选择皮肤平滑度滤镜，可以去除皮肤上的疤痕或痘印，恢复皮肤的平滑与光泽。需要注意的是，滤镜并非万能，其可以减缓疤痕与痘印对皮肤的伤害，却无法完全恢复皮肤的原生状态。需要结合其他的编辑工具，使皮肤呈现最好的状态。

01 启动Photoshop 2023软件，按快捷键Ctrl+O，打开相关素材中的“苦恼的少女.jpg”文件，效果如图12-57所示。

02 双击“背景”图层，使之转换为普通图层。选择图层右击，在弹出的快捷菜单中选择“转换为智能对象”选项。

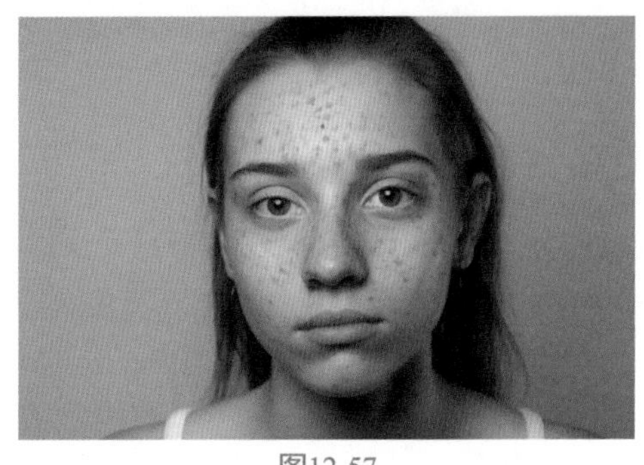

图12-57

03 执行“滤镜”|“Neural Filters”菜单命令，如图12-58所示。

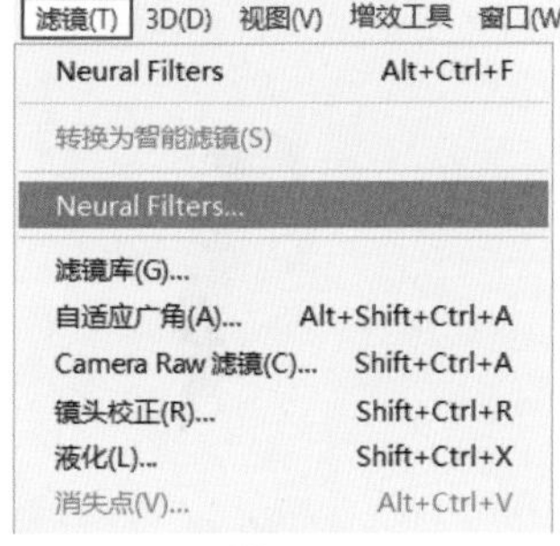

图12-58

04 进入Neural Filters界面，在“所有筛选器”列表中选择“皮肤平滑度”选项。将右侧的“模糊”“平滑度”滑块移至右侧，在“输出”列表中选择“智能滤镜”选项，如图12-59所示。

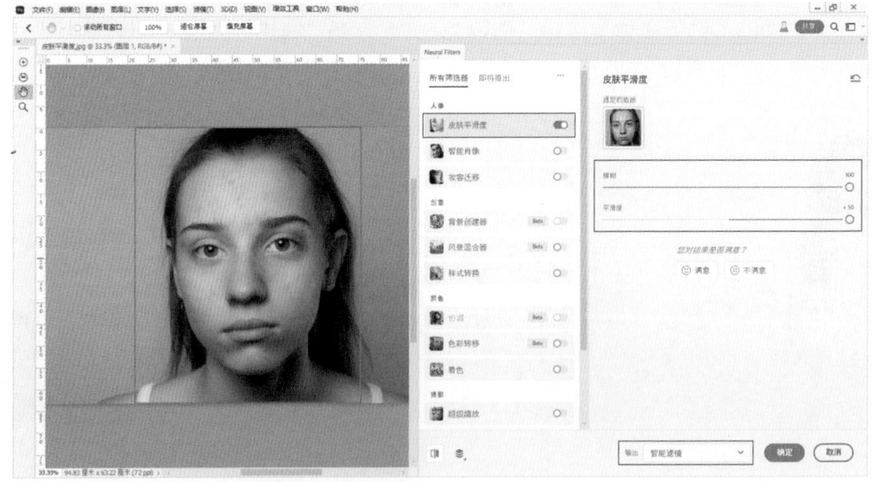

图12-59

05 单击“确定”按钮，观察调整结果，如图12-60所示，可以看到疤痕和痘印对于皮肤的影响已经减轻。

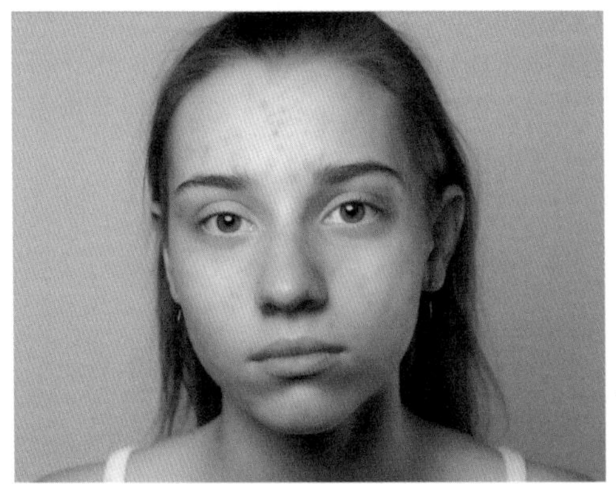

图12-60

06 在工具栏中选择“污点修复画笔”工具，调整合适的画笔大小，将光标放置在痘印处，如图12-61所示，单击即可消除痘印。

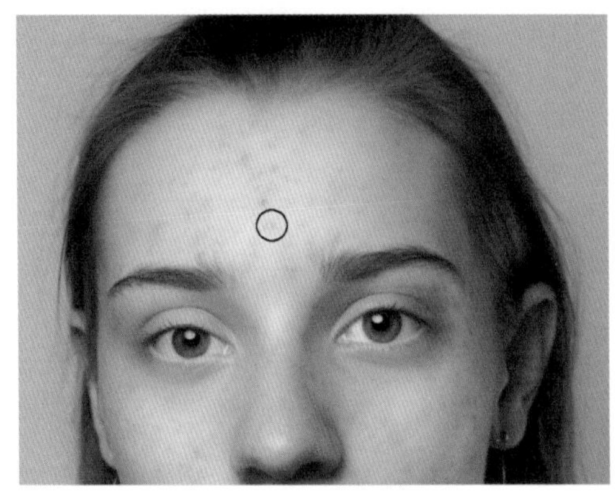

图12-61

07 经过“污点修复画笔”对皮肤的修复后，疤痕与痘印进一步被淡化，结果如图12-62所示。

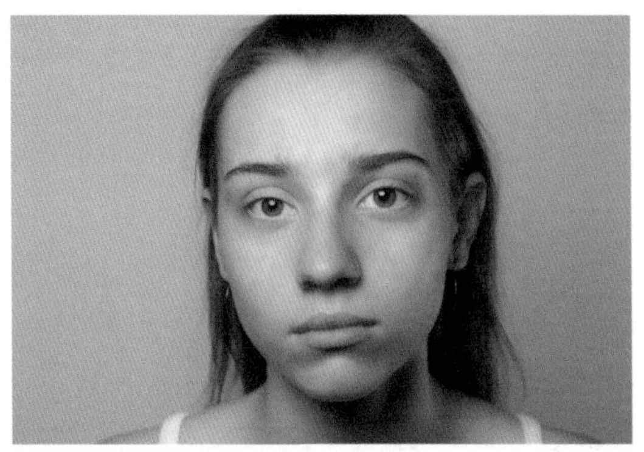

图12-62

提示：“污点修复画笔”不能完全抹除所有的疤痕与痘印，在操作的过程中需要注意，不要在皮肤表面造成失真感，要保留皮肤原有的质感与光泽。

12.4.2　智能肖像：和煦的笑容

执行“智能肖像”操作，通过为人物添加细节，如表情、年龄、发型等，可以改变人物的面貌。在选择图像时，尽量选择正面人像进行处理。在处理的过程如果出现错误，返回默认值重新调整，直至调整到合适的数值为止。

打开一张图像，执行“滤镜”|“Neural Filters”菜单命令。在“所有筛选器”列表中选择“智能肖像”选项，在右侧界面中输入参数，或者直接滑动参数滑块，系统会自动进行处理，如图12-63所示。

操作前后人像对比如图12-64所示。两鬓斑白，发量增多，较之先前较为严肃认真的神态，表情显得和缓。

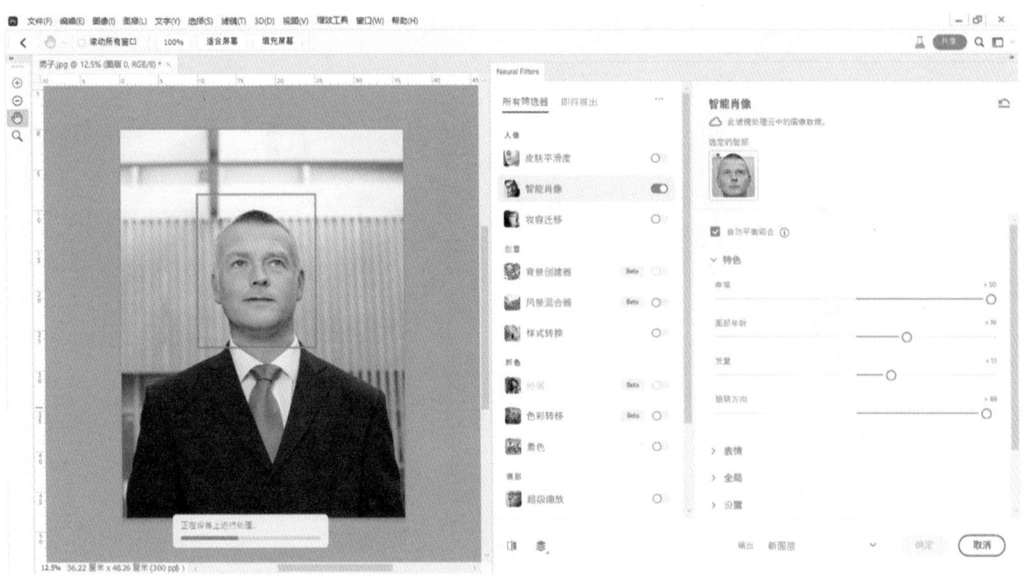

图12-63

图12-64

12.4.3 妆容迁移：烈焰红唇

执行妆容迁移操作，可以将眼部与嘴部类似的妆容从一张图像迁移到另一张图像。在操作的过程中，可能会发生错位的情况。这时需要更换参考对象，或者再次操作。

01 打开素材图像，将之转换为智能对象，执行“滤镜”|“Neural Filters”菜单命令。在“所有筛选器”列表中选择“妆容迁移”选项，在“参考图像”列表中选择“从计算机中选择图像”选项，如图12-65所示。

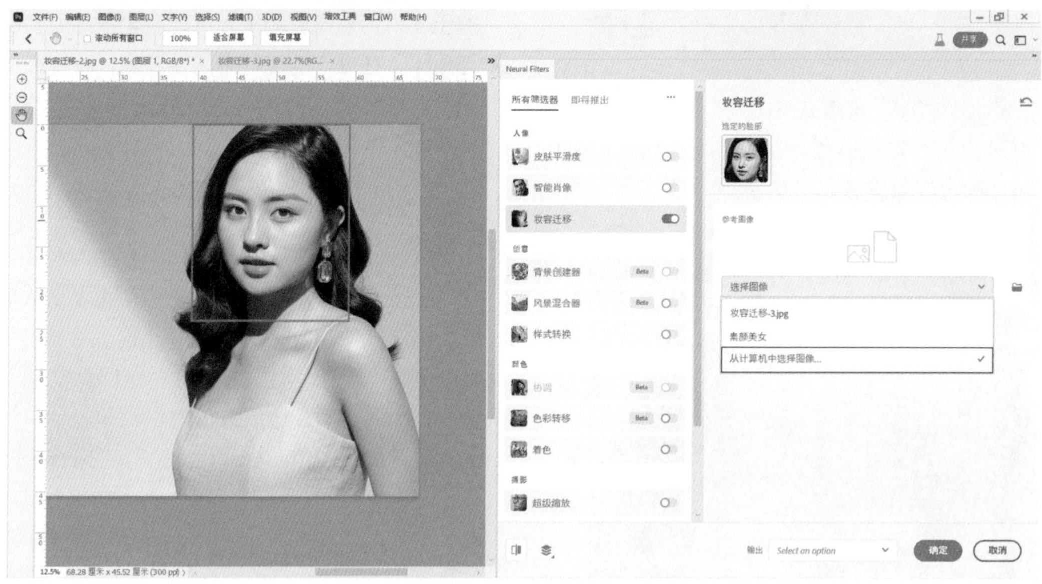

图12-65

02 等待系统自动迁移，稍后可在左侧的窗口预览操作结果，如图12-66所示。选择“输出”类型为“智能滤镜”，单击“确定”按钮结束操作。

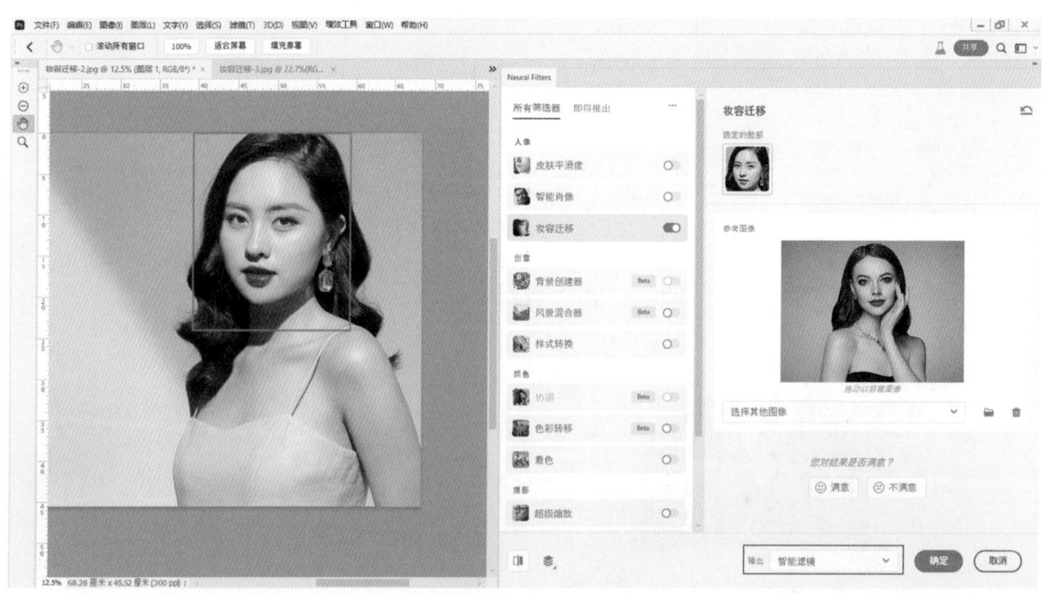

图12-66

03 对比妆容迁移的结果，如图12-67所示，参考图像中的红唇妆容被迁移至素材图像。

图12-67

12.4.4 背景创建器：翠鸟捕食

选择背景创建器，可以自动生成各种类型的背景。选择合适的一种，应用到实际工作中即可。

01 启动Photoshop 2023软件，按快捷键Ctrl+O，打开相关素材中的“翠鸟吃鱼.jpg”文件。

02 执行“滤镜”|“Neural Filters”菜单命令，在“所有筛选器”列表中选择“背景创建器”选项，在右侧的界面单击“热门提示”按钮，如图12-68所示。

图12-68

03 在打开的对话框中选择其中一种背景，将光标置于窗口之上，显示“创建”按钮后单击，如图12-69所示。

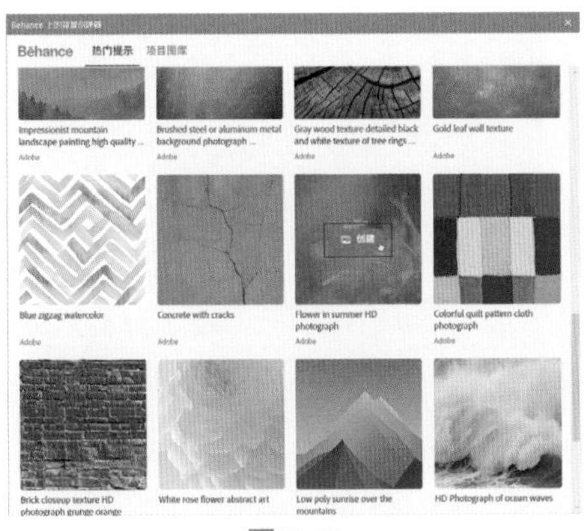

图12-69

04 稍等片刻，系统会自动生成三张背景图像。如果对生成结果不满意，可以单击图像右下角的“更多此类内容”图标，如图12-70所示。

图12-70

05 选择满意的图像单击，即可将该图像作为背景。选择“输出”的类型为“新建图层组”，如图12-71所示。单击“确定”按钮结束操作。

图12-71

06 将“Neural Filter组”移动至“图层1”下方，如图12-72所示。

图12-72

07 选择背景图像，执行“滤镜”|“模糊”|“高斯模糊”命令，在“高斯模糊”对话框中设置“半径”值，如图12-73所示。

08 对背景进行模糊处理，最终结果如图12-74所示。

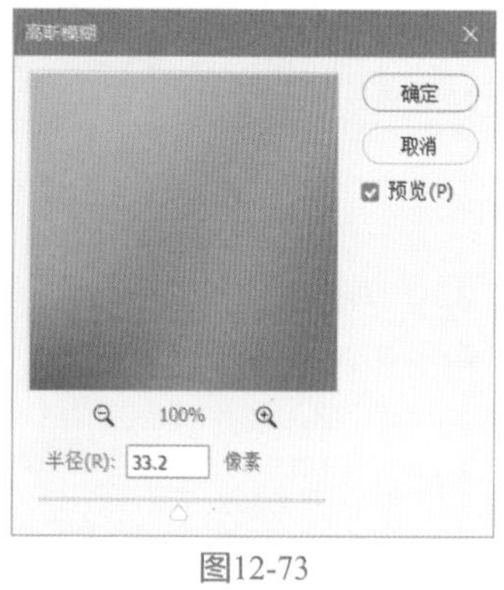

图12-73

图12-74

12.4.5 风景混合器：秋冬之交

选择风景混合器，通过与另一个图像混合或者改变时间、季节等属性，神奇地改变景观。

01 打开素材图像，执行“滤镜”|“Neural Filters”菜单命令，在“所有筛选器”列表中选择“风景混合器”选项。在右侧的界面中单击“自定义”按钮，在“选择图像”列表中选择一张已经打开的图像，如图12-75所示。或者选择“从计算机中选择图像”选项，选择已存储的图像。

图12-75

02 系统根据用户指定的图像执行混合操作，在左侧的窗口中预览结果，如图12-76所示。选择“输出”类型为“智能滤镜”，单击“确定”按钮退出。

图12-76

03 图像混合前后的对比如图12-77和图12-78所示。

图12-77

图12-78

12.4.6　样式转换：大师风格

执行样式转换操作，可以从参考图像转移纹理、颜色和风格，或者应用特定艺术家的风格。

01 打开素材图像，执行“滤镜”|“Neural Filters”菜单命令，在“所有筛选器”列表中选择“样式转换”选项。在右侧的界面中选择一张参考图像，选择“输出”类型为“智能滤镜”，如图12-79所示。

图12-79

02 单击“确定”按钮退出操作。

03 样式转换前后图像的对比如图12-80所示。

图12-80

12.4.7 协调：春光明媚

执行协调操作，可以自动调整两个图层的亮度、对比度等属性，以形成完美的复合。

01 启动Photoshop 2023软件，按快捷键Ctrl+O，打开相关素材中的“人物.jpg”“柳树.jpg”文件，如图12-81所示。将这两个图像文件都放置在一个文档里，此时会产生两个图层。

图12-81

02 执行“滤镜”|“Neural Filters”菜单命令，在“所有筛选器”列表中选择“协调”选项，在“参考图像”下选择“图层0”，选择“输出”类型为“新图层”，如图12-82所示，单击“确定”按钮退出操作。

图12-82

03 添加“曲线”调整图层，参数设置如图12-83所示，调整图像的亮度与对比度，最终结果如图12-84所示。

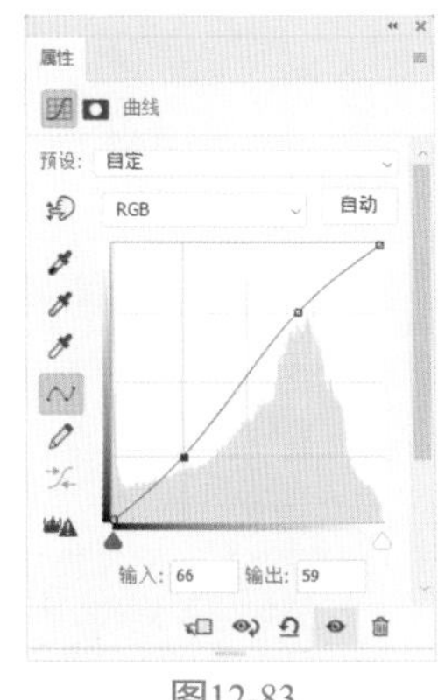

图12-83

图12-84

12.4.8　色彩转移：改头换面

执行色彩转移操作，可以创造性地将调色板从一张图像转移到另一张图像。通过修改明亮度、颜色强度以及饱和度等属性，可以编辑图像色彩最后的显示效果。

01 打开素材图像，执行“滤镜”|“Neural Filters”菜单命令，在“所有筛选器”列表中选择“色彩转移”选项。在右侧的界面中选择一张参考图像，选择“输出”类型为“新图层”，如图12-85所示。

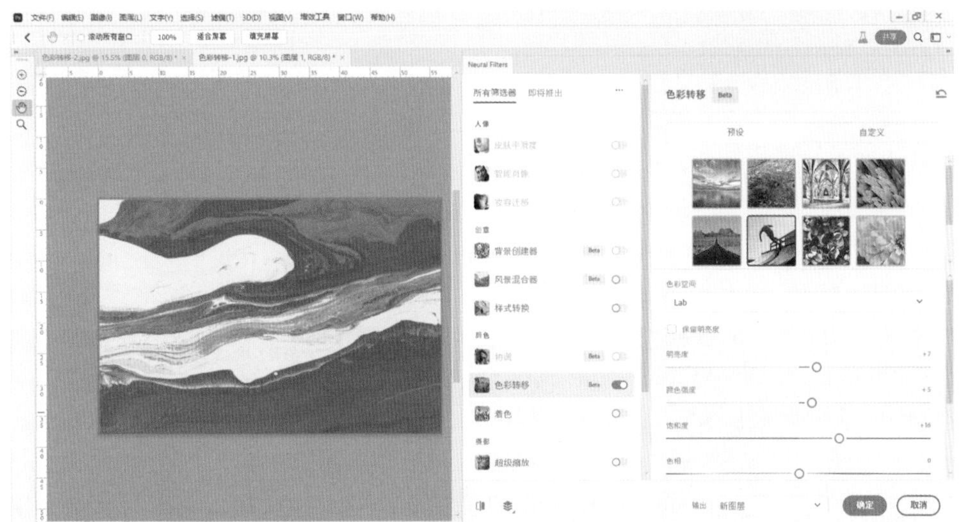

图12-85

02 单击“确定”按钮退出操作。

03 色彩转移前后图像的对比如图12-86所示。

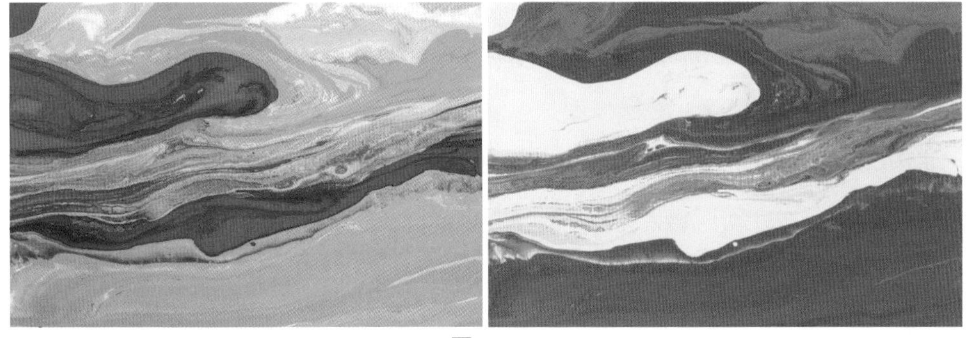

图12-86

12.4.9 着色：过去的时光

执行着色操作，可以为黑白照片上色。

01 打开素材图像，执行“滤镜”|“Neural Filters”菜单命令，在“所有筛选器”列表中选择“着色”选项。系统将自动为照片赋予颜色，如图12-87所示。

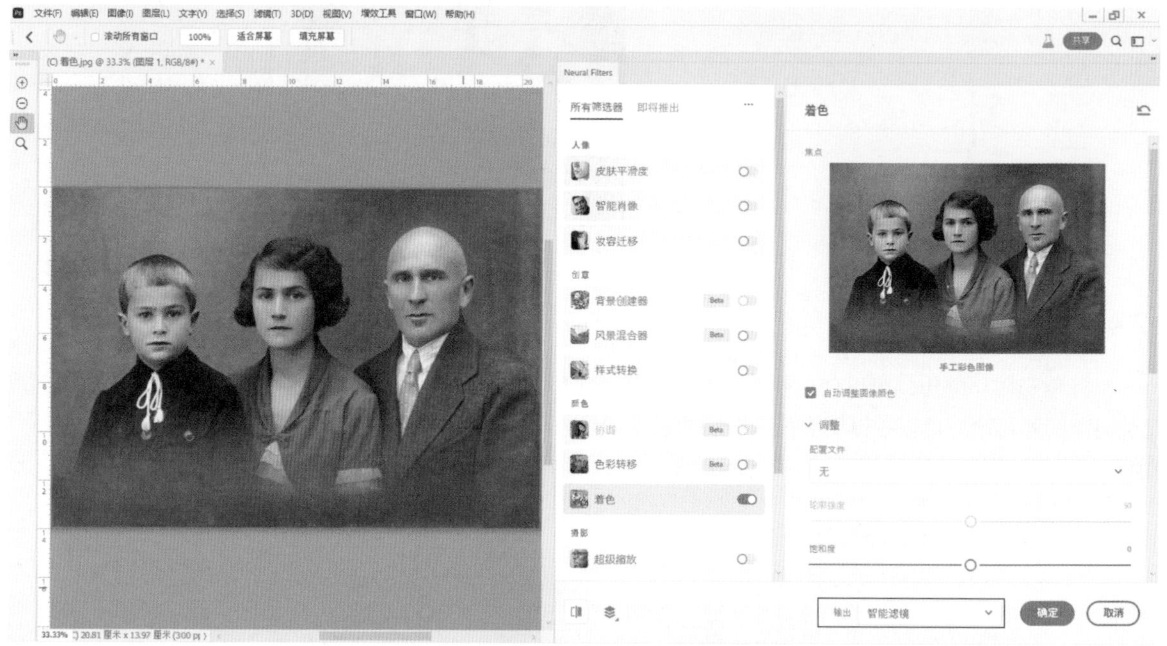

图12-87

在右侧的界面中，“配置文件”列表提供多种着色模式，默认选择“无”。调整属性参数，如“轮廓强度”“饱和度”等，可以重定义着色效果，用户在预览窗口中可以实时查看。

02 选择“输出”类型为“智能滤镜”，单击“确定”按钮结束操作。

03 观察上色前后照片的对比效果，如图12-88所示。

图12-88

12.4.10 超级缩放：野外观察

执行超级缩放操作，可以放大并裁剪图像，再通过Photoshop添加细节以补偿图像损失的分辨率。

01 打开素材图像，执行“滤镜”|“Neural Filters”菜单命令，在“所有筛选器”列表中选择“超级缩放”选项。单击右侧界面中的放大镜按钮，放大一倍图像。系统进入处理模式，在左下角显示处理进程及所需时间，如图12-89所示。

图12-89

02 选择“输出”类型为“新文档”，单击“确定”按钮结束操作。

03 超级缩放前后图像的对比如图12-90所示。可以看到放大图像后细节仍然完好。

图12-90

12.4.11 深度模糊：蓦然回首

执行深度模糊操作，可以在图像中创建环境深度以提供前景或背景对象。

01 打开素材图像，执行“滤镜”|“Neural Filters”菜单命令，在“所有筛选器”列表中选择“深度模糊”选项。在右侧的界面中选择“焦点主体”，调整“模糊强度”参数，选择“输出”类型为“智能滤镜”，如图12-91所示。

图12-91

02 单击“确定”按钮结束操作。

03 深度模糊前后图像的对比如图12-92所示。草原背景被虚化，更加突显骏马的主体性。

图12-92

12.4.12 转移 JPEG 伪影：夏蝉鼓噪

压缩照片后，照片会产生噪点、锯齿以及不规则的杂光，使照片效果不佳。执行转移照片伪影操作，可以减缓伪影对照片产生的不良影响，使照片质感更佳。

打开一张图片，执行“滤镜”|“Neural Filters”菜单命令，在“所有筛选器”列表中选择“移除照片伪影”选项。在右侧界面中选择“强度”类型，如选择“高”，系统自动进行处理，选择“输出”类型为“新图层”，如图12-93所示。

图12-93

移除照片伪影前后图像的对比效果如图12-94所示。需要注意的是，执行“移除照片伪影”操作的过程需要占用极大的系统内存，如果计算机配置较低，或者同时开启多款应用软件，有可能会出现系统崩溃的情况。

图12-94

12.4.13 照片恢复：凝神托腮

执行照片恢复操作，借助AI强大功能快速恢复旧照片，提高对比度、增强细节、消除划痕。

01 打开素材图像，执行“滤镜”|“Neural Filters”菜单命令，在“所有筛选器”列表中选择“照片恢复”选项。在右侧界面中滑动滑块，调整参数，系统自动进行处理，选择“输出”类型为“智能滤镜”，如图12-95所示。

图12-95

02 单击“确定”按钮结束操作。

03 照片恢复前后图像的对比如图12-96所示。背景以及人物皮肤上的划痕减弱了许多。

图12-96

12.5 应用案例：丰富的早餐

执行“创成式填充”操作，可以为餐桌添加食物，如油条、水果沙拉，以及必不可少的筷子。除此之外，餐桌空间过小，通过扩展图像背景，可以增加餐桌的宽度。

01 启动Photoshop 2023软件，按快捷键Ctrl+O，打开相关素材中的“早餐.jpg”文件，如图12-97所示。

图12-97

02 选择“矩形选框”工具，绘制矩形选框指定填充区域，如图12-98所示。

图12-98

03 在上下文任务栏中单击“创成式填充”按钮，输入“A dish of deep-fried dough sticks”，即“一盘油条”，如图12-99所示。单击“生成”按钮，等待系统生成填充结果。

图12-99

04 在“属性”面板中选择最合适的填充结果，如图12-100所示。

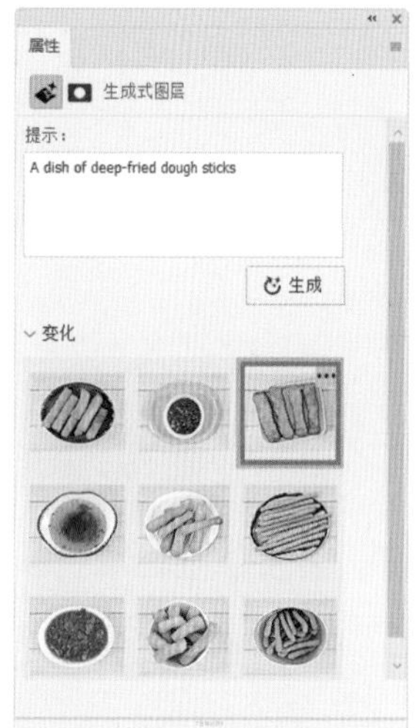

图12-100

05 添加油条后的餐桌如图12-101所示。

图12-101

06 选择“多边形套索”工具，在图像上创建选区，指定填充范围，如图12-102所示。

图12-102

07 在上下文任务栏中输入“Fresh Fruit Salad”，即“水果沙拉”，如图12-103所示。

图12-103

08 单击“生成”按钮，生成水果沙拉的结果如图12-104所示。

图12-104

09 选择“裁剪”工具，向左拖动裁剪框，扩展画布宽度，如图12-105所示。

图12-105

10 选择“矩形选框”工具，在图像的右侧绘制矩形选框，框选一部分背景内容，如图12-106所示。

图12-106

11 在上下文任务栏中依次单击“创成式填充”“生成”按钮，等待系统填充背景，如图12-107所示。

12 填充结果如图12-108所示。

13 利用“矩形选框”工具，在油条的左侧绘制选框，如图12-109所示。

图12-107

图12-108

图12-109

14 在上下文任务栏中输入“Chopsticks”，即“筷子”，如图12-110所示。单击“生成”按钮，稍等片刻即可完成填充。

图12-110

15 在“属性”面板中选择合适的筷子，如图12-111所示。

16 最终结果如图12-112所示。

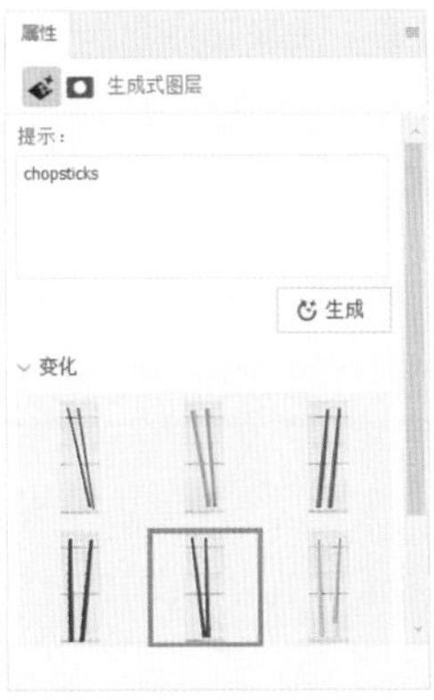

图12-111

图12-112

12.6 课后练习：向日葵花田

在本练习中，通过为向日葵花田制作景深效果，练习Neural Filters的使用方法。

01 打开一张图像，如图12-113所示。执行“滤镜”|“Neural Filters”菜单命令，在“所有筛选器”列表中选择“深度模糊”选项。在右上角的预览窗口中单击距离镜头最近的向日葵，将其指定为焦点。

02 将“模糊强度”选项下的圆形滑块移动至右侧，数值为100。此时系统会进行处理，需要稍等一会儿。

03 在“输出”选项中选择“智能滤镜”，单击“确定”按钮关闭对话框，结果如图12-114所示。

图12-113

图12-114

04 需要注意的是，应该先将图像转换为智能对象，方便系统将处理结果以“智能对象”的方式输出。这样用户可以通过开/关智能滤镜来观察图像编辑前后的效果。

12.7 复习题

以一张戏剧人物照为基础，先将其转换为智能对象，再添加Camera Raw滤镜。利用Camera Raw滤镜中的预设功能编辑图像，效果如图12-115所示。

图12-115

第 13 章 行业应用：综合实战

为了快速熟悉各行业的设计特点和要求，以适应复杂多变的平面设计工作，本章将结合当下比较热门的行业和领域，深入剖析Photoshop在淘宝美工、照片处理、创意合成、UI设计、直播间页面，以及产品包装与设计等方面的具体应用。读者通过本章的学习，能够迅速积累相关经验，拓展知识深度，进而轻松完成各类平面设计工作。

13.1 淘宝美工：啤酒促销海报

随着电商产业的快速发展，淘宝已成为人们生活中不可缺少的一部分，淘宝美工这个新行业应运而生。电商可以通过广告、海报、招贴等宣传形式，将自己的产品及产品特点以视觉的方式传播给买家，买家则可以通过这些宣传对产品进行了解。

在设计促销海报前，需要确定海报的版式、配色和文字内容，找到与主题相关的素材。本例将使用蓝色作为背景主色，搭配不同的素材来突显海报主题，并将文案在海报上按层级放置，给海报增添层次感。

01 启动Photoshop 2023软件，执行“文件”|“新建”命令，新建一个“宽度”为30厘米、“高度”为45厘米、“分辨率”为300像素/英寸的空白文档，并命名为“啤酒促销海报”。

02 按快捷键Ctrl+O，打开“海报背景.png”素材，调整素材的位置与大小，结果如图13-1所示。

03 继续打开“雪.png”素材，放置在页面中，如图13-2所示。

04 为雪图层添加图层蒙版，设置前景色为黑色，背景色为白色。选择“渐变”工具，在选项栏中选择“经典渐变”，选择“从前景色到透明”样式，单击“线性渐变”按钮，在蒙版中拖曳光标绘制渐变，如图13-3所示。

05 新建一个图层，重命名为“倒影”。将前景色设置为蓝色（#5caee0），背景色设置为白色，在页面的下方绘制线性渐变，如图13-4所示。

图13-1

图13-2

图13-3

图13-4

06 调整“倒影”图层的“不透明度”为39%，弱化渐变效果，如图13-5所示。

07 添加“冰山.png”素材，放置在页面的中间，如图13-6所示。

08 添加“冰棱.png”素材，放置在冰山之上。按住Alt键移动复制冰棱，并调整位置与大小，如图13-7所示。

09 添加“啤酒.png”素材，放置在页面的右上角，如图13-8所示。

10 为“啤酒”图层添加图层蒙版，利用“画笔”工具🖌在蒙版中涂抹，隐藏白色背景，如图13-9所示。

图13-5

图13-6

图13-7

图13-8

图13-9

11 按快捷键Ctrl+J复制“啤酒”图层，重命名为“啤酒光亮”。更改图层混合模式为“滤色”，增加啤酒的亮度，如图13-10所示。

12 选择“钢笔”工具✒，在选项栏中选择“形状”，设置填充色为蓝色（#1364ab），描边为白色，自定义描边宽度，绘制如图13-11所示的形状。

图13-10

图13-11

13 在形状图层之上新建一个图层，重命名为“填色”。设置前景色为蓝色（#0281cf），选择“画笔”工具🖌在形状之上涂抹，如图13-12所示。

14 将光标放置在填色图层与形状图层的连接处，按Alt键创建剪贴蒙版，效果如图13-13所示。

图13-12

图13-13

15 选择“矩形”工具▭，设置填充颜色为蓝色（#0080cf），描边为无，自定义圆角半径值，拖曳光标绘制矩形。选择矩形，按住Alt键，向右移动复制矩形，如图13-14所示。

16 添加“冰块.png”素材，错落布置在页面中，如图13-15所示。

图13-14

图13-15

17 复制冰块，执行“滤镜”|“模糊”|“动感模糊”命令，在“动感模糊”对话框中设置参数，如图13-16所示。

图13-16

18 创建的动感模糊效果如图13-17所示。

图13-17

19 添加“文字.png”素材，放置在形状图层之上，如图13-18所示。

图13-18

20 双击文字图层，打开“图层样式”对话框，添加“渐变叠加”“投影”样式，参数设置如图13-19所示。

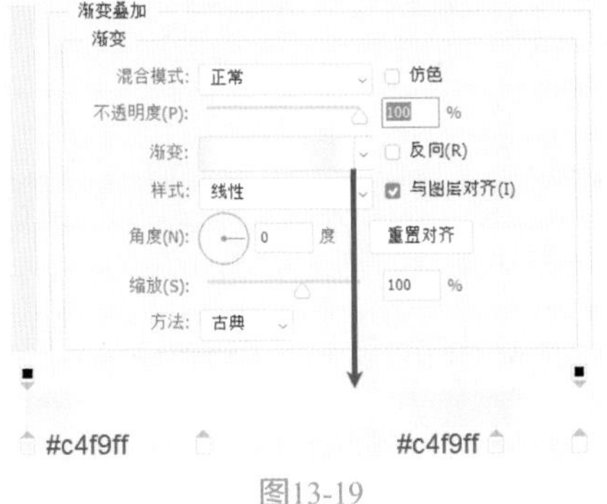

图13-19

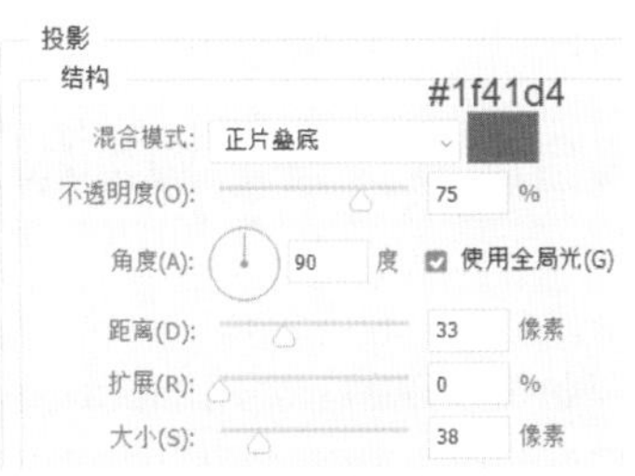

图13-19（续）

21 为文字添加样式的结果如图13-20所示。

图13-20

22 选择“横排文字”工具T，设置文字样式、颜色、大小，在页面中绘制文字，如图13-21所示。

图13-21

23 添加“光晕.png”素材，将其布置在页面中，结果如图13-22所示。

图13-22

13.2 创意合成：天使之翼海报

在现实生活中，很多设计中需要表现的特殊场景是无法靠拍摄实现的，要用Photoshop进行图像合成。在广告创意的表现和实现中，图像合成起到关键的作用。下面讲解Photoshop的图像创意合成技术。

本节介绍合成海报的制作过程，包括拼接素材、调整素材光影与色调等操作。在绘制的过程中，通过使用调整图层，可以达到事半功倍的效果。

13.2.1 调整星空

01 启动Photoshop 2023软件，执行“文件”|“新建”命令，新建一个“宽度”为45.8厘米、“高度”为28厘米、“分辨率”为72像素/英寸的空白文档，并命名为“天使之翼”，如图13-23所示。

图13-23

02 按快捷键Ctrl+O，打开相关素材，调整素材的位置、大小与角度，拼接素材的结果如图13-24所示。

03 在“图层”面板中选择“星空”图层，单击“添加新的填充或调整图层”按钮，创建一个“曲线”调整图层，调整曲线如图13-25所示。

图13-24

04 为“曲线”调整图层添加图层蒙版，使用画笔在蒙版中涂抹，提亮星空与远山衔接的部分，如图13-26所示。

05 重复上述操作，创建三个“曲线”调整图层，调整曲线，再添加图层蒙版，使用画笔涂抹，如图13-27所示，更改星空受曲线影响的范围。

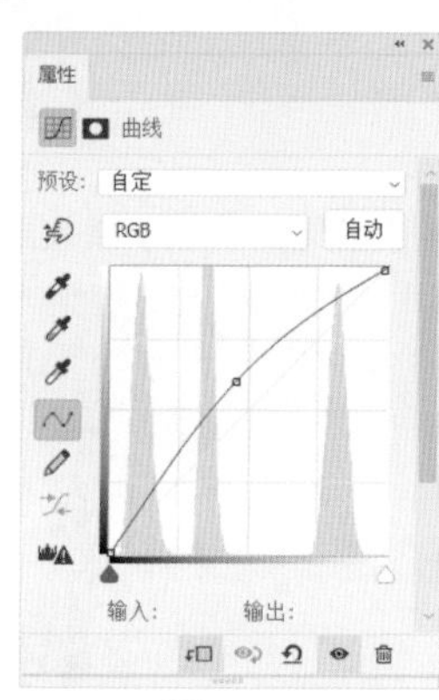

图13-25

图13-26

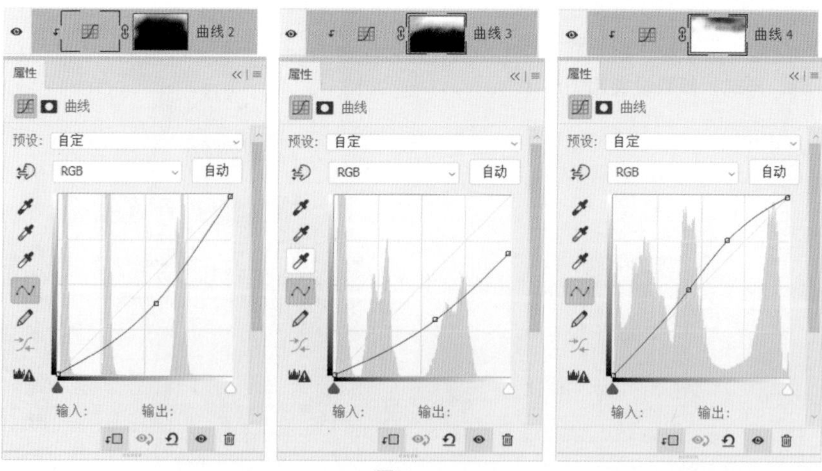

图13-27

06 观察星空调整的效果，如图13-28所示。

图13-28

07 在“图层”面板中单击“添加新的填充或调整图层”按钮◕，创建一个“色彩平衡”调整图层，分别设置“中间调”“阴影”“高光”参数，如图13-29所示。

图13-29

08 调整参数后，星空的色彩效果如图13-30所示。

图13-30

13.2.2　调整月亮与远山

01 在“图层”面板中选择“月亮”图层，单击“添加新的填充或调整图层”按钮◕，创建一个“色彩平衡”调整图层，参数如图13-31所示。

图13-31

02 再创建一个“色彩平衡”调整图层，设置“中间调”参数，如图13-32所示。

图13-32

03 调整参数后，月亮的色彩效果如图13-33所示。

图13-33

04 在“图层”面板中选择“远山”图层，单击“添加新的填充或调整图层”按钮◕，创建一个“曲线”调整图层，调整曲线如图13-34所示。

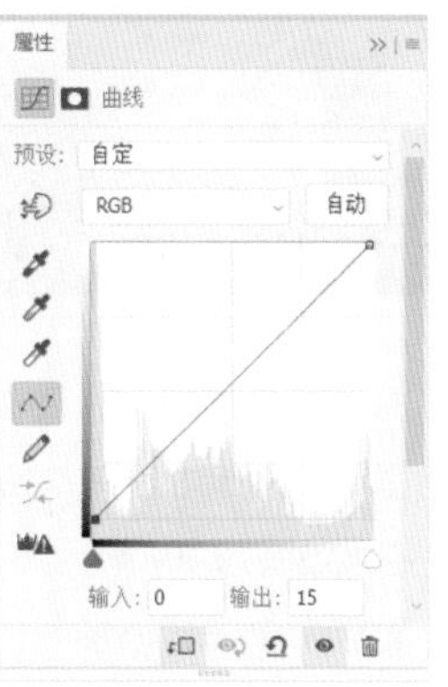

图13-34

05 增加远山的灰度，效果如图13-35所示。

图13-35

13.2.3 调整草地

01 在“图层”面板中选择“草地”图层，单击“添加新的填充或调整图层”按钮，创建一个“曲线”调整图层，调整曲线如图13-36所示。

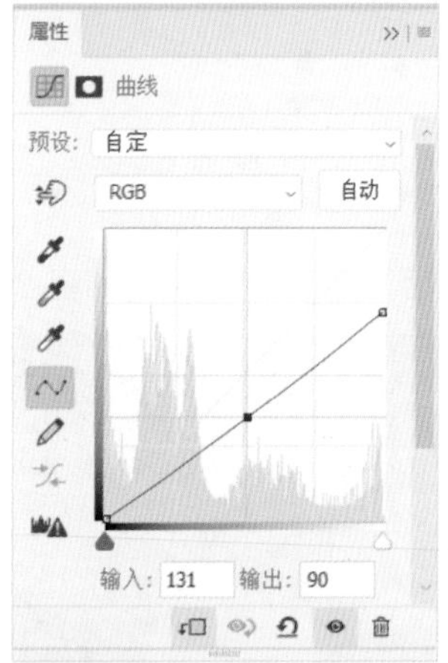

图13-36

02 降低草地的亮度，效果如图13-37所示。

图13-37

03 继续创建“曲线”调整图层，调整曲线，再添加图层蒙版，使用画笔在蒙版中涂抹，如图13-38所示。

04 草地的调整效果如图13-39所示。

05 在“图层”面板中单击“添加新的填充或调整图层”按钮，创建一个“色相/饱和度”调整图层，分别调整“红色”“黄色”“绿色”“洋红”的“饱和度”参数，如图13-40所示。

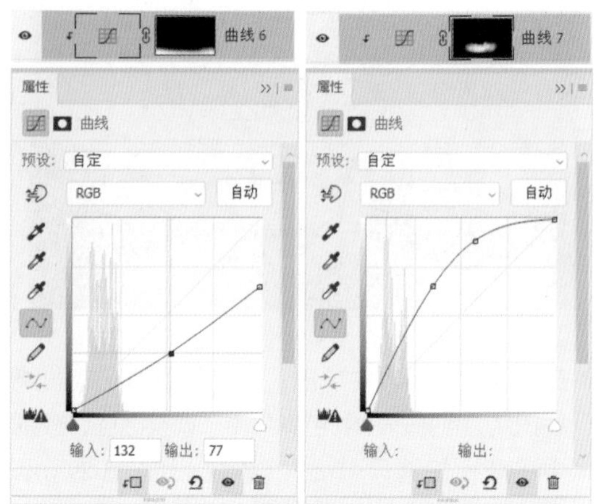

图13-38

图13-39

图13-40

06 调整参数后，草地当前的色彩效果如图13-41所示。

图13-41

07 在“图层”面板中单击“添加新的填充或调整图层”按钮◕.，创建一个“色彩平衡”调整图层，设置“中间调”“阴影”参数，草地的显示效果如图13-42所示。

08 创建“曲线”调整图层，调整曲线，增强草地的明暗对比程度，效果如图13-43所示。

图13-42

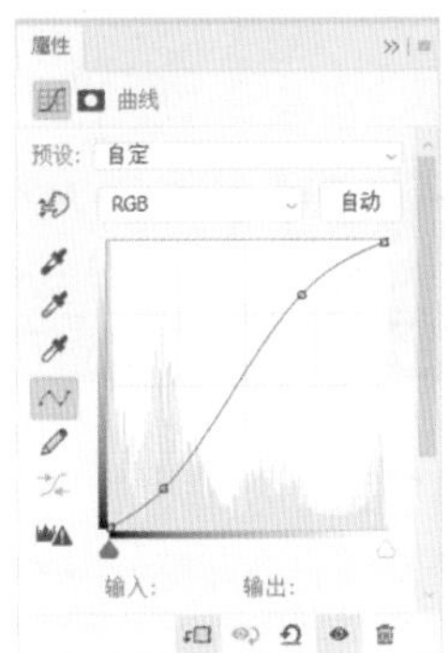

图13-43

13.2.4 调整小屋

01 在“图层”面板选择“小屋”图层，单击“添加新的填充或调整图层”按钮◕.，创建一个“曲线”调整图层，调整曲线，降低小屋的亮度，效果如图13-44所示。

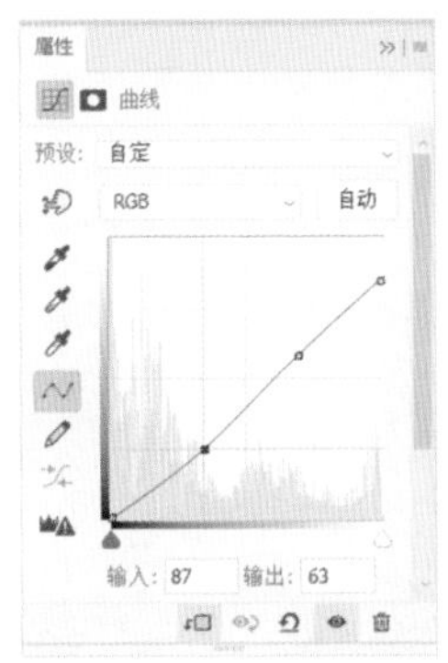

图13-44

02 在“图层”面板中单击“添加新的填充或调整图层”按钮◕.，创建一个“色彩平衡”调整图层，设置“中间调”“阴影”“高光”参数，如图13-45所示。

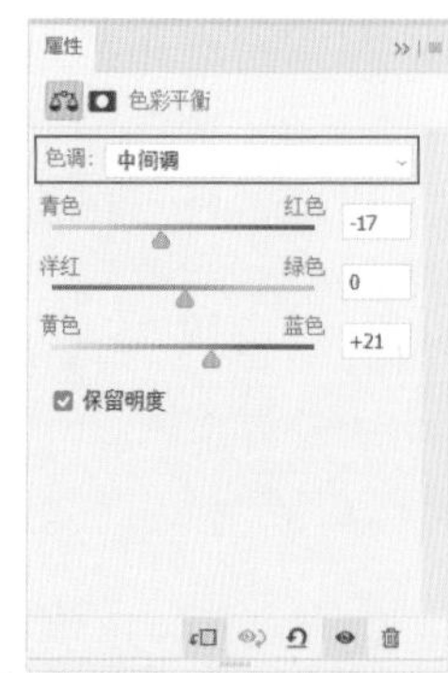

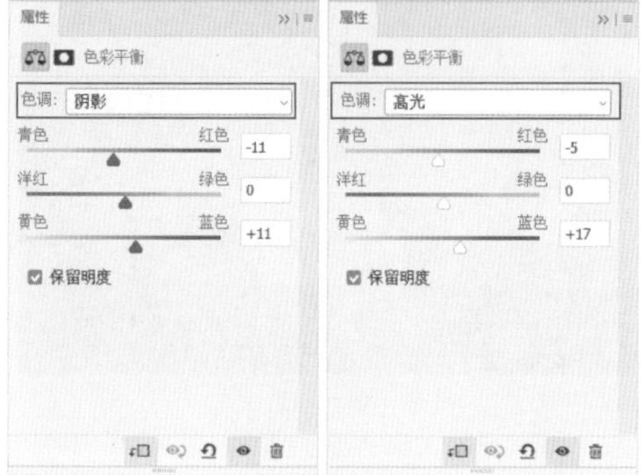

图13-45

03 调整参数后，小屋的色彩效果如图13-46所示。

图13-46

04 在“小屋”图层的下方新建“小屋阴影”图层，设置混合模式为“正片叠底”，使用“画笔”工具🖌，将前景色设置为深蓝色（#081e2d），为小屋绘制阴影，效果如图13-47所示。

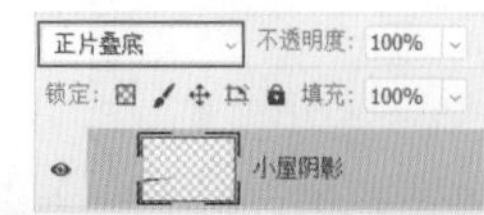

图13-47

13.2.5 调整翅膀

01 选择“翅膀”图层，右击，在弹出的快捷菜单中选择“转换为智能对象”选项，将该图层转换为智能对象。

02 执行“滤镜”|“滤镜库”命令，添加“塑料包装”效果，参数设置如图13-48所示。

03 将“翅膀”图层的混合模式更改为“滤色”，如图13-49所示。

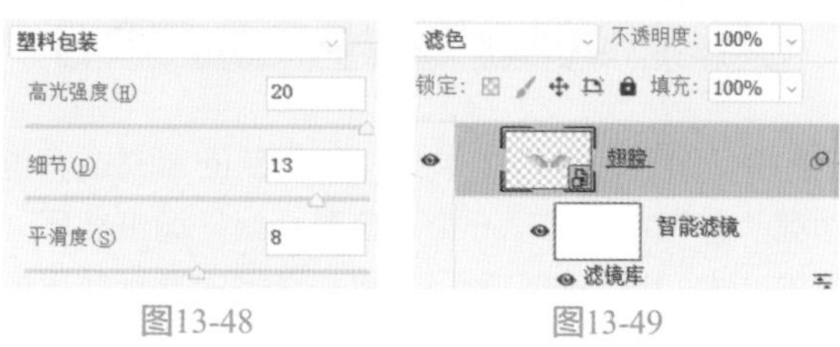

图13-48 图13-49

04 此时翅膀的显示效果如图13-50所示。

图13-50

05 在“图层”面板的下方单击“添加新的填充或调整图层”按钮◐，添加“色阶”调整图层，设置参数如图13-51所示。

06 调整参数后翅膀的显示效果如图13-52所示。

07 复制“翅膀”图层，更改混合模式为“强光”，“不透明度”为82%，并添加图层蒙版，使用“画笔”工具涂抹，如图13-53和图13-54所示。

图13-51

图13-52

图13-53

图13-54

08 复制“翅膀”图层，更改混合模式为“正常”，“不透明度”为100%，重命名为“翅膀-查找边缘”，并将图层转换为智能对象。

09 双击智能对象右下角的缩略图，打开一个文件，执行“滤镜”|“风格化”|“查找边缘”命令，效果如图13-55所示。

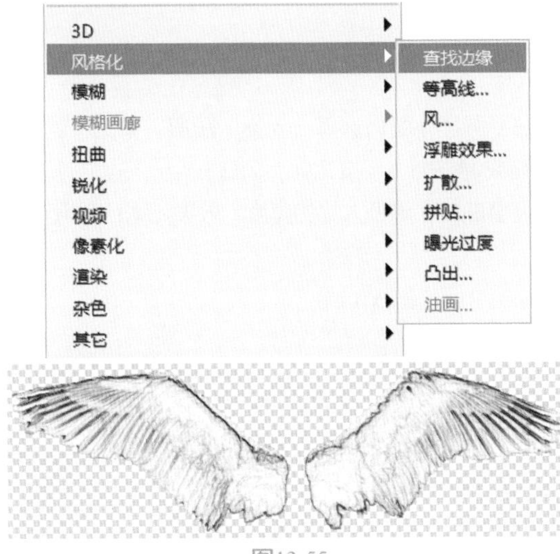

图13-55

10 按快捷键Ctrl+I反相显示图层，如图13-56所示。

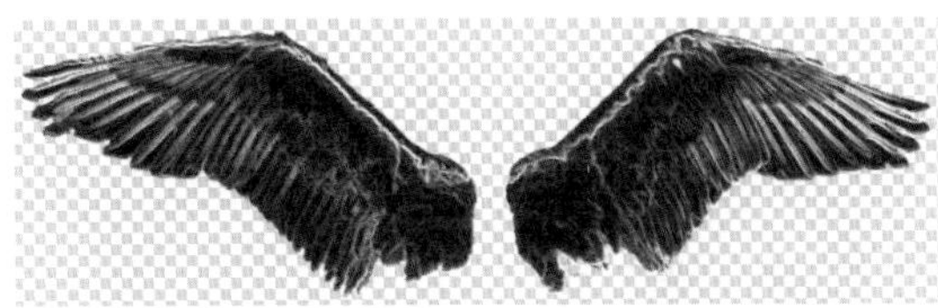

图13-56

11 按快捷键Ctrl+S保存图层，并关闭当前文件。返回“天使之翼”文件，将“翅膀-查找边缘”图层的混合模式更改为“滤色”，如图13-57所示。

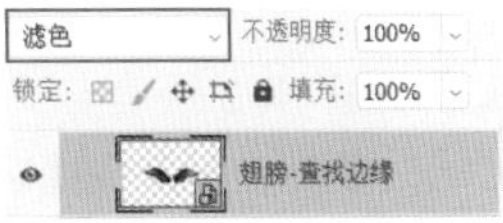

图13-57

12 当前翅膀的显示效果如图13-58所示。

图13-58

13 新建一个“曲线”调整图层，参数设置如图13-59所示。

14 加强翅膀的明暗对比效果，如图13-60所示。

15 新建一个“色彩平衡”调整图层，分别设置“中间调”“阴影”“高光”参数，如图13-61所示。

16 更改翅膀色调的效果如图13-62所示。

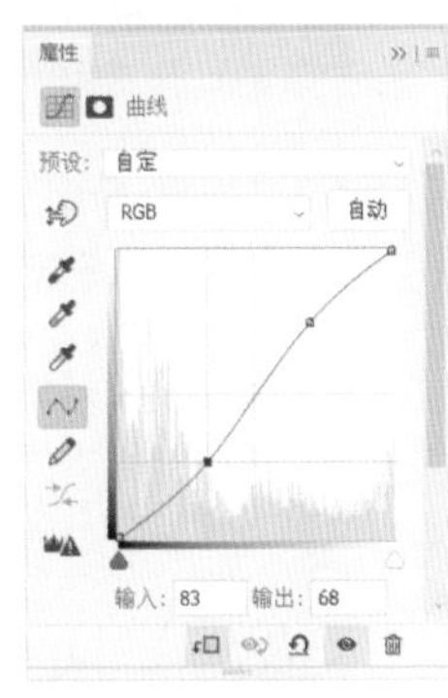

图13-59

图13-60

图13-61

图13-62

17 选择以上所有与翅膀相关的图层，按快捷键Ctrl+J复制，再按快捷键Ctrl+E合并，重命名图层为“翅膀-高光”。

18 执行“图像”|“调整”|“去色”命令，翅膀显示效果如图13-63所示。

图13-63

19 更改“翅膀-高光”图层的混合模式为“线性减淡（添加）”，“不透明度”为68%，如图13-64所示。

图13-64

20 将“翅膀-高光”图层转换为智能对象，执行“滤镜”|“模糊”|“高斯模糊”命令，在“高斯模糊”对话框中设置参数，如图13-65所示。

图13-65

21 为翅膀添加光晕的效果如图13-66所示。

图13-66

22 为“翅膀-高光”图层添加图层蒙版，使用“画笔”工具涂抹，调整高光的显示效果如图13-67所示。

图13-67

13.2.6 调整人物

01 在“图层”面板选择“人物”图层，单击“添加新的填充或调整图层”按钮，创建一个“曲线”调整图层，调整曲线，降低人物的亮度，效果如图13-68所示。

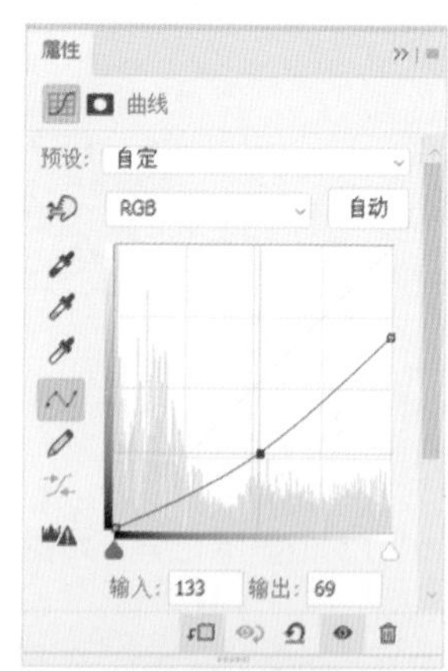

图13-68

02 为“曲线”调整图层添加图层蒙版，使用“画笔”工具沿着人物的边缘涂抹，表现人物的受光效果，如图13-69所示。

图13-69

03 再添加一个“曲线”调整图层，调整曲线，增加人物的对比度，如图13-70所示。

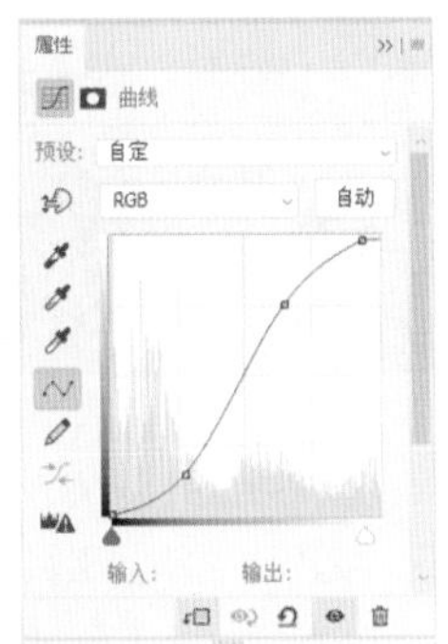

图13-70

04 在“图层”面板中单击“添加新的填充或调整图层”按钮◕，创建一个“色相/饱和度”调整图层，分别设置“红色”“黄色”的“饱和度”参数，人物的调整效果如图13-71所示。

图13-71

图13-71（续）

05 在“图层”面板中单击“添加新的填充或调整图层”按钮◕，创建一个“色彩平衡”调整图层，分别设置“中间调”“阴影”“高光”参数，如图13-72所示。

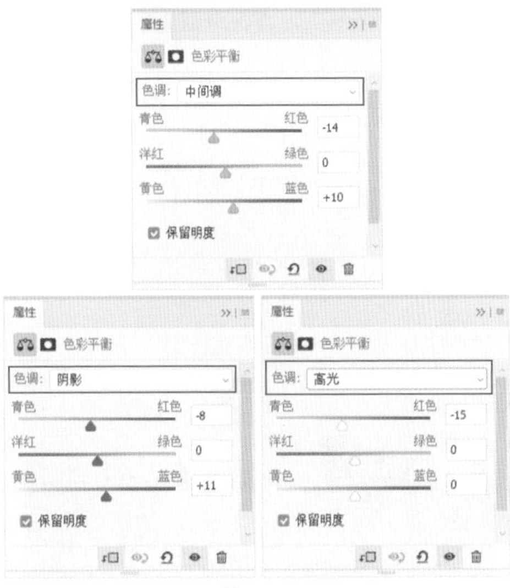

图13-72

06 修改参数后，人物的显示效果如图13-73所示。

图13-73

07 添加一个“曲线”调整图层，调整曲线，如图13-74所示，降低人物的亮度。

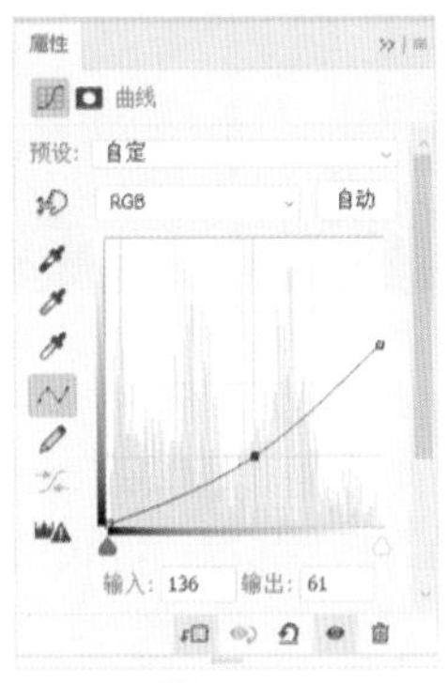

图13-74

08 选择“曲线”调整图层的蒙版，按快捷键Ctrl+I反相蒙版，使用“画笔”工具在人物与草地相接的部位涂抹，如图13-75所示。

图13-75

09 新建一个图层，重命名为“人物高光”，设置混合模式为“滤色”，使用“画笔”工具沿着人物的轮廓涂抹，模拟高光效果，如图13-76所示。

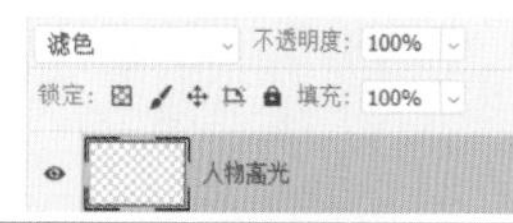

图13-76

10 在“人物”图层的下方新建一个图层，重命名为“人物投影”，设置混合模式为“正片叠底”，“不透明度”为60%，为人物添加投影，如图13-77所示。

图13-77

11 在“人物投影”图层之上新建一个图层，重命名为“人物落地”，设置混合模式为“正片叠底”，“不透明度”为91%，如图13-78所示，将图层更改为智能对象。

12 执行“滤镜”|“模糊”|“高斯模糊”命令，在“高斯模糊”对话框中设置参数，如图13-79所示。

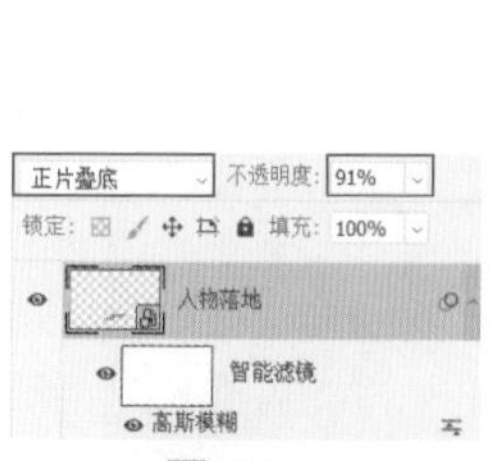

图13-78 图13-79

13 添加投影的效果如图13-80所示。

图13-80

14 新建一个图层，重命名为“发光效果”，将其置于“人物”图层之下。使用“画笔”工具将前景色设置为白色，选择“柔边圆”画笔涂抹，如图13-81所示。

图13-81

15 更改图层的“不透明度”为52%，弱化涂抹效果，如图13-82所示。

图13-82

13.2.7　调整前景植物

01 在“图层”面板选择“树”图层，单击“添加新的填充或调整图层”按钮，创建一个“曲线”调整图层，调整曲线，降低树的亮度，效果如图13-83所示。

图13-83

02 在“图层”面板选择“树”图层，单击“添加新的填充或调整图层”按钮，创建一个“色相/饱和度”调整图层，修改“饱和度”参数，降低树的饱和度，如图13-84所示。

图13-84

03 新建一个“色彩平衡”调整图层，修改“中间调”参数，调整树的色彩，如图13-85所示。

图13-85

04 重复上述操作，修改左侧的前景植物，效果如图13-86所示。

图13-86

13.2.8　最后调整

01 按快捷键Ctrl+O，打开相关素材中的“星光.png”文件，在“图层”面板中将其置于最顶层。添加图层蒙版，使用“画笔”工具在蒙版上涂抹，隐藏多余的星光，调整效果如图13-87所示。

图13-87

02 按快捷键Ctrl+Alt+Shift盖印图层，并将图层转换为智能对象。执行“滤镜”|“Camera Raw滤镜”命令，在打开的对话框中分别展开“基本”“细节”选项组，设置参数如图13-88所示。

03 在“混色器”选项组中设置参数，如图13-89所示。

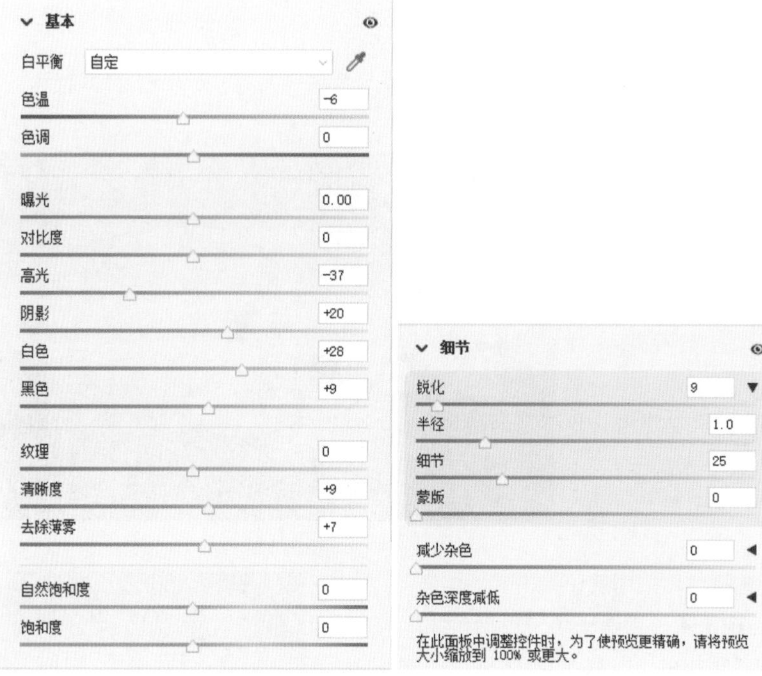

图13-88

图13-89

04 分别设置“光学”“效果”选项组参数，如图13-90所示。

图13-90

05 单击“确定”按钮关闭对话框，调整效果如图13-91所示。

图13-91

延伸讲解

将图层转换为智能对象后再添加“Camera Raw滤镜”，如果调整结束后对效果不满意，可以反复修改参数，直至满意为止。

13.3 UI设计：绘制音乐图标

随着经济的高速发展，人们的生活水平蒸蒸日上，这也直接带动了科技和信息的发展。如今，大量的智能电子产品出现在大家的工作和生活中，人们也开始对UI界面的品质提出了更高的要求，学习UI设计与制作，俨然已成为当下热潮。

音乐图标主要由矩形、圆形组成。为了使圆形呈现质感，为其添加斜面和浮雕、渐变叠加样式。以蓝色为主调，添加白色三角形、折线作为点缀，最后绘制白色矩形作为底面。

01 启动Photoshop 2023软件，执行“文件”|“新建”命令，新建一个“宽度”为35厘米、“高度”为35厘米、“分辨率”为300像素/英寸的空白文档，并命名为“音乐图标”，如图13-92所示。

图13-92

02 将前景色设置为浅蓝色（#e4f8f8），按快捷键Alt+Delete填充前景色，如图13-93所示。

03 选择“椭圆”工具，设置任意填充色，描边为无，按Shift键绘制一个正圆，如图13-94所示。

图13-93　　图13-94

04 双击椭圆图层，打开“图层样式”对话框。选择“斜面和浮雕”样式，参数设置如图13-95所示。

05 选择“渐变叠加”样式，单击渐变色条，打开“渐变编辑器”对话框，设置色块参数。单击“确定”按钮返回“图层样式”对话框，其他参数设置如图13-96所示。

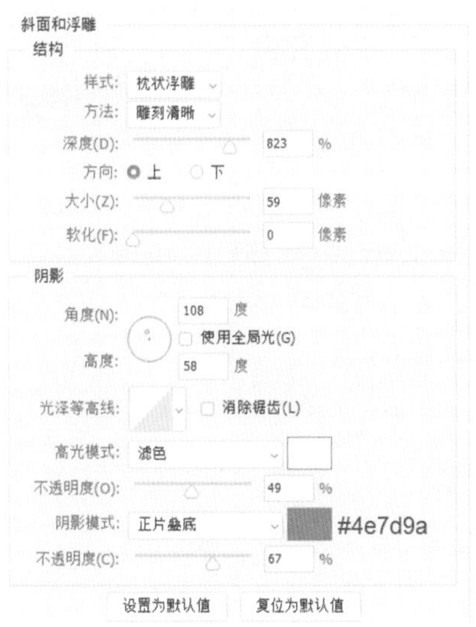

图13-95

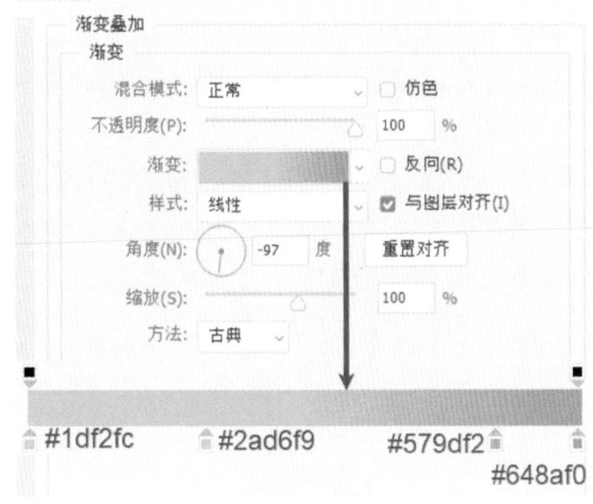

图13-96

06 单击“确定”按钮结束操作，结果如图13-97所示。

图13-97

07 选择椭圆图层右击，在弹出的快捷键菜单中选择“栅格化图层样式”选项，如图13-98所示。

08 使用任意选择工具创建如图13-99所示的选区。

图13-98　　图13-99

提示：执行“栅格化图层样式”操作后，图层样式与图形融为一体，不可再单独调整样式参数，但是可以自由编辑图形。

09 执行“选择”|“反选”命令，或者按快捷键Ctrl+Shift+I，反选选区如图13-100所示。

图13-100

10 按Delete键删除选区内容，结果如图13-101所示。

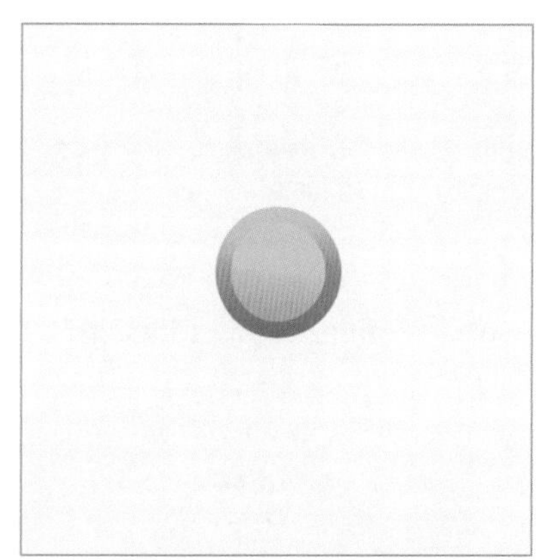

图13-101

11 选择“三角形”工具△，设置填充色为无，描边为白色，修改圆角半径值，按住Shift键绘制正三角形，如图13-102所示。

图13-102

12 选择“钢笔”工具，在工具选项栏中选择“形状”，设置填充色为无，描边为白色，自定义描边宽度，指定点绘制折线，如图13-103所示。

13 选择“矩形”工具□，设置填充色为白色，描边为无，重定义圆角半径，按住Shift键绘制正方形，并放置在最下方，如图13-104所示。

图13-103　　图13-104

14 双击矩形，打开“填充样式”对话框。添加“投影”样式，参数设置如图13-105所示。

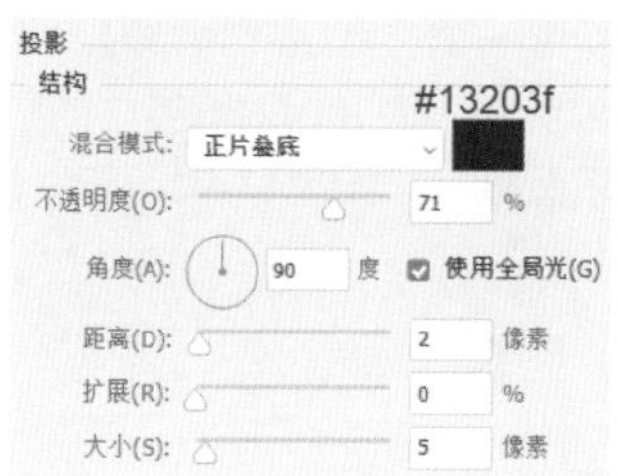

图13-105

15 单击“确定”按钮结束操作，音乐图标的绘制结果如图13-106所示。

图13-106

13.4 线上带货：制作直播间页面

通过直播的方式推销商品已成为当下普遍流行的销售方式，受到大众的青睐。直播间页面需要直观地传达直播信息，包括开播时间、待售商品、主播信息、折扣优惠等。本例将通过形状工具与文字工具的结合应用，制作一款直播间页面。

01 启动Photoshop 2023软件，执行“文件”|“新建”命令，新建一个“宽度”为26.5厘米、“高度”

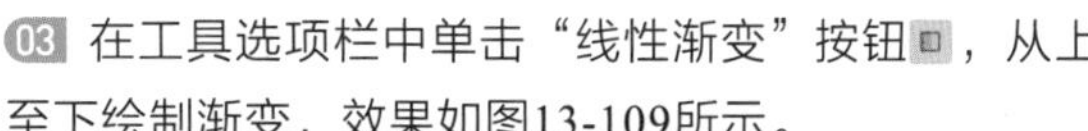

为47厘米、“分辨率”为300像素/英寸的空白文档，并命名为“直播间页面”，如图13-107所示。

图13-107

02 选择“渐变”工具，在“渐变编辑器”对话框中设置参数，如图13-108所示。

图13-108

03 在工具选项栏中单击“线性渐变”按钮，从上至下绘制渐变，效果如图13-109所示。

04 选择“椭圆”工具，设置填充色为黑色，描边为无，绘制的椭圆如图13-110所示。

图13-109

图13-110

05 按快捷键Ctrl+O，打开相关素材中的“人物.jpg”文件，放置在椭圆之上，如图13-111所示。

06 选择“人物”图层，将光标置于“人物”图层和“椭圆”图层的中间，按住Alt键单击，创建剪贴蒙版，如图13-112所示。

07 选择“椭圆”工具，设置填充色为无，绘制描边为白色和粉色的椭圆，如图13-113所示。

08 选择“矩形”工具，设置合适的圆角半径，描边为无，填充色为渐变色，在“渐变色编辑器”对话框中设置参数，在“属性”面板中设置角度为0度，在页面的左下角绘制圆角矩形，如图13-114所示。

09 重复上述操作，绘制圆角矩形，填充渐变色，如图13-115所示。

图13-111

图13-112

图13-113

10 参考绘制渐变矩形的方法，选择“椭圆”工具◯，在页面的右侧绘制渐变椭圆。然后更改填充为无，描边为黑色，在页面的左上角绘制椭圆，结果如图13-116所示。

11 使用“横排文字”工具T，输入文字，结果如图13-117所示。

图13-114

图13-115

图13-116

图13-117

12 选择“钢笔”工具，在工具选项栏中选择描边为黑色，线型为虚线，按住Shift键绘制水平线段，如图13-118所示。

图13-118

13 重复上述操作，继续绘制虚线，如图13-119所示。

14 选择“椭圆”工具◯，设置填充色为黑色，描边为无，按住Shift键绘制圆形，如图13-120所示。

15 按快捷键Ctrl+O，打开相关素材中的“二维码.png”文件，放置在页面的右下角，如图13-121所示。

图13-119

图13-120

16 选择“椭圆”工具◯，设置填充色为无，描边为黑色，按住Shift键绘制正圆，如图13-122所示。

图13-121

图13-122

17 选择“椭圆”工具◯，设置填充色为黑色，描边为无，按住Shift键绘制正圆，如图13-123所示。

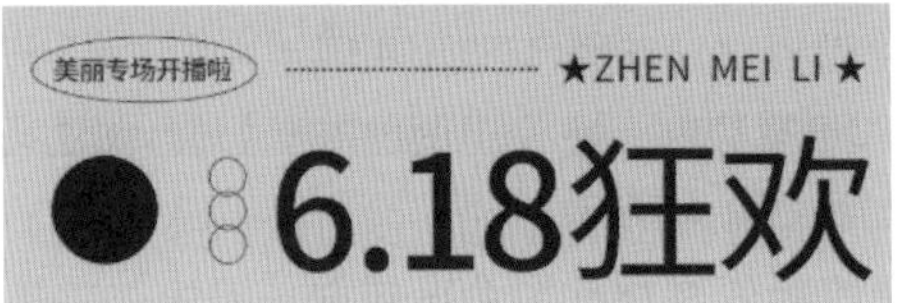

图13-123

18 选择“矩形”工具▭，设置圆角半径为0像素，填充色为黑色，描边为无，绘制如图13-124所示的矩形。

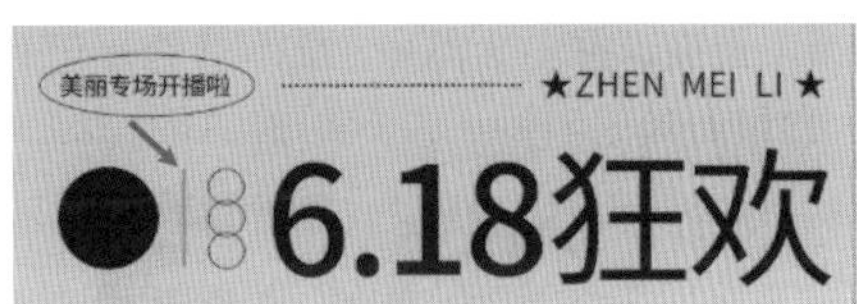

图13-124

19 使用“横排文字”工具T在圆形内输入文字，结果如图13-125所示。

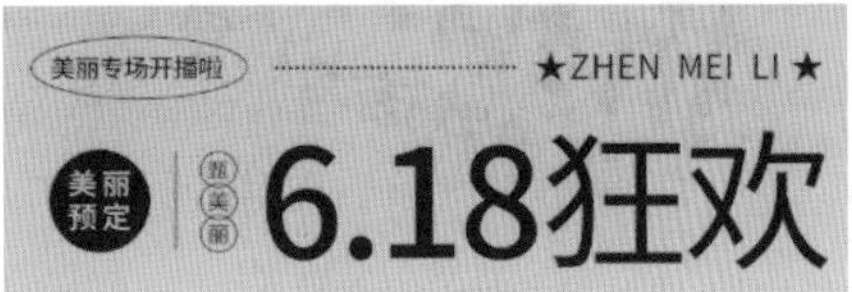

图13-125

20 重复上述操作，在人物的左下角输入文字，并调整文字的角度，如图13-126所示。

21 按住Ctrl键单击文字图层的缩略图，创建选区，如图13-127所示。

22 将前景色设置为白色。在文字图层的下方新建一个图层，命名为“描边”，按快捷键Alt+Delete填充前景色。选择“描边”图层，按键盘上的方向键调整图层的位置，效果如图13-128所示。

图13-126

图13-127

图13-128

23 选择“多边形”工具⬡，在工具选项栏中的“设置边数”#选项中输入12，设置填充色为渐变色，在“渐变编辑器”对话框中设置颜色参数，在“属性”面板中设置填充角度为108度，绘制多边形的效果如图13-129所示。

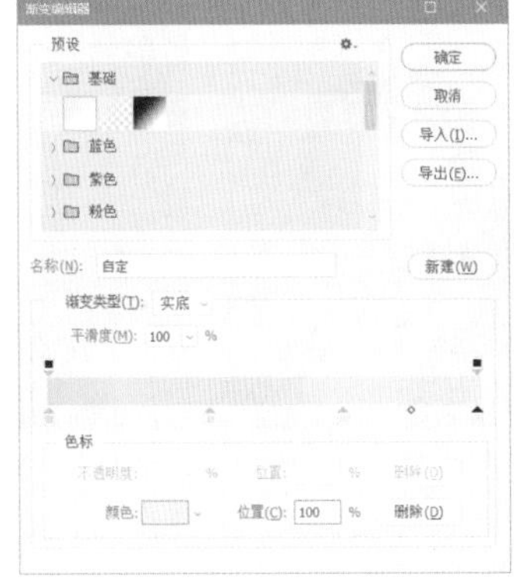

图13-129

24 选择“直接选择”工具，显示多边形的锚点，如图13-130所示。

图13-130

25 选择锚点移动，系统弹出提示对话框，单击“是”按钮，如图13-131所示。

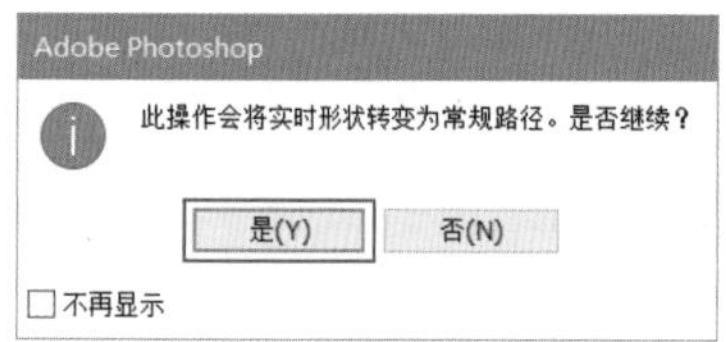

图13-131

26 调整锚点的位置，更改多边形的显示样式，如图13-132所示。

图13-132

27 按住Ctrl键单击多边形图层，创建选区。在多边形图层的下方新建一个图层，执行“编辑”|“描边”命令，在“描边”对话框中设置参数，单击“确定”按钮，为多边形添加描边，如图13-133所示。

图13-133

图13-133（续）

28 新建一个图层，将前景色设置为黄色（#fff99b），背景色设置为白色。选择“渐变”工具，在工具选项栏中选择“从前景色到透明渐变”样式，选择“径向渐变”，在页面中拖动光标创建径向渐变，如图13-134所示。

29 更改渐变图层的混合模式为“滤色”，按快捷键Ctrl+T进入变换模式，调整径向渐变的大小，如图13-135所示。

图13-134

图13-135

30 调整径向渐变的角度，按快捷键Ctrl+J复制图层，调整复制图层的角度，如图13-136所示。

31 继续选择“渐变”工具，绘制径向渐变，并放置在合适的位置，如图13-137所示。

图13-136

图13-137

32 复制上述绘制完毕的光亮图形，移动位置并调整大小，如图13-138所示。

图13-138

33 选择“多边形”工具⬡，在“属性”面板中设置参数，按住Shift键绘制多边形，如图13-139所示。

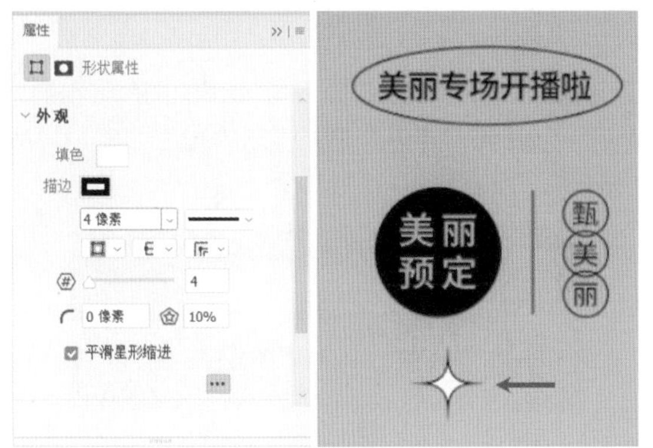

图13-139

34 复制在上一步骤中绘制的多边形，移动至合适的位置，如图13-140所示。

图13-140

35 按快捷键Ctrl+O，打开相关素材中的“光束.png”文件，放置在页面的上面，如图13-141所示。

图13-141

36 更改“光束”图层的混合模式为“柔光”，“不透明度”为60%，添加图层蒙版，使用黑色画笔涂抹，隐藏投射到人物脸部的光亮，最终效果如图13-142所示。

图13-142

13.5 掌上购物：APP界面设计

在手机上安装购物类APP后，用户可以通过页面选购商品，商家提供送货上门的便捷服务，帮助客户节省时间。本节介绍购物类APP三个页面的设计方法，包括主页面、详情页面以及个人设置页面。

13.5.1 主页面

购物类APP的主页面主要罗列APP的主要功能，包括定位信息、搜索栏、功能图标、商品信息等。用户登录APP后，首先进入主页面。在浏览主页面的过程中发现有兴趣的商品，通过点击图标进入详情页面，获取更加详细的信息。

01 启动Photoshop 2023软件，执行“文件”|“新建”命令，新建一个“宽度”为750像素、“高度”为1334像素、“分辨率”为72像素/英寸的空白文档，并命名为“主页面”，如图13-143所示。

02 将光标放置在标尺之上，按住鼠标左键不放在画布内拖动光标，创建水平、垂直参考线，如图13-144所示。

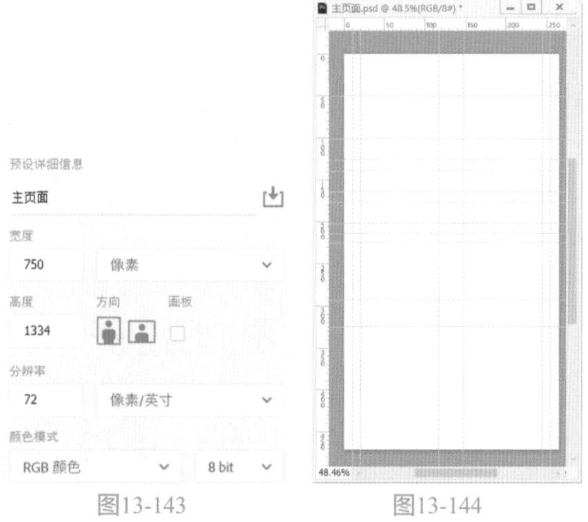

图13-143　图13-144

03 选择“矩形”工具，设置圆角半径为0像素，填充色为橙色（#ff6c00），描边为无，绘制的矩形如图13-145所示。

04 重复使用“矩形”工具，设置合适的圆角半径值，填充色为红色（#ff4200），描边为无，绘制圆角矩形如图13-146所示。

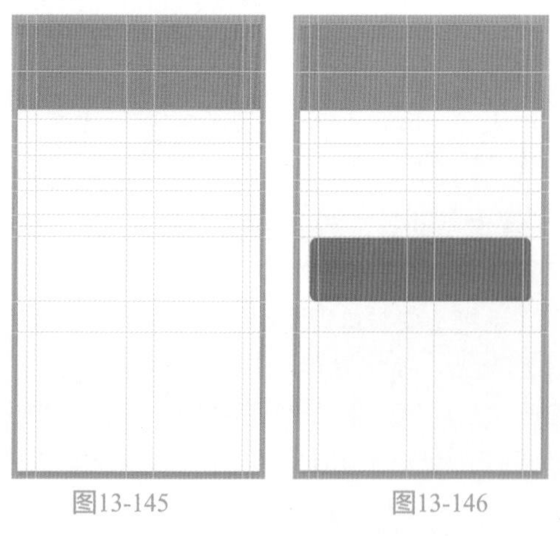

图13-145　图13-146

05 更改圆角半径值，填充色为灰色（#f4f4f4），描边为无，绘制灰色矩形，如图13-147所示。

06 按快捷键Ctrl+H隐藏参考线。

07 按快捷键Ctrl+O，打开相关素材中的“主页图标.psd”文件，将图标放置在页面的合适位置，如图13-148所示。

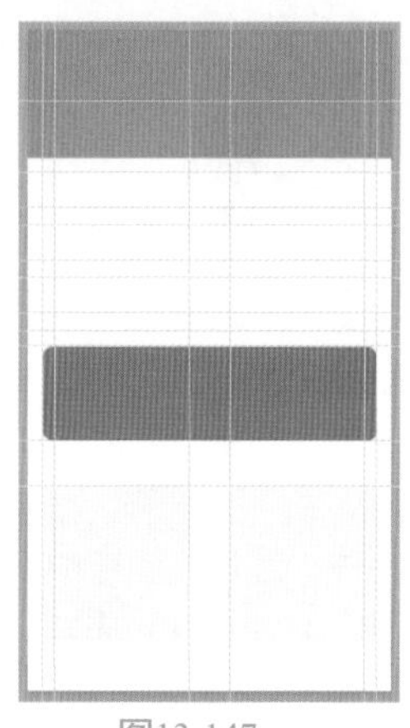

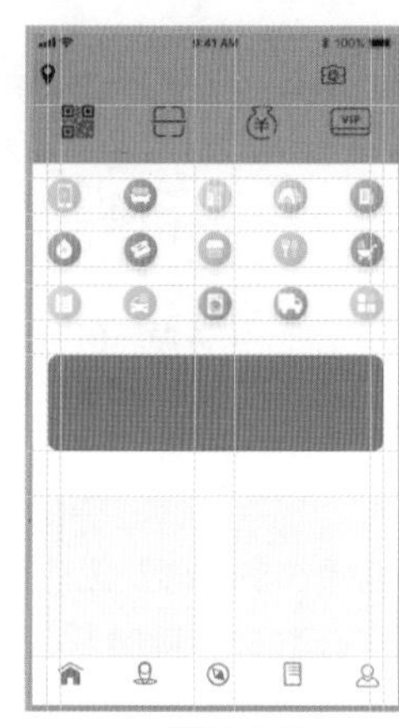

图13-147　图13-148

08 选择“矩形”工具，设置合适的圆角半径值，填充色为白色，描边为无，绘制的矩形如图13-149所示。

图13-149

09 从“主页图标.psd”文件中选择放大镜图标，将其放置在圆角矩形的左侧，如图13-150所示。

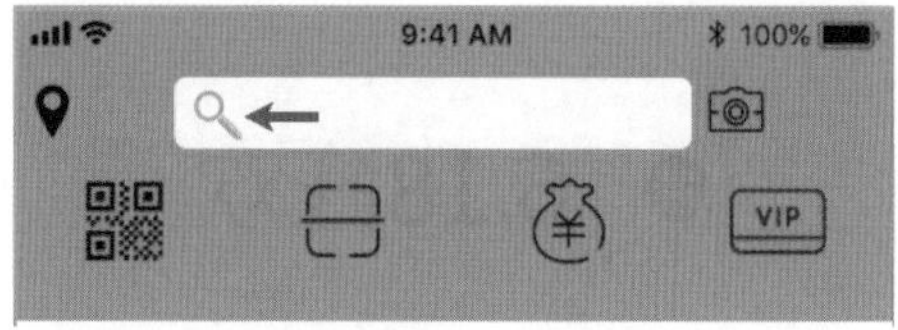

图13-150

10 使用“横排文字”工具T，输入文字，如图13-151所示。

图13-151

11 选择“矩形”工具，设置圆角半径为0，填充色为黑色，描边为无，绘制的矩形如图13-152所示。

12 选择“椭圆”工具，设置填充色为红色

（#ff0404），描边为无，按住Shift键绘制正圆，如图13-153所示。

图13-152

图13-153

13 使用“横排文字”工具T输入文字，标注图标的含义，如图13-154所示。

图13-154

14 选择“椭圆”工具◯，设置描边为无，按住Shift键分别绘制红色（#ff3600）和灰色（#b4b3b3）的正圆，表示列表切换图标，如图13-155所示。

图13-155

15 按快捷键Ctrl+O，打开相关素材中的“红包.png”文件，将图标放置在圆角矩形的左侧，如图13-156所示。

图13-156

16 选择“矩形”工具▭，设置合适的圆角半径值，填充色为黄色（#ffd200），描边为无，绘制的圆角矩形如图13-157所示。

图13-157

17 使用“横排文字”工具T输入文字，如图13-158所示。

图13-158

18 按快捷键Ctrl+O，打开相关素材中的图像文件，将图像放置在圆角矩形的上方，并创建剪贴蒙版，隐藏图像的多余部分，显示效果如图13-159所示。

图13-159

19 使用“横排文字”工具T，输入标题文字、商品信息，如图13-160所示。

图13-160

20 按快捷键Ctrl+O，打开相关素材中的“红包弹窗.png”文件，将图标放置在页面的右侧，如图13-161所示。

图13-161

21 使用“横排文字”工具T，在红包的上方输入文字，如图13-162所示。

图13-162

22 主页面的绘制结果如图13-163所示。

图13-163

13.5.2 详情页面

用户通过点击图标进入详情页面，在页面中浏览商品的详细信息。页面中展示商家的地理位置、电话号码以及商品的相关信息，包括商品的名称、价格或者折扣信息。用户选择满意的商品后，点击“购买”图标可以在线购买。

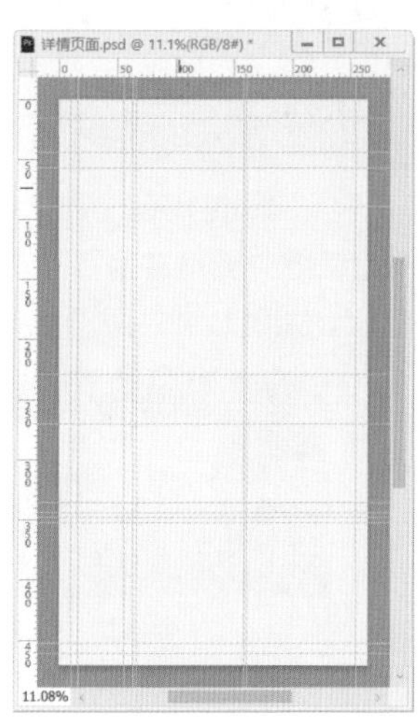

图13-164

01 复制一份在12.5.1小节中绘制的主页面，关闭“状态栏”图层，删除所有的图形与文字对象。

02 创建水平、垂直参考线。将前景色设置为浅灰色（#f4f4f4），按快捷键Alt+Delete为背景填充颜色，如图13-164所示。

03 选择“矩形”工具▭，设置合适的圆角半径值，填充色为白色，描边为无，绘制的矩形如图13-165所示。

04 按快捷键Ctrl+O，打开相关素材中的“背景.jpg”文件，将图像放置在白色矩形之后，如图13-166所示。

图13-165

图13-166

05 选择“背景”图层，添加图层蒙版，使用黑色画笔涂抹，绘制晕影效果，如图13-167所示。

06 选择“矩形”工具▭，设置合适的圆角半径值，填充色为橙色（#ec4e00），描边为无，绘制的圆角矩形如图13-168所示。

07 打开“状态栏”图层，在“图层样式”对话框中设置“颜色叠加”参数，单击“确定”按钮，更改状态栏颜色的效果如图13-169所示。

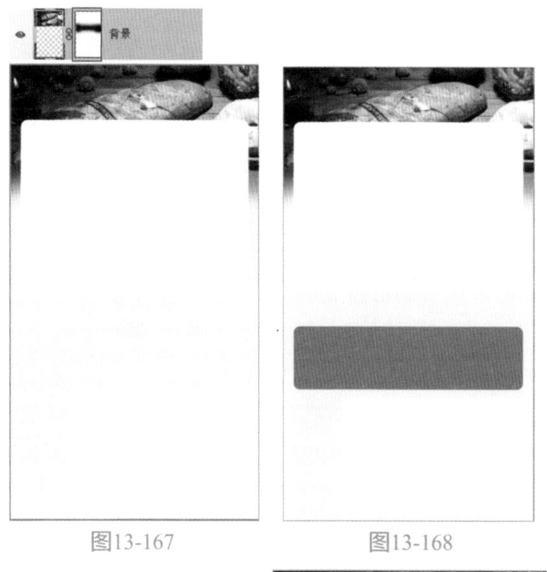

图13-167　　图13-168

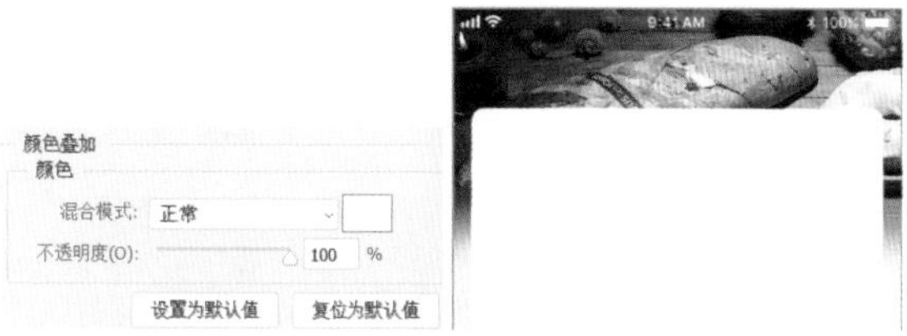

图13-169

08 按快捷键Ctrl+O，打开相关素材中的图像文件，将图像放置在合适的位置，并调整图片的大小及间距，如图13-170所示。

图13-170

09 双击图片图层，在“图层样式”对话框中设置“投影”参数，如图13-171所示。

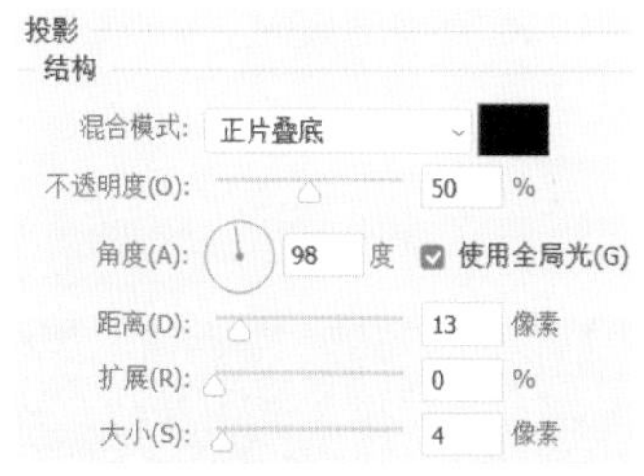

图13-171

10 单击“确定”按钮，为图像添加投影，增加其立体感，如图13-172所示。

图13-172

11 选择“矩形”工具□，设置合适的圆角半径值，填充色为粉色（#fdc3a1），描边为无，在图片的上方绘制的圆角矩形如图13-173所示。

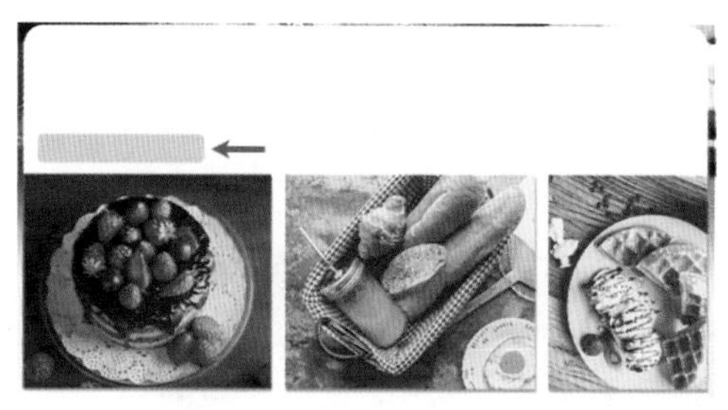

图13-173

12 继续使用“矩形”工具□，将右下角的圆角半径设置为0像素，再为其余三个角点设置合适的圆角半径值，填充色为橙色（#ff5805），绘制的矩形如图13-174所示。

图13-174

13 选择“多边形”工具⬡，在“属性”面板中设置参数，按住Shift键绘制五角星，如图13-175所示。

图13-175

14 新建一个图层，选择“画笔”工具，设置前景色为灰蓝色（#9fcccc），在最右侧的五角星上涂抹，效果如图13-176所示。

图13-176

15 选择“矩形”工具，设置合适的圆角半径值，填充色为深灰色（#8f8f8f），描边为无，在状态栏的下方绘制圆角矩形，如图13-177所示。

图13-177

16 综合运用“钢笔”工具、“多边形”工具、“矩形”工具、“直线”工具以及“椭圆”工具，在圆角矩形的上方绘制图标，如图13-178所示。

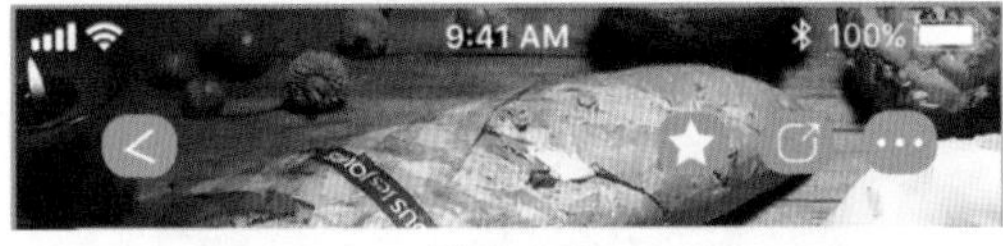

图13-178

17 按快捷键Ctrl+O，打开相关素材中的“图标.psd”文件，将图标放置在合适的位置，如图13-179所示。

图13-179

18 使用“横排文字”工具T，输入商家的信息，如图13-180所示。

图13-180

19 选择“矩形”工具，设置合适的圆角半径值，填充色为无，描边为红色（#eb1600），绘制圆角矩形，如图13-181所示。

图13-181

20 选择“矩形2”图层，按住Ctrl键单击图层缩略图，创建的选区如图13-182所示。

图13-182

21 新建一个图层。将前景色设置为黑色，背景色设置为白色。选择“渐变工具”，在工具选项栏中选择“从前景色到透明渐变”样式，单击“线性渐变”按钮，从下往上绘制线性渐变，效果如图13-183所示。

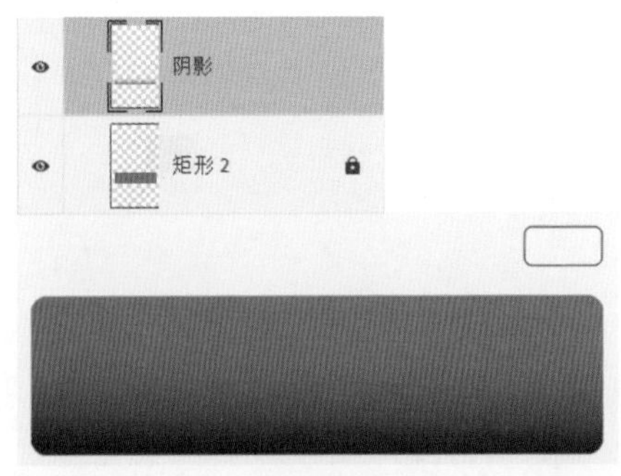

图13-183

22 按快捷键Ctrl+O，打开相关素材中的“草莓舒芙蕾甜品.psd”文件，将图像放置在矩形的右侧，如图13-184所示。

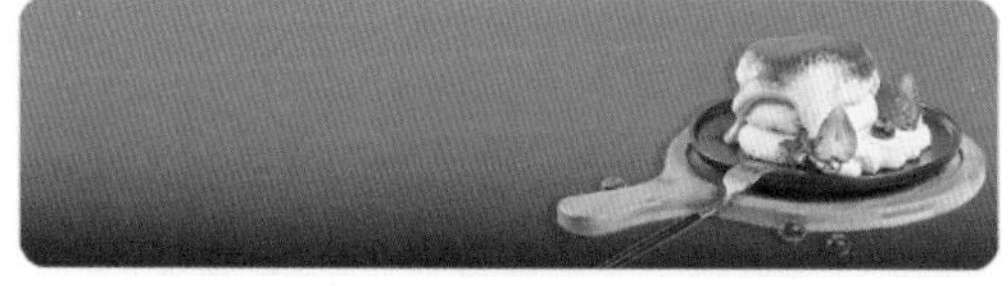

图13-184

23 按快捷键Ctrl+O，打开相关素材中的“图标.psd”文件，将红色图标放置在合适的位置。双击图标图层，在“图层图样”对话框中设置“投影”参数，单击“确定”按钮，图标的显示效果如图13-185所示。

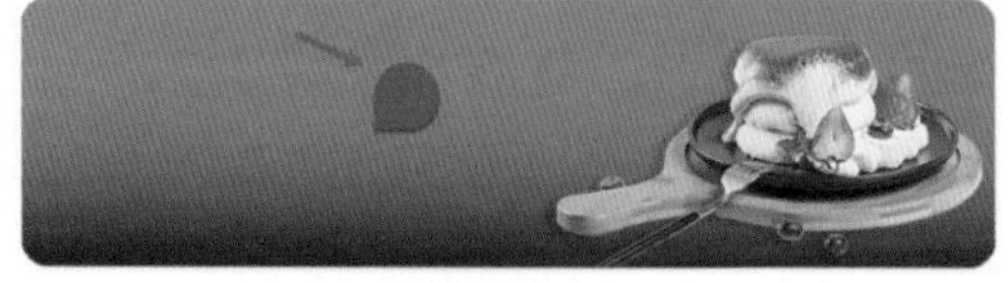

图13-185

24 使用“横排文字”工具T，选择合适的字体样式输入文字信息，如图13-186所示。

图13-186

25 选择“矩形”工具▭，设置合适的圆角半径值，填充色为橙色（#fe6e05），描边为无，绘制圆角矩形，如图13-187所示。

图13-187

26 按快捷键Ctrl+O，打开相关素材中的图像文件，将图像放置在矩形之上，如图13-188所示。

图13-188

27 选择“矩形”工具▭，设置合适的圆角半径值，选择任意填充色，描边为无，绘制圆角矩形。双击“矩形”图层，在“图层样式”对话框中设置“渐变叠加”参数，如图13-189所示。

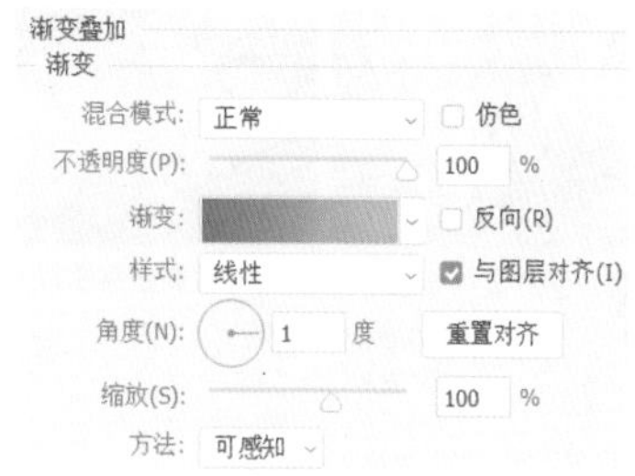

图13-189

28 单击“确定”按钮关闭对话框，绘制的渐变矩形如图13-190所示。

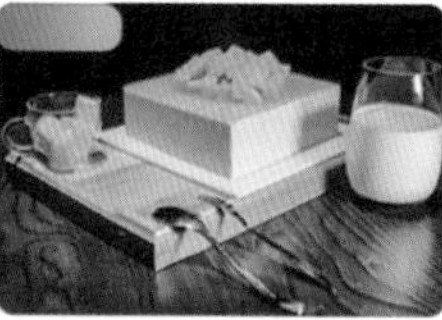

图13-190

29 继续使用“矩形”工具▭，设置合适的圆角半径值，填充色为橙色（#fe6e05），描边为无，绘制的圆角矩形如图13-191所示。

图13-191

30 更改填充颜色为无，描边颜色为红色（#ff0404），绘制圆角矩形边框，如图13-192所示。

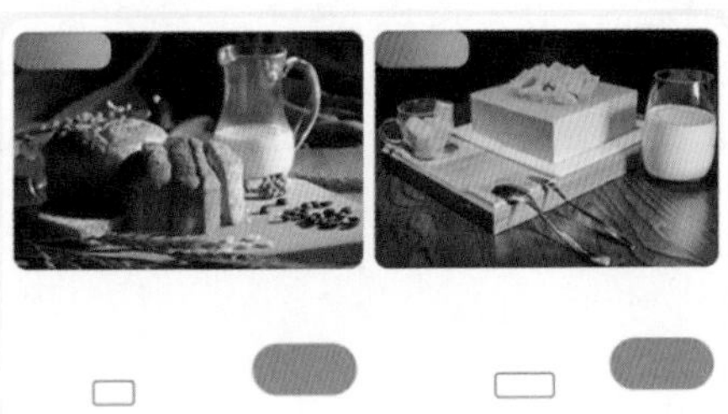

图13-192

31 使用“横排文字”工具T，输入商品信息，如图13-193所示。

图13-193

32 使用“矩形”工具□，设置合适的圆角半径值，填充色为白色，描边为无，绘制圆角矩形，如图13-194所示。

图13-194

33 重复使用“矩形”工具□，设置合适的圆角半径为0像素，分别绘制橙色（#ff5805）和灰色（#cdcbcb）的矩形，如图13-195所示。

34 使用“横排文字”工具T，在矩形的上方输入商品项目信息，如图13-196所示。

35 使用“椭圆”工具○，设置填充色为白色，描边为无，按住Shift键绘制正圆，如图13-197所示。

36 双击“椭圆”图层，在“图层样式”对话框中设置“投影”参数，单击“确定”按钮，效果如图13-198所示。

37 按快捷键Ctrl+O，打开相关素材中的“图标.psd”文件，将购物车图标放置在圆形的中间，如图13-199所示。

38 详情页面的绘制结果如图13-200所示。

图13-195 图13-196

图13-197

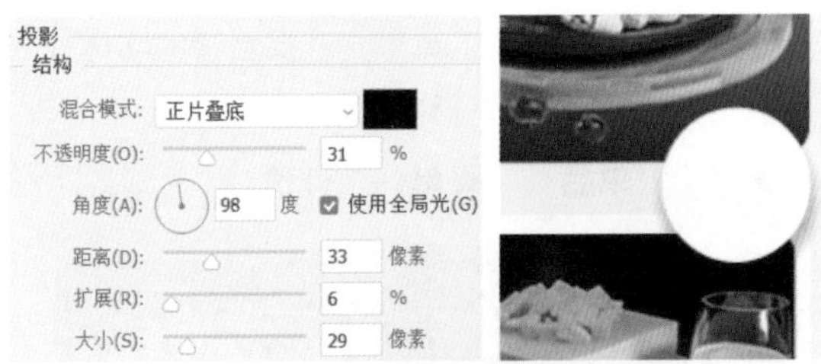

图13-198

图13-199 图13-200

13.5.3　个人设置页面

用户通过注册个人信息，成为购物类APP的会员用户。成为会员用户后，APP会定时推送商品信息，包括新店开业、节日活动、打折优惠等。用户可以在个人设置页面记录自己的浏览信息、购买信息，实时查询物流进度。还可以定制个人偏好，随时接收APP筛选后的商品信息。

01 复制一份在12.5.1小节中绘制的主页面，删除多余的图形与文字，整理结果如图13-201所示。

图13-201

02 选中“首页”图标所在的图层，双击图层，打开“图层样式”对话框，设置“颜色叠加”参数，更改图标的颜色，如图13-202所示。

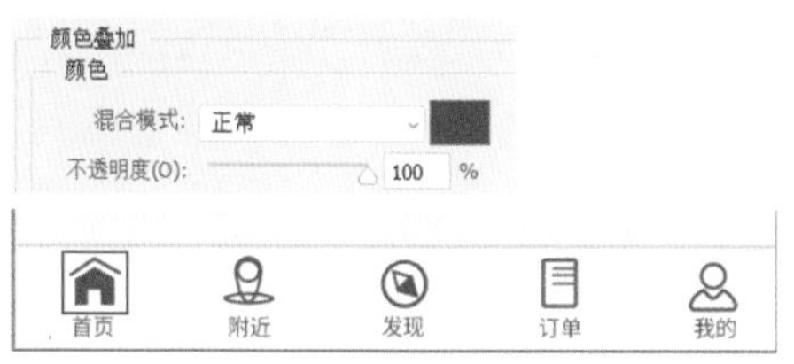

图13-202

03 选中“我的”图标所在的图层，双击图层打开“图层样式”对话框，设置“颜色叠加”参数，更改图标的颜色，如图13-203所示。

图13-203

04 新建一个图层，选择“渐变”工具，在“渐变编辑器”对话框中设置参数，如图13-204所示。

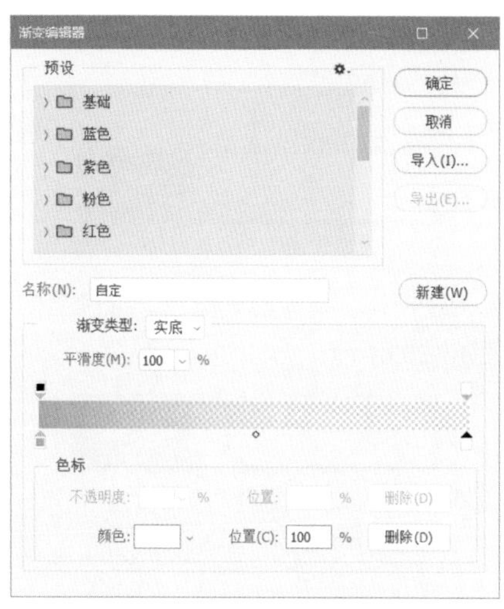

图13-204

05 在工具选项栏中选择“线性渐变”，从上往下绘制线性渐变，如图13-205所示。

06 使用“矩形”工具，设置合适的圆角半径值，填充色为白色，描边为无，绘制圆角矩形，如图13-206所示。

07 更改填充颜色为橙色（#ff6c00），描边为无，绘制的圆角矩形如图13-207所示。

图13-205

图13-206

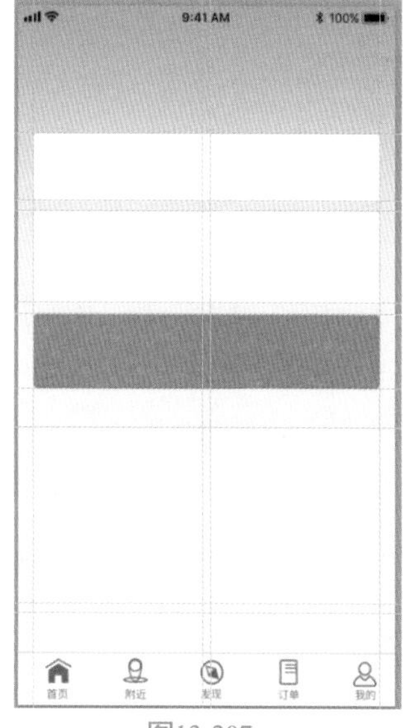

图13-207

08 按快捷键Ctrl+H隐藏参考线。

09 使用“矩形”工具▭，设置合适的圆角半径值，填充色为白色，描边为无，绘制圆角矩形，如图13-208所示。

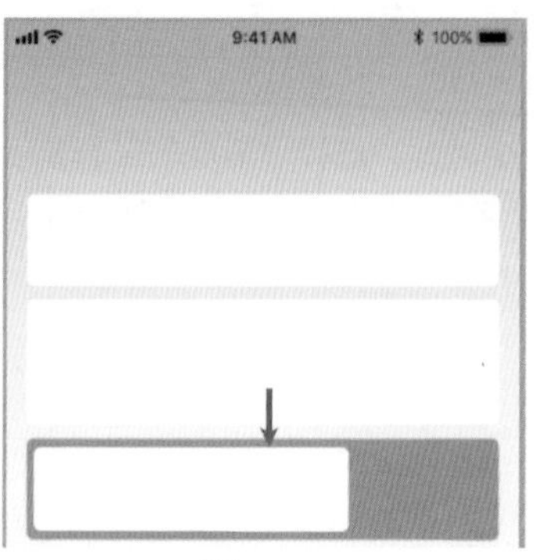

图13-208

10 重复上述操作，更改填充颜色，继续绘制圆角矩形，如图13-209所示。

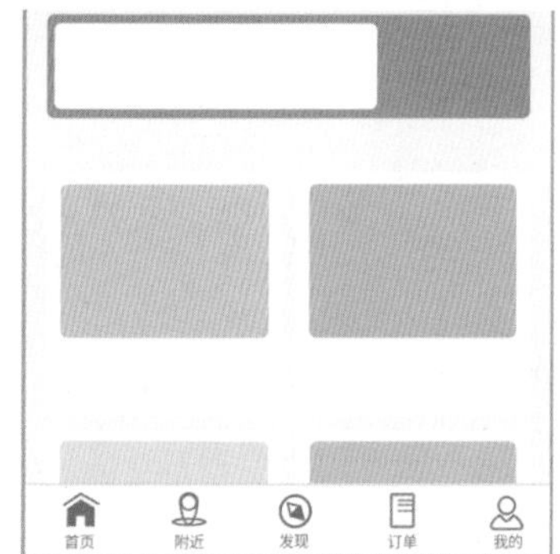

图13-209

11 绘制一个白色的圆角矩形作为用户头像的轮廓，如图13-210所示。

图13-210

12 双击“矩形”图层，在“图层样式”对话框中设置“投影”参数，如图13-211所示。

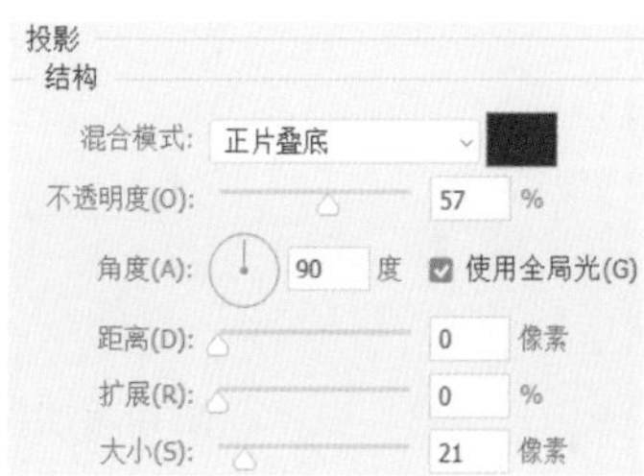

图13-211

13 单击“确定”按钮，为矩形添加投影，效果如图13-212所示。

14 按快捷键Ctrl+O，打开相关素材中的“茶花.jpg”文件，将图像放置在矩形之上，并创建剪贴蒙版，隐藏图像的多余部分，如图13-213所示。

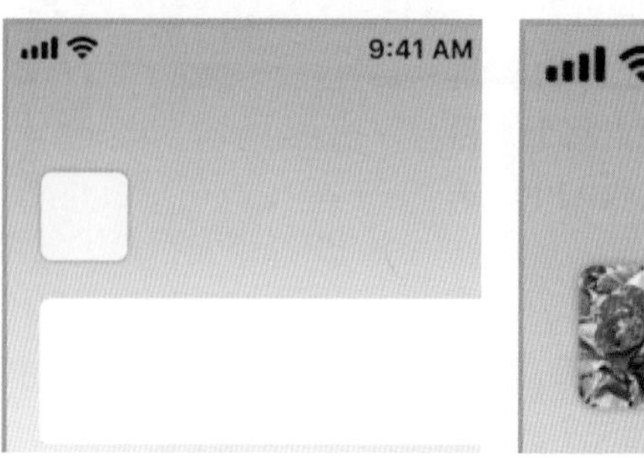

图13-212　　图13-213

15 使用“矩形”工具▭，设置合适的圆角半径值，填充色为白色，描边为无，绘制圆角矩形，如图13-214所示。

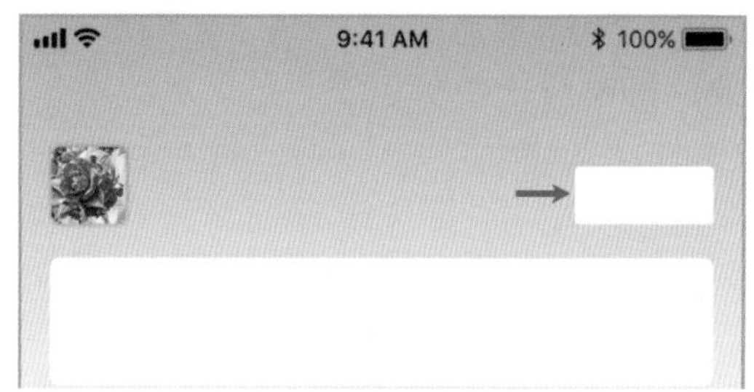

图13-214

16 按快捷键Ctrl+O，打开相关素材中的“图标.psd”文件，将图标放置在合适的位置，如图13-215所示。

图13-215

17 使用“横排文字”工具T，输入用户信息及其他文字说明，如图13-216所示。

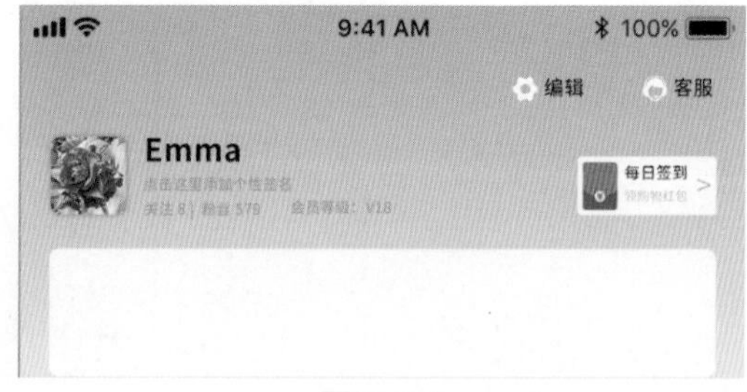

图13-216

18 按快捷键Ctrl+O，打开相关素材中的“图标.psd”文件，将图标放置在白色矩形之上，如图13-217所示。

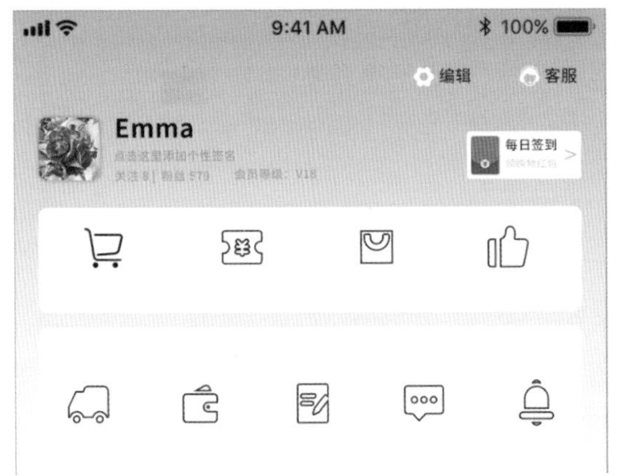

图13-217

19 使用“横排文字”工具T，在图标的下方输入文字信息，如图13-218所示。

图13-218

20 使用“椭圆”工具○，设置填充色为红色（#ff0000），描边为无，按住Shift键绘制正圆，如图13-219所示。

图13-219

21 使用“横排文字”工具T，在圆形的上方输入数字信息，如图13-220所示。

图13-220

22 使用“矩形”工具□，设置合适的圆角半径值，填充色为黄色（#febf01），描边为无，绘制的圆角矩形如图13-221所示。

图13-221

23 重复上述操作，更改填充色为白色，绘制矩形的结果如图13-222所示。

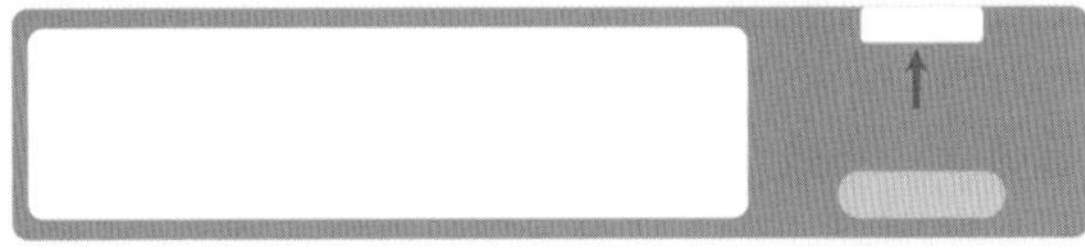

图13-222

24 按快捷键Ctrl+O，打开相关素材中的图像文件，将图像放置在白色矩形之上。双击图像图层，在“图层样式”对话框中设置“投影”参数，如图13-223所示。

图13-223

25 单击“确定”按钮，布置图像并添加投影的效果如图13-224所示。

图13-224

26 使用“横排文字”工具T，输入商品信息，如图13-225所示。

图13-225

27 使用“矩形”工具，设置合适的圆角半径值，填充色为黄色（#feea61），描边为无，绘制的圆角矩形如图13-226所示。

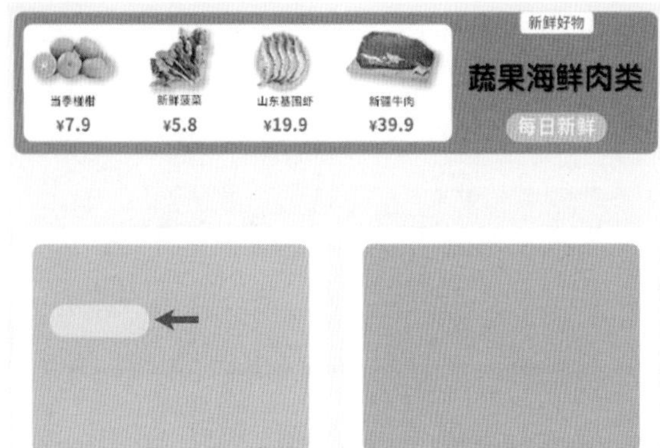

图13-226

28 重复上述操作，绘制粉色（#ffc999）矩形，如图13-227所示。

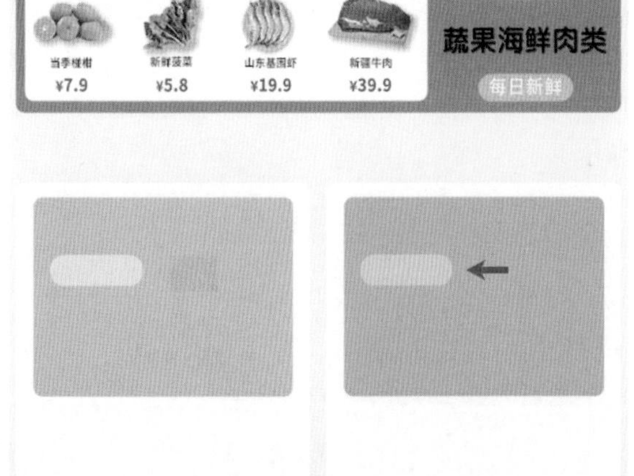

图13-227

29 按快捷键Ctrl+O，打开相关素材中的图像文件，将图像放置在矩形的右侧。双击图像图层，在“图层样式”对话框中设置“投影”参数，如图13-228所示。

图13-228

30 单击“确定”按钮，图像的显示效果如图13-229所示。

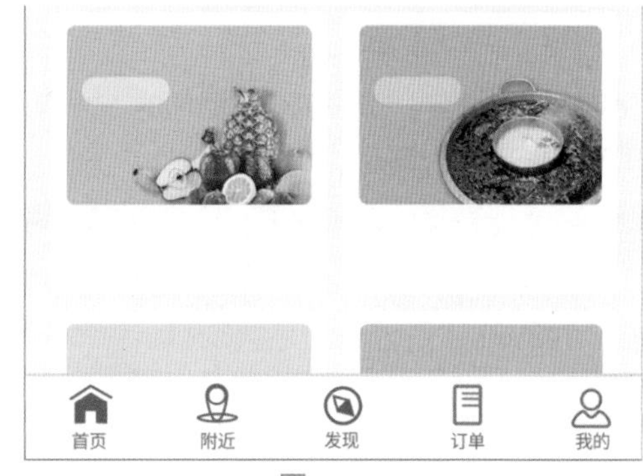

图13-229

31 使用“椭圆”工具，选择合适的填充色，描边为无，按住Shift键绘制正圆，如图13-230所示。

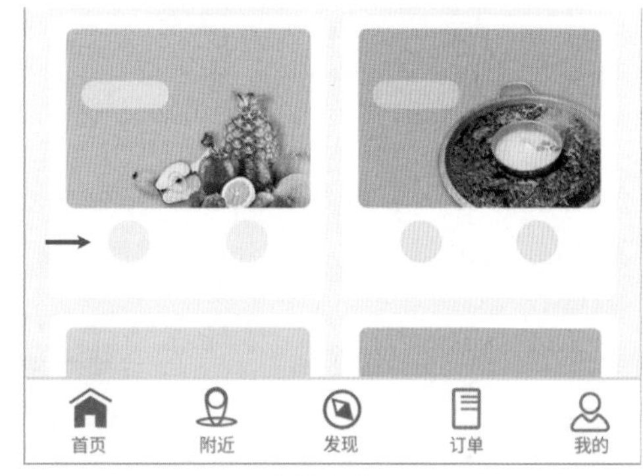

图13-230

32 双击“椭圆”图层，在“图层样式”对话框中设置“投影”参数，如图13-231所示。

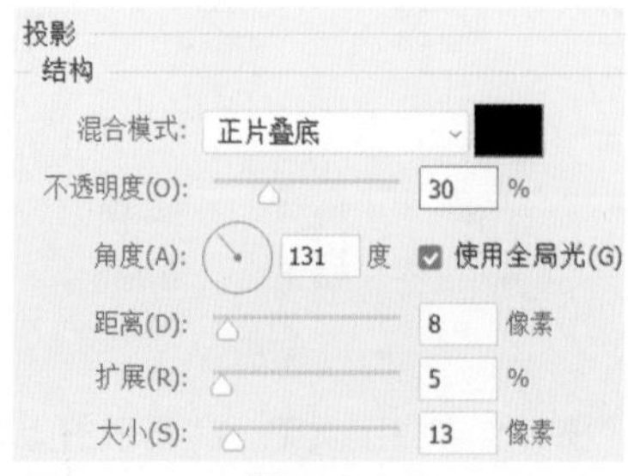

图13-231

33 单击“确定”按钮，为正圆添加投影的效果如图13-232所示。

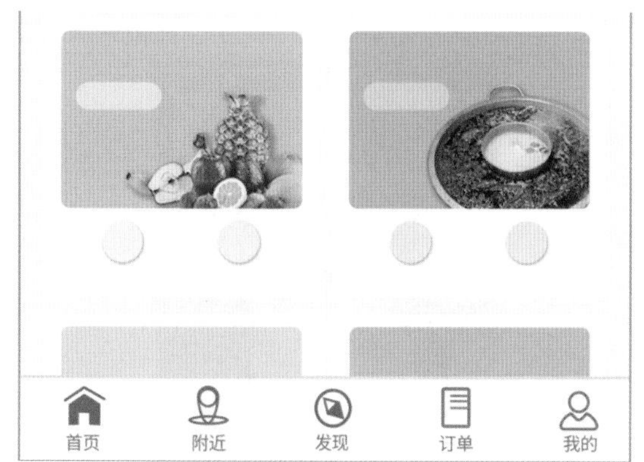

图13-232

34 按快捷键Ctrl+O，打开相关素材中的“图标.psd”文件，将图标放置在正圆之上，如图13-233所示。

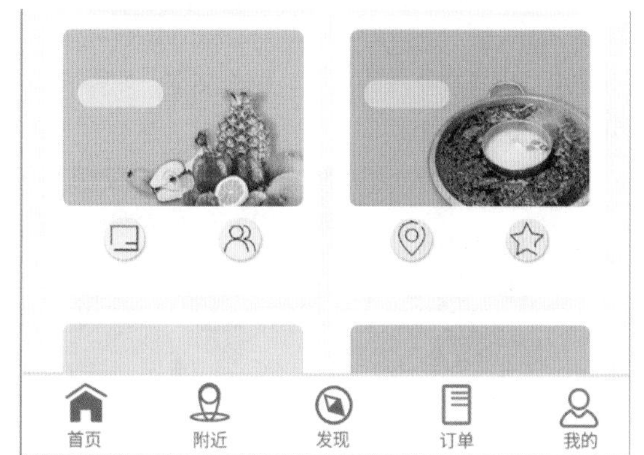

图13-233

35 使用“横排文字”工具T，输入文字信息，如图13-234所示。

图13-234

36 个人设置页面的最终效果如图13-235所示。

图13-235

13.6 产品包装：元宵节汤圆

产品包装与设计是产品宣传的一种方式，设计时应根据产品的特点，选取合适的色调，配合素材的使用点明主题，使消费者对包装内容一目了然，留下深刻的印象。

本节介绍汤圆包装设计，主要使用“矩形”“椭圆”“文字”工具以及图层样式等命令，同时结合参考线确定图形位置。最后将绘制结果导出为图片，借助样机来观察设计效果。

01 启动Photoshop 2023软件，执行“文件”|“新建”命令，新建一个“宽度”为20厘米、“高度”为32厘米、“分辨率”为150像素/英寸的空白文档，并命名为“汤圆包装”，如图13-236所示。

图13-236

02 将光标放置在标尺之上，按住鼠标左键不放向画布内拖动光标，创建参考线，如图13-237所示。

03 选择“矩形”工具▭，设置圆角半径为0像素，分别绘制橙色（#fc9a00）与红色（#bc0202）的矩形，如图13-238所示。

图13-237

图13-238

04 重复上述操作，设置合适的圆角半径值，绘制白色矩形，如图13-239所示。

05 按快捷键Ctrl+H隐藏参考线。

06 按快捷键Ctrl+O，打开相关素材中的“汤圆.png”文件，将其放置在合适的位置，如图13-240所示。

图13-239

图13-240

07 双击“汤圆”图层，在“图层样式”对话框中设置“投影”参数，如图13-241所示。

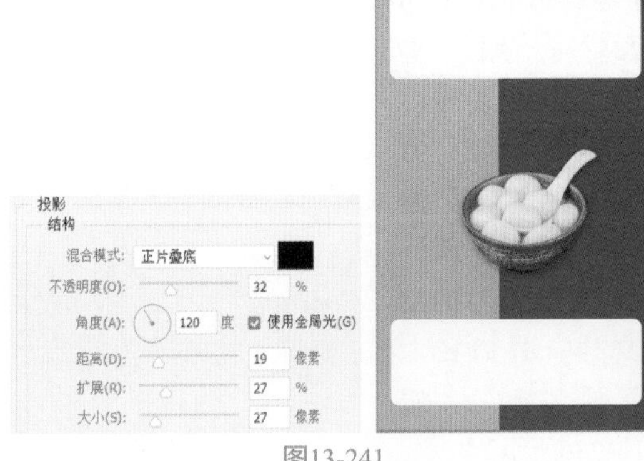

图13-241

08 按快捷键Ctrl+O，打开相关素材中的“元宵节-竖排.png”文件，将其放置在画布的左侧，如图13-242所示。

图13-242

09 使用“横排文字”工具T，输入文字，如图13-243所示。

图13-243

10 选择“椭圆”工具◯，设置填充色为无，描边为黑色，按住Shift键绘制圆形，如图13-244所示。

图13-244

11 按快捷键Ctrl+O，打开相关素材中的“灯笼.png”文件，将其放置在画布的右侧，如图13-245所示。

元宵节
红豆沙口味

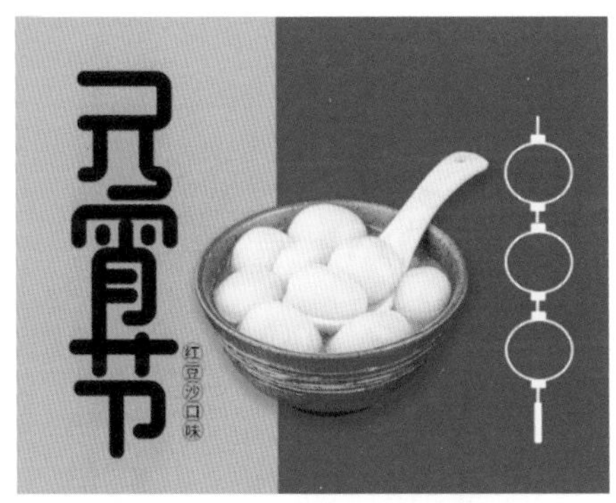

图13-245

12 使用“横排文字”工具T，输入文字，并将文字放置在灯笼中间，如图13-246所示。

元宵节
红豆沙口味
庆
团
圆

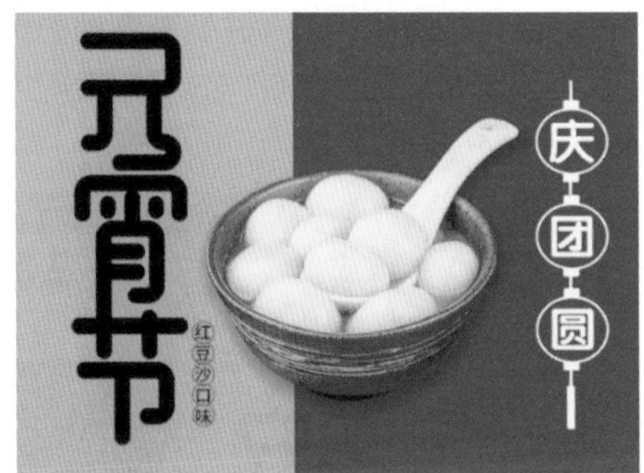

图13-246

13 按快捷键Ctrl+O，打开相关素材中的“LOGO.png”文件，将其放置在灯笼的上方，如图13-247所示。

吃鲜
fresh
元宵节
红豆沙口味
庆
团
圆

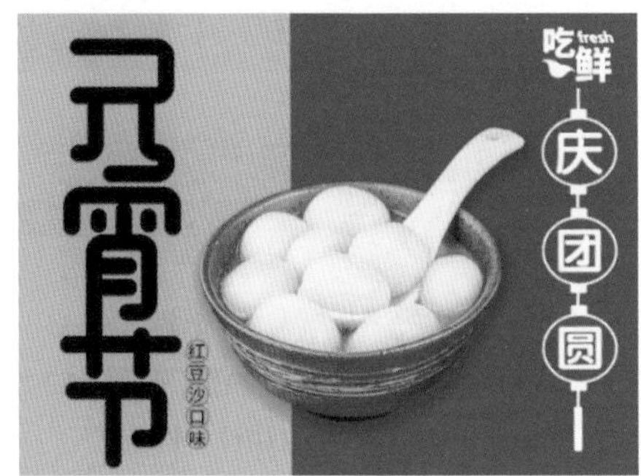

图13-247

14 使用“横排文字”工具T，输入文字，如图13-248所示。

吃鲜
fresh
元宵节
红豆沙口味
庆
团
圆
净含量：500克（含23枚）

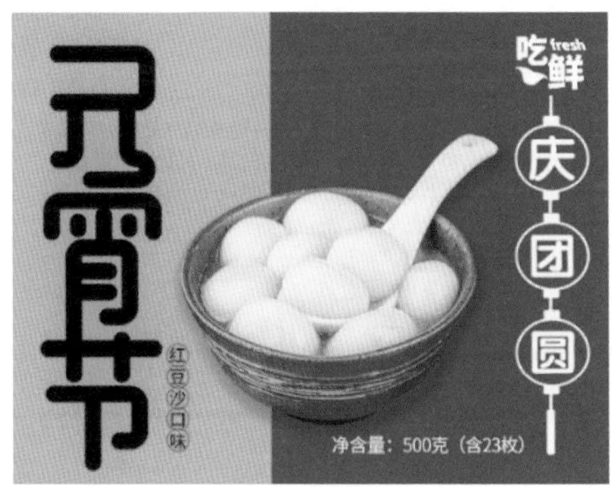

图13-248

15 选择“旋转视图”工具，按住Shift键旋转视图，如图13-249所示。

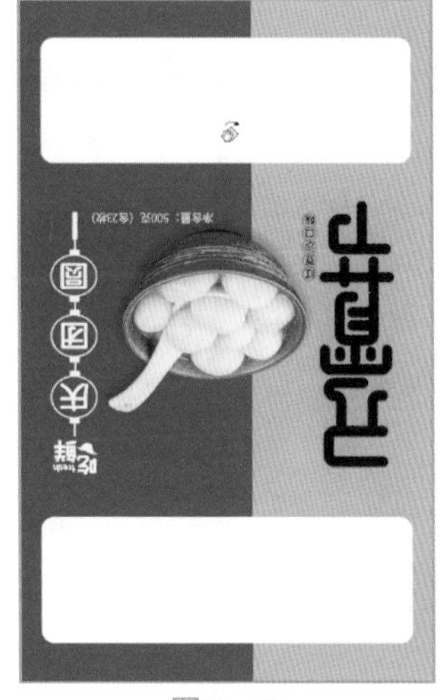

图13-249

16 使用“横排文字”工具T，输入介绍文字，如图13-250所示。

17 按快捷键Ctrl+O，打开相关素材中的“图标.psd”文件，将各图标放置在合适的位置，如图13-251所示。

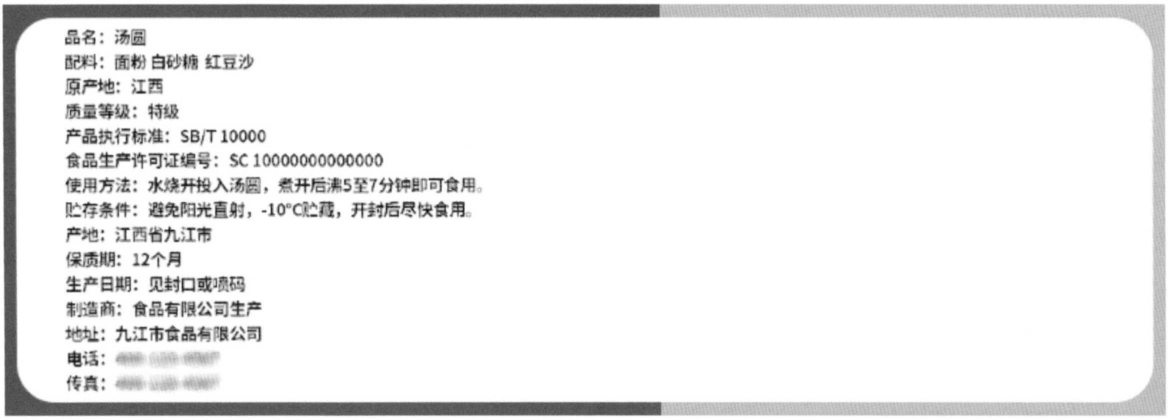

品名：汤圆
配料：面粉 白砂糖 红豆沙
原产地：江西
质量等级：特级
产品执行标准：SB/T 10000
食品生产许可证编号：SC 10000000000000
使用方法：水烧开投入汤圆，煮开后沸5至7分钟即可食用。
贮存条件：避免阳光直射，-10°C贮藏，开封后尽快食用。
产地：江西省九江市
保质期：12个月
生产日期：见封口或喷码
制造商：食品有限公司生产
地址：九江市食品有限公司
电话：
传真：

图13-250

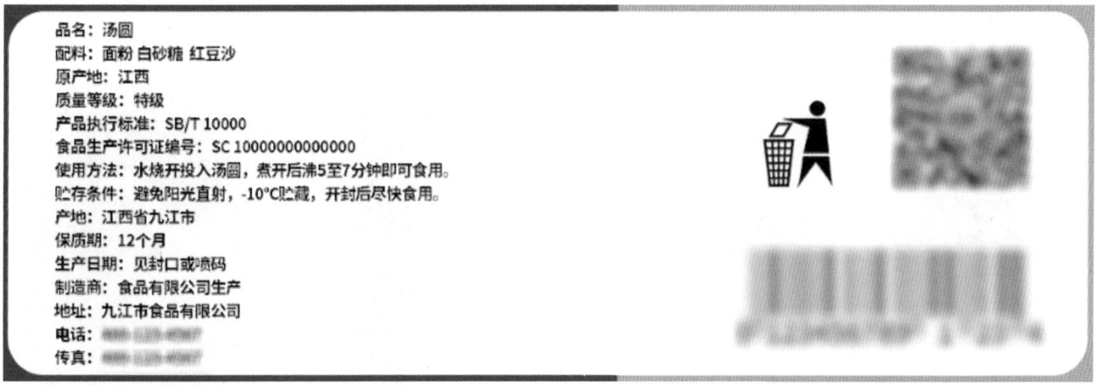

品名：汤圆
配料：面粉 白砂糖 红豆沙
原产地：江西
质量等级：特级
产品执行标准：SB/T 10000
食品生产许可证编号：SC 10000000000000
使用方法：水烧开投入汤圆，煮开后沸5至7分钟即可食用。
贮存条件：避免阳光直射，-10°C贮藏，开封后尽快食用。
产地：江西省九江市
保质期：12个月
生产日期：见封口或喷码
制造商：食品有限公司生产
地址：九江市食品有限公司
电话：
传真：

图13-251

18 使用“横排文字”工具T，在图标的下方输入说明文字，如图13-252所示。

19 重复操作，在画布中放置LOGO与文字，如图13-253所示。

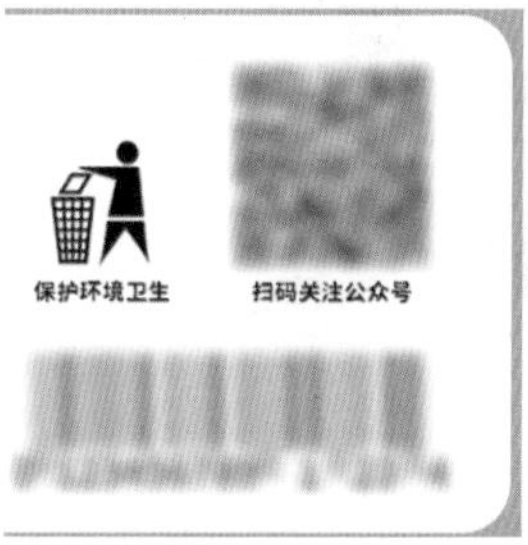

保护环境卫生
扫码关注公众号

图13-252

吃鲜
元宵节

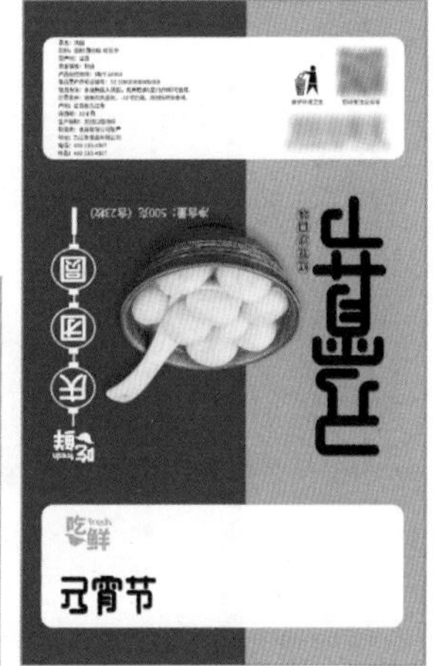

图13-253

20 选择“矩形”工具▭，设置圆角半径为0像素，描边为黑色，绘制如图13-254所示的表格。

吃 fresh 鲜
元宵节

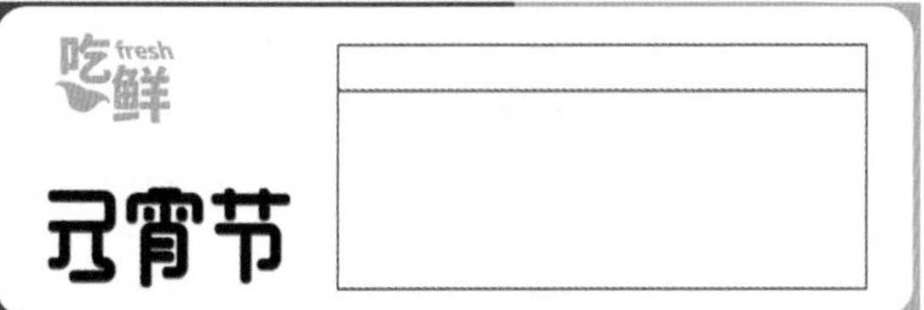

图13-254

21 使用“横排文字”工具T，在表格内输入说明文字，如图13-255所示。

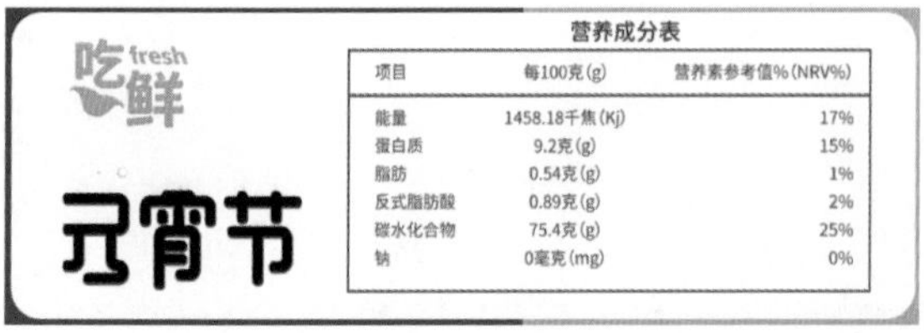

吃 fresh 鲜
元宵节
营养成分表
项目
每100克(g)
营养素参考值%(NRV%)
能量 1458.18千焦(KJ) 17%
蛋白质 9.2克(g) 15%
脂肪 0.54克(g) 1%
反式脂肪酸 0.89克(g) 2%
碳水化合物 75.4克(g) 25%
钠 0毫克(mg) 0%

图13-255

22 按快捷键Ctrl+O，打开相关素材中的“福.png”文件，将其放置在画布中间，并调整图层的位置，将混合模式设置为“正片叠底”，“不透明度”为38%，如图13-256所示。

正片叠底
不透明度：38%
锁定：
填充：100%
福
元宵节
庆
团
圆
净含量：500克（含23枚）

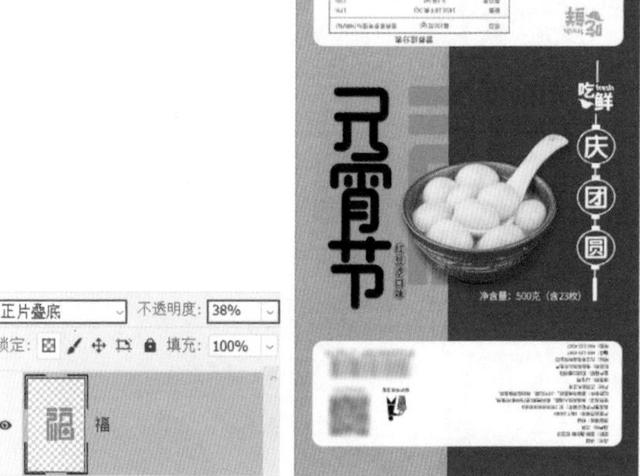

图13-256

23 执行“文件”|“导出”|“导出为”命令，在打开的“导出为”对话框中设置参数，如图13-257所示，单击“导出”按钮，导出JPG文件。

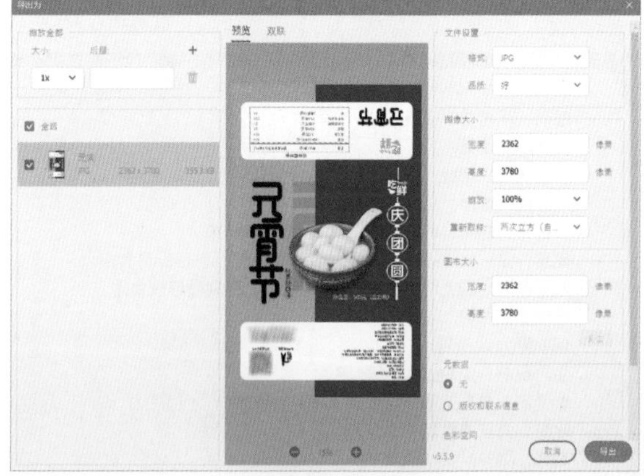

图13-257

24 按快捷键Ctrl+O，打开相关素材中的“样机.psd”

文件，如图13-258所示。

图13-258

25 在“图层”面板中选择“面”图层，双击图层缩略图下方的智能对象图标，如图13-259所示，打开智能对象文件。

26 打开已导出的JPG文件，选择“矩形选框”工具⬚，绘制矩形选区，如图13-260所示。按快捷键Ctrl+C复制选区内容至剪贴板。

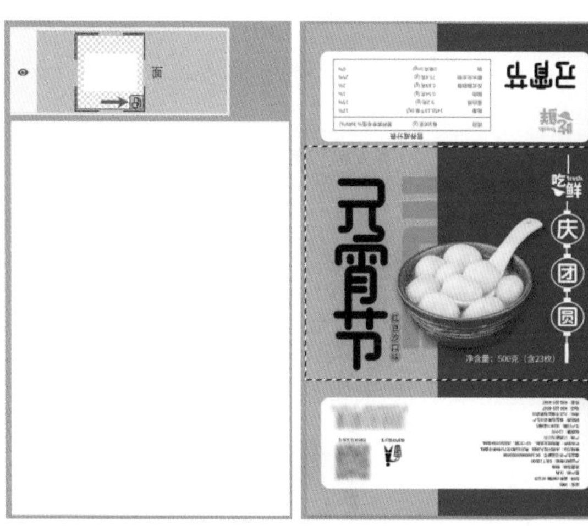

图13-259　　图13-260

27 返回在（25）步骤中打开的智能对象文件，按快捷键Ctrl+V复制剪贴板中的内容。按快捷键Ctrl+T进入变换模式，调整图片的角度与大小，如图13-261所示。

图13-261

28 按快捷键Ctrl+S保存文件，返回“样机.psd”文件，观察包装设计的制作效果，如图13-262所示。

图13-262

13.7 AI绘图：智能变装

“创成式填充”功能可以更改画面内容，或者添加指定的元素。在本节中，首先更改图像背景，再为其中的女孩更改服装，添加首饰，最后完成操作。

01 启动Photoshop 2023软件，按快捷键Ctrl+O，打开相关素材中的“女孩子.jpg”文件，效果如图13-263所示。

图13-263

02 单击上下文任务栏中的“选择主体”按钮，创建选区选中人物，如图13-264所示。

图13-264

03 按快捷键Ctrl+Shift+I反选，选择背景，如图13-265所示。

图13-265

04 在上下文任务栏中单击“创成式填充”按钮，接着输入“living room”，即“起居室”，单击“生成”按钮执行填充操作。在“属性”面板中选择合适的结果，如图13-266所示。

图13-266

05 填充背景如图13-267所示。

图13-267

06 使用“快速选择”工具创建选区，如图13-268所示。

07 在上下文任务栏中输入“White chiffon shirt”，即“白色雪纺衫”，单击“生成”按钮，接着在“属性”面板中选择合适的雪纺衫，如图13-269所示。

图13-268

图13-269

08 为人物换装的效果如图13-270所示。

图13-270

09 选择“多边形套索”工具，在手指上创建选区，如图13-271所示。

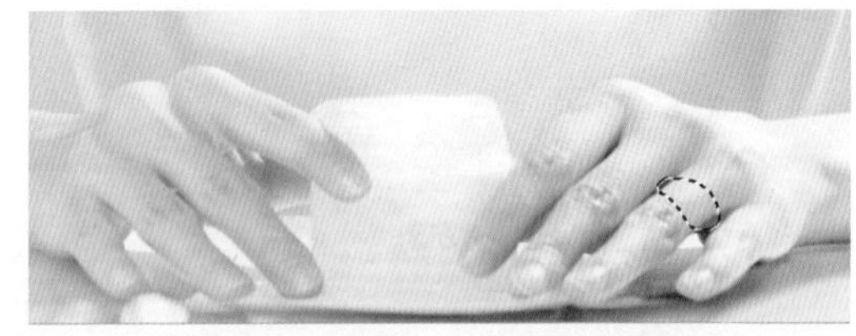
图13-271

10 在上下文任务栏中输入“diamond ring”，即“钻戒”，单击“生成”按钮，在“属性”面板中选择合适的钻戒，如图13-272所示。

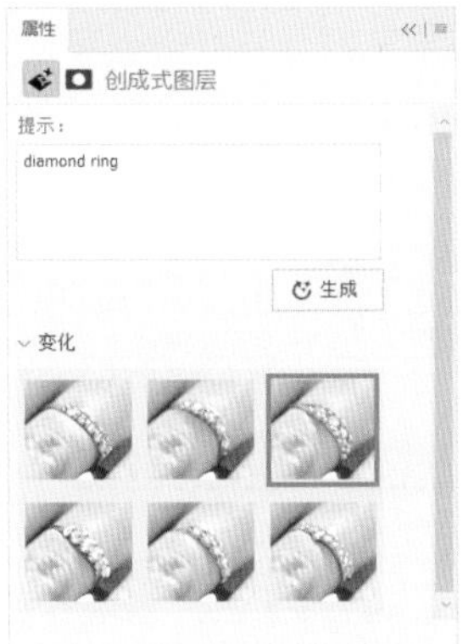

图13-272

11 为人物戴上钻戒的效果如图13-273所示。

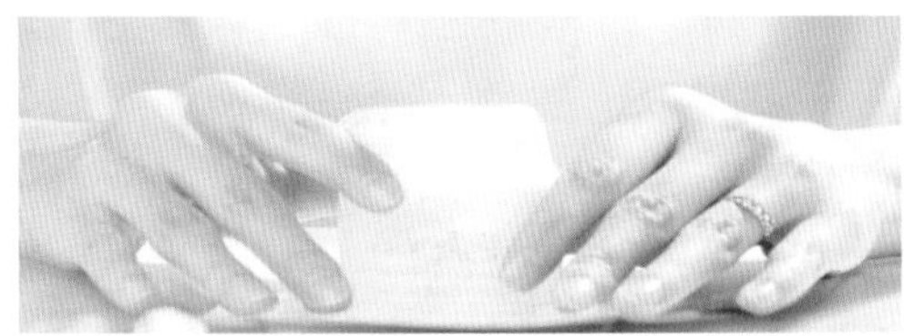

图13-273

12 利用“多边形套索”工具，在手腕上创建选区，如图13-274所示。

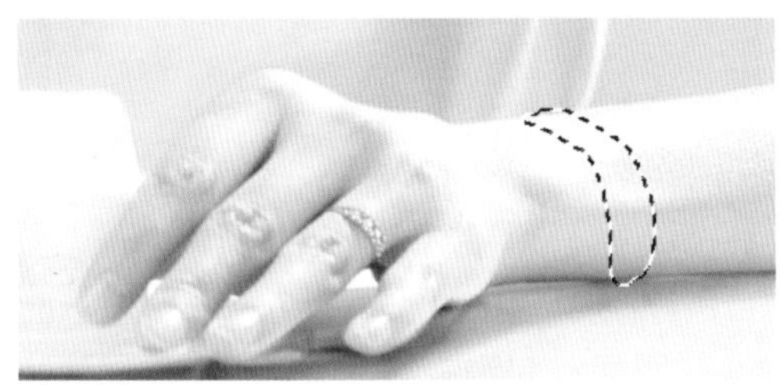

图13-274

13 在上下文任务栏中输入“bracelet”，即“手镯”，单击“生成”按钮，在“属性”面板中选择手镯的款式，如图13-275所示。

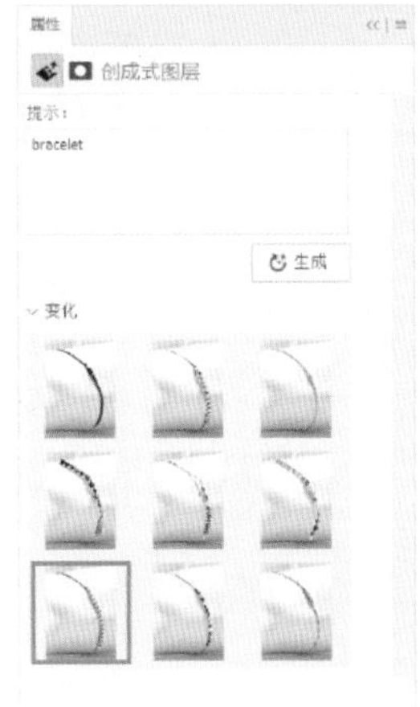

图13-275

14 为人物戴上手镯的效果如图13-276所示。

15 选择“多边形套索”工具，在耳垂上创建选区，如图13-277所示。

16 在上下文任务栏中输入“ear pendants”，即“耳环”，单击“生成”按钮，在“属性”面板中选择合适的耳环，如图13-278所示。

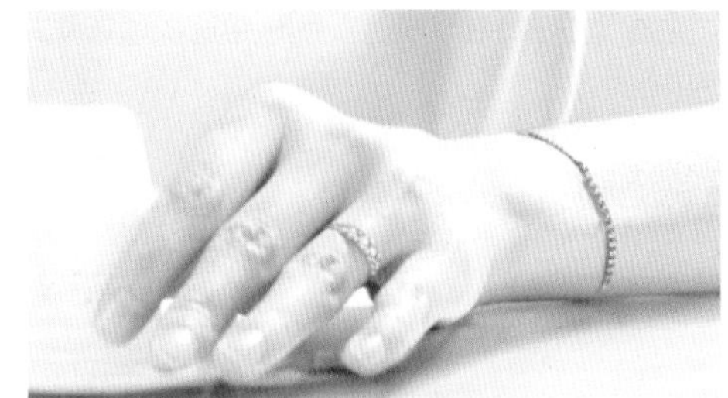

图13-276

图13-277 图13-278

17 为人物戴上耳环的效果如图13-279所示。

图13-279

18 利用“多边形套索”工具，在脖子上创建选区，如图13-280所示。

图13-280

19 在上下文任务栏中输入“necklace”，即“项链”，单击“生成”按钮，在“属性”面板中选择项链款式，如图13-281所示。

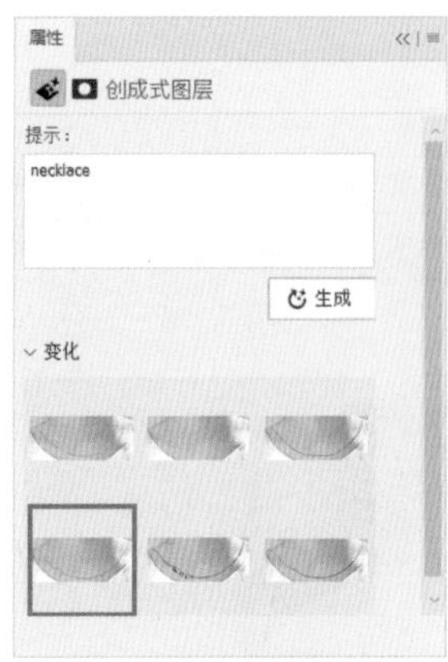

图13-281

20 为人物戴上项链的效果如图13-282所示。

图13-282

21 选择“多边形套索”工具，在人物的两只手之间创建选区，如图13-283所示。

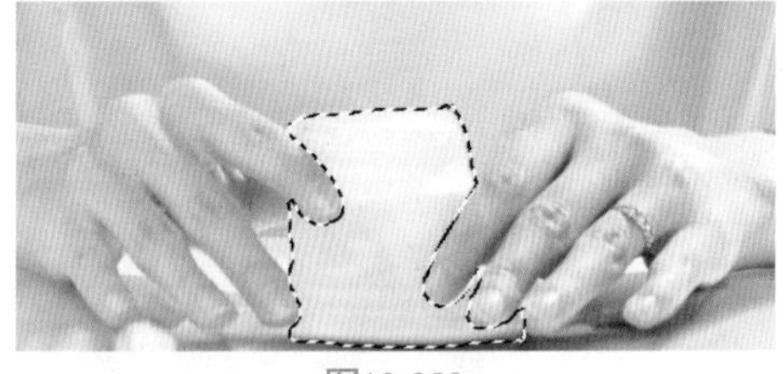

图13-283

22 在上下任务栏中输入“A glass of water”，即“一杯水”，单击“生成”按钮，在“属性”面板中选择合适的填充结果，如图13-284所示。

23 人物拿着一杯水的效果如图13-285所示。

24 最终效果如图13-286所示。

图13-284

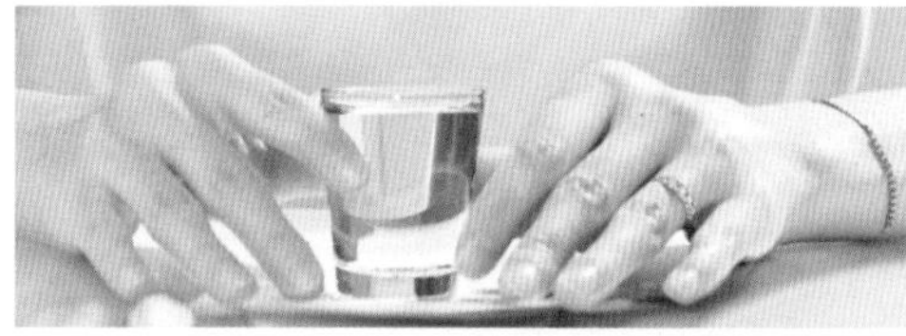

图13-285

图13-286

25 每执行一次“创成式填充”命令，系统自动创建一个填充图层，如图13-287所示。开/关图层，可以显示/隐藏填充结果。

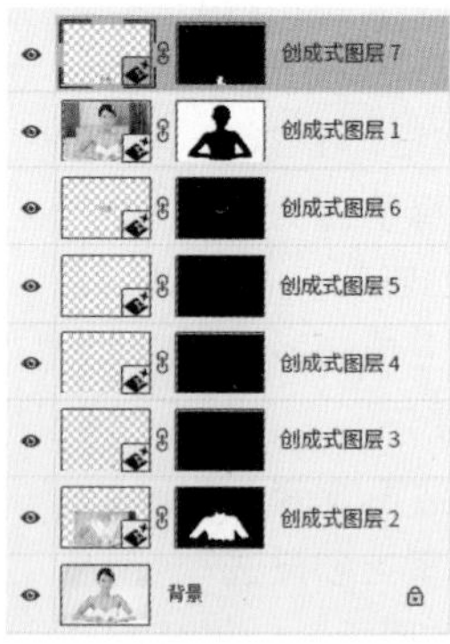

图13-287